有机化学反应及其进展研究

闫杰　时蕾　张立科　编著

中国水利水电出版社
www.waterpub.com.cn

内 容 提 要

本书主要介绍有机反应的类型与原理，常见的重要反应有卤化反应、磺化和硫酸化反应、硝化和亚硝化反应、烷基化反应、酰基化反应、氨解和胺化反应、水解反应和缩合反应等。另外，本书还重点研究了有机反应的进展，主要包括重排反应、逆合成反应、分子拆分反应、基团保护和不对称合成反应等。本书可供有机、材料、环境等相关研究人员参考和学习。

图书在版编目(CIP)数据

有机化学反应及其进展研究/闫杰，时蕾，张立科编著.--北京：中国水利水电出版社，2014.6（2022.10重印）

ISBN 978-7-5170-2130-8

Ⅰ.①有… Ⅱ.①闫… ②时… ③张… Ⅲ.①有机化学一化学反应一研究 Ⅳ.①O621.25

中国版本图书馆 CIP 数据核字(2014)第 123254 号

策划编辑：杨庆川 责任编辑：杨元泓 封面设计：马静静

书　名	有机化学反应及其进展研究
作　者	闫杰　时蕾　张立科　编著
出版发行	中国水利水电出版社 (北京市海淀区玉渊潭南路 1 号 D 座 100038) 网址：www.waterpub.com.cn E-mail：mchannel@263.net(万水) sales@mwr.gov.cn 电话：(010)68545888(营销中心)、82562819（万水）
经　售	北京科水图书销售有限公司 电话：(010)63202643、68545874 全国各地新华书店和相关出版物销售网点
排　版	北京鑫海胜蓝数码科技有限公司
印　刷	三河市人民印务有限公司
规　格	184mm×260mm　16 开本　16 印张　389 千字
版　次	2014年10月第1版　2022年10月第2次印刷
印　数	3001-4001册
定　价	56.00 元

前　言

有机反应是有机化学中最重要的组成部分之一，也是人类创造新物质的最有效工具。经过多年发展，有机合成反应的理论体系不断完善，有机合成技术和方法均有很大的突破。现在，化学家正努力从分子水平上来操控分子结构，无论是复杂的天然产物，还是纳米颗粒，甚至是全基因组。

有机合成反应在近年来得到了全面快速的发展。新的高选择性合成反应和不对称合成方法的出现，使得各种结构更加复杂、功能更加多样的有机物不断被合成出来。现代有机合成技术的发展、分子组装水平的提高、计算机的辅助利用、新的合成理论的提出和合成路线的巧妙设计，使得有机合成反应的重要性越来越大，在生产和生活中的地位越来越高。

本书系统地介绍了有机合成反应的基本知识和进展，将有机合成的原理、方法与现代有机合成的原理、方法紧密衔接，力求体现有机反应的基础性、规律性、科学性和前沿性。本书以有机合成的基本理论为主线，以键的构建进行章节划分，分类讨论了各种有机反应的机理和相关应用。在内容上注意详略得当，重点突出；在结构上注意层次清晰，板块分明；在立意上注意联系实践，与时俱进。另外，本书还特别注重激发读者的兴趣和创造性，如将部分有机反应结合具体实例进行分析和理解，或引入新颖的、创新性的有机反应。

本书共分为 10 章。第 1 章是绪论，简要介绍了有机反应的基础知识、有机反应类型和有机反应理论；第 2～9 章主要研究了几种重要的有机反应，包括卤化反应、磺化和硫酸化反应、硝化和亚硝化反应、烷基化反应、酰基化反应、氨解和胺化反应、水解反应和缩合反应；第 10 章重点研究了有机反应的进展，包括重排反应、逆合成反应、分子拆分反应、基团保护和不对称合成反应，以及近代合成技术和绿色有机合成。

本书在编撰的过程中参考了大量文献，但由于作者能力有限，书中难免存在疏漏和不足之处，望广大读者批评指正。

作者

2014 年 4 月

目　录

第1章 绪　　论

1.1 有机反应基础知识

有机合成是研究用化学方法合成各种有机化合物的科学，它是有机化学的一个重要组成部分，且直接服务于生产实践。近20年来，由于社会生产力和生活水平的提高，有机化学工业产品结构的变化以及开发新技术的要求，精细有机化工产品愈来愈受到重视，其产值和经济、社会效益逐年大幅上升，在世界各国工业品中的地位已不可替代，举足轻重。精细有机化工产品的种类繁多，要合成这些产品涉及许多化学反应，其反应历程和反应条件更是多种多样，尚难以提出一个单一的理论来指导所有这些合成。尽管如此，在进行这些不同类型的合成反应时，它们仍遵循有机化学反应的一些规则、规律。

1.1.1 共价键及其特性

1. 共价键

按照量子化学中价键理论的观点，共价键是两个原子的未成对而又自旋相反的电子偶合配对的结果。共价键的形成降低了体系的能量，形成的结合稳定。一个未成对电子既经配对成键，就不能再与其他未成对电子偶合，即共价键有饱和性。原子的未成对电子数，一般就是它的化合价数和价键数。两个电子的配合成对也就是两个电子原子轨道的重叠，重叠部分越大的共价键就愈牢固。为使原子轨道重叠最大，只有在电子云密度最大的方向才能得到最大的重叠而成键，所以共价键有方向性。

按照杂化轨道理论，能量相近的原子轨道在成键时可进行杂化，而组成能量相等的杂化轨道。这种杂化轨道的成键能力更强，可以使体系的能量更低、更稳定。

当原子组成分子时，形成共价键的电子即运动于整个分子区域。分子中价电子的运动状态，即分子轨道，可以用波函数来描述。分子轨道由原子轨道通过线性组合形成，形成的分子轨道数与参与组成的原子轨道相等。每一个分子轨道只能容纳两个自旋相反的电子。电子总是首先进入能量低的分子轨道，当此轨道已占满后，电子再进入能量较高的轨道。

2. 共价键的性质

(1)键长

形成共价键的两个原子的原子核之间保持一定的距离，这个距离即称为键长(或键距)。同一类型的共价键，在不同化合物的分子中其键长也稍有不同，原因在于分子中的共价键是相互影响的，不是孤立的。

(2)键能

共价键形成时，有能量释放而使体系能量降低。反应共价键断裂时则必须从外界吸收能量。理论上，气态时 A、B 原子结合成气态 A—B 分子时所放出的能量也就是气态 A—B 分子离解成 A、B 两个气态原子时所需吸收的能量。该能量就叫键能。一个共价键离解所需的能量也叫离解能。对多原子的分子来说，即使是同一个分子中同一类型的共价键，这些键的离解能也是不同的。

因此离解能的数据指的是离解特定共价键的键能，而键能则泛指多原子分子中几个同类键离解能的算术平均值。

(3)键角

共价键具有方向性，任一两价以上原子，它与其他原子所形成的两个共价键之间都有一个夹角，该角即称为键角。

(4)共价键的极性

对于两个相同的原子形成的共价键其成键电子云是对称分布于两个原子之间的，这样的共价键没有极性。但当两个不相同的原子形成共价键时，由于这两个原子对于价电子的引力不完全一样，使得分子的一端带电荷多些，而另一端带电荷少些。由于成键电子云的不完全对称而呈极性的共价键被称为极性共价键，通常用箭头来表示这种极性键。箭头所指的原子通常是吸引电子能力较强的原子。也就是指向极性键中带部分负电荷的原子。

(5)元素的电负性

一个元素吸引电子的能力叫做元素的电负性。极性共价键就是构成共价键的两个原子具有不同的电负性值形成的结果。电负性相差愈大，共价键极性也愈大。

1.1.2 电子效应及空间效应

共价键的极性不仅与成键原子的电负性、共价键的性质有关，而且与相邻键的性质、不直接相连的原子之间的相互影响也有关系。这种通过键的极性传递所表现的分子中原子之间的相互影响是共用电子对沿共价键移动的结果，一般称为电子效应，主要可归纳为诱导效应和共轭效应。有时，分子中原子之间的相互影响并不能完全归结为电子效应，有些则是与原子(或基团)的大小和形状有关的，这种通过空间因素所体现的原子之间的相互影响通常称为空间效应，或叫立体效应。

1. 诱导效应

(1)诱导效应

由于分子内成键原子电负性不同所引起的，电子云沿键链按一定方向移动的效应，或者说，键的极性通过键链依次诱导传递的效应，称为诱导效应，它体现着分子中原子之间相互影响的电子效应，一般以 I 表示。诱导效应的方向是以 C—H 键作为标准的，比氢电负性大的原子或基具有较大的吸电性，叫吸电基，由其所引起的诱导效应称为吸电诱导效应，通常以 −I 表示。比氢电负性小的原子或基则具有供电性，叫供电基，由其所引起的诱导效应称为供电诱导效应，一般以 +I 表示。

(2)诱导效应的传递

诱导效应沿键链的传递是以静电诱导的方式进行的，只涉及电子云分布状况的改变，只涉及键的极性的改变，一般不引起整个电荷的转移、价态的变化。如由于氯原子吸电诱导效应的依次传递，促进了质子的离解，加强了酸性，而甲基则由于供电诱导效应的依次诱导传递影响，阻碍了质子的离解，减弱了酸性。

在键链中通过静电诱导传递的诱导效应受屏蔽效应的影响是明显的，诱导效应的强弱是与距离有关的，随着距离的增加，由近而远依次减弱，愈远效应愈弱，而且变化非常迅速，一般经过三个原子以后诱导效应已经很弱，相隔五个原子以上则基本观察不到诱导效应的影响。

诱导效应不仅可以沿d键链传递，同样也可以通过π键传递，而且由于π键电子云流动性较大，因此不饱和键能更有效地传递这种原子之间的相互影响。

(3)诱导效应的相对强度

一般来说，诱导效应的强度次序可以从官能团中心原子在元素周期表中的位置判断。因为元素的电负性在同周期中随族数的增大而递增，在同族中随周期数增大而递减，所以愈是周期表右上角的元素电负性愈大，－I效应也愈大。

中心原子带有正电荷的比不带正电荷的同类官能团的吸电诱导效应要强，而中心带有负电荷的比同类不带负电荷的官能团供电的诱导效应要强。如果中心原子相同而不饱和程度不同时，则随着不饱和程度的增大，吸电诱导效应增强。当然这些诱导效应强弱次序的比较是以官能团与相同原子相连接为基础的，否则无比较意义。

(4)动态诱导效应

所谓静态诱导效应，是分子本身所固有的，是与键的极性——基态时的永久极性有关的诱导效应。在化学反应中，当进攻试剂接近底物时，因外界电场的影响，也会使共价键上电子云分布发生改变。键的极性发生变化，这被称为动态诱导效应。

动态、静态诱导效应在多数情况下是一致的，都属于极性效应，但由于起因不同，有时导致的结果也不同。如C－X键的极性次序应为：C－F＞C－Cl＞C－Br＞C－I，但卤代烷的亲核取代反应活性恰恰相反，实际上其活性顺序为：R－I＞R－Br＞R－Cl。其原因是动态诱导效应的影响。因为在同族元素中，随着原子序数的增大电负性降低，其电子云受核的约束也相应减弱，极化性能力增大，反应活性增大。如果中心原子是同周期元素，则动态诱导效应次序随原子序数的增大而减弱，因为电负性增大使外层电子云受到核的约束力加强，极性化能力减弱，反应活性降低。

静态诱导效应是分子固有的性质。它可以促进、也可以阻碍反应的进行。而动态诱导效应是由于进攻试剂所引起的。只能有助于反应的进行，不可能阻碍或延缓反应。否则将不会有这种动态的效应。因此，反应中动态因素往往起着主导作用。

2.共轭效应

在单双键交替排列的体系中，或具有未共用电子对的原子与双键直接相连的体系中，π轨道与π轨道或p轨道与π轨道之间存在着相互的作用和影响。电子云不再定域在成键原子之间，而是围绕整个分子形成了整体的分子轨道。每个成键电子不仅受到成键原子的原子核的作用，而且也受分子中其他原子核的作用，因而分子能量降低，体系趋于稳定。这种现象被称为电子的离域，这种键称为离域键，由此而产生的额外的稳定能被称为离域能。含有这样一些离域键的体系通称为共轭体系，共轭体系中原子之间的相互影响的电子效应就叫共轭效应。

如果共轭键原子的电负性不同时，则共轭效应也表现为极性效应，如在丙烯腈中，电子云定向移动呈现正负偶极交替的现象。

因此共轭效应也是分子中原子之间相互影响的电子效应。与诱导效应不同的是，它起因于电子的离域，而不仅是极性或极化的效应。它不像诱导效应那样可以存在于一切键上，而只存在于共轭体系之中；共轭效应的传递方式也不靠诱导传递而愈远愈弱，是靠电子离域传递的，对距离的影响是不明显的，而且共轭链愈长，电子离域就愈充分，体系的能量也就愈低，系统也就愈稳定，键长的平均化趋势就愈大。

3. 空间效应

通过空间因素所体现的分子内原子之间的相互影响就称为空间效应，也叫立体效应。与电子效应相似，空间效应对化合物的性质，尤其在反应过程中形成的活性中间体的稳定性影响是较大的，对有机反应的进程起着重要的作用。将在有关章节讨论其对有机合成反应过程的影响。

1.1.3 酸碱理论与亲电、亲核试剂

在有机化学中，酸碱一般是指布伦斯特所定义的酸碱，即：凡是能给出质子的叫酸；凡能与质子结合的叫碱。例如：

$$\begin{array}{c}\text{酸}\quad\text{碱}\qquad\qquad\text{酸}\quad\text{碱}\\ HCl+H_2O \rightleftharpoons H_3O^+ + Cl^-\ (\text{I})\\ H_2SO_4+H_2O \rightleftharpoons H_3O^+ + HSO_4^-\ (\text{II})\\ HSO_4^- + H_2O \rightleftharpoons H_3O^+ + SO_4^{2-}\ (\text{III})\\ H_3O^+ + OH^- \rightleftharpoons H_2O+H_2O\ (\text{IV})\end{array}$$

从上面几个反应中看到，一个酸给出质子后即变为一个碱(例如：HCl 为酸，Cl^- 为碱)，这个碱被叫做为原来酸的共轭碱，即 Cl^- 为酸 HCl 的共轭碱，反之，一个碱(Cl^-)与质子结合后，即变为一个酸(HCl)，这个酸就叫做原来碱 Cl^- 的共轭酸。

酸碱的概念是相对的，某一分子或离子在一个反应中是酸而在另一反应中却可能是碱，如(Ⅱ)式中 HSO_4^- 是碱，(Ⅲ)式中 HSO_4^- 却是酸。(Ⅳ)式中的水，按作用看，一个水(H_2O)分子是酸，而另一分子水(H_2O)却是碱。

有机化学中也常用路易斯提出来的理论定义酸碱，即：凡是能接受外来电子对的叫做酸；凡是能给予电子对的都叫做碱。照此看来，路易斯碱就是布伦斯特定义的碱，例如，(Ⅴ)式中的 NH_3，它可以接受质子，所以是布伦斯特碱。但它与 H^+ 结合时提供了一对电子，所以它又是路易斯碱。路易斯酸与布伦斯特酸则有不同。例如，H^+，按布氏定义它不是酸，按路氏定义它能接受外来电子对所以是酸。又例如：HCl 按布氏定义是酸，但按路氏定义，它们本身不能称为酸，它们所给出的 H^+ 才是酸。为此，可以得出：$AlCl_3$、BF_3 是路易斯酸。

路易斯酸能接受外来电子对，因此它本身具有亲电性。当反应时，它们都有亲近另一分子的负电荷中心的倾向，所以从有机反应的角度出发，它们又被称为亲电试剂。

路易斯碱能给予电子对，因此它有亲核性，即它们在反应时都有亲近一分子的正电荷中心的倾向，所以从有机反应的角度出发，它们又被称为亲核试剂。

1.2 有机反应类型

采用不同的分类标准有机反应就有几种不同类型，可以按产物的结构分，也可以按有机化

合物的转化状况分。其中最常见的是按反应的类型分。

1.2.1 氧化-还原反应

当电子从一个化合物中被全部或部分取走时，我们就可以认为该化合物发生了氧化反应。由于某些有机化合物在反应前后的电子得失关系不如无机化合物明显，因此对有机反应来说，从有机化合物分子中完全夺取一个或几个电子，使有机化合物分子中的氧原子增多或氢原子减少的反应，都称为氧化反应。例如

夺取电子 $PhO^- \xrightarrow{Ce^{4+}} PhO\cdot$

得到氧 $RCHO \xrightarrow{[O]} RCO_2H$

失去氢 $RCH_2OH \xrightarrow{-[2H]} RCHO$

而还原反应则恰好是其逆定义。

一个反应体系中的氧化与还原总是相伴发生的，一种物质被氧化的同时另一种物质也必然被还原。通常所说氧化或还原都是针对重点讨论的有机化合物而言的。例如，醇与重铬酸盐的反应属于氧化反应。

1.2.2 取代反应

连接在碳上的一个基团被另一个基团取代的反应有同步取代、先消除再加成和先加成再消除三种不同的途径。

1. 同步取代

参加同步取代反应的试剂可以是亲核的或亲电的。S_N2 反应的通式是

$$Nu\colon + \gt C{-}Le \longrightarrow Nu{-}C\lt + Le$$

式中，Nu 为亲核试剂；Le 为离去基团。

亲核试剂的进攻是沿着离去基团的相反方向靠近，这样在发生取代的碳原子上就将会发生构型转化。

S_N2 取代反应与 E2 消除反应相互竞争，其中受各种因素的影响，优势也有所不同。例如，在进行 S_N2 反应时，受空间位阻的影响，烷基活泼性的顺序是伯＞仲＞叔。当下列化合物与 $C_2H_5O^-$ 在 55℃、乙醇中进行反应时，表现出不同的 S_N2/E2 比。

$$CH_3CH_2Br \longrightarrow \underset{90\%}{CH_3CH_2{-}OC_2H_5} + \underset{10\%}{CH_2{=}CH_2}$$

$$CH_3{-}\underset{CH_3}{\underset{|}{C}}HBr \longrightarrow \underset{21\%}{(CH_3)_2CH{-}OC_2H_5} + \underset{79\%}{CH_3CH{=}CH_2}$$

$$CH_3-\underset{CH_3}{\overset{CH_3}{\underset{|}{\overset{|}{C}}}}-Br \longrightarrow (CH_3)_2C=CH_2$$

100%

2.先消除再加成

当碳原子与一个容易带着一对键合电子脱落的基团相连接时，可发生单分子溶剂分解反应(S_N1)。例如

$$(CH_3)_3C-Cl \rightarrow (CH_3)_3C^+ + Cl^-$$

$$(CH_3)_3C^+ + H_2O \rightarrow (CH_3)_3C-\overset{+}{O}H_2 \xrightarrow{-H^+} (CH_3)_3C-OH$$

分子上若带有能够使碳正离子稳定化的取代基，则反应进行相对容易。对于卤烷而言，其活泼性顺序是叔＞仲＞伯。

S_N1 溶剂分解反应与 E1 消除反应也是相互竞争的，由于二者之间的竞争发生在形成碳正离子以后，因此 E1/S_N1 之比与离去基团的性质无关。例如

$$(CH_3)_3C-Cl \xrightarrow{H_2O/C_2H_5OH} \underset{83\%}{(CH_3)_3C-OH} + \underset{17\%}{(CH_3)_2C=CH_2}$$

3.先加成再消除

不饱和化合物的取代反应，一般要经过先加成再消除两个阶段，比较重要的反应有羰基上的亲核取代和在芳香碳原子上的亲核、亲电与游离基取代。

(1)羰基上的亲核取代

羧酸衍生物中的羰基与吸电子基团相连接时，容易按加成一消除历程进行取代反应。例如：

$$R-\overset{O}{\overset{\|}{C}}-Cl + OH^- \xrightarrow{慢} R-\underset{OH}{\underset{|}{\overset{O^-}{\overset{|}{C}}}}-Cl \xrightarrow[-Cl^-]{快} R-\underset{OH}{\underset{|}{\overset{O}{\overset{\|}{C}}}} \rightleftharpoons RCO_2^-$$

酰基衍生物的活泼顺序是酰氯＞酸酐＞酯＞酰胺。

强酸对羧酸的酯化具有催化作用，其主要原因在于可增加羰基碳原子的正电性。

$$R-\overset{O}{\overset{\|}{C}}-OH \underset{}{\overset{H^+}{\rightleftharpoons}} R-\overset{O}{\overset{\|}{C}}-\overset{+}{O}H_2 \overset{R'OH}{\rightleftharpoons} R-\underset{\underset{R'\ \ \ H}{O^+}}{\underset{|}{\overset{O^-}{\overset{|}{C}}}}-\overset{+}{O}H_2 \xrightleftharpoons{-H_2O,\ -H^+} R-\overset{O}{\overset{\|}{C}}-OR'$$

需要强调的是，亲电试剂和亲核作用物，或亲核试剂和亲电作用物，常常是一种反应的两种表示方法。

(2)芳香碳原子上的亲核取代

卤苯本身发生亲核取代要求十分激烈的条件，在其邻、对位带有吸电子取代基时，反应容易得多。

(3)芳香碳原子上的亲电取代

芳环与亲电试剂的反应按加成-消除历程进行。多数情况下第一步是速率控制步骤，如苯的硝化反应；也有一些反应第二步脱质子是速率控制步骤，如苯的磺化反应。

不同于烯烃的亲电加成反应，由烯烃与亲电试剂作用所生成的碳正离子，在正常情况下将继续与亲核试剂进行加成，而由芳香化合物得到的芳基正离子，则接下来是发生消除反应。此外，亲电试剂与芳烃的反应比烯烃要慢，如苯与溴不容易反应，而烯烃与溴立即反应，这是因为向苯环上加成，要伴随着失去芳香稳定化能，尽管在某种程度上可通过正离子的离域而得到部分稳定化能的补偿。

(4)芳香碳原子上的游离基取代

游离基或原子与芳香化合物之间的反应是通过加成-消除历程进行的。例如：

$$PhCOO-OOCPh \rightarrow 2PhCO_2\cdot$$

$$PhCO_2\cdot \rightarrow Ph\cdot + CO_2$$

$$C_6H_6 \xrightarrow{Ph\cdot} \left[C_6H_6Ph\cdot \ (H,\ Ph) \right] \xrightarrow[-\ PhCO_2H]{PhCO_2\cdot} C_6H_5Ph$$

在取代基的邻、对位发生取代时，有利于中间游离基产物的离域，这就使得取代反应优先发生在邻位和对位。

1.2.3 加成反应

加成反应包括亲电加成和亲核加成两种。

1. 亲电加成

亲电加成的典型例子是烯烃的加成。该反应分为两个阶段，首先是生成碳正离子中间产物，它是速率控制步骤。

$$RCH=CH_2 + HCl \xrightarrow{慢} R\overset{+}{C}H-CH_3 + Cl^-$$

然后是

$$R\overset{+}{C}H-CH_3 + Cl^- \xrightarrow{快} R-CH(Cl)-CH_3$$

如果烯烃双键的碳原子上含有烷基，在受到亲电试剂攻击时，会有更多烷基取代基的位置优先生成碳正离子。这是由于供电子的烷基可使碳正离子稳定化。

$$(CH_3)_2C=CHCH_3 + HCl \longrightarrow (CH_3)_2\overset{+}{C}-CH_2CH_3 + Cl^- \longrightarrow (CH_3)_2C(Cl)-CH_2CH_3$$

反之，吸电子基团能降低直接与之相连的碳正离子的稳定性。例如：

$$O_2N—CH=CH_2+HCl\rightarrow O_2N—CH_2—\overset{+}{C}H_2+Cl^-\rightarrow O_2N—CH_2CH_2Cl$$

当烯烃受到亲电试剂攻击生成中间产物碳正离子后，存在着质子消除和亲核试剂加成两个竞争反应。在加成反应受到空间位阻时，将有利于发生质子消除反应。例如：

$$(C_6H_5)_3C—\underset{\underset{CH_3}{|}}{C}=CH_2 \xrightarrow{Br_2} (C_6H_5)_3C—\underset{\underset{CH_3}{|}}{\overset{+}{C}}—CH_2Br \xrightarrow{-H^+}$$

$$(C_6H_5)_3C—\underset{\underset{CH_2}{\|}}{C}—CH_2Br + (C_6H_5)_3C—\underset{\underset{CH_3}{|}}{C}=CHBr$$

含有两个或更多共轭双键的化合物在进行加成反应时，由于中间产物碳正离子的电荷可离域到两个或更多个碳原子上，得到的产物可能会是混合物。例如：

$$CH_2=CH—CH=CH_2 \xrightarrow{Br_2} [\ CH_2=CH—\overset{+}{C}H—\underset{\underset{Br}{|}}{C}H_2 \leftrightarrow \overset{+}{C}H_2—CH=CH—\underset{\underset{Br}{|}}{C}H_2\ ]$$

$$\xrightarrow{Br^-} CH_2=CH—\underset{\underset{Br}{|}}{C}H—\underset{\underset{Br}{|}}{C}H_2 + \underset{\underset{Br}{|}}{C}H_2—CH=CH—\underset{\underset{Br}{|}}{C}H_2$$

2. 亲核加成

醛和酮能与亲核试剂发生亲核加成反应，其中亲核试剂的加成是速率控制步骤。其反应通式为

$$R_2C=O + CN^- \xrightarrow{慢} R_2\underset{\underset{CN}{|}}{C}—O^- \xrightarrow[H_2O]{快} R_2\underset{\underset{CN}{|}}{C}—OH + OH^-$$

羰基邻位存在大的基团时，加成反应将受到阻碍。芳醛、芳酮的反应比脂肪族同系物要慢，这是由于在形成过渡态时，破坏了羰基的双键与芳环之间共轭的稳定性。芳环上带有吸电子基团，可使加成反应容易发生，而带有供电子基团，则对反应起阻碍作用。

存在于酸、酰卤、酸酐、酯和酰胺分子中的羰基也可接受亲核试剂的攻击，得到的产物是脱去了电负性基团，而不是添加了质子，因此，这个反应也可看成是取代反应。例如，酰氯的水解反应就是通过脱去氯离子而得到羧酸的。

$$R—\underset{\underset{Cl}{|}}{C}=O + OH^- \longrightarrow R—\underset{\underset{Cl}{|}}{\overset{\overset{OH}{|}}{C}}—O^- \xrightarrow{-Cl^-} R—CO_2H \xrightarrow{OH^-} R—CO_2^-$$

1.2.4 消除反应

消除反应包括 β-消除和 α-消除两种。

①α-消除反应：

$$-\overset{|}{\underset{\underset{B}{|}}{C}}-A \xrightarrow{-A,\ -B} -\underset{|}{C}:$$

②β-消除反应：

$$-\overset{|}{\underset{\underset{A}{|}}{C}}-\overset{|}{\underset{\underset{B}{|}}{C}} \xrightarrow{-A,\ -B} -\underset{|}{C}=\underset{|}{C}-$$

1. α-消除

相较于β-消除反应α-消除反应要少得多。氯仿在碱催化下可发生α-消除反应，反应分成两步，其中第二步是速率控制步骤。

$$CHCl_3 + OH^- \rightleftharpoons CCl_3^- + H_2O$$

$$CCl_3^- \xrightarrow{慢} :CCl_2$$

二氯碳烯

二氯碳烯是活泼质点，不能通过分离得到，但在碱性介质中它将水解成酸。

$$HO^- + :CCl_2 \rightarrow HO-\ddot{C}Cl \xrightarrow{水解} HCO_2H \xrightarrow{OH^-} HCO_2^-$$

亚甲基比二氯碳烯的稳定差，要得到也是极其困难的。

2. β-消除

β-消除反应历程可分为两种：双分子历程(E2)和单分子历程(E1)。

(1)双分子β-消除反应

$$C_2H_5O^- + H-\underset{H}{C}H-\overset{|}{\underset{Br}{C}}- \longrightarrow >C=C< + C_2H_5OH + Br^-$$

受催化剂碱性逐渐增强的影响，反应速度加快；带着一对电子离开的第二个消除基团的能力增大，反应速度加快。已知键的强度顺序是

$$C-I < C-Br < C-Cl < C-F$$

则参加E2反应的卤烷，其反应由易到难的顺序是

$$-I > -Br > -Cl > -F$$

已知烷基当中活性的顺序是叔>仲>伯，例如

$$(CH_3)_3C-Br \xrightarrow{碱催化} (CH_3)_2C=CH_2(\text{I})$$

$$(CH_3)_2CHBr \xrightarrow{碱催化} CH_3CH=CH_2(\text{II})$$

$$CH_3CH_2Br \xrightarrow{碱催化} CH_2=CH_2(\text{III})$$

反应速度的顺序是(Ⅰ)>(Ⅱ)>(Ⅲ)。

在新生成的双键与已存在的不饱和键处于共轭体系的情况下,消除反应的发生更容易。例如

$$\underset{\underset{Br}{|}}{CH_2}-\overset{\overset{H}{|}}{CH}-CH=O \xrightarrow{\text{碱催化}} CH_2=CH-CH=O$$

需要注意的是,S_N2 反应常常与 E2 反应相竞争,消除反应所占的比例取决于碱的性质和烷基的性质。

(2)单分子 β-消除反应

没有碱参加的消除反应属于单分子反应(E1),反应分为两步,其中第一步单分子异裂是速率控制步骤。其通式为

$$-\overset{\overset{H}{|}}{\underset{|}{C}}-\overset{|}{\underset{|}{C}}-X \xrightarrow{\text{慢}} -\overset{\overset{H}{|}}{\underset{|}{C}}-\overset{+}{C}- \;+ X^-$$

$$-\overset{\overset{H}{|}}{\underset{|}{C}}-\overset{+}{\underset{|}{C}}- \xrightarrow{\text{快}} -\underset{|}{C}=\underset{|}{C}- \;+ H^+$$

在单分子消除反应中,由于形成碳正离子是控制步骤,而在烷基当中叔碳正离子的稳定性较高,因此不同烷基的活泼性顺序是叔>仲>伯,离去基团的性质对反应速度的影响与 E2 相同。

在同一个化合物存在两种消除途径时,其中共轭性较强的烯烃将是主要产物。例如

$$CH_3-\overset{\overset{CH_3}{|}}{\underset{\underset{CH_2CH_3}{|}}{C}}-Cl \longrightarrow CH_3-\overset{+}{\underset{\underset{CH_2CH_3}{|}}{C}}-CH_3 \;+ Cl^- \longrightarrow$$

$$\underset{4}{(CH_3)_2C=CH-CH_3} \;+\; \underset{1}{CH_2=\underset{\underset{CH_2CH_3}{|}}{C}-CH_3}$$

$$4 \quad : \quad 1$$

类似于 E2 反应,E1 与 S_N1 反应之间也存在着相互竞争。此外,还也有可能发生碳正离子的分子内重排。

1.2.5 重排反应

重排反应包括分子内重排与分子间重排两类。

1.分子内重排

下面是一个分子内重排反应。

$$CH_3-\overset{CH_3}{\underset{CH_3}{C}}-CH_2-Br \longrightarrow CH_3-\overset{CH_3}{\underset{CH_3}{C}}-\overset{+}{C}H_2 \longrightarrow CH_3-\overset{+}{\underset{CH_3}{C}}-\overset{CH_3}{CH_2} \xrightarrow{EtOH}$$

$$(CH_3)_2C{=}CHCH_3 + (CH_3)_2\underset{OEt}{C}-CH_2CH_3$$

分子内重排反应的主要特征在于：

①发生迁移的推动力在于叔碳正离子的稳定性大于伯碳正离子。

②能够产生碳正离子的反应，当通过重排可得到更稳定的离子时，也将发生重排反应。

$$CH_3-\overset{CH_3}{\underset{CH_3}{C}}-CH{=}CH_2 \xrightarrow[-I^-]{HI} CH_3-\overset{CH_3}{\underset{CH_3}{C}}-\overset{+}{C}H-CH_3 \longrightarrow$$

$$CH_3-\overset{+}{\underset{CH_3}{C}}-\overset{CH_3}{CH}-CH_3 \xrightarrow{+I^-} (CH_3)_2\underset{I}{C}-CH(CH_3)_2$$

③位于β碳原子上的不同基团发生迁移时，最能提供电子的基团将优先迁移到碳正离子上。如苯基较甲基容易迁移。

④基于迁移是速率控制步骤的缘故，位于β位上的芳基不仅比烷基容易迁移，而且能使反应加速。如$C_6H_5C(CH_3)_2CH_2Cl$的溶剂分解反应要比新戊基氯快数千倍。原因是生成的中间产物不是高能量的伯碳正离子，而是离域的跨接苯基正离子。正电荷离域在整个苯环上，使能量显著下降。

$$CH_3-\underset{C_2H_3}{\overset{C_6H_5}{C}}-CH_2-Cl \longrightarrow CH_3-\underset{CH_3}{C}(C_6H_5^{\oplus})CH_2 \longrightarrow C_6H_5CH_2-\overset{+}{C}(CH_3)_2$$

2. 分子间重排

分子间重排可以看做是上述过程的组合。例如，在盐酸催化下N-氯乙酰苯胺的重排反应，首先是通过置换生成氯，而后氯与乙酰苯胺发生亲电取代。

$$C_6H_5N(Cl)COCH_3 \underset{}{\overset{H^+}{\rightleftharpoons}} CH_3CO-\overset{H}{\underset{C_6H_5}{N^+}}-Cl\quad Cl^- \longrightarrow C_6H_5NHCOCH_3 + Cl_2 \longrightarrow$$

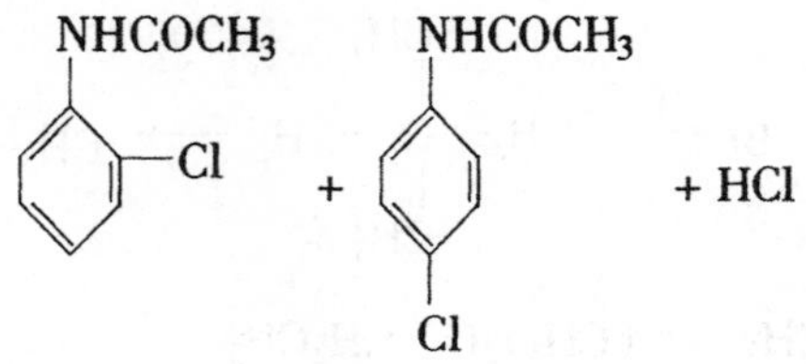

$$\text{邻-ClC}_6\text{H}_4\text{NHCOCH}_3 + \text{对-ClC}_6\text{H}_4\text{NHCOCH}_3 + HCl$$

1.2.6 缩合反应

形成新的 C—C 键的反应可以看做缩合反应。缩合反应的涉及面很广，几乎包括了前面已提到的各种反应类型。例如，在克莱森缩合(Claisen Condensation)中关键的一步是碳负离子在酯的羰基上发生亲核取代。

$$CH_3\overset{O}{\overset{\|}{C}}—OEt + {}^{-}CH_2COOEt \longrightarrow CH_3\overset{O}{\overset{\|}{C}}—CH_2COOEt + OEt^{-}$$

在醇醛缩合中，在醛或酮的羰基上发生的则是亲核加成。

$$CH_3—\overset{O}{\overset{\|}{C}}—H + {}^{-}CH_2CHO \longrightarrow CH_3—\underset{CH_2CHO}{\underset{|}{\overset{O^-}{\overset{|}{C}}}}—H \xrightarrow{H_2O} CH_3—\overset{OH}{\overset{|}{C}}HCH_2CHO$$

1.2.7 周环反应

周环反应是在有机反应中除离子反应和游离基反应外的一类反应，此反应有以下特征：

①既不需要亲电试剂，也不需要亲核试剂，只需要热或光作动力。

②大多数反应不受溶剂或催化剂的影响。

③反应中键的断裂和生成，经过多中心环状过渡态协同进行。

周环反应可分成五种典型的类型：环化加成、电环化反应、螯键反应、σ 移位重排以及烯与烯的反应。

1. 环化加成

由两个共轭体系合起来形成一个环的反应就是环化加成反应。环化加成反应中包括著名的狄尔斯—阿德尔反应(Diels-Alder Reaction)。例如：

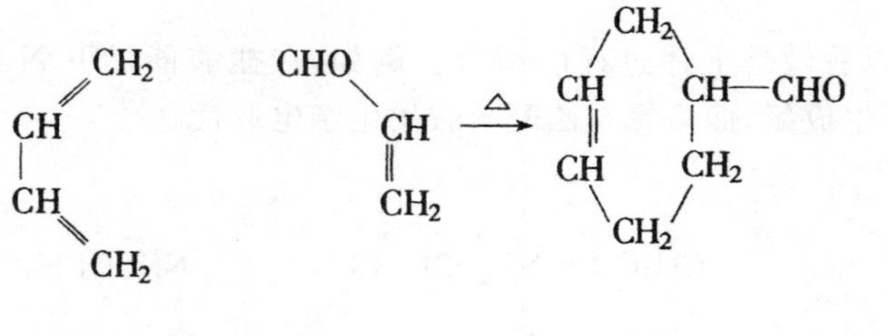

$$CH_2{=}CH—CH{=}CH_2 + CH_2{=}CH—CHO \xrightarrow{\triangle} \text{环己烯-4-甲醛（CH}_2\text{—CH=CH—CH}_2\text{—CH}_2\text{—CH(CHO)环）}$$

2. 电环化反应

电环化反应属于分子内周环反应，在形成环结构时将生成一个新的 σ 键，消耗一个 π 键，或是颠倒过来。例如：

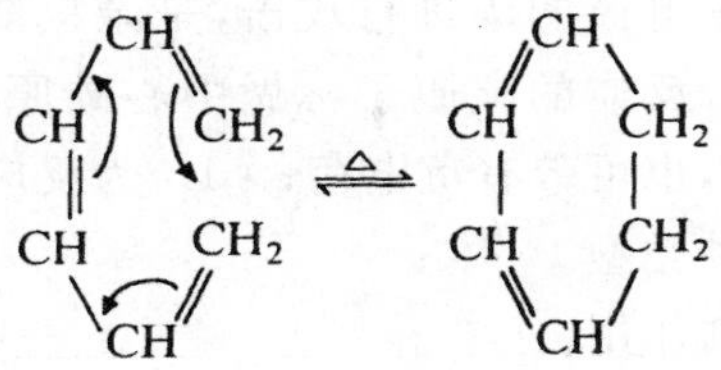

3. 螯键反应

在一个原子的两端有两个万键协同生成或断裂的反应就是螯键反应。例如：

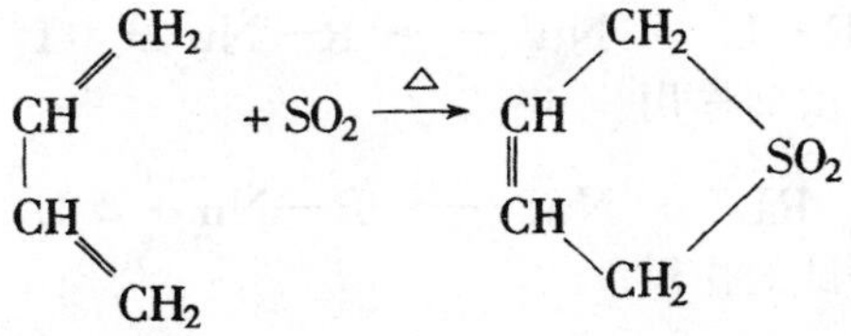

4. σ 移位重排

在 σ 移位重排反应中，同一个 π 电子体系内一个原子或基团发生迁移，而并不改变 σ 键或 π 键的数目。例如：

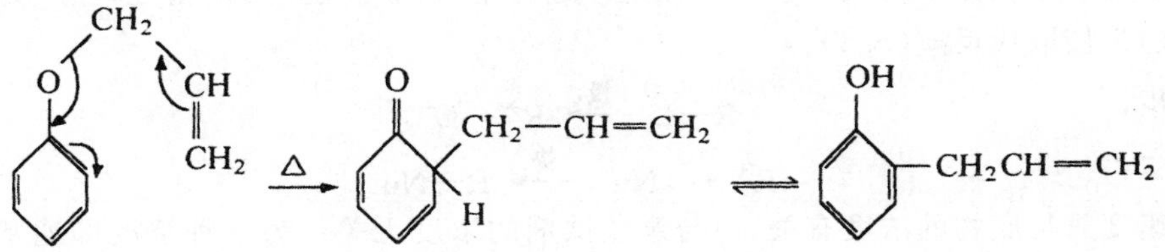

5. 烯与烯的反应

烯丙基化合物与烯烃之间的反应就是烯与烯的反应。例如：

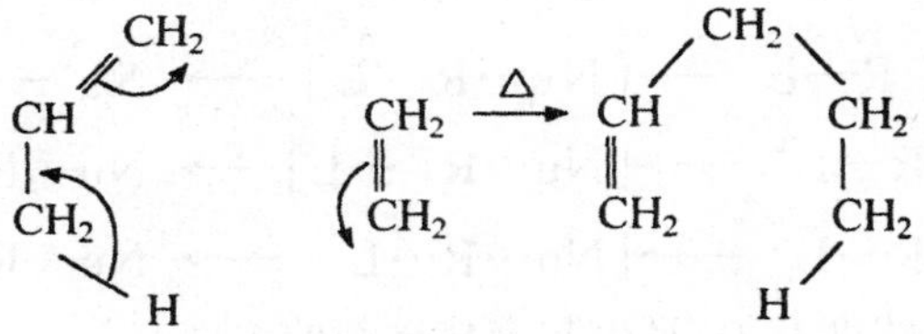

1.3　有机反应理论

1.3.1　饱和碳原子上的亲核取代反应

饱和碳原子上的亲核取代反应是有机合成中研究得最深入，实验积累较丰富的一类反应。最经典的是卤代烷与许多亲核试剂发生的生成醇、醚、腈、胺的反应。

亲核取代的通式表达为：

$$\overset{\delta^+}{R}-\overset{\delta^-}{L} + :Nu^- \longrightarrow R-Nu + :L^-$$

此反应是亲核试剂对带有部分正电荷的碳进行攻击，是亲核取代反应，用 S_N 表示。R－L 是受攻击的对象，称为底物；把进行反应的碳原子称做中心碳原子；:Nu^- 是亲核试剂或称为进入基团，亲核试剂可以是中性的，也可带有负电荷；:L^- 为反应中离开的基团，称为离去基团。亲核取代反应可概括为下列四种类型。

①中性底物与中性亲核试剂作用。

$$R—L + :Nu \longrightarrow R—Nu^+ + :L^-$$

②中性底物与负性亲核试剂作用。

$$R—L + :Nu^- \longrightarrow R—Nu + :L^-$$

③正性底物与负性亲核试剂作用。

$$RL^+ + Nu^- \longrightarrow R—Nu + :L$$

④正性底物与中性亲核试剂作用。

$$RL^+ + :Nu \longrightarrow RNu^+ + :L$$

1. 反应历程

在亲核取代反应过程中，发生了两个键的变化：中心碳原子与离去基团相连的键被断裂，而亲核试剂与中心碳原子构成了新键。在这个过程中有两种典型反应情况，其一是即通常称为单分子的亲核取代反应（S_N1）：

第一步：
$$R—L \xrightarrow{慢} R^+ + L^-$$
第二步：
$$R^+ + :Nu^- \xrightarrow{快} R—Nu$$

反应速度只与底物的浓度有关，而与亲核试剂的浓度无关。另一种情况即通常称为双分子的亲核取代反应（S_N2）。

$$:Nu^- + R—L \longrightarrow [Nu\cdots R\cdots L]^- \longrightarrow Nu—R + L^-$$

$$:Nu + R—L \longrightarrow [\overset{\delta^+}{Nu}\cdots R\cdots \overset{\delta^-}{L}] \longrightarrow Nu^+—R + :L^-$$

$$:Nu + R—L^+ \longrightarrow [Nu\cdots R^+\cdots L] \longrightarrow Nu—R^+ + :L$$

$$:Nu^- + R—L^+ \longrightarrow [Nu\cdots R\cdots L] \longrightarrow Nu—R + :L$$

反应速度不与底物的浓度有关，且也与亲核试剂的浓度有关。

(1)S_N1 历程

叔丁基溴在碱的水溶液中进行的水解反应，动力学测定结果其反应速度：

$$r=k_1[(CH_3)_3CBr]$$

即动力学上表现为一级反应，这表明反应的过程应是分步的。对于这类反应，认为第一步是离去基团离开中心碳原子，即 R－L 键断裂，生成一个不稳定的正碳离子。由于从 R－L 共价键异裂成离子键需要的能量较高，故这一步是慢的。生成的正碳离子因能量较高而具有较大的活性，与亲核试剂很快结合，这一步反应是很迅速的，因此整个反应速度只决定于第一步慢过程。由于在决定反应速度的慢步骤中只有反应物参加，所以称按这种历程进行的反应为单分子亲核取代反应，用符号 S_N1 表示，其反应历程为：

$$R{-}L \xrightleftharpoons{慢} R^+ + L^-$$

$$R^+ + :Nu^- \xrightarrow{快} R{-}Nu$$

在 S_N1 反应中，反应的进行决定于 R^+ 正碳离子的生成，故 R^+ 越稳定，它就越容易生成，反应速度就越迅速。按 S_N1 历程进行的反应，除叔卤代烷外，通常还有其衍生物，以及被共轭效应所稳定的仲卤代烷及其衍生物。

(2)S_N2 历程

溴甲烷在碱的水溶液里的水解反应，溴甲烷与 OH^- 都参与了反应速度的控制步骤。因此认为，这类反应的进行是在离去基团离开中心碳原子的同时，亲核试剂也与中心碳原子发生部分键合，即 R—L 键的断裂和 R—Nu 键的形成是同时进行的。像这种反应物和亲核试剂两者都参与了生成过渡态的亲核取代反应，叫做双分子亲核取代反应，常用 S_N2 表示。该反应历程的一般过程表示如下：

$$(C_6H_5)_2CH{-}Cl \xrightarrow[丙酮]{-Cl^-} (C_6H_5)_2\overset{+}{C}H \xrightarrow{H_2O} (C_6H_5)_2CH{-}\overset{+}{O}H_2 \xrightarrow{-H^+} (C_6H_5)_2CHOH$$

$$(C_6H_5)_2CH{-}\overset{+}{N}(CH_3)_3 \xrightarrow[丙酮]{-N(CH_3)_3} (C_6H_5)_2\overset{+}{C}H \xrightarrow{OH^-} (C_6H_5)_2CHOH$$

亲核试剂进攻中心碳原子的方向问题，通常认为是从离去基团的背面沿着碳和离去基团连接的中心线进攻中心碳原子，因为此时亲核试剂受到离去基团的场效应和空间阻碍作用均较小。

按 S_N2 历程进行的反应，除伯卤代烷外，还有它的衍生物及一些仲卤代烷及其衍生物。

(3)离子对历程

研究发现有许多反应介于 S_N1 和 S_N2 历程之间。对于这种事实的解释有不同观点：一种认为，像仲卤代烷等的亲核取代反应是按 S_N1、S_N2 混合历程进行的；另一种认为，这类亲核取代反应的反应物首先进行离解。由于反应物的离解是逐步离解成离子对，离解过程有不同阶段，故反应历程不同。这后一种观点被称为离子对历程，由于它实质上认为反应是按 S_N1 历程进行，只是发生在不同阶段，故也叫做 S_N1 历程中的离子对。照此观点，则 S_N1、S_N2 历程只是两种极限情况而已。

离子对历程认为，反应物的离解不是一步完成的，而是沿着下列顺序逐步离解成离子对，在离解的不同阶段形成不同的离子对，同时溶剂参与了这一过程，可表示如下：

$$R{-}L \xrightleftharpoons{离子化} \underset{紧密离子对}{R^+L^-} \xrightleftharpoons{溶剂介入} \underset{溶剂介入的离子对}{R^+ \| L^+} \xrightleftharpoons{离解} \underset{离解的离子}{R^+ + L^-}$$

上述图解的每一阶段都可以返回到其前一阶段，也可以继续离解到下一阶段，或者与溶剂作用或者与其他亲核试剂作用生成产物。这样，溶剂离解反应或其他亲核取代反应可以发生在四个不同阶段：

①溶剂或其他亲核试剂作用于反应物，由于 L 的屏蔽效应，它只能从 L 的背面进攻 R，这样产物构型发生倒转，是典型的 S_N2 反应。

②在紧密离子对阶段，溶剂分子或其他亲核试剂进攻 R^+，由于溶剂或其他亲核试剂尚未进入 R^+ 和 L^- 之间，且由于 L^- 的屏蔽作用，溶剂分子或其他亲核试剂只能从 L^- 的背面进攻

R^+,故导致构型倒转,相当于 S_N2 历程。

③溶剂分子或其他亲核试剂进攻 R^+,发生在溶剂介入的离子阶段,则溶剂或其他亲核试剂很可能从前后两面进攻,导致外消旋化,但从正面进攻 R^+ 时,或多或少受到 L^- 的屏蔽作用,故仍以背面进攻为主,产物除主要得到外消旋产物外,尚有部分构型倒转产物。

④溶剂分子或其他亲核试剂进攻 R^+,发生在离解的离子对阶段,由于 R^+ 是平面构型,显然可以机会均等地从正面、背面进攻,相当于典型的 S_N1 历程,产物完全外消旋化。

(4)分子内的亲核取代反应(S_Ni)历程

将醇转变成卤代烷除用一般的方法外,利用醇和亚硫酰氯作用也能实现。

$$R{-}OH + SOCl_2 \longrightarrow R{-}OSOCl + HCl$$

$$R{-}OSOCl \longrightarrow R{-}Cl + SO_2$$

反应在较缓和的条件下进行时,可分离出中间产物 R－OSOCl。

此反应的动力学测定结果为二级反应。当反应物醇的中心碳原子为手性碳时,用一般方法转变伯醇和仲醇经 S_N2 历程的产物构型倒转,叔醇则常发生外消旋化。而醇与亚硫酰氯作用的最后产物却构型保持;故此反应不同于通常的 S_N2 历程。此反应被称为所谓的分子内亲核取代反应,用 S_Ni 表示。醇与亚硫酰氯反应历程可表示如下。

第一步:$R{-}O{-}S({=}O){-}Cl \longrightarrow \left[R^+ \quad \begin{matrix} SO_2 \\ Cl^- \end{matrix}\right]$

第二步:$\left[R^+ \quad \begin{matrix} SO_2 \\ Cl^- \end{matrix}\right] \longrightarrow R{-}Cl + SO_2$

按 S_Ni 历程进行的反应,相对来说极少,最常见的就是醇和亚硫酰氯的反应。

2.反应的立体化学

当亲核取代反应发生在手性碳原子上时,可能存在如下三种立体化学途径:构型保持,构型倒转,外消旋化。

(1)S_N1 反应

从立体化学角度来看,在 S_N1 反应中,因为在反应的慢步骤中生成的正碳离子是平面型的,可以预料,亲核试剂对正碳离子的进攻,将机会均等地来自平面正碳离子的两侧:

$$\text{C—L} \xrightarrow{-L^-} \text{C}^+ \xrightarrow{Nu^-} \underset{50\%}{\text{C—Nu}} + \underset{50\%}{\text{Nu—C}}$$

如果离去基团所在的中心碳原子是一个手性碳原子,理论上将发生外消旋化。但由于实际反应中影响因素的多元性,并非能完全如理论上 100%外消旋化,而总是某一种情况的比例占的多些。

(2)S_N2 反应

按 S_N2 反应进行时,产物通常具有高度的立体选择性,中心碳原子的构型发生倒转占优势。

$$:Nu^- + \ce{C-L} \longrightarrow \overset{\delta^-}{Nu}\cdots C\cdots\overset{\delta^-}{L} \longrightarrow Nu-C + L^-$$

对于 S_N2 历程，构型倒转是个规律。因此，完全构型倒转可作为 S_N2 反应的标志。与此不同的是，S_N1 反应历程比较复杂，只能粗略地讲，S_N1 反应历程常发生外消旋化。

(3)S_Ni 反应

从立体化学角度讲，S_Ni 反应不同于 S_N1、S_N2 反应，其立体化学的特征是中心碳原子的构型保持，即反应物和产物的构型相同。如：

$$(H_3C)(C_6H_5)(H)C-OH \xrightarrow{SOCl_2} (H_3C)(C_6H_5)(H)C-O\overset{O}{\overset{\|}{S}}-Cl \longrightarrow (H_3C)(C_6H_5)(H)C-Cl$$

对 S_Ni 反应历程及反应过程中构型保持问题有不同解释，但多数是用离子对来说明。

1.3.2 脂肪族亲电取代反应

脂肪族亲电取代反应中最重要的离去基团是外层缺少电子对而能很好存在的离去基团。质子也是脂肪系中的离去基团，但反应性取决于酸度。饱和烷烃中的质子很不活泼，亲电取代常在更显酸性的氢原子所在位置上。亲电取代的又一类型为阴离子分离，包括 C—C 键的断裂，反应中有碳离去基团。

1. 氢作离去基团的反应

(1)双键及叁键的迁移

许多不饱和键化合物用强碱处理后，分子中的双或叁键往往发生迁移，如：

$$R-CH_2-CH=CH_2 \xrightarrow[\text{二甲亚砜}]{kNH_2} R-CH=CH-CH_3$$

反应经常获得平衡混合物，大多数是以热力学稳定的异构体为主。如果新双键能与早已存在的双键共轭，或与芳环共轭，则就以上述方式反应。通常末端烯能异构化为内烯；非共轭烯成为共轭烯；外向六员环烯变为内向六员环烯等。这种反应是亲电取代伴有烯丙式重排。

第一步：

$$R-CH_2-\overset{\delta+}{CH}=\overset{\delta-}{CH_2} + :B \longrightarrow [R-\bar{C}H-CH=CH_2]$$
$$\longleftrightarrow [R-CH=CH-\bar{C}H_2] + BH^+$$

第二步：

$$R-\bar{C}H-CH=CH_2 \longleftrightarrow R-CH=CH-\bar{C}H_2 \longrightarrow R-CH=CH-CH_3 + :B$$

三键在强碱的作用下，也会通过丙二烯式中间体发生迁移：

$$R-CH_2-C\equiv CH \rightleftharpoons R-CH=C=CH \rightleftharpoons R-C\equiv C-CH_3$$

$NaNH_9$ 强碱能把内炔变成末端炔，而 NaOH 较弱的碱对内炔有利，有时反应能在丙二烯阶段停下来，成为制备丙二烯的一种方法。

此外，用酸催化时，若底物的双键有几个可能的位置，通常得到各种可能的混合物，所以酸催化的反应在合成上应用较少。

(2)醛、酮的卤化

醛、酮的 α-位可用溴、氯或碘取代卤化：

$$-\overset{|}{C}H-\overset{O}{\overset{\|}{C}}-R + Br_2 \xrightarrow[\text{或 }OH^-]{H^+} -\underset{Br}{\underset{|}{\overset{|}{C}}}-\overset{O}{\overset{\|}{C}}-R + HBr$$

醛、酮的卤化反应，也可能制备两种多卤代物。当使用碱催化时，酮的一个 α 位全被卤化之后才进攻另一个 α 位，直到第一个 α-C 的所有氢原子被取代了，反应才停止。用酸作催化剂时，只有一个卤素取代了就容易使反应停止，但利用过量的卤素可以引进第二个卤素。在氯化反应中，第二个氯一般出现在第一个氯的同侧；但在溴化时，能生成 α,α'-二溴代物。

发生上述卤化反应的其实不是醛、酮本身，而是对应的烯醇或烯醇式离子。催化剂的目的是提供少量的烯醇。微量的酸碱就足够催化形成烯醇或烯醇物。例如，酸催化的历程是：

$$R_2CH-\overset{O}{\overset{\|}{C}}-R' \xrightarrow[\text{慢}]{H^+} R_2CH=\underset{OH}{\underset{|}{C}}-R'$$

$$R_2CH=\underset{OH}{\underset{|}{C}}-R' + Br_2 \longrightarrow R_2\underset{Br}{\underset{|}{C}}-\underset{OH}{\underset{|}{\overset{+}{C}}}-R'$$

$$R_2\underset{Br}{\underset{|}{C}}-\underset{OH}{\underset{|}{\overset{+}{C}}}-R' \longrightarrow R_2\underset{Br}{\underset{|}{C}}-\overset{O}{\overset{\|}{C}}-R' + H^+$$

支持上述历程的根据有：反应速度对底物是一级的；溴不出现在反应速度式内；反应速度在同样条件下对溴化、氯化和碘化是相同的；反应显出同位素效应。

(3)乙酰乙酸乙酯亚甲基活泼氢的反应

乙酰乙酸乙酯分子中亚甲基上的氢原子因受相邻的两个羰基的影响，α-H 很活泼，是一个比较强的酸，与醇钠等强碱作用时，可被钠置换生成乙酰乙酸乙酯钠盐。钠盐再与卤烃作用，则最后生成烃基取代乙酰乙酸乙酯的 α-H 的一烃取代物。

$$CH_3-\overset{O}{\overset{\|}{C}}-CH_2-\overset{O}{\overset{\|}{C}}-OC_2H_5 + C_2H_5O^-Na^+ \rightleftharpoons CH_3-\overset{O}{\overset{\|}{C}}-{}^{\ominus}\overset{Na^{\oplus}}{\ddot{C}H}-\overset{O}{\overset{\|}{C}}-OC_2H_5 + C_2H_5OH$$

$$\xrightarrow{RX} CH_3\overset{O}{\overset{\|}{C}}-\underset{R}{\underset{|}{C}H}-\overset{O}{\overset{\|}{C}}-OC_2H_5$$

在一烃基乙酰乙酸乙酯分子中还含有一个活泼 α-H，能再和醇钠、卤烃作用生成二烃基取代物。

上述反应对伯卤烷最为有利；叔卤烷在碱的作用下可发生消除反应，不适于这个反应。乙酰乙酸乙酯在有机合成上的应用较广。在合成羧酸时，常有酮式分解的副反应同时发生，使产率降低，故在有机合成上，乙酰乙酸乙酯更多地被用来合成酮类。

2. 碳作离去基团的反应

碳作离去基团的反应中发生C—C键的分裂，把保留电子对的部分看作底物，因此可以认为是亲电取代。

脂肪酸的脱羧反应

$$R—COOH \xrightarrow{碱石灰} RH + CO_2$$

凡能成功地脱羧的脂肪酸都是在α-或β-位有某些吸电官能团或双键及叁键的。

1.3.3 芳香族化合物亲电取代反应

在芳香族化合物的有机合成反应中，以取代反应最为重要，通过取代反应可以从简单的芳香物合成各式各样较为复杂的芳香化合物。芳环上取代反应从历程上区分，包括：亲电取代、亲核取代和自由基取代，其中以亲电取代最为重要和常见，亲核取代次之。

1. 苯的一元亲电取代反应

最简单芳环是苯环，由苯的结构可知，苯的大π键电子云集中在分子平面的上下两侧，对苯环碳原子起着屏蔽作用，从而不利于亲核试剂的进攻，相反，却有利于亲电试剂的进攻，发生亲电取代反应。

苯与亲电试剂接近时，苯的π电子首先和试剂形成π络合物，但这种结合是可逆的；然后试剂与苯环上的一个碳原子相连接，此时碳原子便由原先的sp^2杂化重新杂化成sp^3，并与试剂结合成万键，成为带有正电荷的环状中间体，即惠兰德中间体，又称为万络合物。由于中间正离子环中出现了一个sp^3杂化的碳离子，破坏了原先的环型共轭体系，因而丧失了芳香性，但只要失去一个质子就能重新成为苯环时，又恢复了芳性，而结果是苯环上的氢被亲电试剂所取代，成为一元取代苯，其反应过程可表示如下：

(苯) + E^+ ⇌ (苯···E^+) ⇌ (H、E 加成正离子中间体) → (E-苯) + H^+

2. 苯的二元亲电取代反应

从实验中发现，当苯环上已有一个烷基存在时，如果让它进一步再发生取代反应，则无论发生什么取代反应，都比苯容易进行，而且第二个取代基主要进入烷基的邻、对位。当苯环上已有硝基或磺酸基存在时，情况就不一样，进一步再发生取代反应时，要比苯困难些，而且第二个取代基主要进入硝基或磺酸基的间位。

当苯环上已有一个取代基时，如再引入第二个取代基时，则第二个取代基在环上的位置可以有三种，即邻位、间位和对位，且这三个位置被取代的机会并不是均等的，第二个取代基进入的位置，主要由苯环上原有取代基的性质所决定。

3. 苯的多元亲电取代反应

苯的多元亲电取代反应是指二元取苯或含有更多取代基的苯衍生物进行的亲电取代反

应。新取代基进入苯环的位置，和苯的二元亲电取代反应相似，也受已有取代基的影响，但现在还没有一个普遍的，预见性较强的定位规律。在合成设计中，可以参考采用下列经验规律，不过反应得到的大都是混合物。

苯环上已有取代基的定位效应具有加和性。当苯环上已有的两个取代基对新取代基的定位效应是一致时，可仍按前述的定位规律预测新取代基进入苯环的位置。

当苯环上已有两个取代基对新取代基的定位效应不一致时，新取代基进入苯环的位置取决于已有取代基定位效应的强弱。通常活化基的定位效应大于钝化基，而活化基的定位效应有下列强弱顺序：

$$—O^- > —NH_2 > —NR_2 > —OH > —OCH_3 > —NHCOCH_3 > —CH_3 > —X$$

当苯环上两个取代基都是钝化基，很难再进入新取代基，而钝化基的定位效应有下列顺序：

$$—\overset{+}{N}(CH_3)_3 > —NO_2 > —C{\equiv}N > —SO_3H > —CHO > —COCH_3 > —COOH$$

新取代基一般不进入1,3-二取代苯的2位。

1.3.4 芳香族亲核取代反应

在芳环上的亲核取代反应中，亲核试剂是两大类：其一是负离子，如：OH^-，NH_2^-，RO^-，SCN^-，CN^-等；其二是带有未共用电子对的中性分子，如：NH_3，H_2O，RNH_2等。被取代的基团（即离去基团）多是一些电负性基团，如：—X，$—N_2^+$，—OR，—OH，$—NO_2$等。例如：

$$C_6H_5N_2^+Cl^- + KI \longrightarrow C_6H_5I + N_2 + KCl$$

$$C_6H_5Cl + NaNH_2 \xrightarrow[-33℃]{液氨} C_6H_5NH_2 + NaCl$$

另外，在某些情况下，氢也可被亲核试剂直接取代，不过这种反应较少。如：

$$1,3\text{-}C_6H_4(NO_2)_2 + CN^- \longrightarrow 2,4\text{-}(NO_2)_2C_6H_3CN + H^-$$

由于亲核取代反应是亲核试剂优先进攻芳环上电子云密度最低的位置，所以芳香族亲核取代反应的难易程度和定位规律恰好和亲电取代反应的相反。

第 2 章　卤化反应

2.1　概述

2.1.1　卤化反应基本概念

在有机化合物分子中引入卤原子，形成碳-卤键，得到含卤化合物的反应被称为卤化反应。根据引入卤原子的不同，卤化反应可分为氯化、溴化、碘化和氟化。其中以氯化和溴化更为常用，氯化反应的应用也最为广泛。卤化已广泛用于医药、农药、染料、香料、增塑剂、阻燃剂等及其中间体等行业，制取各种重要的原料、精细化学品的中间体以及工业溶剂等，是有机合成的重要岗位之一。

通过向有机化合物分子中引入卤素，主要有两个目的：

①赋予有机化合物一些新的性能，如含氟氯嘧啶活性基的活性染料，具有优异的染色性能。

②在制成卤素衍生物以后，通过卤基的进一步转化，制备一系列含有其他基团的中间体，例如，由对硝基氯苯与氨水反应可制得染料中间体对硝基苯胺，由 2,4-二硝基氯苯水解可制得中间体 2,4-二硝基苯酚等。

由于被卤化脂肪烃、芳香烃及其衍生物的化学性质各异，卤化要求不同，卤化反应类型也不同。卤化方法分为：

①加成卤化，如不饱和烃类及其衍生物的卤化。

②取代卤化，如烷烃和芳香烃及其衍生物的卤化。

③置换卤化，如有机化合物上已有官能团转化为卤基。

卤化的实施方法有液相、气液相、气固相催化、电解等卤化过程。

由于卤化涉及的原料、中间体以及产品多属于易燃、易爆、有毒性和腐蚀性的化学危险品，环境友好性较差，尤其是卤族元素及其化合物。因此，卤化操作须严格执行工艺规程，按照危险化学品安全技术说明书进行工作。

卤化生产常用设备，由不锈钢或衬搪瓷等耐腐蚀的反应釜（罐）、塔器、计量罐、贮存容器、液氯钢瓶、输送泵等构成的卤化装置，卤化氢回收处理系统、供电、供热、压缩空气、真空系统、氮气保护系统，事故以及检修设施，还有防火、防爆、防静电、通风防毒等设施，个人操作劳动防护用品等组成。

在分子中引入卤素，可以增加分子的极性或通过卤素的转换，制取含有其他官能团的中间体或产品。

氯甲烷、四氯化碳、二溴乙烷、四溴乙烷、氟里昂、氯乙烯、氯苯、氯丙醇、氟氯甲烷、氟乙烯、氟氯乙烷、四氟乙烯，以及医药、农药、染料中间体、阻燃剂均是卤化产品。某些化学品通过引入卤素,可显著改善其性能,使其具备某种特定功能。在天然蔗糖中引入氯原子,生产的三氯蔗糖是目前人类开发的最完美的非营养型、高甜度的甜味剂。

2.1.2 卤化剂

在有机分子中引入卤素的反应试剂即为卤化剂。根据引入的卤素不同,可分为氯化剂、溴化剂、碘化剂和氟化剂。

1. 氯化剂

最常用的氯化剂是分子态氯,广泛用于加成氯化、取代氯化。它是黄绿色气体,有窒息性臭味,常压沸点-34.6℃。分子态氯主要来自食盐水的电解。由电解槽出来的氯气经浓硫酸脱水干燥后,可直接使用,也可冷冻、加压液化成液氯后使用。氯气液化后的尾氯含氯量60%~70%(体积分数),也可用于某些氯化过程。海水中含氯化钠质量分数约3%,因此分子态氯供应量大,价廉,是最重要的氯化剂。

在金属卤化物如氯化铁作用下,氯分子形成高度极化的配合物:

$$Cl_2 + FeCl_3 \rightleftharpoons [Cl^+ FeCl_4^-]$$

在硫酸的作用下,氯离解成氯正离子:

$$H_2SO_4 \rightleftharpoons H^+ + HSO_4^-$$

$$H^+ + Cl_2 \rightleftharpoons HCl + Cl^+$$

碘也可使氯离解为氯正离子:

$$H_2 + Cl_2 \rightleftharpoons 2HCl$$

$$ICl \rightleftharpoons I^+ + Cl^-$$

$$I^+ + Cl_2 \rightleftharpoons ICl + Cl^+$$

因此,氯化铝、氯化铁、四氯化钛、氯化锌等金属卤化物和硫酸、碘等,均可作为氯化的催化剂。

对于小吨位精细化工的氯化过程,当被氯化物是液态时,或者在无水惰性有机溶剂中进行氯化时,也可以用液态的硫酰二氯作氯化剂,它的优点是反应温和、加料方便、计量准确,缺点是价格贵。硫酰氯无色液体,相对密度为1.667,沸点为69.1℃,熔点为-54.1℃,有刺激性气味,溶于冰醋酸;遇冷水逐渐分解,遇热水和碱分解速率加快。硫酰氯是芳环及侧链取代氯化的高活性氯化剂。但是硫酰氯的氯化成本高,存在废弃物回收处理问题,污染严重。

$$SO_2Cl_2 \rightleftharpoons ClSO_2^- + Cl^+$$

$$ClSO_2^- \rightleftharpoons SO_2 + Cl^-$$

当氯化反应在水介质中进行时,除了用氯气作氯化剂以外,也可以用盐酸加氧化剂在反应液中产生分子态氯或新生态氯。最常用的氧化剂是双氧水、次氯酸钠和氯酸钠。

在气相高温氯化时,还可以用氯化氢加空气作氯化剂(氧化氯化法)。氯化氢用于不饱和烃加成氯化,氯化氢与甲醛可作为氯甲基化试剂:

$$H_2C{=}O + HCl \rightleftharpoons [H_2C{=}\overset{+}{O}H]Cl^- \xleftrightarrow{\text{共振}} [H_2\overset{+}{C}{-}OH]Cl^-$$

在无水氯化锌作用下，可在芳环上引入氯甲基。

在加成氯化时，除了用分子态氯以外，也可以用氯化氢作氯化剂，或用次氯酸作氯化剂。次氯酸不稳定，易分解，生产现配制现使用。其配制是将氯气通入水或氢氧化钠水溶液中，也可通入碳酸钙悬浮水溶液中制取。次氯酸在强酸水溶液中被强烈极化，进而作为亲点质点参与氯化反应。

$$HOCl \underset{\text{快}}{\overset{\text{强酸 } H^+}{\rightleftharpoons}} H_2O^+Cl \overset{-H_2O}{\rightleftharpoons} Cl^+$$

在制备贵重的小量氯化产物时，也可以用N-氯化酰胺作氯化剂。

由于分子态氯价格低廉、供应量大，因此在精细有机合成中，氯化产物品种最多、产量最大，所以氯化是最重要的卤化反应。

2.溴化剂

最常用的溴化剂是分子态溴，也称溴素，它是暗红色发烟液体，有恶臭，沸点58.78℃。溴素是以海水或海水晒盐后的盐卤为原料，将其中所含的溴化钠用空气或氯气进行氧化而得。由于溴素产量少、价格贵，因此溴化反应主要用于制备含溴的精细化学品，特别是含溴阻燃剂。

为了充分利用溴，在取代溴化时常常向反应液中加入氧化剂，将溴化时副产的溴化氢再氧化成溴，使其得到充分利用。常用的氧化剂可以是氯气、双氧水、次氯酸钠或氯酸钠。

溴化氢、溴化钠和溴酸钠都是由溴素制得的，因此在工业生产中，只有在个别情况下才用溴化氢加氧化剂作为溴化剂。

碘也可以将溴离解为溴正离子：

$$I_2 + Br_2 \rightleftharpoons 2IBr$$

$$IBr \rightleftharpoons I^+ + Br^-$$

$$I^- + Br_2 \rightleftharpoons IBr + Br^-$$

在制备贵重的溴化物时，也可以用N-溴代酰胺、二溴化亚磷酸三苯脂、二溴化三正丁基酯作溴化剂。

3.碘化剂

最常用的碘化剂是分子态碘，亦称碘素。碘是紫黑色带金属光泽的固体。碘的产量比溴更少、价格更贵，因而碘化反应只用于制备少数贵重的含碘精细化学品。

C—I键的键能比较弱，取代碘化是可逆反应，取代碘化时副产的碘化氢可以使碘化物还原脱碘。

$$Ar-H + I_2 \rightleftharpoons Ar-I + HI$$

由此可以看出，用碘素进行取代碘化时，通常要向反应液中加入氧化剂，使副产的碘化氢氧化成碘。这样既可以使碘得到充分利用，还能抑制脱碘副反应。最常用的氧化剂是双氧水和硝酸。

在取代碘化时，为了避免生成碘化氢，以及因加入氧化剂而引起的氧化副反应，可以使用氯化碘作碘化剂。

$$Ar-H + ICl \longrightarrow Ar-I + HCl\uparrow$$

氯化碘是由碘素与氯气反应而制得的红色油状液体或斜方六面体结晶。氯化碘价格贵、易分解析出碘，释放出氯而污染环境，应尽量避免使用，或使用时临时配制。

4. 氟化剂

分子态氟是由无水氟化氢-氟化钾体系电解而得，价格昂贵。另外，分子态氟与有机分子反应时，氟化的反应热大于 C—C 单键的断裂能，因此在用分子态氟进行取代氟化时，有机化合物极易发生裂解、聚合等破坏性的副反应，而改用氟化氢对双键的加成氟化法，用氟化钠、氟化钾或氟化氢的置换氟化法或电解氟化法，常用的氟化剂有氟化钠、氟化钾、氟化氢。

由于有机氟化物热稳定性高、无毒，氟化反应日益得到人们的重视。据报道，用氟化铜使苯在常压、550℃气相氟化生成氟苯，同时氟化铜还原成金属铜，苯的转化率大于 30%，氟苯的选择性大于 95%。用过的催化剂可以在 350℃～400℃用 HF/O_2 再生，其成本只有氟化重氮苯分解法的 1/3，但还未工业化。

2.2 取代卤化及其应用

取代卤化主要有芳环上的取代卤化、芳环侧链及脂肪烃的取代卤化。取代卤化以取代氯化和取代溴化最为常见。

2.2.1 芳环上的取代卤化

1. 芳环上的取代卤化过程

芳环上的取代卤化是亲电取代反应，其反应通式为：

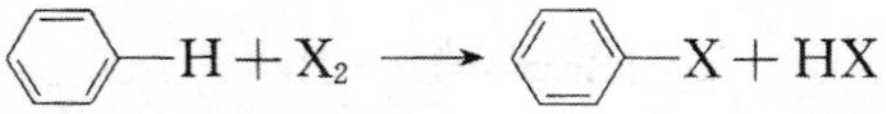

$$C_6H_5-H+X_2 \longrightarrow C_6H_5-X+HX$$

这是精细有机合成中的一类重要的反应，可以制取一系列重要的芳烃卤化衍生物。例如，

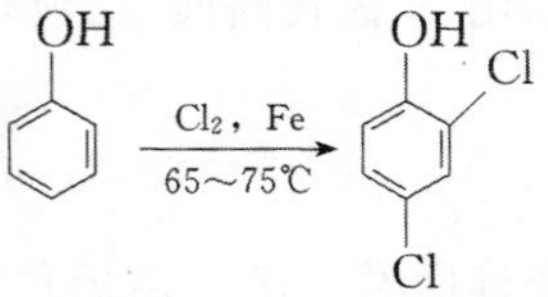

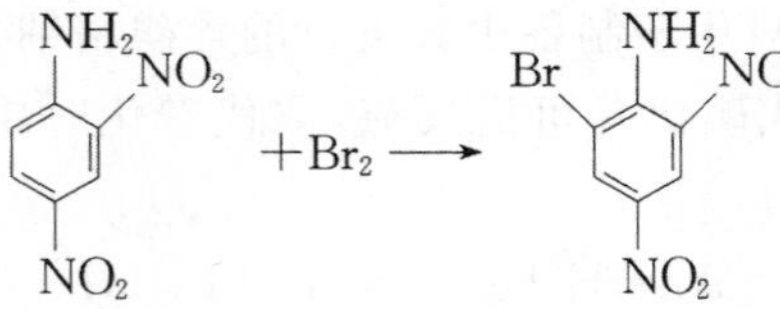

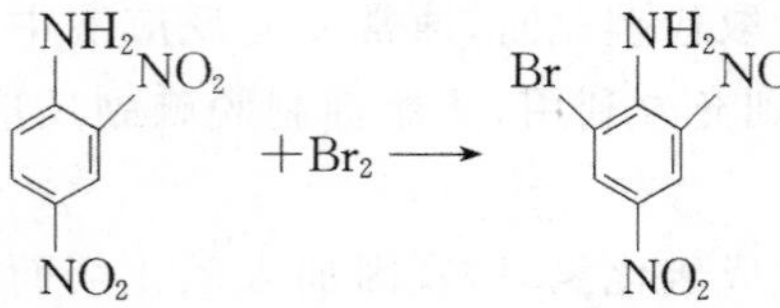

$$C_6H_5OH \xrightarrow[65\sim75℃]{Cl_2,\ Fe} \text{(OH, 2-Cl, 4-Cl)}C_6H_3$$

$$\text{(NH}_2\text{, 2-NO}_2\text{, 4-NO}_2\text{)}C_6H_3 + Br_2 \longrightarrow \text{(NH}_2\text{, 2-NO}_2\text{, 4-NO}_2\text{, 6-Br)}C_6H_2$$

$$\text{(NH}_2\text{, 2-NO}_2\text{, 4-NO}_2\text{)}C_6H_3 + Br_2 \longrightarrow \text{(NH}_2\text{, 2-NO}_2\text{, 4-NO}_2\text{, 6-Br)}C_6H_2$$

这类反应常用三氯化铝、三氯化铁、三溴化铁、四氯化锡、氯化锌等 Lewis 酸作为催化剂，其作用是促使卤素分子的极化离解。

芳环上的取代卤化一般属于离子型亲电取代反应。首先，由极化了的卤素分子或卤正离

子向芳环做亲电进攻，形成旷络合物，然后很快失去一个质子而得卤代芳烃。即

$$C_6H_5-OCH_2CO_2H \xrightarrow[70\sim75℃]{ICl/HCl} I-C_6H_4-OCH_2CO_2H$$

例如，在无水状态下，用氯气进行氯化时，最常用的催化剂是各种金属氯化物，例如，$FeCl_3$、$AlCl_3$、$SbCl_3$、等 Lewis 酸。无水 $FeCl_3$ 的催化作用可简单表示如下：

$$FeCl_3+Cl_2 \rightleftharpoons \left[FeCl_3-\overset{\delta^-}{Cl}-\overset{\delta^+}{Cl}\right] \rightleftharpoons FeCl_4^-+Cl^+$$

$$C_6H_6 + Cl^+ \rightleftharpoons C_6H_6\rightarrow Cl^+ \rightleftharpoons [C_6H_6Cl]^+ \longrightarrow C_6H_5Cl + H^+$$

$$FeCl_4^- + H^+ \longrightarrow FeCl_3 + HCl\uparrow$$

在氯化过程中，催化剂 $FeCl_3$ 并不消耗，因此用量极少。

2.芳环上的取代卤化反应的影响因素

影响反应的因素主要有以下几种。

(1)反应温度

一般情况下，反应温度越高，则反应速度越快，也容易发生多卤代及其他副反应。故选择适宜的反应温度亦是成功的关键。对于取代卤化反应而言，反应温度还影响卤素取代的定位和数目。

(2)介质

常用的介质有水、盐酸、硫酸、醋酸、氯仿及其他卤代烃类化合物。反应介质的选取是根据被卤化物的性质而定的。对于卤化反应容易进行的芳烃，可用稀盐酸或稀硫酸作介质，不需加其他催化剂；对于卤代反应较难进行的芳烃，可用浓硫酸作介质，并加入适量的催化剂。

另外，反应若需用有机溶剂，则该溶剂必须在反应条件下显示惰性。溶剂的更换常常影响到卤代反应的速度，甚至影响到产物的结构及异构体的比例。一般来讲，采用极性溶剂的反应速度要比用非极性溶剂快。

(3)卤化试剂

直接用氟与芳烃作用制取氟代芳烃，因反应十分激烈，需在氩气或氮气稀释下于－78℃进行，故无实用意义。

合成其他卤代芳烃用的卤化试剂有卤素、N-溴(氯)代丁二酰亚胺(NBS)、次氯酸、硫酰氯($SOCl_2$)等。若用碘进行碘代反应，因生成的碘化氢具有还原性，可使碘代芳烃还原成原料芳烃，所以需同时加氧化剂，或加碱，或加入能与碘化氢形成难溶于水的碘化物的金属氧化物将其除去，方可使碘代反应顺利进行。若采用强碘化剂 ICl 进行芳烃的碘代，则可获得良好的效果。

$$4\text{-}NO_2C_6H_4NH_2 \xrightarrow[100℃,\ 2h]{ICl/AcOH} 2,6\text{-}I_2\text{-}1,4\text{-}(NO_2)_2C_6H_2$$

在芳烃的卤代反应中，应注意选择合适的卤化试剂，因为这往往会影响反应的速度、卤原子取代的位置、数目及异构体的比例等。

一般来说，比较由不同卤素所构成的卤化剂的反应能力时有如下顺序：

$$Cl_2 > BrCl > Br_2 > ICl > I_2$$

(4)芳烃取代基

芳环上取代基的电子效应对芳环上的取代卤化的难易及卤代的位置均有很大的影响。芳环上连有给电子基，卤代反应容易进行，且常发生多卤代现象，需适当地选择和控制反应条件，或采用保护、清除等手段，使反应停留在单、双卤代阶段。

芳环上若存在吸电子基团，反应则较困难，需用 Lewis 酸催化剂在较高温度下进行卤代，或采用活性较大的卤化试剂，使反应得以顺利进行。例如，硝基苯的溴化：

$$C_6H_5NO_2 \xrightarrow[135℃\sim145℃]{Br_2,\ FeBr_3} 3\text{-}BrC_6H_4NO_2$$

若芳环上除吸电子基团外还有给电子基团，卤化反应就顺利多了。例如对硝基苯胺的取代氯化，氯基的定位取决于给电子基团。

$$4\text{-}NO_2C_6H_4NH_2 \xrightarrow[0℃]{NaOCl/HCl} 2\text{-}Cl\text{-}4\text{-}NO_2C_6H_3NH_2$$

萘的卤化比苯容易，可以在溶剂或熔融态下进行。萘的氯化是一个平行-连串反应，一氯化产物有 α-氯萘和 β-氯萘两种异构体，而二氯化的异构体最多可达 10 种。

2.2.2 芳烃的侧链取代卤化

芳环的侧链取代卤化主要是侧链上的氯化，重要的是甲苯的侧链氯化。芳环侧链氢的取代卤化是典型的自由基链反应，其反应历程包括链引发、链增长和链终止三个阶段。

链引发：氯分子在高温、光照或引发剂的作用下，均裂为氯自由基。

$$Cl_2 \xrightarrow{均裂} 2Cl\cdot$$

链增长：氯自由基与甲苯按以下历程发生氯化反应。

$$C_6H_5CH_3 + Cl\cdot \longrightarrow C_6H_5CH_2\cdot + HCl\uparrow$$

$$C_6H_5CH_2\cdot + Cl_2 \longrightarrow C_6H_5CH_2Cl + Cl\cdot$$

$$C_6H_5CH_3 + Cl\cdot \longrightarrow C_6H_5CH_2Cl + H\cdot$$

$$H\cdot + Cl_2 \longrightarrow Cl\cdot + HCl$$

应该指出，在上述条件下，芳环侧链的非 α 氢一般不发生卤基取代反应。

链终止：自由基互相碰撞将能量转移给反应器壁，或自由基与杂质结合，可造成链终止。例如，

$$Cl\cdot + Cl\cdot \longrightarrow Cl_2$$

$$Cl\cdot + H\cdot \longrightarrow HCl$$

$$Cl\cdot + O_2 \longrightarrow ClOO\cdot \xrightarrow{Cl\cdot} O_2 + Cl_2$$

芳烃的侧链取代卤化的主要影响因素为以下几种。

(1)光源

甲苯在沸腾温度下,其侧链-氯化已具有明显的反应速度,可以不用光照和引发剂,但是甲苯的侧链二氯化和三氯化,在黑暗下反应速度很慢,需要光的照射。一般可用富有紫外线的日光灯,研究发现高压汞灯对于甲苯的侧链二氯化有良好效果,但光照深度有限,安装光源,反应器结构复杂。为了简化设备结构,现在趋向于选用高效引发剂。

(2)温度

为了使氯分子或引发剂热离解生成自由基,需要较高的反应温度,但温度太高容易引起副反应。现在趋向于在光照和复合引发剂的作用下适当降低氯化温度。

(3)引发剂

最常用的自由基引发剂是有机过氧化物和偶氮化合物,它们的引发作用是在受热时分解产生自由基。这些引发剂的效率高,但在引发过程中逐渐消耗,需要不断补充。

复合引发剂的效果比较好,其添加剂可以加速自由基反应,添加剂主要有吡啶、苯基吡啶、烯化多胺、六亚甲基四胺、磷酰胺、烷基酰胺、二烷基磷酰胺、脲、膦、磷酸三烷基酯、硫脲、环内酰胺和氨基乙醇等,添加剂的用量一般是被氯化物质量的 0.1%～2%。

(4)杂质

凡能使氯分子极化的物质都有利于芳环上的亲电氯基取代反应,因此甲苯和氯气中都不应含有这类杂质。有微量铁离子时,加入三氯化磷等可以使铁离子配合掩蔽,使铁离子不致影响侧链氯化。

氯气中如果含有氧,它会与氯自由基结合成稳定的自由基 ClOO· 导致链终止,所以侧链氯化时要用经过液化后,再蒸发的高纯度氯气。但是当加有被氯化物 PCl_3 时,即使氯气中含有 5%的氧,也可以使用。

2.2.3　脂肪烃的取代卤化

脂肪烃的取代卤化反应,大多属于自由基取代历程,与芳环侧链卤化的反应历程相似。就烷烃氢原子的活性而言,若无立体因素的影响,叔 C－H＞仲 C－H＞伯 C－H,这与反应过程中形成的碳自由基的稳定性是一致的。

卤化试剂有氯、溴、硫酰氯、N-溴代丁二酰亚胺(NBS)等。它们在高温、光照或自由基引发剂存在下产生卤自由基。就卤素的反应选择性而言,Br·＞Cl·。N-溴代丁二酰亚胺等的选择性均好于卤素。

2.2.4　取代溴化反应的应用

产量最大的实例是芳香族溴系阻燃剂。这类阻燃剂品种很多,它们都是高熔点的固体。在制备不同的溴系阻燃剂时,其溴化反应条件各不相同,而且各有特点。下面介绍四溴双酚 A 的制备。

四溴双酚 A 学名 2,2-双-(2,6-二溴-4-羟基苯基)丙烷,它是由双酚 A 通过四溴化而制得的。

$$HO-C_6H_4-C(CH_3)_2-C_6H_4-OH \xrightarrow{2Br_2} HO-C_6H_2Br_2-C(CH_3)_2-C_6H_2Br_2-OH$$

双酚 A

溴化反应是在含水甲醇,乙醇或氯苯介质顺常温用溴素进行的,溴化后期可加入双氧水使副产的溴化氢氧化为溴。溴化完毕后,滤出产品,含溴化氢的溶剂可回收使用。

2.3 加成卤化及其应用

2.3.1 用卤素加成

氟的加成反应剧烈难以控制,很少应用;碘的加成反应是可逆的,二碘化物性质不稳定、收率也低,也很少应用;应用较多的是氯化和溴化。卤素与烯烃的加成,分为亲电加成和自由基加成。

1. 亲电加成过程

烯烃的结构特征是碳碳双键,双键中的 π 电子容易与亲电试剂作用,发生亲电加成反应。由于氯或溴作用,烯烃 π 键断裂,形成碳卤 σ 键,得到含两个卤原子的烷烃化合物。

$$CH_2{=}CH_2 \underset{}{\overset{Cl_2}{\rightleftharpoons}} CH_2{=}CH_2\cdots Cl{-}Cl \xrightarrow{FeCl_3} CH_2(Cl)-\overset{+}{C}H_2 + FeCl_4^- \longrightarrow CH_2(Cl)-CH_2(Cl) + FeCl_3$$

极化后的卤素进攻烯烃双键,形成过渡态 π-配合物,进而在 $FeCl_3$ 作用下生成卤代烃。$FeCl_3$ 的作用是促使 Cl_2 形成 Cl-Cl:$FeCl_3$ 配合物、π-配合物转化成 σ-配合物。

烯烃的反应能力取决于中间体正离子的稳定性,烯烃双键邻侧的吸电子基使双键电子云密度下降,而使反应活泼性降低;烯烃双键邻侧的给电子基,则使反应活泼性增加。烯烃加成卤化的反应活泼次序为:

$$RCH=CH_2>CH_2=CH_2>CH_2=CH-Cl$$

烯烃卤化加成的溶剂,常用四氯化碳、氯仿、二硫化碳、醋酸和醋酸乙酯等。醇和水不宜作溶剂,否则将导致卤代醇或卤代醚生成。

$$ArCH{=}CHAr \xrightarrow[0℃]{Br_2/CH_3OH} ArCH(Br)-CH(Br)Ar + ArCH(Br)-CH(OCH_3)Ar$$

卤化加成的温度不宜太高。否则,可能发生脱卤化氢的消除反应,或者发生取代反应。

2. 自由基加成过程

在光、热或引发剂存在下,卤素生成卤自由基,与不饱和烃加成,反应服从自由基历程。

$$Cl_2 \xrightarrow{h\nu} 2Cl_2 \cdot$$

链引发 $$CH_2=CH_2 \xrightarrow{Cl \cdot} CH_2Cl-\dot{C}H_2$$

$$CH_2Cl-\dot{C}H_2 \xrightarrow{Cl_2} CH_2Cl-CH_2Cl+Cl \cdot$$

链终止 $$CH_2Cl-\dot{C}H_2+\dot{C}l \rightarrow CH_2Cl-CH_2Cl$$

$$2CH_2Cl-\dot{C}H_2 \rightarrow CH_2Cl-CH_2-CH_2-CH_2Cl$$

$$2Cl \cdot \rightarrow Cl_2$$

当烯烃含吸电子取代基时，适于光催化加成卤化。三氯乙烯进一步加成氯化很困难，光催化氯化可制取五氯乙烷。

2.3.2 用卤化氢加成

卤化氢与烯烃、炔烃加成可生产多种卤代烃。例如，氯化氢和乙炔加成生产氯乙烯，氯化氢或溴化氢与乙烯加成生成氯乙烷或溴乙烷。

$$RCH_2=CH_2+HX \rightarrow RCHX-CH_3+Q$$

反应是可逆、放热的，低温利于反应，50℃以下反应几乎是不可逆的。

卤化氢与不饱和烃的加成，分亲电加成和自由基加成。亲电加成分两步：

$$\rangle C=C\langle + H^+ \longrightarrow \rangle CH-\overset{+}{C}\langle \xrightarrow{X^-} \rangle CH-\underset{X}{\underset{|}{C}}\langle$$

反应符合马尔科夫尼柯夫规则，氢加在含氢较多的碳原子上；若烯烃含$-COOH$、$-CN$、$-CF_3$、$-N^+(CH_3)_3$等吸电子取代基，加成是反马尔科夫尼柯夫规则的。

$$\overset{\delta^+}{C}H_2=\underset{\delta^-}{\overset{H}{\overset{|}{C}}}\rightarrow Y + H^+X^- \longrightarrow \underset{X}{\underset{|}{C}H_2}-CH_2-Y$$

卤化氢加成的活泼性次序为：HCl>HBr>HI。

反应速率不仅取决于卤化氢的活泼性，也与烯烃性质有关。带有给电子取代基的烯烃易于反应。$AlCl_3$或$FeCl_3$等金属卤化物可加快反应速率。使用卤化氢的加成反应，可用有机溶剂或浓卤化氢的水溶剂。

在光或引发剂作用下，溴化氢与烯烃加成属自由基加成反应，卤化氢定位规则属反马尔科夫尼柯夫规则。

2.3.3 用卤代烷加成

叔卤代烷在路易斯酸催化下，对不饱和烃的烯烃进行亲电加成反应。如氯代叔丁烷与乙烯在氯化铝催化作用下加成，生成1-氯-3,3-二甲基丁烷。

$$(CH_3)_3CCl+CH_2=CH_2 \xrightarrow{AlCl_3} (CH_3)C-CH_2CH_2Cl$$

多卤代甲烷衍生物与烯烃双键发生自由基加成反应，在双键上形成碳卤键，使双键碳原子上增加一个碳原子。丙烯和四氯化碳在引发剂过氧化苯甲酰作用下，生成1,1,1-三氯-3-氯丁烷，收率为 8%。1,1,1-三氯-3-氯丁烷水解得到β-氯丁酸。

$$CH_3CH=CH_2+CCl_4\xrightarrow{(PhCOO)_2}CCl_3CH_2CH(Cl)CH_3$$

$$CCl_3CH_2CH(Cl)CH_3+2H_2O\xrightarrow{OH^-}CH_3CH(Cl)CH_2COOH+3HCl$$

多氯甲烷，如氯仿、四氯化碳、一溴三氯甲烷、溴仿和一碘三氟甲烷等。多卤代甲烷衍生物被取代卤原子活泼性次序为 I>Br>Cl。

2.3.4 次氯酸对双键的加成

次氯酸与双键的加成属于亲电加成反应，因此在质子酸、Lewis 酸的催化下能使反应加速。次氯酸水溶液与乙烯加成生成的β-氯乙醇以及与丙烯加成生成的氯丙醇都是十分重要的有机化工原料，可用以制取环氧乙烷和环氧丙烷。虽然制取环氧乙烷的工艺现今已被乙烯的直接氧化所取代，但用次氯酸与丙烯加成的工艺来生产环氧丙烷，还是有十分重要意义的。其反应过程为：

$$Cl_2+H_2O\longrightarrow HClO$$

$$2CH_3CH=CH_2+HClO\longrightarrow CH_3CH(OH)CH_2Cl+CH_3CH(Cl)CH_2OH$$

$$CH_3CH(OH)CH_2Cl+CH_3CH(Cl)CH_2OH\xrightarrow{Ca(OH)_2}2CH_3\underset{\diagdown O \diagup}{CH-CH_2}+CaCl_2+H_2O$$

工业上，环氧丙烷的生产是在反应塔内，丙烯与含氯水溶液在 35℃～50℃之间反应。反应生成的 4%～6%α-和β-氯丙醇混合物(9∶1)可以不经分离，用过量的碱在 25℃下脱 HCl。反应后用直接蒸汽迅速将环氧丙烷蒸出，以避免进一步发生水合反应。产率可达 87%～90%，副产少量的 1,2-二氯丙烷和二氯二异丙基醚。

2.3.5 加成反应的应用

1. 氯化加成反应的应用实例

(1)1,2-二氯乙烷的合成

1,2-二氯乙烷以乙烯为原料，是生产规模很大的产品，与氯进行亲电加成氯化而制得的。在工业上主要采用沸腾氯化法，以产品 1,2-二氯乙烷为溶剂，铁环为催化剂。乙烯单程转化率和选择性均接近理论值，单套设备生产能力数十万吨。

(2)3-甲基-1-氯-2-丁烯的合成

3-甲基-1-氯-2-丁烯是重要的合成香料中间体。它是由异戊二烯与氯化氢进行亲电加成氯化和异构化而制得的。

$$H_2C{=}C(CH_3){-}CH{=}CH_2 \xrightarrow[\text{亲电加成}]{+HCl} CH_3{-}CCl(CH_3){-}CH{=}CH_2 \underset{\text{异构化}}{\overset{\text{催化}}{\rightleftharpoons}} CH_3{-}C(CH_3){=}CH{-}CH_2Cl$$

亲电加成氯化反应可以不用催化剂，但是异构化反应则需要催化剂，在氯化亚铜催化剂存在下，在 0℃～20℃，向异戊二烯中通入氯化氢气体时亲电加成氯化和异构化是同时进行的，但是异构化反应速度慢，所以加成氯化后，要将反应液保温一定时间，使异构化达到平衡，生成 3-甲基-1-氯-2-丁烯的选择性可达 95％以上，异戊二烯转化率 90％以上。

(3)1,1,1-三氯乙烷的合成

1,1,1-三氯乙烷是重要的低毒有机溶剂。其合成路线涉及多种氯化反应。最初用乙炔为原料，其反应步骤如下：

$$CH{\equiv}CH \xrightarrow[HgCl_2,\ FeCl_3,\ 15\sim24℃]{+HCl,\ \text{亲电加成氯化}} CH_2{=}CHCl \xrightarrow[HgCl_2,\ FeCl_3,\ 15\sim24℃]{+HCl,\ \text{亲电加成氯化}} CH_3{-}CHCl_2$$

$$\xrightarrow[\text{光，热或引发剂}]{+Cl_2,\ -HCl,\ \text{自由基取代氯化}} CH_3{-}CCl_3$$

由于乙炔法成本高，现主要以乙烯为原料。此外，1,1,1-三氯乙烷被认为是破坏大气臭氧层的氯化物，已被禁止使用。

(4)自由基加成反应

以二氯丁烯的制备为例，由 1,3-丁二烯与氯进行自由基加成氯化可以制得 1,4-二氯-2-丁烯和 3,4-二氯-1-丁烯，它们都是重要的有机中间体。

丁二烯的加成氯化有气相热氯化、液相热氯化、熔融盐热氯化和氧氯化等方法。气相热氯化不用引发剂，反应速度快、选择性在 90％以上，设备紧凑，工业上多采用此法。将 1,3-丁二烯与氯按(5～50)：1 的物质的量之比，在 200℃～300℃，0.1～0.7 MPa 进行加成氯化时，反应时间可小于 20 s。

2.加成溴化反应的应用实例

四溴乙烷的制备是由乙炔和溴亲电加成而制得的。

$$CH{\equiv}CH \xrightarrow{+Br_2} CHBr{=}CHBr \xrightarrow{+Br_2} CHBr_2{-}CHBr_2$$

	CH≡CH	CHBr=CHBr	CHBr₂—CHBr₂
沸点	-84℃	108℃～110℃	239℃～242℃（分解）
密度		2.27 g/cm³	2.966 g/cm³

乙炔由玻璃反应塔下部通入，溴由塔的上部加入，溴化液由底部移出，利用溴在反应液中溶解，快速下沉，在下部反应区吸收反应热，沸腾汽化移出反应热。由于二溴乙烯的溴化速度比乙炔的溴化速度快，因此，就是使用不足量的溴，二溴乙烯也不能成为主要产物。当乙炔过量 1％～5％时，合成液中除了四溴乙烷以外，还有少量的二溴乙烯、三溴乙烯、三溴乙烷和少量溴化氢。乙炔中带入的少量水可使反应加快。

2.4 置换卤化及其应用

2.4.1 置换羟基

醇或酚羟基、羧酸羟基均可被卤基置换，卤化剂常用氢卤酸、含磷及含硫卤化物等。

1. 置换醇羟基

氢卤酸置换醇羟基的反应是可逆的：

$$\mathrm{ROH + HX \rightleftharpoons RX + H_2O}$$

反应的难易程度取决于醇和氢卤酸的活性，醇羟基活性大小次序为：

叔醇羟基＞仲醇羟基＞伯醇羟基

$$\mathrm{(CH_3)_3COH \xrightarrow[\text{室温}]{\text{HCl 气体}} (CH_3)_3CCl}$$

$$n\text{-}\mathrm{C_4H_9OH \xrightarrow[\text{回流}]{NaBr/H_2O/H_2SO_4}} n\text{-}\mathrm{C_4H_9Br}$$

$$\mathrm{C_2H_5OH + HCl \underset{\triangle}{\overset{ZnCl_2}{\rightleftharpoons}} C_2H_5Cl + H_2O}$$

增加反应物醇的浓度、移出卤化产物和水，有利于提高平衡收率和反应速率。

亚硫酰氯（氯化亚砜）或卤化磷也可用于置换羟基。亚硫酰氯置换醇的羟基，生成的氯化氢和二氧化硫气体易于挥发而无残留物，所得产品可直接蒸馏提纯。例如：

$$\mathrm{(C_2H_5)_2NC_2H_4OH + SOCl \xrightarrow[\text{苯}]{\text{室温}} (C_2H_5)_2NC_2H_4Cl + HCl\uparrow + SO_2\uparrow}$$

2. 置换羧羟基

氯置换羧羟基可制备酰氯衍生物：

COOH（苯环）N$(CH_3)_2$ $\xrightarrow[\text{室温}]{PCl_3/CS_2}$ COCl（苯环）N$(CH_3)_2$

COOH（苯环）NO_2 $\xrightarrow[90\sim95℃]{SOCl_2,\ DMF}$ COCl（苯环）NO_2

$$\mathrm{CH_3CH{=}CHCOONa \xrightarrow[POCl/CCl]{\text{室温}} CH_3CH{=}CHOCl}$$

COOH —— PCl_3,苯 / 74℃～84℃,回流4 h → COCl

羧羟基置换卤化,须根据羧酸及其衍生物的化学结构选择卤他剂。含羟基、醛基、酮基或烷氧基的羧酸,不宜用五氯化磷。三氯化磷活性比五氯化磷小,用于脂肪酸羧羟基的置换。三氯氧磷与羧酸盐生成相应酰氯,由于无氯化氢生成,适于不饱和羧酸盐的羟基置换。

用氯化亚砜进行卤置换,生成易挥发的氯化氢、二氧化硫,产物中无残留物,易于分离,但要注意保护羧酸分子所含羟基。氯化亚砜的氯化活性不大,加入少量 N,N-二甲基甲酰胺(DMF)、路易斯酸等可增强其活性。

3. 置换酚羟基

卤素置换酚羟基比较困难,需要五氯化磷和三氯氧磷等高活性卤化剂。

OH, N, N, OH —— $POCl_3/PCl_5$或$POCl_3/PCl_3/Cl_2$ / 120℃～185℃/4 h → Cl, N, N, Cl 85%

HO, OH, N, N, OH + $3PCl_3$ + $4Cl_2$ —— 吡啶 / $POCl_3$ → Cl, Cl, N, N, Cl + $POCl_3$ + 4HCl

五卤化磷受热易离解生成三卤化磷和卤素,置换能力降低,卤素还将引起芳环上取代或双键加成等副反应,所以五卤化磷置换酚羟基温度不宜过高。

$POCl_3$ 中的氯原子的置换能力不同,第一个最大,第二、第三个依次逐渐递减。因此,氧氯化磷作卤化剂,其配比应大于理论配比。

在较高温度下,用三苯基膦置换酚羟基,收率较好。

OH, Cl —— Ph_3P, Br_2 / 200℃,无溶剂 → Br, Cl

2.4.2 置换硝基

氯置换硝基是自由基反应:

$$Cl2 \rightarrow 2Cl\cdot$$

$$Cl\cdot + ArNO_2 \rightarrow ArCl + NO_2\cdot$$

$$NO_2\cdot + Cl_2 \rightarrow NO_2Cl + Cl\cdot$$

在 222℃下,间二硝基苯与氯气反应制得间二氯苯。1,5-二硝基蒽醌在邻苯二甲酸酐存在下,于 170℃～260℃通氯气,硝基被氯基置换得 1,5-二氯蒽醌。以适量 1-氯蒽醌为助熔剂,在230℃下在熔融的1-硝基蒽醌通氯气制得1-氯蒽醌；改用1,5-或1,8-二硝基蒽醌时，可制得1,5-或1,8-二氯蒽醌。

由于氯与金属易形成极性催化剂，在置换硝基同时，也会导致芳环上的取代氯化。因此，氯置换硝基的反应设备应用搪瓷或搪玻璃反应釜。

2.4.3 卤交换反应

卤交换是有机卤化物与无机氯化物之间进行卤原子交换的化学反应。反应由卤化烃或溴化烃制备相应的碘化烃和氟化烃。如：

$$2CHClF_2 \xrightarrow{600℃\sim900℃} CF_2=CF_2+2HCl$$

$$CHCl_3+2HF \xrightarrow{SbCl_5} CHClF_2+2HCl$$

$$\text{1-Cl-2,4-}(NO_2)_2C_6H_3 \xrightarrow{NaI/DMF} \text{1-I-2,4-}(NO_2)_2C_6H_3 \quad 71\%$$

$$\text{1-Cl-2,4-}(NO_2)_2C_6H_3 \xrightarrow[200℃]{KF} \text{1-F-2,4-}(NO_2)_2C_6H_3 \quad 92\%$$

卤交换的溶剂，要求对卤化物有较大的溶解度，对生成的无机卤化物溶解度很小或不溶解。常用N,N-二甲基甲酰胺、丙酮、四氯化碳等溶剂。

氟原子交换试剂，有氟化钾、氟化银、氟化锑、氟化氢等。氟化钠不溶于一般溶剂，很少使用。而三氟化锑、五氟化锑可选择性作用同一碳原子的多卤原子，不与单卤原子交换。例如：

$$CCl_3CH_2CH_2Cl \xrightarrow[SbF_3/SbF_5]{165℃,2\ h} CF_3CH_2CH_2Cl+CF_2ClCH_2CH_2Cl$$

$$C_6H_5CCl_3 \xrightarrow[190℃]{SbF_3} C_6H_5CF_3$$

第3章 磺化和硫酸化反应

3.1 概述

3.1.1 磺化反应基本概念

磺化是在有机物分子碳原子上引入磺酸基，合成具有碳硫键的磺酸类化合物；在氧原子上引入磺酸基，合成具有碳氧键的硫酸酯类化合物；在氮原子上引入磺酸基，合成具有碳氮键的磺胺类化合物的重要有机合成单元之一。

磺化的任务是使用磺化剂，利用化学反应，在有机化合物分子中引入磺酸基（$-SO_3H$），制造磺化物的生产过程。

磺化利用的化学反应有取代反应、加成反应、置换反应等。以磺酸基（$-SO_3H$）或磺酰卤基（$-SO_2Cl$）取代氢原子的磺化，称为直接磺化；以磺酸基取代芳环上的巯基、重氮基等非氢原子的磺化，称为间接磺化。

被磺化物即磺化原料，主要为芳香烃及其衍生物、脂肪烃及其衍生物。芳香烃及其衍生物、芳杂环化合物，均可以直接磺化；少数脂肪族和脂环化合物，也可直接磺化。饱和脂肪烃的化学性质稳定，难以直接磺化，常用磺氯化、磺氧化等方法。烯烃、环氧化合物、醛类常用加成磺化，卤代烃常用置换磺化。

根据磺化剂在磺化中的聚集状态，磺化分液相磺化法和气相磺化法。

磺化的主要目的为：

①芳烃通过磺化，可根据合成需要，将磺酸基转变成羟基、氯基、氨基或氰基等，从而制取一系列有机合成中间体或精细化学品。

②通过磺化，增进或赋予有机物以水溶性、酸性、表面活性或对纤维的亲和性。

③芳烃通过磺化，可改变其结构和反应性能，满足合成反应需要，如致钝（活）、利用空间效应定位，暂引入磺酸基，预定反应完成后，再将其水解掉。

Cl, NO_2 → Cl, SO_3H, NO_2 → Cl, SO_3Na, NO_2 → NH–C_6H_4–OCH_3, SO_3Na, NO_2 → NH–C_6H_4–OCH_3, NO_2

磺化　　中和　　芳胺基化　　水解

由此可见，磺化目的是增强环上氯基的活性、增强反应物的水溶性，使芳胺基化在温和条件下进行。

芳磺酸及其衍生物是合成染料、医药、农药的重要中间体，其中，最重要的是阴离子表面活性剂，如洗涤剂、乳化剂、渗透剂、润湿剂、分散剂、离子交换树脂等。

3.1.2 磺化剂、硫酸化剂

工业上常用的磺化剂和硫酸化剂有三氧化硫、硫酸、发烟硫酸和氯磺酸。此外，还有亚硫酸盐、二氧化硫与氯、二氧化硫与氧以及磺烷基化剂等。

理论上讲，三氧化硫应是最有效的磺化剂，因为在反应中只含直接引入 SO_3 的过程。

$$R-H+SO_3 \rightarrow R-SO_3H$$

使用由 SO_3 构成的化合物，初看是不经济的，首先要用某种化合物与 SO_3 作用构成磺化剂，反应后又重新产出原来的与 SO_3 结合的化合物，如下式所示：

$$HX+SO_3 \rightarrow SO_3 \cdot HX$$

$$R-H+SO_3 \cdot HX \rightarrow R-SO_3H+HX$$

式中，HX 表示 H_2O、HCl、H_2SO_4、二噁烷等。然而在实际选用磺化剂时，还必须考虑产品的质量和副反应等其他因素。因此各种形式的磺化剂在特定场合仍有其有利的一面，要根据具体情况做出选择。

1. 三氧化硫

三氧化硫（SO_3）即硫酐，无色固体，极易吸水，在空气中强烈发烟。SO_3 有 α、β、γ 三种同素异形体，α-体熔点为 62℃，β-体熔点为 32.5℃，γ-体熔点为 16.8℃，SO_3 一般为混合体，熔点不固定，易升华，溶于水形成硫酸，溶于浓硫酸为发烟硫酸，并产生大量溶解热。用于磺化的 SO_3 是 β-体和 γ 体的混合物。SO_3 是 SO_2 在五氧化二钒催化剂作用下氧化制成。

SO_3 的结构是以硫为中心的等边三角形。键的长度为 0.14 nm，表明有相当的 π 键。从下面的一组路易斯结构图中看出：SO_3 分子中有两个单键和一个双键，硫原子倾向于键结合，说有它具有亲电性。图 3-1 为 SO_3 的路易斯结构图。

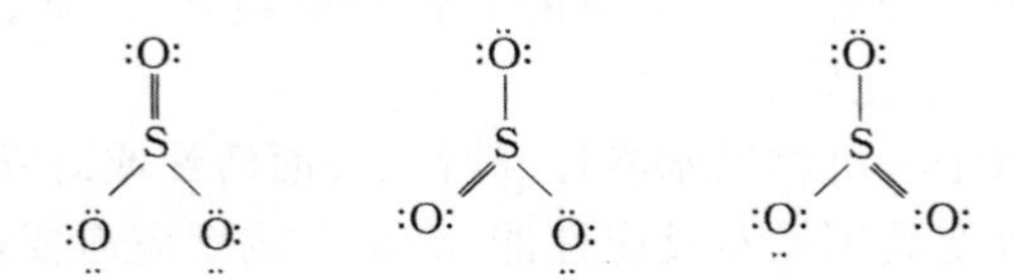

图 3-1　SO_3 的路易斯结构图

采用 SO_3 作磺化剂通常是以下三种形式：直接利用液体 SO_3；由液体 SO_3 蒸发得气态 SO_3；如果就近没有 SO_3 来源，也可以将 20%～25%发烟硫酸加热到 250℃以蒸出 SO_3。用 SO_3 进行磺化，要注意防止多磺化、氧化和焦化等副反应。由于液体 SO_3 过于活泼，因此往往需要加入惰性溶剂稀释。常用的溶剂有液体 SO_2、低沸点卤烷和石蜡等。在采用气态 SO_3 作磺化剂时，常用干燥空气、氮气或气体 SO_2 作稀释剂。

使用 SO_3 作为磺化剂的特点是反应速度快而且完全，设备容积小，不需要外加热量，这些优点意味着劳动生产率高，固定资产低和省去废酸浓缩过程，已日益引起工业部门的重视。不足之处是反应热很大，容易导致物料分解或副反应，而且反应物料粘度高，给传质带来困难。

不过以上这些缺点常常可以通过设备设计、反应条件优化，以及选择适当的溶剂等办法克服，近年来应用范围正在不断扩大。

2. 硫酸与发烟硫酸

工业硫酸有两种规格，92%～93%的硫酸（绿矾油）和98%～100%的硫酸（SO_3－水合物）。含游离SO_3的硫酸为发烟硫酸，常用的发烟硫酸有两种，即含游离SO_3分别为20%～25%和60%～65%，两种发烟硫酸具有最低共熔点。四种磺化剂在常温下均为液体，使用和运输比较方便。

硫酸有多种离解方式，不同浓度的硫酸离解方式不同。浓度为100%的硫酸，其分子通过氢键形成缔合物，缔合度随温度升高而降低。100%硫酸略导电，0.2%～0.3%按下式离解：

$$2H_2SO_4 \rightleftharpoons SO_3 + H_3^+O + HSO_4^-$$

$$2H_2SO_4 \rightleftharpoons H_3SO_4^+ + HSO_4^-$$

$$3H_2SO_4 \rightleftharpoons H_2S_2O_7 + H_3^+O + HSO_4^-$$

$$3H_2SO_4 \rightleftharpoons HSO_3^+ + H_3^+O + 2HSO_4^-$$

在100%硫酸中加少量水，则按下式完全离解：

$$H_2O + H_2SO_4 \rightleftharpoons H_3^+O + HSO_4^-$$

发烟硫酸略能导电，这是由于发生了以下反应：

$$SO_3 + H_2SO_4 \rightleftharpoons H_2S_2O_7$$

$$H_2S_2O_7 + H_2SO_4 \rightleftharpoons H_3SO_4^+ + HS_2O_7^-$$

浓硫酸及发烟硫酸中，可能存在SO_3、H_2SO_4、$H_2S_2O_7$、HSO_3^+和$H_3SO_4^+$等质点，其含量随磺化剂浓度而变，这些反应质点的活性差别较大。

发烟硫酸的浓度可用单位体积中游离SO_3的含量c_{SO_3}表示，也可用H_2SO_4的含量$c_{H_2SO_4}$表示。两种浓度的换算关系如下：

$$c_{H_2SO_4} = 100\% + 0.225CSO_3$$

$$c_{SO_3} = 4.44 \times (CH_2SO_4 - 100\%)$$

3. 氯磺酸

氯磺酸可以看作是$SO_3 \cdot HCl$的络合物，也是一种较常见的磺化剂。氯磺酸凝固点为－80℃，沸点152℃。达到沸点时则离解成SO_3和HCl。它易溶于氯仿、四氯化碳、硝基苯以及液体二氧化硫，除了单独使用氯磺酸为反应剂以外，也有时是在溶剂中进行反应。采用氯磺酸的优点是：反应能力强，生成的氯化氢可以排出，有利于反应进行完全。而采用硫酸作磺化剂，则需高温及设法移去生成的水分或硫酸大大过量，才能使反应完全。采用氯磺酸的缺点是价格较高，而且分子量大，引入一个SO_3分子的磺化剂用量相对较多，反应中产生的氯化氢具有强腐蚀性，因此工业上用氯磺酸作磺化剂相对较少。除了少数由于定位需要要用氯磺酸来引入磺基以外，氯磺酸的主要用途是制取芳磺酰氯、醇的硫酸盐以及进行N-磺化反应。

4. 其他磺化剂

有关磺化与硫酸化的其他反应剂还有硫酰氯（SO_2Cl_2）、氨基磺酸（H_2NSO_3H）、二氧化硫以及亚硫酸根离子等。

硫酰氯是由二氧化硫和氯化合而成，氨基磺酸是由三氧化硫和硫酸与尿素反应而得。它们通常是在高温无水介质中应用，主要用于醇的硫酸化。

SO_2 同 SO_3 一样也是亲电子的，它可以直接用于磺氧化或磺氯化反应，不过其反应机理大多为自由基反应。亚硫酸根离子作为磺化剂，其反应历程则属于亲核取代反应。表 3-1 列出了对各种常用的磺化与硫酸化试剂的综合评价。

表 3-1 对各种常用的磺化与硫酸化试剂的综合评价

试 剂	物理状态	主要用途	活泼性	备注
三氧化(SO_3)	液态	芳香化合物的磺化	非常活泼	容易发生氧化、焦化，需加入溶剂调节活泼性
	气态	广泛用于有机产品	高度活泼，等物质的量，瞬间反应	干空气稀释成 2%～8%SO_3
氯磺酸($ClSO_3H$)	液态	醇类、染料与医药	高度活泼	放出 HCl，必须设法回收
20%，30%，65%发烟硫($H_2SO \cdot SO_3$)	液态	烷基芳烃磺化，用于洗涤剂和染料	高度活泼	
硫酰氯(SO_2Cl_2)	液态	炔烃磺化，实验室方法	中等	生成 $SOCl_2$
二氧化硫与氧气(SO_2+O_2)	气态	饱和烃的磺化氧化	低	需要催化剂，生成磺酸
二氧化硫与氯气(SO_2+Cl_2)	气态	饱和烃的氯磺化	低	移除水，需要催化剂，生成 $SOCl_2$ 和 HCl
96%～100%硫酸(H_2SO_4)	液态	芳香化合物的磺化	低	
亚硫酸钠(Na_2SO_3)	固态	卤烷的磺化	低	需在水介质中加热
亚硫酸氢($NaHSO_3$)	固态	共轭烯烃的硫酸化，木质素的磺化	低	需在水介质中加热

3.2 磺化和硫酸化反应历程

3.2.1 磺化反应历程

1. 磺化反应的活泼质点

在 100%硫酸中，硫酸分子通过氢键生成缔合物，缔合度随温度升高而降低。100%硫酸略能导电，综合散射光谱的测定证明有 HSO_4^- 离子存在，这是因为 100％硫酸中约有 0.2％～0.3％按下列反应式离解：

$$2H_2SO_4 \rightleftharpoons SO_3 + H_3^+O + HSO_4^-$$

$$2H_2SO_4 \rightleftharpoons H_3SO_4^+ + HSO_4^-$$

$$3H_2SO_4 \rightleftharpoons H_2S_2O_7 + H_3^+O + HSO_4^-$$

$$3H_2SO_4 \rightleftharpoons HSO_3^+ + H_3^+O + 2HSO_4^-$$

发烟硫酸也可能略导电，是因为发生了以下的反应：

$$SO_3 + H_2SO_4 \rightleftharpoons H_2S_2O_7$$

$$H_2S_2O_7 + H_2SO_4 \rightleftharpoons H_3SO_4^+ + HS_2O_7^-$$

因此硫酸和发烟硫酸是一个多种质点的平衡体系。其中存在着 SO_3、$H_2S_2O_7$、H_2SO_4、HSO_3^+ 和 $H_3SO_4^+$ 等亲电质点，实质上它们都是不同溶剂化的 SO_3 分子，都能参加磺化反应，其含量随磺化剂浓度的改变而变化。在发烟硫酸中亲电质点以 SO_3 为主；在浓硫酸中，以 $H_2S_2O_7$（即 $H_2SO_4 \cdot SO_3$）为主；在 80％～85％的硫酸中，以 HSO_3^+（即 $H_3^+O \cdot SO_3$）为主，在更低浓度的硫酸中以 H_2SO_4（即 $H_2O \cdot SO_3$）为主。

各种质点参加磺化反应的活性差别较大，在 SO_3、$H_2S_2O_7$、$H_3SO_4^+$ 三种常见亲电质点中，SO_3 的活性最大，$H_2S_2O_7$ 次之，$H_3SO_4^+$ 才最小，而反应选择性则正好相反。

2. 磺化动力学

以硫酸、发烟硫酸或三氧化硫作为磺化剂进行的磺化反应是典型的亲电取代反应。

硫酸和发烟硫酸是一个多种质点的平衡体系，存在着 SO_3、$H_2S_2O_7$、H_2SO_4、HSO_3^- 和 $H_3SO_4^+$ 等质点，其含量随磺化剂浓度的改变而变化。

磺化动力学的数据表明：磺化亲电质点实质上是不同溶剂化的 SO_3 分子。在发烟硫酸中亲电质点以 SO_3 为主；在浓硫酸中，以 $H_2S_2O_7$ 为主；在 80％～85％的硫酸中，以 $H_3SO_4^+$ 为主。以对硝基甲苯为例，在发烟硫酸中磺化的反应速度为

$$v = k[ArH][SO_3]$$

在 95％硫酸中的反应速度为

$$v = k[ArH][H_2S_2O_7]$$

在 80％～85％硫酸中的反应速度为

$$v = k[ArH][H_3SO_4^+]$$

各种质子参加磺化反应的活性差别较大，SO_3 最为活泼，$H_2S_2O_7$ 次之，$H_3SO_4^+$ 活性最差，而反应选择性与此规律相反。磺化剂浓度的改变会引起磺化质点的变化，从而影响磺化反应速度。

3. 磺化反应的反应历程

(1)烷烃磺化历程

烷烃的磺化一般较困难，除含叔碳原子者外，磺化的收率很低。工业上制备链烷烃磺酸的主要方法是氯磺化法和氧磺化法。

烷烃的氯磺化和氧磺化就是在氯或氧的作用下，二氧化硫与烷烃化合的反应，两者均为自由基的链式反应。下面以直链反应为例叙述。

氯磺化的反应式为：

$$RH+SO_2+Cl_2 \xrightarrow{h\nu} RSO_2Cl+HCl$$

$$RO_2Cl+NaOH \rightarrow RSO_3Na+H_2O+NaCl$$

烷烃氯磺化时首先是氯分子吸收光量子，发生均裂而引发出氯自由基，而后开始链反应。

链引发：

$$Cl_2 \xrightarrow{h\nu} 2Cl\cdot$$

链增长：

$$RH+Cl\cdot \rightarrow R\cdot+HCl$$

$$R\cdot+SO_2 \rightarrow RSO_2\cdot$$

$$RSO_2\cdot+Cl_2 \rightarrow RSO_2Cl+Cl\cdot$$

链终止：

$$Cl\cdot+Cl\cdot \rightarrow Cl_2$$

$$R\cdot+Cl\cdot \rightarrow RCl$$

烷基自由基 $R\cdot$ 与 SO_2 的反应比它与氯的反应约快 100 倍，从而可以很容易地生成烷基磺酰自由基，避免生成烷烃的卤化物。烷基磺酰氯经水解得到烷基磺酸盐。

烷烃的氧磺化也是在紫外光照射下激发的自由基反应，如：

$$RH \xrightarrow{h\nu} R\cdot+H\cdot$$

$$SO_2 \xrightarrow{h\nu} SO_2\cdot$$

$$RH+SO_2\cdot \rightarrow R\cdot+H\cdot+SO_2$$

$$R\cdot+SO_2 \rightarrow RSO_2\cdot$$

$$RSO_2\cdot+O_2 \rightarrow RSO_2OO\cdot$$

$$RSO_2OO\cdot+RH \rightarrow RSO_2OOH+R\cdot$$

$$RSO_2OOH+H_2O+SO_2 \rightarrow RSO_3H+H_2SO_4$$

$$RSO_2OOH \rightarrow RSO_2O\cdot+HO\cdot$$

$$HO\cdot+RH \rightarrow H_2O+R\cdot$$

$$RSO_2O\cdot+RH \rightarrow RSO3H+R\cdot$$

应该指出，这样制得的烷基磺酸绝大部分是仲碳磺酸，因为仲碳原子上的氢比伯碳原子上的氢活泼约 2 倍。低碳烷烃的氧磺化是一个催化反应，一旦自由基链反应开始后无需再提供激发剂。高碳烷烃的氧磺化需要不断提供激发剂，工业上常加入醋酐使反应得以连续进行。

(2)烯烃的磺化历程

烯烃用 SO_3 磺化，SO_3 等亲电质点对烯烃的磺化属亲电加成反应。其产物主要为末端磺化物。亲电体 SO_3 与链烯烃反应生成磺内酯和烯基磺酸等。其反应历程为：

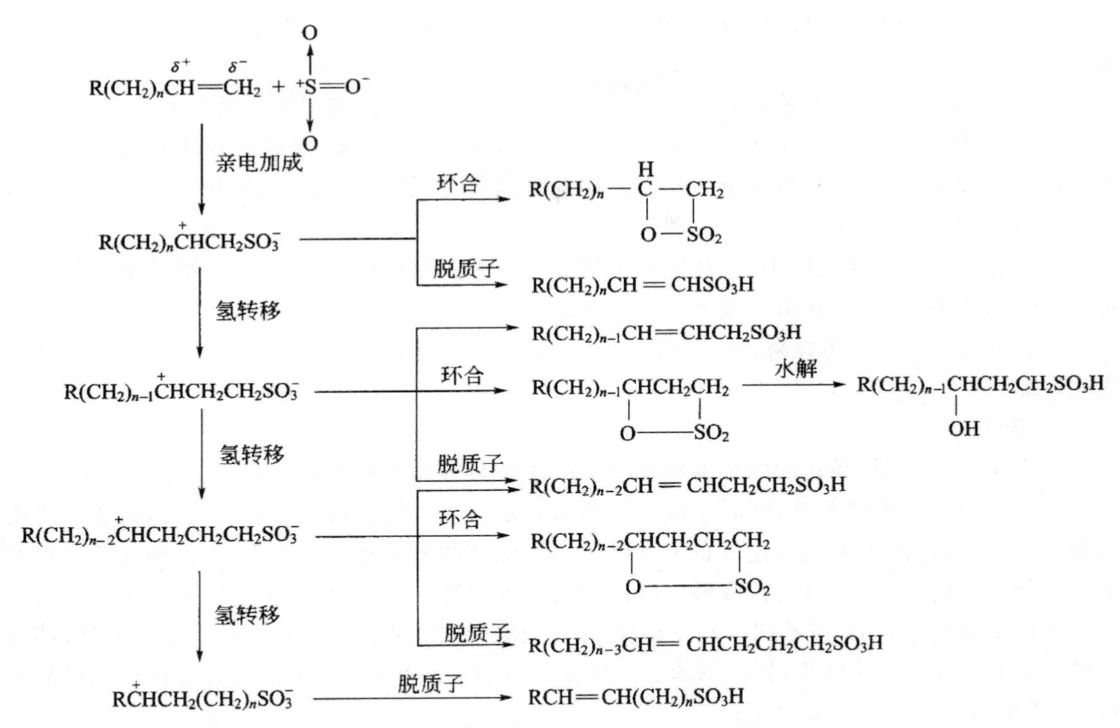

可见，反应产物为链烯磺酸、烷基磺酸内酯和羟基链烷磺酸。

(3)芳烃硫磺化反应历程

芳香化合物进行磺化反应时，分两步进行。首先，亲电质点向芳环进行亲电攻击，生成络合物，然后在碱(如)作用下脱去质子得到芳磺酸。反应历程如下：

$$C_6H_6 \overset{+SO_3}{\rightleftharpoons} [C_6H_6SO_3^-]^{+} \overset{+HSO_4^-}{\underset{-H_2SO_4}{\rightleftharpoons}} C_6H_5SO_3^-$$

$$C_6H_6 \overset{+SO_3\cdot H_2SO_4}{\underset{-H_2SO_4}{\rightleftharpoons}} [C_6H_6SO_3^-]^{+} \overset{+HSO_4^-}{\underset{-H_2SO_4}{\rightleftharpoons}} C_6H_5SO_3^-$$

$$C_6H_6 \overset{+SO_3\cdot H_3O^+}{\underset{-H_3O^+}{\rightleftharpoons}} [C_6H_6SO_3^-]^{+} \overset{+HSO_4^-}{\underset{-H_2SO_4}{\rightleftharpoons}} C_6H_5SO_3^-$$

$$C_6H_6 \overset{+SO_3\cdot H_2O}{\underset{-H_2O}{\rightleftharpoons}} [C_6H_6SO_3^-]^{+} \overset{+HSO_4^-}{\underset{-H_2SO_4}{\rightleftharpoons}} C_6H_5SO_3^-$$

4. 磺化反应的影响因素

(1)被磺化物的结构

被磺化物的结构和性质，对磺化的难易程度有着很大影响。例如，饱和烷烃的磺化较芳烃的磺化困难得多。而芳烃结构上存在给电子基时，芳环上的电子云密度较高，有利于旷络合物的形成，磺化反应易于进行。如果芳环上具有吸电子基，受吸电子基的影响，芳环上电子云的

密度较低，不利于𬭩络合物的形成，磺化反应较难进行。苯及其衍生物用 SO_3 磺化时，其反应速度的大小顺序为

苯＞氯苯＞溴苯＞对硝基苯甲醚＞间二氯苯＞对硝基甲苯＞硝基苯

另外，磺酸基所占的空间体积较大，磺化具有明显的空间效应，特别是芳环上的已有取代基所占空间较大时，其空间效应更为显著。烷基苯磺化时，邻位磺酸的生成量随烷基的增大而减少；而叔丁基苯的磺化几乎不生成邻位磺酸。

在芳烃的亲电取代反应中，萘环比苯环活泼。萘的磺化根据反应温度、硫酸的浓度和用量及反应时间的不同，可以制得一系列有用的萘磺酸。

2-萘酚的磺化比萘还容易，使用不同的磺化剂和不同的磺化条件，可以制取不同的 2-萘酚磺酸产品。

(2)磺化剂

动力学研究表明，磺化剂的浓度对磺化反应速度具有显著的影响。如用硫酸作磺化剂，每引入一个物质的量的磺酸基，同时生成一个物质的量的水。随着磺化反应的进行，硫酸的浓度逐渐下降，其磺化能力和反应速度也大为降低。当硫酸的浓度降到一定程度时，磺化反应事实上已经停止。此时的硫酸称为“废酸”，将废酸的浓度折算成 SO_3 的质量分数称为“π 值”。

不同的磺化过程，π 值不同。易于磺化的，π 值要求较低；难以磺化的 π 值要求较高，甚至废酸浓度高于 100％的硫酸，如硝基苯的一磺化。目前工业生产中，磺化剂的选择和用量的确定，主要是通过实验或经验决定。

(3)磺化温度和反应时间

温度是影响磺化反应速度的重要因素之一。一般来说，磺化温度低，反应速度慢，反应时间长；磺化温度高，则反应速度快，反应时间短。在工业上，要提高生产效率，则需要缩短反应时间，同时又要保证产品质量和产率。磺化反应的温度每增 10℃，反应时间缩短为原来的约 1/3。但是，温度过高会引起副反应，如多磺化、氧化、砜和树脂化物质的生成，产品质量将会下降。所以，除个别情况采用高温和短时的方案外，大多数情况下均采用较低温度和较长的反应时间。这样，反应产物纯度较高，色泽较浅，也能保证产率。

温度除对反应速度有影响外，还会影响磺酸基的引入位置。如当萘磺化时，温度对磺化产物异构体的比例亦有影响。

低温有利于磺酸基进入 α-位，高温则有利于磺酸基进入 β 位。

当要求产物含有一定比例的二磺酸时，温度将起重要作用。如工业上用发烟硫酸来磺化 4-氨基偶氮苯时，0℃反应 36 h，只有一磺化产物；10℃～20℃反应 24 h，一、二磺化产物各占一半；9℃～30℃反应 12 h，全部生成二磺化产物。

以上均说明，温度对磺化的影响很大。另一方面，也有一些例子说明，温度和时间对产物的定位影响很小，如蒽醌同系物等。

(4)磺化催化剂和磺化助剂

加入磺化催化剂或其他助剂，往往对反应产生明显的影响，其表现有如下几个方面。

①影响取代位置。

在许多芳烃的磺化反应中，加入汞催化剂可起到改变定位的作用。例如：

$$\text{C}_6\text{H}_5\text{COOH} \xrightarrow{H_2SO_4(20\%SO_3)} m\text{-HOOC-C}_6\text{H}_4\text{-SO}_3\text{H}$$

$$\text{C}_6\text{H}_5\text{COOH} \xrightarrow[HgSO_4]{H_2SO_4(20\%SO_3)} p\text{-HOOC-C}_6\text{H}_4\text{-SO}_3\text{H}$$

在蒽醌的发烟硫酸磺化中，有汞时几乎完全生成。α-磺酸盐，无汞时则只能生成 β-磺酸盐。除了汞催化剂外，钯、铊、铑、五氧化二钒等也有类似的作用。

②抑制副反应。

在磺化反应中，添加少量的辅助剂可以拟制副反应，并有改变定位的作用。磺化的主要副反应是多磺化、氧化和砜的生成。由于磺化剂的浓度和磺化温度较高，生成的芳磺酸能与硫酸作用生成芳砜正离子，进而再和被磺化物作用，生成副产物砜。反应式为：

$$ArSO_3H + 2H_2SO_4 \rightleftharpoons ArSO_2^+ + H_3^+O + 2HSO_4^-$$

$$ArSO_2^+ + ArH \rightleftharpoons ArSO_2Ar + H^+$$

在反应平衡中，$ArSO_2^+$ 的浓度与 HSO_4^- 浓度的平方成反比。因此，向磺化液中加入无水硫酸钠，可以增加 HSO_4^- 的浓度，抑制砜的生成。2-萘酚磺化时，加入的 Na_2SO_4 还具有抑制硫酸氧化的作用。羟基蒽醌磺化时，加入硼酸使羟基转变为硼酸酯，也可以抑制氧化副反应的发生。

③促使反应进行。

加入催化剂能使反应速度加快，反应产率提高，反应条件变得温和，有时甚至能使一些难以进行的反应得以顺利进行。例如，用 SO_3 或发烟硫酸磺化吡啶时，加入少量汞，可使产率从 50%提高到 71%。在 2-氯苯甲醛与亚硫酸的反应中，加入铜盐，可使不甚活泼的芳基上的氯原子易于发生取代反应而生成磺酸盐。在氯磺化和氧磺化这类自由基链反应中，也要加入一些催化剂，如光催化剂、过氧化物等来引发自由基的生成。

除上述影响因素外，良好的搅拌及换热装置可以加快有机物在酸相中的溶解，提高传质、传热效率，防止局部过热，有利于反应的进行。

3.2.2　硫酸盐化反应历程

1. 醇的硫酸盐化反应历程

醇类用硫酸进行硫酸化是一个可逆反应。

$$ROH + H_2SO_4 \rightleftharpoons ROSO_3H + H_2O$$

化学反应速率不仅与硫酸和醇的浓度有关，而且酸度和平衡常数也直接对反应速率产生影响。由于此反应可逆，所以在最有利的条件下，也只能完成 65%。

醇类进行硫酸化，硫酸既是溶剂，又是催化剂，反应历程如下。

$$H_2SO_4 \xrightleftharpoons{+H^+} H_2\overset{+}{O}-SO_3H \xrightleftharpoons{ROH} R-\underset{\substack{|\\H}}{\overset{+}{O}}-SO_3H + H_2O \rightleftharpoons ROSO_3H$$

在醇类进行硫酸化时，条件选择不当，则会产生一系列副反应，如脱水得到烯烃；对于仲醇，尤其是叔醇，生成烯烃的量更多。此外，硫酸还会将醇氧化成醛、酮，并进一步产生树脂化和缩合。

2. 链烯烃的加成反应历程

链烯烃的硫酸化反应符合 MarkovnikoV 规则，正烯烃与硫酸反应得到的是仲烷基硫酸盐。反应历程为：

$$R-CH=CH_2 \xrightleftharpoons{+H^+} R-\overset{+}{C}H-CH_3 \xrightarrow{HSO_4^-} R-\underset{\substack{|\\OSO_3H}}{CH}-CH_3$$

链烯烃质子化后生成正碳离子一步是反应速度的控制阶段。

3.3 磺化方法和硫酸化方法

3.3.1 磺化方法

1. 三氧化硫磺化法

(1)气体三氧化硫磺化

主要用于十二烷基苯生产十二烷基苯磺酸钠。磺化采用双膜式反应器，三氧化硫用干燥的空气稀释至4%～7%。此法生产能力大，工艺流程短，副产物少，产品质量好，得到广泛应用。

(2)液体三氧化硫磺化

主要用于不活泼的液态芳烃磺化，在反应温度下产物磺酸为液态，而且黏度不大。例如，硝基苯在液态三氧化硫中磺化：

$$C_6H_5NO_2 + SO_3 \xrightarrow{95℃\sim120℃} m\text{-}NO_2C_6H_4SO_3H \xrightarrow{NaOH} m\text{-}NO_2C_6H_4SO_3Na$$

操作是将过量的液态三氧化硫慢慢滴至硝基苯中，温度自动升至70℃～80℃，然后在95℃～120℃下保温，直至硝基苯完全消失，再将磺化物稀释、中和，得间硝基苯磺酸钠。此法也可用于对硝基甲苯磺化。

液态三氧化硫的制备，以20%～25%发烟硫酸为原料，将其加热至250℃产生三氧化硫蒸气，三氧化硫蒸气通过填充粒状硼酐的固定床层，再经冷凝，即得稳定的 SO_3 液体。液体三氧化硫使用方便，但成本较高。

(3)三氧化硫-溶剂磺化

适用于被磺化物或磺化产物为固态的情况，将被磺化物溶解于溶剂，磺化反应温和、易于控制。常用溶剂如硫酸、二氧化硫、二氯甲烷、1,2-二氯乙烷、1,1,2,2-四氯乙烷、石油醚、硝基甲烷等。

硫酸可与 SO_3 混溶，并能破坏有机磺酸的氢键缔合，降低反应物黏度。其操作是先在被磺化物中加入质量分数为 10％的硫酸，通入气体或滴加液体 SO_3，逐步进行磺化。此法技术简单、通用性强，可代替发烟硫酸磺化。

有机溶剂要求化学性质稳定，易于分离回收，可与被磺化物混溶，对 SO_3 溶解度在 25％以上溶剂的选择，需根据被磺化物的化学活泼性和磺化条件确定。一般有机溶剂不溶解磺酸，故磺化液常常很黏稠。

磺化操作可将被磺化物加到 SO_3—溶剂中；也可先将被磺化物溶于有机溶剂中，再加入 SO_3—溶剂或通入 SO_3 气体。例如，萘在二氯甲烷中用 SO_3 磺化制取 1,5-萘二磺酸。

(4)SO_3 有机配合物磺化

SO_3 可与有机物形成配合物，配合物的稳定次序为：

$$(CH_3)_3N\cdot SO_3 > C_5H_5N\cdot SO_3 > O(CH_2CH_2)_2O\cdot SO_3 > R_2O\cdot SO_3 > H_2SO_4\cdot SO_3 > HCl\cdot SO_3 > SO_3$$

SO_3 有机配合物的稳定性比发烟硫酸大，即 SO_3 有机配合物的反应活性低于发烟硫酸。故用 SO_3 有机配合物磺化，反应温和，有利于抑制副反应，磺化产品质量较高，适于高活性的被磺化物。SO_3 与叔胺和醚的配合物应用最为广泛。

(5)三氧化硫磺化法的问题

SO_3 熔点为 16.8℃，沸点为 44.8℃，其液相区狭窄，凝固点较低，不利于使用，室温自聚形成二聚体或三聚体。添加适量硼酐、二苯砜和硫酸二甲酯等，可防止 SO_3 形成聚合体，添加量以 SO_3 质量计，硼酐为 0.02％、二苯砜为 0.1％、硫酸二甲酯为 0.2％。

SO_3 不仅是活泼的磺化剂，也是氧化剂，必须注意使用安全，特别是使用纯净的 SO_3，应严格控制温度和加料顺序，防止发生爆炸事故。

用 SO_3 磺化，瞬时放热量大，反应热效应显著。由于被磺化物的转化率高，所得磺酸黏度大。为防止局部过热，抑制副反应，避免物料焦化，必须保持良好的换热条件，及时移除磺化反应热。适当控制转化率或使磺化在溶剂中进行，以免磺化产物黏度过大。

SO_3 活性高，反应激烈，副反应多，尤其是纯 SO_3 磺化。为避免剧烈的反应，工业常用干燥空气稀释 SO_3，以降低其浓度。对于容易磺化的苯、甲苯等，可加入磷酸或羧酸抑制砜的生成。

三氧化硫磺化反应迅速，不产生水，磺化剂用量接近于理论用量，“三废”少，经济合理，常用于脂肪醇、烯烃和烷基苯的磺化。随着工业技术的发展，三氧化硫磺化工艺将日益增多。

2.共沸去水磺化法

共沸去水磺化法只适用于沸点较低易挥发的芳烃，例如苯和甲苯的磺化。

苯的磺化如果采用过量硫酸法，则需使用过量较多的发烟硫酸。为克服这一缺点，工业上多采用共沸去水磺化法。此方法是向浓硫酸中通入过量的过热苯蒸气，利用共沸原理，由未反应的苯蒸气带走反应所生成的水，从而保证磺化剂浓度不会下降太多，使硫酸利用率大大提高。从磺化锅逸出的苯蒸气与水经冷凝分离后，可回收苯循环利用。因为此方法利用苯蒸气进行磺化，工业上称“气相磺化”。

但应注意当磺化液中游离硫酸的含量下降到3%～4%时，应停止通苯，否则将生成大量的副产物二苯砜。

3.氯磺酸磺化法

氯磺酸的磺化能力比硫酸强，比三氧化硫温和。在适宜的条件下，氯磺酸和被磺化物几乎是定量反应，副反应少，产品纯度高。副产物氯化氢在负压下排出，用水吸收制成盐酸。但氯磺酸价格较高，使其应用受限制。根据氯磺酸用量不同，用氯磺酸磺化得芳磺酸或芳磺酰氯。

(1)制取芳磺酸

用等物质的量或稍过量的氯磺酸磺化，产物是芳磺酸。

$$ArH + ClSO_3H \longrightarrow ArSO_3H + HCl\uparrow$$

由于芳磺酸为固体，反应需在溶剂中进行。硝基苯、邻硝基乙苯、邻二氯苯、二氯乙烷、四氯乙烷、四氯乙烯等为常用溶剂。例如：

$$\text{(2-萘酚, OH)} + ClSO_3H \xrightarrow[\text{邻硝基乙苯}]{-5^\circ C,\ 53.3\ kPa} \text{(1-}SO_3H\text{-2-萘酚)} + HCl + H_2O$$

醇类硫酸酯化，也常用氯磺酸为磺化剂，以等物质的量配比磺化，产物为表面活性剂，由于不含无机盐，产品质量好。

(2)制取芳磺酰氯

用过量的氯磺酸磺化，产物是芳磺酰氯。

$$ArSO_3H + ClSO_3H \rightleftharpoons ArSO_2Cl + H_2SO_4$$

由于反应是可逆的，因而要用过量的氯磺酸，一般摩尔比为1∶(4～5)。过量的氯磺酸可使被磺化物保持良好的流动性。有时也加入适量添加剂以除去硫酸。例如，生产苯磺酰氯时加入适量的氯化钠。氯化钠与硫酸生成硫酸氢钠和氯化氢，反应平衡向产物方向移动，收率大大提高。

单独使用氯磺酸不能使磺酸全部转化成磺酰氯，可加入少量氯化亚砜。

芳磺酰氯不溶于水，冷水中分解较慢，温度高易水解。将氯磺化物倾入冰水，芳磺酰氯析出，迅速分出液层或滤出固体产物，用冰水洗去酸性以防水解。芳磺酰氯不易水解，可以热水洗涤。

芳磺酰氯化学性质活泼，可合成许多有价值的芳磺酸衍生物。

4.过量硫酸磺化法

用过量硫酸或发烟硫酸的磺化称过量硫酸磺化法，也称液相磺化。过量硫酸磺化法操作灵活，适用范围广；副产大量的酸性废液，生产能力较低。

一般过量硫酸磺化，废酸浓度在70%以上，此浓度的硫酸对钢或铸铁的腐蚀不十分明显，因此，多数情况下采用钢制或铸铁的釜式反应器。

磺化釜配置搅拌器，搅拌器的形式取决于磺化物的黏度。高温磺化，物料的黏度不大，对搅拌要求不高；低温磺化，物料比较黏稠，需要低速大功率的锚式搅拌器，常用锚式或复合式搅拌器。复合式搅拌器是由下部的锚式或涡轮式、上部的桨式或推进搅拌器组合而成。

磺化是放热反应，但磺化后期因反应速率较慢需要加热保温，故可用夹套进行冷却或加热。

过量硫酸磺化可连续操作，也可间歇操作。连续操作，常用多釜串联磺化器。间歇操作，加料次序取决于原料性质、磺化温度及引入磺基的位置和数目。磺化温度下，若被磺化物呈液态，可先将被磺化物加入釜中，然后升温，在反应温度下徐徐加入磺化剂，这样可避免生成较多的二磺化物。如被磺化物在反应温度下呈固态，则先将磺化剂加入釜中，然后在低温下加入固体被磺化物，溶解后再缓慢升温反应，例如萘、2-萘酚的低温磺化。制备多磺酸常用分段加酸法，分段加酸法是在不同时间、不同温度下，加入不同浓度的磺化剂，其目的是在各个磺化阶段都能用最适宜的磺化剂浓度和磺化温度，使磺酸基进入预定位置。例如，萘用分段加酸磺化制备 1,3,6-萘三磺酸：

萘 $\xrightarrow[145℃]{100\%\ H_2SO_4}$ 2-萘磺酸（主要）（+ 1-萘磺酸）$\xrightarrow[60\sim85℃]{65\%发烟硫酸}$ 1,6-萘二磺酸（主要）

$\xrightarrow[155℃]{异构化}$ 2,7-萘二磺酸 $\xrightarrow[155℃]{65\%发烟硫酸}$ 1,3,6-萘三磺酸

磺化过程按规定温度-时间规程控制，通常加料后需升温并保持一定的时间，直到试样中总酸度降至规定数值。磺化终点根据磺化产物性质判断，例如试样能否完全溶于碳酸钠溶液、清水或食盐水中。

5. 其他磺化法

(1)用亚硫酸盐磺化

不易用取代磺化制取芳磺酸的被磺化物，可用亚硫酸盐磺化法。亚硫酸盐可将芳环上的卤基或硝基置换为磺酸基，例如：

1-硝基蒽醌 $+2Na_2SO_3 \xrightarrow{100℃\sim102℃}$ 蒽醌-1-磺酸钠 $+NaNO_2$

亚硫酸钠磺化用于多硝基物的精制，如从间二硝基苯粗品中除去邻位和对位二硝基苯的异构体。邻位和对位二硝基苯与亚硫酸钠反应，生成水溶性的邻或对硝基苯磺酸钠盐，间二硝基苯得到精制提纯。

邻二硝基苯（或对二硝基苯）$+ Na_2SO_3 \longrightarrow$ 邻硝基苯磺酸钠（或对硝基苯磺酸钠）$+ NaNO_2$

(2)烘焙磺化法

芳伯胺磺化多采用此法。芳伯胺与等物质的量的硫酸混合，制成固态芳胺硫酸盐，然后在

180℃～230℃高温烘焙炉内烘焙，故称烘焙磺化，也可采用转鼓式球磨机成盐烘焙。例如苯胺磺化：

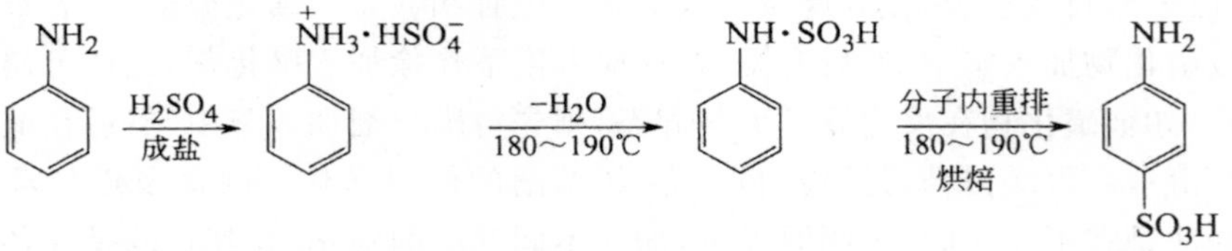

$$C_6H_5NH_2 \xrightarrow[\text{成盐}]{H_2SO_4} C_6H_5\overset{+}{N}H_3 \cdot HSO_4^- \xrightarrow[180\sim190℃]{-H_2O} C_6H_5NH \cdot SO_3H \xrightarrow[\text{180～190℃ 烘焙}]{\text{分子内重排}} p\text{-}H_2NC_6H_4SO_3H$$

烘焙磺化法硫酸用量虽接近理论量，但易引起苯胺中毒，生产能力低，操作笨重，可采用有机溶剂脱水法，即使用高沸点溶剂，如二氯苯、三氯苯、二苯砜等，芳伯胺与等物质的量的硫酸在溶剂中磺化，不断蒸出生成的水。

苯系芳胺进行烘焙磺化时，其磺酸基主要进入氨基对位，对位被占据则进入邻位。烘焙磺化法制得的氨基芳磺酸如下：

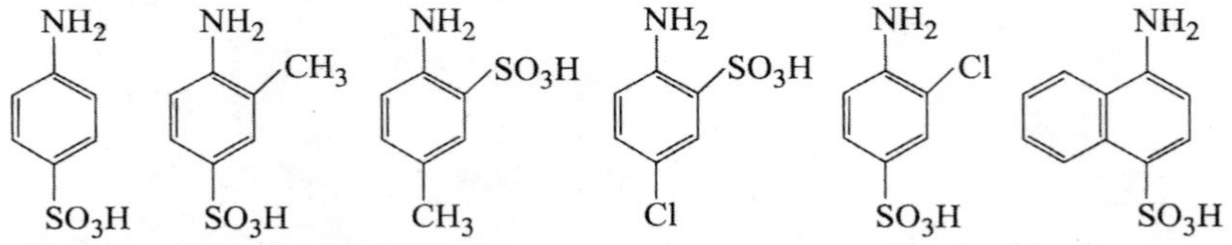

(对氨基苯磺酸：NH_2，对位 SO_3H；NH_2，邻位 CH_3，对位 SO_3H；NH_2，邻位 SO_3H，对位 CH_3；NH_2，邻位 SO_3H，对位 Cl；NH_2，邻位 Cl，对位 SO_3H；1-氨基萘-4-磺酸：NH_2，SO_3H)

由于烘焙磺化温度较高，含羟基、甲氧基、硝基或多卤基的芳烃，不宜用此法磺化，防止被磺化物氧化、焦化和树脂化。

3.3.2 硫酸化方法

1. 高级醇的硫酸化

具有较长碳链的高级醇($C_{12}\sim C_{18}$)经硫酸化可制备阴离子型表面活性剂。高级醇与硫酸的反应是可逆的：

$$ROH + H_2SO_4 \rightleftharpoons RO-SO_3OH + H_2O$$

为防止逆反应，醇类的硫酸盐化常采用发烟硫酸、三氧化硫或氯磺酸作反应剂。

$$ROH + SO_3 \rightarrow ROSO_3H$$

$$ROH + ClSO_3H \rightarrow ROSO_3H + HCl$$

用氯磺酸硫酸盐化遇到的一个特殊问题是氯化氢的移除，因为反应物料逐渐变稠，所以解决的办法是选用比表面大的反应设备，以利于氯化氢的释出。

通常用月桂醇、十六醇、十八醇和油醇(十八烯醇)为原料，经硫酸化得到相应的硫酸酯盐。高级硫酸酯盐的水溶性及去污能力比肥皂好，因为它是中性，不会损伤羊毛，耐硬水，因此被广泛地用于家用洗涤剂，其缺点是水溶液呈酸性，容易发生水解，高温时也易分解。

2. 天然不饱和油脂和脂肪酸酯的硫酸化

天然不饱和油脂或不饱和蜡经硫酸化后再中和所得产物总称为硫酸化油。天然不饱和油脂常用橄榄油、蓖麻籽油、棉子油、花生油等；鱼油、鲸油等海产动物油脂作原料品质较差。硫酸化除使用硫酸以外，发烟硫酸、氯磺酸等均可使用。

由于硫酸化过程中易起分解、聚合、氧化等副反应，因此需要控制在低温下进行硫酸化。

一般反应生成物中残存有原料油脂与副产物，组成复杂。例如：蓖麻油的硫酸化产物称红油，在蓖麻籽油的硫酸化产物中，实际上还含有未反应的蓖麻籽油、蓖麻籽油脂肪酸硫酸酯、蓖麻籽油脂肪酸、硫酸化蓖麻籽脂肪酸硫酸酯、二羟基硬脂酸硫酸酯、二羟基硬脂酸、二蓖麻醇酸、多蓖麻醇酸等。这种混合产物经中和以后，就成为市面上出售的土耳其红油。外形为浅褐色透明油状液体，它对油类有优良的乳化能力，耐硬水性较肥皂为强，润湿、浸透力优良。

除了天然油类外，还有不饱和脂肪酸的低碳醇酯，它经过硫酸化也能制得阴离子表面活性剂。

碳原子数为 C_{12}～C_{18}的不饱和烯烃，经硫酸化后，可制得性能良好的硫酸酯型表面活性剂。此产品代表为梯波尔（Teepol）。

梯波尔是由石蜡高温裂解所得的 C_{12}～C_{18}的 α-烯烃经硫酸化后所制成的洗涤剂。

$$R—CH=CH_2 + H_2SO_4 \rightleftharpoons R—\underset{\underset{OSO_3H}{|}}{CH}—CH_3 \xrightarrow{NaOH} R—\underset{\underset{OSO_3Na}{|}}{CH}—CH_3 + H_2O$$

硫酸酯不在顶端，而是在相邻的一个碳原子上。产品极易溶于水，可制成浓溶液，是制造液体洗涤剂的重要原料。

3.4　磺酸的分离方法

磺化产物的后处理有两种情况：一种是磺化后不分离出磺酸，接着进行硝化和氯化等反应；另一种是需要分离出磺酸或磺酸盐，再加以利用。磺化产物的分离可以利用磺酸或磺酸盐溶解度的不同来完成，分离方法主要有以下几种。

3.4.1　直接盐析法

利用磺酸盐的不溶解性，向稀释后的磺化产物中直接加入食盐、氯化钾或硫酸钠，使一些磺酸盐析出。

$$ArSO_3H + NaCl \rightleftharpoons ArSO_3Na + HCl$$

上述反应是可逆的，但只要加入适当浓度的盐水并冷却，就可以使平衡移向右方，有效地分离出磺酸盐。直接盐析法被用来分离许多常见的磺酸化合物，如硝基苯磺酸、硝基甲苯磺酸、萘磺酸、萘酚磺酸等。

例如，2-萘酚的磺化制 2-萘酚-6，8-二磺酸（G 酸）时，向稀释的磺化产物中加入氯化钾溶液，G 酸即以钾盐的形式析出，称为 G 盐。过滤后的母液中再加入食盐，副产物 2-萘酚-3，6-磺酸（R 酸）即以钠盐的形式析出，称为 R 盐。有时也加入氨水，使其以铵盐形式析出。采用氯化钾或氯化钠直接盐析分离的缺点是有盐酸生成，对设备有较强的腐蚀性。因此，此法的应用受到了限制。

3.4.2　加水稀释法

某些磺酸化合物在中等浓度硫酸（50％～80％）中的溶解度相对小得多，高于或低于此浓度则溶解度增大，因此可以在磺化结束后，将磺化液加入水中适当稀释，磺酸即可析出。例如，十二烷基苯磺酸、对硝基氯苯邻磺酸和1,5-蒽醌二磺酸等可用此法分离。

3.4.3 萃取分离法

近年来为了减少“三废”,提出了萃取分离法。萃取分离法是用有机溶剂将磺化产物从磺化液中萃取出来。例如,将萘高温磺化,稀释水解除去1-萘磺酸后的溶液,用以叔胺(N,N-二苄基十二胺)作萃取剂的甲苯溶液进行萃取,叔胺与2-萘磺酸形成的络合物被萃取到甲苯层中。分离出有机相,用碱液中和,磺酸即转入水相,蒸发、浓缩、冷却、结晶即得到2-萘磺酸钠,纯度可达86.8%,其中含1-萘磺酸钠为0.5%,$NaSO_4$ 为0.8%。2-萘磺酸钠以水解物计,收率可达97.5%~99%。含叔胺的有机相可回收循环利用。这种分离方法为芳磺酸的分离和废酸的回收开辟了新途径,是典型的绿色分离技术。

3.4.4 中和盐析法

稀释后的磺化液混合物用亚硫酸钠、氢氧化钠、碳酸钠、氨水或氧化镁进行中和,利用中和生成的硫酸钠、硫酸铵或硫酸镁可以使磺酸以钠盐、铵盐及镁盐形式盐析出来。这种分离方法对设备的腐蚀小,是生产上常用的分离手段。

例如,用磺化-碱熔法制2-萘酚时,可以利用碱熔副产物亚硫酸钠来中和磺化产物,中和时生成的二氧化硫气体又可用于碱熔物的酸化,此方法可以节省大量的酸碱,也减轻了母液对设备的腐蚀。

3.4.5 脱硫酸钙法

为了减少磺酸盐中的无机盐,某些磺酸,特别是多磺酸,不能用盐析法将它们很好地分离出来,这时需要采用脱硫酸钙法。当磺化产物中含有大量废 H_2SO_4,可先把磺化产物在稀释后用氢氧化钙的悬浮液进行中和,生成的磺酸钙能溶于水,而硫酸钙则沉淀下来,过滤得到不含无机盐的磺酸钙溶液。将此溶液再用碳酸钠溶液处理,使磺酸钙盐转变为钠盐,生成的碳酸钙经过滤除去,则可得到较纯的产物。

$$(ArSO_3)_2Ca + Na_2CO_3 \longrightarrow 2ArSO_3Na + CaCO_3\downarrow$$

此方法可减少磺酸盐中的无机盐,常用于磺化产物(特别是多磺酸)与过量硫酸的分离。但是,此法操作复杂,而且需要处理大量的硫酸钙滤饼,因此一般尽量避免使用。

3.5 磺化与硫酸化反应的应用

3.5.1 用三氧化硫磺化生产十二烷基苯磺酸钠

十二烷基苯磺酸钠是合成洗涤剂工业中产量最大、用途最广的阴离子表面活性剂,它是由直链烷基苯经磺化、中和而得。目前,世界上合成的十二烷基苯磺酸大多是采用 SO_3 气相薄膜磺化连续生产法,其优点是停留时间短,原料配比精确,热量移除迅速,能耗低和生产能力大。

SO_3 气相薄膜磺化法的工艺流程如图3-2所示。其工艺过程如下:由贮罐9用比例泵将十二烷基苯打到列管式薄膜磺化反应器顶部的分配区，使形成薄膜沿着反应器壁向下流动。另一台比例泵将所需比例的液体 SO_3 送入汽化器，出来的 SO_3 气体用来自鼓风机的干空气稀释到规定浓度后，进入薄膜反应器中。当有机原料薄膜与含 SO_3 气体接触，反应立即发生，然后边反应边流向反应器底部的气-液分离器，分出磺酸产物后的废气，经过滤和碱洗除去微量 SO_2 副产品后放空。

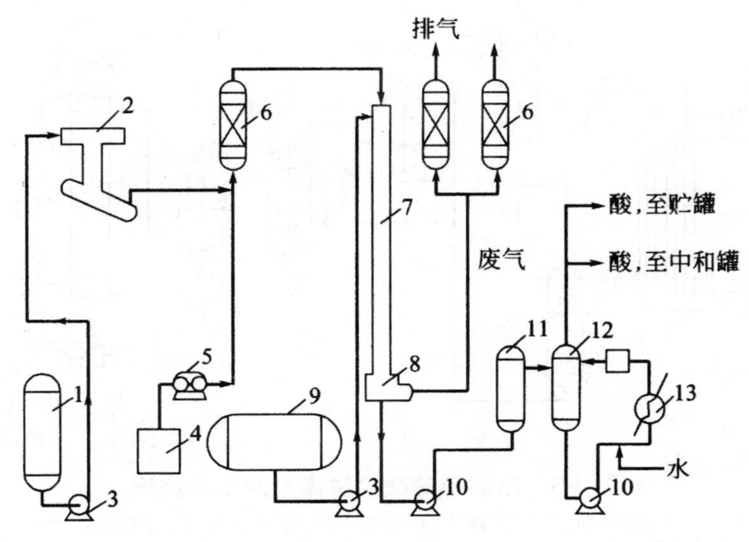

图 3-2　用气体 SO_3 薄膜磺化连续生产十二烷基苯磺酸

1. 液体 SO_3 贮罐；2. 汽化器；3. 比例泵；4. 干空气；5. 鼓风机；6. 除沫器；7. 薄膜反应器；8. 分离器；9. 十二烷基苯贮罐；10. 泵；11. 老化罐；12. 水解罐；13. 热交换器

分离得到的磺酸在用泵送往老化罐以前，须先经过一个能够控制 SO_3 进气量的自控装置。制得的磺酸在老化罐中老化 5～10 min，以降低其中游离硫酸和未反应原料的含量。然后送往水解罐，约加入 0.5%的水以破坏少量残存的酸酐。

3.5.2　用氯磺酸或三氧化硫硫酸化生产脂肪醇硫酸钠

脂肪醇硫酸钠盐简称 AS，它是一种性能优良的阴离子表面活性剂。具有乳化、起泡、渗透和去污性能好、生物降解快等特点；在洗涤用品和牙膏配方中广泛使用，是重垢型洗涤剂主活性物之一。它以高碳脂肪酸为原料，采用氯磺酸、SO_3、硫酸和氨基磺酸等反应试剂进行硫酸化，而后中和制得。

脂肪醇硫酸钠主要是月桂醇或椰油醇硫酸钠。月桂醇与氯磺酸按摩尔之比 1∶1.03 进行酯化，而后加碱中和生成月桂醇硫酸钠，调整 pH，加入絮凝剂絮凝除去杂质，用双氧水漂白，最后喷雾干燥得到成品。

SO_3 的价格低于氯磺酸，并且不放出 HCl 气体，因此，近年来工业上广泛采用 SO_3 与脂肪醇进行硫酸化。与烷基苯磺化不同，脂肪醇的 SO_3 硫酸化是 SO_3 分子通过氧原子与碳链相连，形成 C—O—S 键，这是一种不稳定的结构：

$$ROH + 2SO_3 \longrightarrow ROSO_2SO_3H(烷基焦硫酸酯)$$

$$ROSO_2SO_3H + ROH \longrightarrow 2ROSO_3H(烷基硫酸酯)$$

反应高度放热，而且反应速率很快，所以此方法需用干空气稀释 SO_3 到 4%～7%（体积分数）。如图 3-3 所示是用 SO_3 与脂肪醇进行硫酸化制备脂肪醇硫酸盐洗涤剂的生产流程。

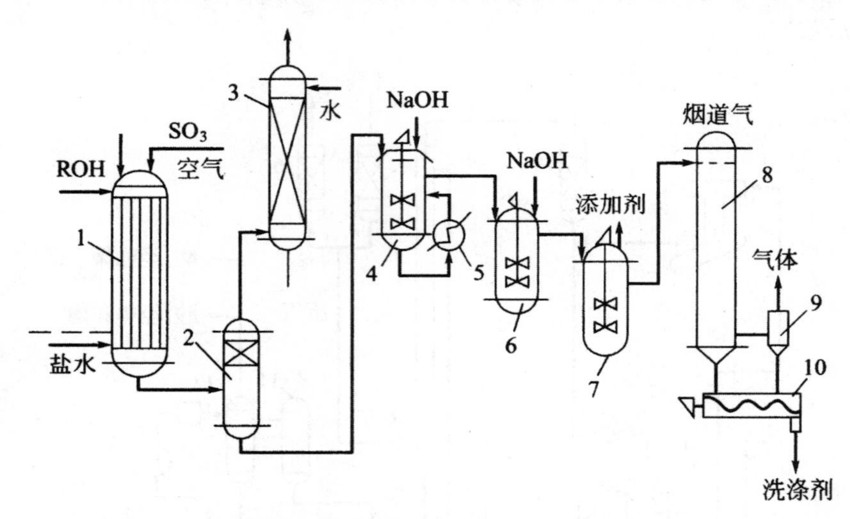

图 3-3　脂肪醇硫酸盐洗涤剂的生产流程

1. 反应器；2. 分离器；3. 吸收塔；4，6. 中和设备；5. 冷却器；
7. 混合器；8. 喷雾干燥器；9. 旋风分离器；10. 螺旋输送机

向薄膜反应器 1 中连续通入醇、空气及由空气稀释的 SO_3 气体，再送入分离器 2，从液体中分出的废气在吸收塔 3 中除去残留 SO_3，得到脂肪醇硫酸在设备 4 中用浓的苛性钠中和，通过外循环冷却使中和温度不超过 60℃，然后再在设备 6 中和到 pH＝7，送往混合器 7，在此设备中加入其他添加剂。然后用泵打到喷雾干燥器 8，干燥后的粉状物料在旋风分离器 9 捕集下来，通过螺旋输送机 10 进行成品包装。

用氨基磺酸与醇反应可以方便地制得其硫酸铵盐，而不需再进行中和操作。作为硫酸化试剂，氨基磺酸的活泼性相对较低，它与醇的反应在 100℃～125℃进行。硫酸或发烟硫酸作为硫酸化试剂，由于副反应较多，一般不宜采用。

第4章　硝化和亚硝化反应

4.1　概述

4.1.1　硝化反应基本概念

向有机化合物分子的碳原子上引入硝基（$-NO_2$）的反应称硝化反应。在精细有机合成工业中，最重要的硝化反应是用硝酸作硝化剂向芳环或芳杂环中引入硝基：

$$\text{(苯)} + HNO_3 \xrightarrow{H_2SO_4} \text{(硝基苯, }NO_2\text{)} + H_2O$$

芳香族硝化反应像磺化反应一样是非常重要的一类化学过程，其应用十分广泛。引入硝基的目的主要有三个方面：

①硝基可以转化为其他取代基，尤其是制取氨基化合物的一条重要途径。

②利用硝基的强吸电性，使芳环上的其他取代基活化，易于发生亲核置换反应。

③利用硝基的强极性，赋予精细化工产品某种特性。

$$\text{(OH)} \xrightarrow[\triangle]{H_2SO_4} \text{(OH, }SO_3H\text{)} \left(+ \text{(OH, }SO_3H\text{)}\right) \xrightarrow{HNO_3} \text{(OH, }O_2N\text{, }NO_2\text{, }NO_2\text{)}$$

4.1.2　硝化剂

硝化剂是可产生硝酰正离子（N^+O_2）的化学物质，以硝酸或氮的氧化物（N_2O_5、N_2O_4）为主体，与强酸（H_2SO_4、$HClO_4$ 等）、有机溶剂（CH_3CN、CH_3COOH 等）或路易斯酸组成。

工业硝化剂，常用不同浓度的硝酸、硝酸与硫酸混合物、硝酸盐和硫酸、硝酸的醋酐或醋酸溶液等。

1. 硝酸

纯硝酸、发烟硝酸以及浓硝酸主要以分子态存在。75%～95%的硝酸中有99.9%的呈分子态，纯硝酸有96%以上的呈分子态，只有3.5%左右硝酸离解为硝酰正离子 N^+O_2。

$$2HNO_3 \rightleftharpoons H_2NO_3^+ + NO_3^-$$

$$H_2NO_3^+ \rightleftharpoons H_2O + N^+O_2$$

水使平衡向左移动，不利于 N^+O_2 形成。如硝酸水分较多，如70%以下硝酸，按下式离解：

$$2HNO_3 + H_2O \rightleftharpoons NO_3^- + H_3^+O$$

硝酸在较高温度下分解，产生活泼氧，故稀硝酸的氧化能力比浓硝酸强。

$$HNO_3 + H_2O \xrightleftharpoons{-H_2O} N_2O_5 \rightleftharpoons N_2O_4 + [O]$$

若以硝酸为硝化剂，硝化产生的水稀释硝酸，使硝化能力降低甚至失去。除活泼芳烃，如酚、酚醚、芳胺及稠环芳烃硝化外，较少使用硝酸硝化。

2. 硝酸-醋酐溶液

硝化能力较强，可低温硝化，适用于易氧化和被混酸分解的被硝化物硝化，如芳烃及杂环化合物、不饱和烃、胺、醇及肟等的硝化。研究表明，硝酸-醋酐溶液包含 HNO_3、$H_2NO_3^+$、CH_3COONO_2、$CH_3COONO_2H^+$、N^+O_2、N_2O_5 组分。

由于醋酐良好的溶解性，硝化反应为均相；硝化剂酸性很小，易被硫酸分解的有机物可顺利硝化；硝化产生的水使醋酐水解，硝酸用量不必过量很多。

硝酸与醋酐可以任意比例混溶，常用硝酸 10%～30%的醋酐溶液。硝酸-醋酐溶液的配制，一般在使用前进行，避免放置过久产生四硝基甲烷有爆炸危险。

$$4(CH_3CO)_2O + 4HNO_3 \xrightarrow{6d} C(NO_2)_4 + 7CH_3COOH + CO_2\uparrow$$

硝酸-溶剂硝化剂，除醋酐外，还可以醋酸、四氯化碳、二氯甲烷、硝基甲烷等为溶剂。在这些溶剂中硝酸缓慢产生 N^+O_2，反应比较温和。

硝化剂可以 $X-NO_2$ 表示，它离解产生硝酰正离子(N^+O_2)：

$$X-NO_2 \rightleftharpoons N^+O_2 + X^-$$

离解的难易程度取决于 X 的吸电子能力，X 吸电子能力越大，形成 N^+O_2 倾向亦越大，硝化能力也越强。X 的吸电子能力，可由 X^- 共轭酸的酸度表示。

3. 硝酸盐与硫酸

常用硝酸钠、硝酸钾，硝酸盐与硫酸硝化剂，实质是无水硝酸与硫酸的混酸，二者作用生成硝酸和硫酸盐：

$$MNO_3 + H_2SO_4 \rightleftharpoons HNO_3 + MHSO_4$$

硝酸盐与硫酸配比一般为(0.1～0.4)：1(质量比)。此配比，硝酸盐几乎全部生成 N^+O_2。此种硝化剂适合苯甲酸、对氯苯甲酸等难硝化的芳烃硝化。

4. 混酸

混酸是浓硝酸或发烟硝酸与浓硫酸按比例组成的硝化剂。由于在硝酸中加入给质子能力强的硫酸，提高了硝酸离解为 N^+O_2 的程度。

$$HNO_3 + H_2SO_4 \rightleftharpoons NO_2^- + H_3^+O + 2HSO_4^-$$

硫酸对水亲和力比硝酸强，可减少或避免生成水稀释硝酸，提高硝酸利用率；硝酸被硫酸稀释其氧化性降低，不易产生氧化副反应；腐蚀性降低，可使用铸铁设备。因此，混酸是广泛应用的硝化剂。

4.2　硝化反应机理

4.2.1　硝化剂的活性质点

工业上常见的硝化剂有硝酸、混酸、硝酸与醋酸或醋酸酐的混合物。最重要的硝化反应是用硝酸作硝化剂向芳环或芳杂环中引入硝基的反应。

$$C_6H_6 + HNO_3 \xrightarrow[98\%]{H_2SO_4,50℃\sim55℃} C_6H_5NO_2 + H_2O$$

硝基苯

在硝化反应中，硝基阳离子 NO_2^+ 被认为是参加反应的活泼质点，因此，若把少量硝酸溶于硫酸中，将发生如下反应：

$$HNO_3 + 2H_2SO_4 \rightleftharpoons NO_2^+ + H_3O^+ + 2HSO_4^-$$

实验表明，在混酸中硫酸浓度增高，有利于 NO_2^+ 的离解。硫酸浓度在 75%～85%时，NO_2^+ 离子浓度很低，当硫酸浓度增高至 89%或更高时，硝酸全部离解为 NO_2^+ 离子，从而硝化能力增强，见表 4-1。

表 4-1　由硝酸和硫酸配制混酸时 NO_2^+ 的含量

混酸中的 HNO_3 含量/%	5	10	15	20	40	60	80	90	100
转化成 NO_2^+ 的 HNO_3/%	100	100	80	62.5	28.8	16.7	9.8	5.9	1

硝酸、硫酸和水的三元体系作硝化剂时，其 NO_2^+ 含量可用一个三角坐标图来表示。如图 4-1 所示。

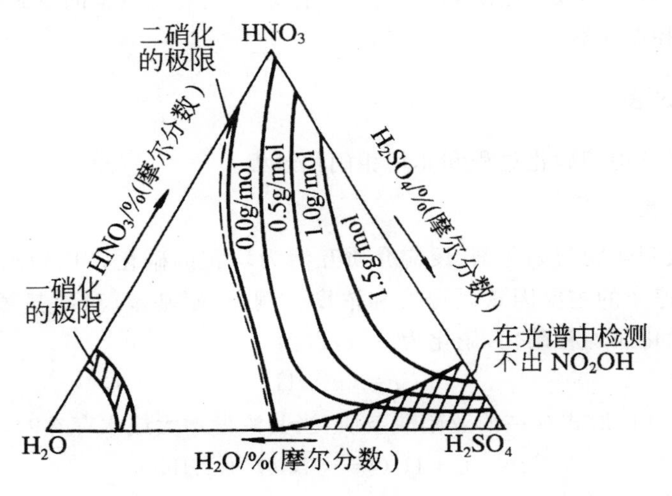

图 4-1　H_2SO_4－HNO_3－H_2O 三元系统中 NO_2^+ 的浓度($mol \cdot Kg^{-1}$)

4.2.2 硝化反应机理

芳烃的硝化反应符合芳环上亲电取代反应的一般规律。以苯为例：首先是亲电质点 NO_2^+ 向芳环进攻生成 π-络合物，然后转变成 σ-络合物，最后脱除质子得到硝化产物。在浓硝酸或混酸硝化反应过程中，其中转变成 σ-络合物这一步的速度最慢，因而是整个反应的控制步骤。

$+NO_2^+$ ⇌ NO_2^+ 慢 ⇌ H NO_2 快 → $NO_2 + H^+$

π-络合物 σ-络合物

$NO_2 \cdot H^+$

在稀硝酸中不存在 NO_2^+ 阳离子，所以稀硝酸硝化的反应历程有多种解释，但有一点是明确的，即若向反应体系中加入尿素，它会使硝酸中所含的微量亚硝酸分解，使反应难以引发。

$$2HNO_2 + CO(NH_2)_2 \xrightarrow{H^+} 3H_2O + CO_2 + 2N_2$$

反之，如果向反应液中不断加入少量的亚硝酸钠或亚硫酸氢钠，则有利于反应的顺利进行。

$$NaNO_2 + HNO_3 \rightarrow Na^+ + NO_3^- + HNO_2$$

$$NaHSO_3 + HNO_3 \rightarrow Na^+ + HSO_4^- + HNO_2$$

稀硝酸硝化的动力学研究指出：硝化反应速率与被硝化物的浓度和亚硝酸的浓度成正比，因此提出了亚硝化-氧化历程。

$$Ar-H + HNO_2 \xrightarrow{\text{亚硝化}} Ar-NO + H_2O$$

$$Ar-NO + HNO_3 \xrightarrow{\text{氧化}} Ar-NO_2 + HNO_2$$

在氧化时硝酸被还原成亚硝酸，因此在反应体系中只要有少量的亚硝酸，反应就能顺利进行，而且亚硝化是控制步骤。

4.2.3 硝化过程

硝化过程主要有均相硝化过程和非均相硝化过程。

1.均相硝化过程

均相硝化是被硝化物与硝化剂、反应介质互溶为均相的硝化。均相硝化无相际间质量传递问题，影响反应速率的主要因素是温度和浓度。例如，硝基苯、对硝基氯苯、1-硝基蒽醌，在大过量浓硝酸中硝化属均相硝化，硝化为一级反应：

$$r = k[ArH]$$

浓硝酸含以 N_2O_4 形式存在的亚硝酸杂质，当其浓度增大或水存在时，产生少量 N_2O_3：

$$2N_2O_4 + H_2O \rightleftharpoons N_2O_3 + 2HNO_3$$

N_2O_4、N_2O_3 均可离解：

$$N_2O_4 \rightleftharpoons NO^+ + NO_3^-$$

$$N_2O_3 \rightleftharpoons NO^+ + NO_2^-$$

离解产生的 NO_3^-、NO_2^- 使 $H_2NO_3^+$ 脱质子化，从而抑制硝化反应。加入尿素可破坏亚硝酸：

$$CO(HN_2)_2+2HNO_2 \longrightarrow CO_2\uparrow+2N_2\uparrow+3H_2O$$

硝化反应是定量的。若尿素加入量超过亚硝酸化学计量的 1/2，硝化反应速率下降。

硝基苯或蒽醌在浓硫酸介质中的硝化为二级反应：

$$r=k[ArH][HNO_3]$$

式中，k 是表观反应速率常数，其数值与硫酸浓度密切相关。

不同结构的芳烃硝化，在硫酸浓度 90％左右时，反应速率常数呈现最大值。

甲苯、二甲苯或三甲苯等活泼芳烃，在有机溶剂和过量很多的无水硝酸中低温硝化，可认为硝酸浓度在硝化过程中不变，对芳烃浓度反应为零级。

$$r=K_0$$

式中，K_0 为硝酸离解平衡常数。

2. 非均相硝化过程

被硝化物与硝化剂、反应介质不互溶呈酸相、有机相，构成液—液非均相硝化系统，例如，苯或甲苯用混酸的硝化。非均相硝化存在酸相与有机相间的质量、热量传递，硝化过程由相际间的质量传递、硝化反应构成。

例如，甲苯用混酸的一硝化过程：

①外扩散：甲苯通过有机相向相界面扩散。

②内扩散：甲苯由相界面扩散进入酸相。

③发生反应：甲苯进入酸相与硝酸反应生成硝基甲苯。

④内扩散：产物硝基甲苯由酸相扩散至相界面。

⑤外扩散：硝基甲苯由相界面扩散进入有机相。

对于硝酸而言，它由酸相向相界面扩散，扩散途中与甲苯进行反应；反应生成水扩散到酸相；某些硝酸从相界面扩散，进入有机相。

上述步骤构成非均相硝化总过程，影响硝化反应速率因素既有化学的，又有物理的。

研究表明，硝化反应主要发生在酸相和相界面，有机相硝化反应极少。苯、甲苯和氯苯的非均相硝化动力学研究认为，硫酸浓度是非均相硝化的重要影响因素，并将其分为缓慢型、快速型和瞬间型，根据实验数据按甲苯-硝化初始反应速率对 lg$k$ 作图，如图 4-2 所示。图中表示出相应的硫酸浓度范围，非均相硝化反应特点和三种动力学类型的差异。

(1)缓慢型

缓慢型即动力学型。反应主要发生在酸相，反应速率与酸相甲苯浓度、硝酸浓度成正比，特征是反应速率是硝化过程的控制阶段。甲苯在 62.4％～66.6％的 H_2SO_4 中硝化，即此类型。

(2)快速型

快速型即慢速传质型。随着硫酸浓度提高，酸相中的硝化速率加快，当芳烃从有机相传递到酸相的速率与其反应而移出酸相的速率达到稳态时，反应由动力学型过渡到传质型。反应主要发生在酸膜中或两相边界层，芳烃向酸膜中的扩散速率是硝化过程的控制阶段，反应速率与酸相交换面积、扩散系数和酸相中甲苯浓度成正比，特征是反应速率受传质速率控制。甲苯

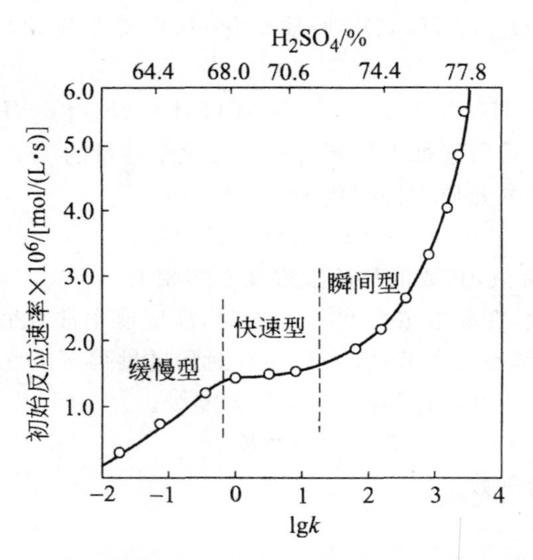

图 4-2　在无挡板容器中甲苯的初始反应速率与 lgk 的变化图(25℃,2500 r/min)

在 66.6%～71.6%的 H_2SO_4 中的硝化属此类型。

(3)瞬间型

瞬间型即快速传质型。继续增加硫酸浓度,反应速率不断加快,硫酸浓度达到某一数值时,液相中反应物不能在同一区域共存,反应在相界面上发生。硝化过程的速率由传质速率控制,如甲苯在 71.6%～77.4%的硫酸中的反应。

由于硝化过程中硫酸不断被生成水所稀释,硝酸也因反应不断消耗。因此对于具体硝化过程而言,不同的硝化阶段属不同的动力学类型。例如,甲苯用混酸硝化生产一硝基甲苯,采用多釜串联硝化器。第一釜酸相中硫酸、硝酸浓度较高,反应受传质控制;第二釜硫酸浓度降低,硝酸含量减少,反应速率受动力学控制。一般,芳烃在酸相的溶解度越大,硝化速率受动力学控制的可能性越大。另外,硫酸浓度是非均相硝化的重要影响因素。

4.2.4　硝化反应的影响因素

1. 硝化剂

硝化剂对硝化反应的影响也是十分重要的。硝化对象不同,采取的硝化方法也往往不同。对于相同的硝化对象,如果采用不同的硝化方法,常常会得到不同的产物组成。因此在进行硝化反应时,必须要选择合适的硝化剂。

硝化剂对硝化反应的影响(硝化能力)视其离解生成 NO_2^+ 的难易程度而定,按硝化能力递增的顺序为硝酸乙酯、硝酸、硝酸-醋酸酐、氯硝酰、硝酸合氢离子(硝酸-硫酸)、硝酰硼氟酸。在混酸中硝化时,混酸的组成是重要的影响因素。例如,甲苯硝化时,硫酸的质量浓度每增加 1%,反应活化能约下降 2.8 kJ·mol^{-1}。对于极难硝化的物质,还可采用三氧化硫与硝酸的混合物作硝化剂,以提高硝化反应速率和大幅度降低硝化废酸量。混酸中硫酸的浓度还影响异构体的比例。例如,1,5-萘二磺酸在浓硫酸中硝化,主要生成 1-硝基萘-4,8-二磺酸,而在发烟硫酸中硝化,主要生成 2-硝基萘-4,8-二磺酸。

不同的硝化介质也常常能够改变异构体组成的比例。带有强供电子基的芳香族化合物(如苯甲醚、乙酰苯胺)在非质子化溶剂中硝化时,得到较多的邻位异构体;而在可质子化溶剂中硝化,得到较多对位异构体。这是由于在可质子化溶剂中硝化,电子富有的原子可能容易被氢键溶剂化,从而增大了取代基的体积,使邻位攻击受到空间阻碍。

2. 温度

对于均相硝化反应,温度直接影响反应速度和生成物异构体的比例。一般易于硝化和易于发生氧化副反应的芳烃(如酚、酚醚等)可采用高温硝化。

对于非均相硝化反应,温度还将影响芳烃在酸相中的物理性能(如溶解度、乳化液粘度界面张力)和总反应速度等。由于非均相硝化反应过程复杂,因而温度对其影响呈不规则状态。例如,甲苯一硝化的反应速度常数大致为每升高 1012 增加 1.5～2.2 倍。

硝化反应是一个强放热反应。混酸硝化时,反应生成水稀释硫酸并将放出稀释热,这部分热量约相当于反应热的 7.5%～10%。苯的一硝化反应热可达到 143 $kJ \cdot mol^{-1}$。一般芳环硝化的反应热也有约 126 $kJ \cdot mol^{-1}$。这样大的热量若不及时移走,会发生超温,造成多硝化、氧化等副反应,甚至还会发生硝酸大量分解,产生大量红棕色二氧化氮气体,造成生产事故。因此在硝化设备中一般都带有夹套、蛇管等大面积换热装置。

3. 被硝化物的性质

芳烃的硝化反应属于亲电取代反应,其硝化难易程度与芳环上取代基的性质有密切关系。两类不同的取代基(供电子和吸电子取代基)对硝化产物的构成有不同的影响。当苯环上存在供电子基团时,硝化速度较快,在硝化产品中常常以邻、对位产物为主。反之,当苯环上连接的是吸电子基团,则硝化速度降低,产品中常以间位异构体为主。然而卤苯是例外,引入卤素虽然使苯环钝化,但得到的产品几乎都是邻、对位异构体。萘环中的 α 位比 β 位活泼,因此萘的一硝化主要得到 α-硝基萘。蒽醌的硝化比苯的硝化困难,产物大部分为 α 位异构体,少量为 β 位异构体,也有部分二硝化物生成。

联苯的化学性质与苯相似,在两个苯环上均可发生磺化、硝化等取代反应。联苯可看成是苯的一个氢原子被苯基取代,苯基是邻、对位取代基,所以取代基主要进入苯基的对位。若一个环上有活化基团,则取代反应发生在同环上;若有钝化基团,则发生在异环。

4. 相比与硝酸比

相比也称酸油比,是指混酸与被硝化物的质量比。在固定相比的条件下,剧烈的搅拌最多只能使被硝化物在酸相中达到饱和溶解,因此增加相比就能增大被硝化物在酸相中的溶解量,这对于加快反应速率是有利的;但是相比过大,将使设备生产能力下降。生产上常用的方法之一是向硝化锅中加入一定量的上批硝化的废酸(也称为循环酸),其优点不仅可以增加相比,也有利于反应热的分散和传递。

硝酸比是硝酸和被硝化物的物质的量之比,在理论上应当是符合化学计算量的,但实际生产中硝酸的用量常常高于理论用量。当采用混酸为硝化试剂时,对于易硝化的物质,硝酸需过量 1%～5%;对于难硝化的物质,需要过量 10%～20%。由于环境保护的限制,20 世纪 70 年代以来,趋向于用绝热硝化来代替原来的过量硝酸硝化工艺。

5. 硝化副反应

在芳烃硝化过程中常常伴随有副反应，如氧化、去烃基、置换、脱羧、开环和聚合等许多副反应，这些副反应是由于被硝化物的性质不同和反应条件的选择不当而造成的。副反应的产生，造成了反应物或硝化物的损失，也增加了主要产物分离和精制费用，研究副反应的目的就在于提高经济效益，减少环境污染和增加生产的安全性。

在芳烃硝化过程中氧化反应是影响最大的、不可避免的副反应。发生氧化的位置主要在环上和侧链上。当活泼的被硝化物硝化时，容易产生环上氧化，生成酚类有机物。例如，甲苯硝化时，将副产生成硝基甲酚，萘硝化时将副产生成 2,4-二硝基萘酚等。

6. 搅拌

大多数硝化过程属于非均相体系，良好的搅拌装置是反应顺利进行和提高传热效率的保证。加强搅拌，有利于两相的分散，增大了两相界面的面积，使传质阻力减小。

在硝化过程中，特别是在间歇硝化反应的加料阶段，停止搅拌或浆叶脱落，将是非常危险的！因为这时两相快速分层，大量活泼的硝化剂在酸相积累，一旦重新搅拌，就会突然发生激烈反应，瞬时放出大量的热，导致温度失控，以至于发生事故。一般要设置自控和报警装置，采取必要的安全措施。

4.3 工业硝化反应

4.3.1 脂肪烃的硝化

在液相或气相中，烷烃可与硝酸发生硝化反应，生成硝基烷烃，是工业上合成简单的硝基烷的重要方法。环烷烃进行直接硝化时，往往可以获得产率良好的硝基环烷烃。例如，硝酸作为硝化试剂，环己烷在较高温度下气相硝化，得到硝基环己烷的产率为 69.3%。

$$\text{环己烷} + HNO_3 \xrightarrow{300℃\sim315℃} \text{硝基环己烷}(NO_2)$$

在极性非质子溶剂 DMF 或 DMSO 中，或在相转移催化条件下，亚硝酸钠可以和卤代烃进行硝化反应，往往可以得到较好产率的硝基化合物。例如：在极性溶液中，亚硝酸钠可以有效地将(Z)-1-溴己-3-烯硝化，得到(Z)-1-硝基己-3-烯。

$$\text{(Z)-1-溴己-3-烯}(Br) \xrightarrow[r.t.]{NaNO_2/DMF} \text{(Z)-1-硝基己-3-烯}(NO_2)$$

乙苯与相对密度为 1.075 的稀硝酸反应数小时，可以获得产率为 44% 的 α-硝基乙苯。

$$C_6H_5CH_2CH_3 + HNO_3 \xrightarrow{105℃\sim108℃} C_6H_5CH(NO_2)CH_3$$

在相转移催化剂 18-冠醚-6 存在下，正辛基溴化物与亚硝酸钠以良好产率生成相应的硝基烷烃。

$$n\text{-}C_8H_{17}Br + NaNO_2 \xrightarrow[25℃\sim40℃]{18冠醚\text{-}6/乙腈} n\text{-}C_8H_{17}NO_2$$

卤代烃与亚硝酸盐的反应仍是实验室合成伯、仲硝基化合物的重要方法，一般而言，除亚硝酸钠以外，亚硝酸锂、钾盐也能与伯、仲烷基溴化物或碘化物反应生成相应的硝基化合物，而亚硝酸银仅适合于伯烷基溴化物或碘化物的反应。

4.3.2　芳烃的硝化

1. N_2O_5-催化剂硝化体系

以 N_2O_5 作为硝化剂，具有反应条件温和、在非酸介质中进行、反应速率快、选择性好、收率高和三废少等特点。使用 N_2O_5 作为硝化剂，在惰性溶剂中对甲苯、氯苯及硝基苯进行硝化时，在甲苯的硝化产物中，对硝基甲苯的生成比例可提高 5%以上；在氯苯的硝化产物中，邻硝基氯苯的生成比例有明显提高；而硝基苯的硝化产物中，间二硝基苯的比例可达 97%以上。使用 N_2O_5 作为硝化剂，也可以使杂环化合物顺利发生硝化反应，例如，在液体二氧化硫中，N_2O_5 作为硝化剂，吡啶的硝化产率可达 63%。

$$吡啶 \xrightarrow[liq.\ SO_2]{N_2O_5} 3\text{-}NO_2\text{-}吡啶$$

2. 硝酸硝化法

硝酸是最早使用的硝化试剂，它能使许多芳香族化合物发生硝化，如 3,4-二甲氧基苯甲醛的硝化。

$$3,4\text{-}(CH_3O)_2C_6H_3CHO \xrightarrow{HNO_3} 4,5\text{-}(CH_3O)_2\text{-}2\text{-}NO_2C_6H_2CHO$$

若用计算量的硝酸使芳烃硝化，则得到的副产物只有水，这是个较为理想的方法。例如：在镧系化合物的催化下，用计算量的硝酸可使间二甲苯发生硝化。

$$间二甲苯 \xrightarrow[\substack{Pr(OTF)_3(10\%,摩尔分数) \\ CH_2Cl}]{69\%\ HNO_3} 2,4\text{-}二甲基硝基苯 + 2,6\text{-}二甲基硝基苯$$

3. 乙酰硝酸酯为硝化剂

以乙酰硝酸酯作硝化剂，使用酸性不同的溶剂，对 2,4-二硝基苯胺的硝化反应可在较低温度下进行，可以得到令人满意的收率。结果表明，当使用浓硫酸作溶剂时，硝化得到的主要产物是 N,2,4,6-四硝基苯胺；而使用冰醋酸作溶剂时，主要产物是 N,2,4-三硝基苯胺。两种溶剂的酸性对产物起决定性的影响，浓硫酸为强酸，易与乙酰硝酸酯反应，从而更易提供硝化反应所需的硝酰正离子，因而硝化能力强，得到 N,2,4,6-四硝基苯胺，而冰醋酸是一种弱酸，与乙酰硝酸酯反应能力较硫酸差，因而提供硝酰正离子能力差，产物为 N,2,4-三硝基苯胺。

4. 硝酸钠盐硝化法

在中性或碱性溶液中，用亚硝酸钠作为硝化剂，可以使芳香族重氮盐发生硝化，得到较好产率的芳香族硝基化合物。这种方法通常适用于合成特殊取代位置的芳香族硝基化合物，例如，邻二硝基苯、对二硝基苯均不能由直接硝化法制得，但是它们可由邻硝基苯胺、对硝基苯胺形成的重氮盐与亚硝酸钠反应制得。通常铜盐或铜及其氧化物是反应有效的催化剂。

将对硝基苯胺溶于氟硼酸中，在冰浴冷却下慢慢加入亚硝酸钠，即得固体的氟硼酸重氮盐，将重氮盐悬浮在水中，并加入亚硝酸钠的水溶液及铜粉的混合物进行反应，即得对二硝基苯。

$$p\text{-}NO_2C_6H_4NH_2 + HBF_4 \xrightarrow{NaNO_2} p\text{-}NO_2C_6H_4N_2^+BF_4^- \xrightarrow[Cu]{NaNO_2} p\text{-}C_6H_4(NO_2)_2$$

1-氨基-4-硝基萘在硫酸存在下，用亚硝酸钠进行重氮化，然后在硫酸铜和亚硫酸钠催化下，与亚硝酸钠反应，得到 1,4-二硝基萘。

$$\text{1-}NH_2\text{-4-}NO_2C_{10}H_6 + NaNO_2 + H_2SO_4 \longrightarrow \text{1-}N_2HSO_4\text{-4-}NO_2C_{10}H_6 \xrightarrow[CuSO_4/Na_2SO_3]{NaNO_2} \text{1,4-}(NO_2)_2C_{10}H_6$$

以硫酸氢钠和硝酸钠为硝化剂，在水溶液中可以实现取代苯酚的硝化反应。硝化产物具有良好的选择性和较高的产率。使用 $NaNO_3/NaHSO_4$ 对取代苯酚进行硝化，反应条件温和，硝化产物易于控制，后处理简单，产率高，同时避免了大量废酸液的产生，为硝基苯酚的工业化生产提供了一种简单易行的方法。

4.4 磺基与重氮基的取代硝化

4.4.1 磺基的取代硝化

酚或酚醚类芳香族化合物，由于易于被氧化，一般不直接硝化，而是通过引入磺基后，再用硝酸处理，可被取代成硝基。这是由于苯环上引入磺基后，电子云密度下降，硝化时的副反应可以减少。如苯酚合成苦味酸：

$$C_6H_5OH \xrightarrow[\triangle]{H_2SO_4} \left[p\text{-}HOC_6H_4SO_3H + o\text{-}HOC_6H_4SO_3H \right] \xrightarrow{HNO_3} \text{2,4,6-}(O_2N)_3C_6H_2OH$$

当苯环上同时存在羟基（或烷氧基）和醛基时，采用先磺化后硝化的方法，能使醛基得以保护。例如：

$$\text{H}_3\text{CO-C}_6\text{H}_3\text{(OH)-CHO} \xrightarrow{H_2SO_4} \text{H}_3\text{CO-C}_6\text{H}_2\text{(OH)(SO}_3\text{H)-CHO} \xrightarrow{HNO_3} \text{H}_3\text{CO-C}_6\text{H}_2\text{(OH)(NO}_2\text{)-CHO}$$

4.4.2　重氮基的取代硝化

邻二硝基苯和对二硝基苯不能够由硝酸直接硝化得到，但可以通过邻硝基苯胺的重氮盐与亚硝酸钠反应得到。

$$p\text{-}O_2N\text{-}C_6H_4\text{-}NH_2 + HBF_4 \xrightarrow{NaNO_2} p\text{-}O_2N\text{-}C_6H_4\text{-}\overset{+}{N_2}BF_4^- \xrightarrow[Cu]{NaNO_2} p\text{-}O_2N\text{-}C_6H_4\text{-}NO_2$$

芳香族重氮盐用亚硝酸钠处理，就可以分解生成芳香族硝基化合物：

$$C_6H_5\text{-}\overset{+}{N_2}Cl^- + NaNO_2 \longrightarrow C_6H_5\text{-}NO_2 + N_2\uparrow + NaCl$$

这种方法适用于合成特殊取代位置的硝基化合物。

4.5　硝化反应的应用

4.5.1　硝化反应方法

实施硝化的方法为硝化方法。根据硝基引入方式，分直接硝化法和间接硝化法。直接硝化法是以硝基取代被硝化物分子中的氢原子的方法。硝化剂不同，硝化能力就不同，直接硝化的方式也不相同，主要有混酸硝化法、硝酸硝化法、硝酸-有机溶剂硝化法等。间接硝化法是以硝基置换被硝化物分子中的磺酸基、重氮基、卤原子等原子或基团的方法。

1. 硝酸硝化法

硝酸可作为硝化剂直接进行硝化反应，但硝酸的浓度显著地影响其硝化和氧化两种功能。硝酸硝化按浓度不同，分为浓硝酸硝化和稀硝酸硝化。浓硝酸硝化易导致氧化副反应。稀硝酸硝化使用 30%左右的硝酸浓度，设备腐蚀严重。一般地说，硝酸浓度越低，硝化能力越弱，而氧化作用越强。

(1)烯硝酸硝化法

用稀硝酸硝化，仅限于易硝化的活泼芳烃，使用时要求过量，因为稀硝酸是一种较弱的硝化剂，反应过程中生成的水又不断稀释硝酸，使其硝化能力逐渐下降。例如，含羟基和氨基的芳香化合物可用 20%的稀硝酸硝化，但易被氧化的氨基应在硝化前将其转变为酰胺基，从而给予保护。由于稀硝酸对铁有严重的腐蚀作用，生产中必须使用不锈钢或搪瓷锅作为硝化反应釜。

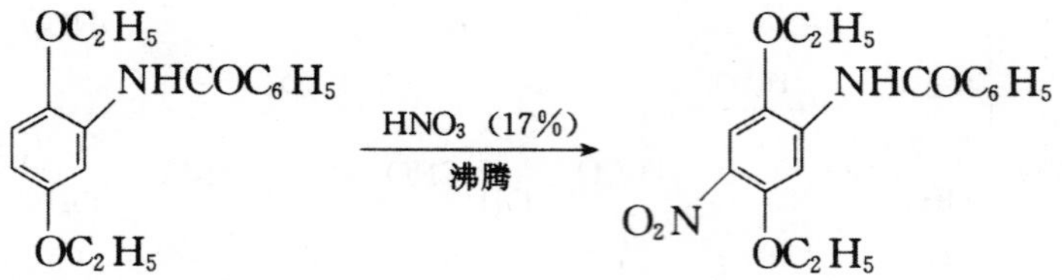

$$\text{2,5-}(OC_2H_5)_2C_6H_3NHCOC_6H_5 \xrightarrow[\text{沸腾}]{HNO_3\ (17\%)} \text{4-}O_2N\text{-2,5-}(OC_2H_5)_2C_6H_2NHCOC_6H_5$$

(2)浓硝酸硝化法

硝酸硝化法须保持较高的硝酸浓度，以避免硝化生成水稀释硝酸。为此，液相硝化、气相硝化、通过高分子膜硝化等是其努力的方向。由于经济技术原因，硝酸硝化法限于蒽醌硝化、二乙氧基苯硝化等少数产品生产。这种硝化一般要用过量许多倍的硝酸，过量的硝酸必须设法回收或利用，从而限制了该法的实际应用。

浓硝酸硝化，硝酸过量很多倍，例如，对氯甲苯的硝化，使用 4 倍量 90%硝酸；邻二甲苯二硝化用 10 倍量的发烟硝酸；蒽醌用 98%硝酸硝化，生产 1-硝基蒽醌，蒽醌与硝酸的摩尔比为 1∶15，硝化为液相均相反应。

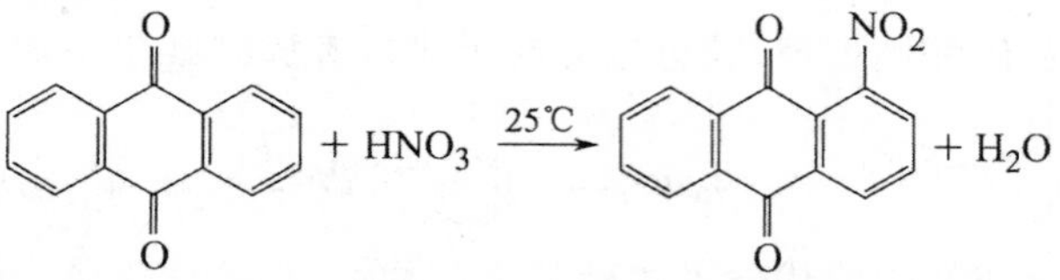

$$\text{蒽醌} + HNO_3 \xrightarrow{25℃} \text{1-硝基蒽醌} + H_2O$$

在终点控制蒽醌残留 2%，则可得副产物主要是 2-硝基蒽醌和二硝基蒽醌。

以浓硝酸作为硝化剂有一些缺点，但在工业中也有一定的应用。例如，染料中间体 1-硝基蒽醌的制备即采用硝酸硝化法。

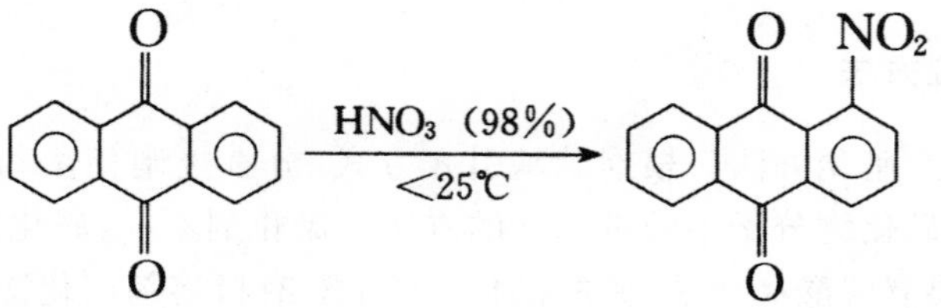

$$\text{蒽醌} \xrightarrow[<25℃]{HNO_3\ (98\%)} \text{1-硝基蒽醌}$$

2. 混酸硝化法

混酸硝化法主要用于芳烃的硝化，其特点主要有：

①硝化能力强，反应速率快，生产能力大。

②硝酸用量接近理论量，其利用率高。

③硫酸的热容量大，硝化反应平稳。

④浓硫酸可溶解多数有机化合物，有利于被硝化物与硝酸接触。

⑤混酸对铁腐蚀性小，可用碳钢或铸铁材质的硝化器。

一般的混酸硝化工艺流程可以用图 4-3 表示。

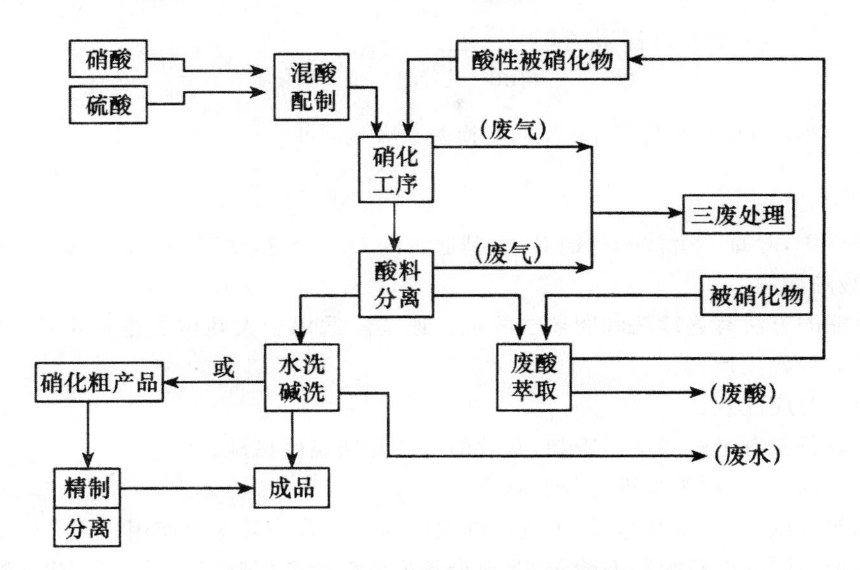

图 4-3 混酸硝化的流程示意图

(1)混酸的硝化能力

硝化能力太强,虽然反应快,但容易产生多硝化副反应;硝化能力太弱,反应缓慢,甚至硝化不完全。工业上通常利用硫酸脱水值(D. V. S)和废酸计算浓度(F. N. A)来表示混酸的硝化能力,并常常以此作为配制混酸的依据。

①硫酸的脱水值(D. V. S)。

D. V. S 是指硝化结束时废酸中硫酸和水的计算质量比。

$$\text{D. V. S}=\frac{\text{废酸中硫酸的质量}}{\text{废酸中水的质量}}=\frac{\text{废酸中硫酸的质量}}{\text{混酸中水的质量}+\text{硝化后生成水的质量}}$$

混酸的 D. V. S 越大,表示其中的水分越少,硫酸的含量越高,它的硝化能力越强。

对于大多数芳香烃而言,D. V. S 介于 2～12 之间,具有给电子基团的活泼芳烃宜用 D. V. S 小的混酸,如苯的一硝化时,使用 D. V. S 为 2.4 的混酸;对于难硝化的化合物或引入一个以上的硝基时,需用 D. V. S 大的混酸。

假定反应完全进行,无副反应和硝酸的用量不低于理论用量。以 100 份混酸作为计算基准,D. V. S 可按下式计算求得

$$\text{D. V. S}=\frac{S}{(100-S-N)+\frac{2}{7}\times\frac{N}{\varphi}}$$

式中,S 为混酸中硫酸的质量百分比浓度;N 为混酸中硝酸的质量百分比浓度;φ 硝酸比。

②废酸计算浓度(F. N. A)。

F. N. A 是指硝化结束时废酸中的硫酸浓度。当硝酸比 9 接近于 1 时,以 100 份混酸为计算基准,其反应生成的水为:

$$\text{水}=\frac{18}{63}\times N=\frac{2}{7}N$$

$$\text{废酸量}=100-N+\frac{2}{7}N=100-\frac{5}{7}N$$

$$F.N.A=\frac{S}{100-\frac{5}{7}N}\times 100=\frac{140S}{140-N}$$

当 $\varphi=1$ 时，可得出 D. V. S 与 F. N. A 的互换关系式为：

$$D.V.S=\frac{F.N.A}{100-F.N.A}$$

实际生产中，对每一个被硝化的对象，其适宜的 D. V. S 值或 F. N. A 值都由实验得出。

(2)混酸的配制

配制混酸的方法有连续法和间歇法两种。连续法适用于大吨位大批量生产，间歇法适用于小批量多品种的生产。

配制混酸时应注意：

①配制设备要有足够的移热冷却，有效的搅拌和防腐蚀措施。

②配酸过程中，要对废酸进行分析测定。

③补加相应成分，调整其组成，配制好的混酸经分析合格后才能使用。

④用几种不同的原料配制混酸时，要根据各组分的酸在配制后总量不变，建立物料衡算方程式即可求出各原料酸的用量。

(3)混酸硝化过程

硝化过程有连续与间歇两种方式。连续法的优点是小设备、大生产、效率高、便于实现自动控制。间歇法具有较大的灵活性和适应性，适用于小批量、多品种的生产。

由于被硝化物的性质和生产方式的不同，一般有正加法、反加法和并加法。正加法是将混酸逐渐加到被硝化物中。该反应比较温和，可避免多硝化，但其反应速度较慢，常用于被硝化物容易硝化的间歇过程。反加法是将硝化物逐渐加到混酸中。其优点是在反应过程中始终保持有过量的混酸与不足量的被硝化物，反应速度快，适用于制备多硝基化合物，或硝化产物难于进一步硝化的间歇过程。并加法是将混酸和被硝化物按一定比例同时加到硝化器中。这种加料方式常用于连续硝化过程。

(4)反应产物的分离

硝化产物的分离，主要是利用硝化产物与废酸密度相差大和可分层的原理进行的。让硝化产物沿切线方向进入连续分离器。

多数硝化产物在浓硫酸中有一定的溶解度，而且硫酸浓度越高其溶解度越大。为减少溶解度，可在分离前加入少量水稀释，以减少硝基物的损失。

硝化产物与废酸分离后，还含有少量无机酸和酚类等氧化副产物，必须通过水洗、碱洗法使其变成易溶于水的酚盐等而被除去。但这些方法消耗大量碱，并产生大量含酚盐及硝基物的废水，需进行净化处理。另外，废水中溶解和夹带的硝基物一般可用被硝化物萃取的办法回收。该法尽管投资大，但不需要消耗化学试剂，总体衡算仍很经济合理。

(5)废酸处理

硝化后的废酸主要组成是：73%～75%的硫酸，0.2%的硝酸，0.3%亚硝酰硫酸，0.2%以下的硝基物。

针对不同的硝化产品和硝化方法，处理废酸的方法不同，其主要方法有以下几种：

①分解吸收法。废酸液中的硝酸和亚硝酰硫酸等无机物在硫酸浓度不超过75%时，加热

易分解，释放出的氧化氮气体用碱液进行吸收处理。工业上也有将废酸液中的有机杂质萃取、吸附或用过热蒸气吹扫除去，然后用氨水制成化肥。

②闭路循环法。将硝化后的废酸直接用于下一批的单硝化生产中。

③浸没燃烧浓缩法。当废酸浓度较低时，通过浸没燃烧，提浓到 60%～70%，再进行浓缩。

④蒸发浓缩法。一定温度下用原料芳烃萃取废酸中的杂质，再蒸发浓缩废酸至 92.5%～95%，并用于配酸。

(6)硝化异构产物分离

硝化产物常常是异构体混合物，其分离提纯方法有化学法和物理法两种。

①化学法。

化学法是利用不同异构体在某一反应中的不同化学性质而达到分离的目的。例如，用硝基苯硝化制备间二硝基苯时，会长生少量邻位和对位异构体的副产物。因间二硝基苯与亚硫酸钠不发生化学反应，而其邻位和对位异构体会发生亲核置换反应，且其产物可溶于水，因此可利用此反应除去邻位和对位异构体。

②物理法。

当硝化异构产物的沸点和凝固点有明显差别时，常采用精馏和结晶相结合的方法将其分离。随着精馏技术和设备的不断改进，可采用连续或半连续全精馏法直接完成混合硝基甲苯或混合硝基氯苯等异构体的分离。但由于一硝基氯苯异构体之间的沸点差较小，全精馏的能耗很大，因而非常不经济。因此，近年来多采用经济的结晶、精馏、再结晶的方法进行异构体的分离。

3. 间接硝化法

一些活泼芳烃或杂环化合物直接硝化，容易发生氧化反应，若先在芳烃或杂环上引入磺酸基，再进行取代硝化，可避免副反应。

芳香族化合物上的磺酸基经过处理后，可被硝基置换生成硝基化合物。硝化酚或酚醚类化合物时，广泛应用该方法。引入磺酸基后，使得苯环钝化，再进行硝化时可以减少氧化副反应的发生。

OH
H_2SO_4 △
OH SO$_3$H SO$_3$H
稀HNO_3 △
OH NO_2 NO_2

为了制备某些特殊取代位置的硝基化合物，可使用下述方法：芳伯胺在硫酸中重氮化生成重氮盐，然后在铜系催化剂的存在下，用亚硝酸钠处理，即分解生成芳香族硝基化合物。

NH_2 NO_2
$NaNO_2$-H_2SO_4
N_2HSO_4 NO_2
$NaNO_2$ / $CuSO_4$，Na_2SO_3
NO_2 NO_2

4.浓硫酸介质中的均相硝化法

当被硝化物或硝化产物在反应温度下是固态时，多将被硝化物溶解在大量的浓硫酸中，然后加入硝酸或混酸进行硝化。这种均相硝化法只需使用过量很少的硝酸，一般产率较高，所以应用范围广。

5.硝酸-乙酐法

浓硝酸或发烟硝酸与乙酐混合即为一种优良的硝化剂。大多数有机物能溶于乙酐中，使得硝化反应在均相中进行。此硝化剂具有硝化能力较强、酸性小和没有氧化副反应的特点，又可在低温下进行快速反应，所以很适用于易与强酸生成盐而难硝化的化合物或强酸不稳定物质的硝化过程。通常，产物中很少有多硝基存在，几乎是一硝基化合物。当硝化带有邻、对位取代基的芳烃时，主要得到邻硝基产物。

硝酸-乙酐混合物应在使用前临时配置，以免放置太久生成硝基甲烷而引起爆炸，反应式如下：

$$\text{(}CH_2OCH_3\text{, CN, OH, }H_3C\text{)-吡啶} \xrightarrow[57℃\sim58℃]{HNO_3\text{-}Ac_2O} \text{(}O_2N\text{, }CH_2OCH_3\text{, CN, OH, }H_3C\text{)-吡啶}$$

6.非均相混酸硝化法

当被硝化物和硝化产物在反应温度下都呈液态且难溶或不溶于废酸时，常采用非均相的混酸硝化法。这时需剧烈的搅拌，使有机物充分地分散到酸相中以完成硝化反应。该法是工业上最常用、最重要的硝化方法。

7.有机溶剂硝化法

该法可避免使用大量的硫酸作溶剂，从而减少或消除废酸量，常常使用不同的溶剂以改变硝化产物异构体的比例。常用的有机溶剂有二氯甲烷、二氯乙烷、乙酸或乙酐等。

硝化特点如下：

①进行硝化反应的条件下，反应是不可逆的。

②硝化反应速度快，是强放热反应。

③在多数场合下，反应物与硝化剂是不能完全互溶的，常常分为有机层和酸层。

4.5.2 硝化反应应用实例

下面介绍苯-硝化制硝基苯的制备。

硝基苯主要用于苯胺等有机中间体，早期采用混酸间歇硝化法。随着苯胺需要量的迅速增长，逐步开发了锅式串联、泵-列管串联、塔式、管式、环行串联等常压冷却连续硝化法和加压绝热连续硝化法。

1.常压冷却连续硝化法

图4-4是锅式串联连续硝化流程示意图。首先萃取苯、混酸和冷的循环废酸连续加入1号硝化锅中，反应物再经过三个串联的硝化锅2，停留时间约10～15 min，然后进入连续分离

器 3，分离成废酸层和酸性硝基苯层，废酸进入连续萃取锅 4，用工业苯萃取废酸中所含的硝基苯，并利用废酸中所含的硝酸，再经分离器 5，分离出的萃取苯用泵 6 连续地送出 1 号硝化锅，萃取后的废酸用泵 7 送去浓缩成浓硫酸。酸性硝基苯经水洗器 8、分离器 9、碱洗器 10 和分离器 11 除去所含的废酸和副产的硝基酚，即得到中性商品硝基苯。

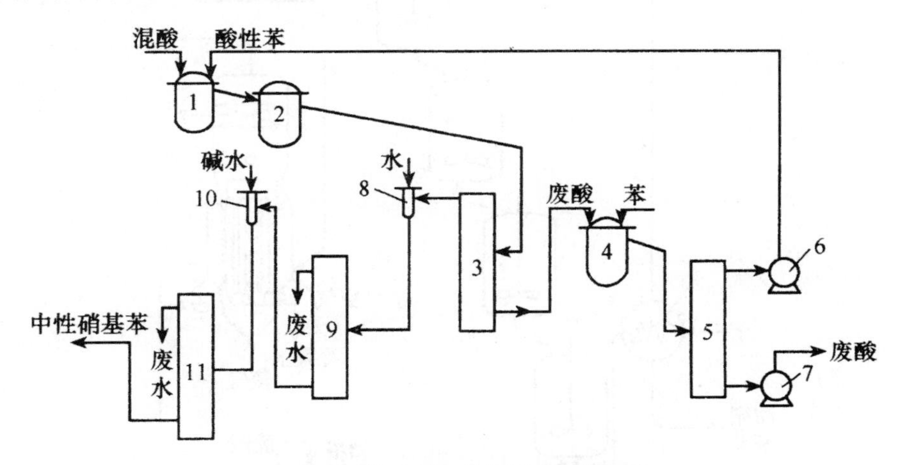

图 4-4　苯连续-硝化流程示意图

1，2. 硝化锅；3，5，9，11. 连续分离器；4. 萃取锅；6，7. 泵；8. 水洗器；10. 碱洗器

近年来改用四台环行硝基器串联或三环-锅串联的方法，该法优点有：

①减少了滴加混酸处的局部过热，减少了硝酸的受热分解，排放的二氧化氮少，有利于安全生产。

②热面积大，传热系数高，冷却效果好，节省冷却水。

③与锅式法比较，酸性硝基苯中二硝基苯的质量分数下降到 0.1%以下，硝基酚质量分数下降到 0.005%～0.06%。

④物料停留时间分布的散度小，物料混合状态好，温度均匀，有利于生产控制；与锅式相比，未反应苯的质量分数下降到 0.5%左右。

2. 加压绝热连续硝化法

加压绝热连续硝化法的要点是将超过理论量 5%～10%的苯和预热到约 90℃的混酸连续地加到四个串联的无冷却装置的硝化锅进行反应，利用反应热升温，物料的出口温度达到 132℃～136℃，操作压力约 0.44 MPa，停留时间约 11.2 min。分离出的质量分数约 65.5%的热废酸进入闪蒸器，在 90℃和 8 kPa 下，利用本身热量快速蒸出水分浓缩成 68%～70%硫酸循环使用，有机相经水洗、碱洗、蒸出过量苯得到工业硝基苯，收率 99.1%，二硝基物质的含量低于 0.05%。其生产流程如图 4-5 所示。

苯绝热硝化的优点：最后反应温度高、硝化速度快；硝化过程不需要冷却水；利用反应热浓缩废酸，能耗低，因此可降低生产成本。但绝热硝化的水挥发，损失热量，并防止空气氧化，需要在压力下密闭操作，闪蒸设备要用特殊材料钽。国内尚未采用绝热硝化法，而致力于常压冷却连续硝化法的工艺改进。

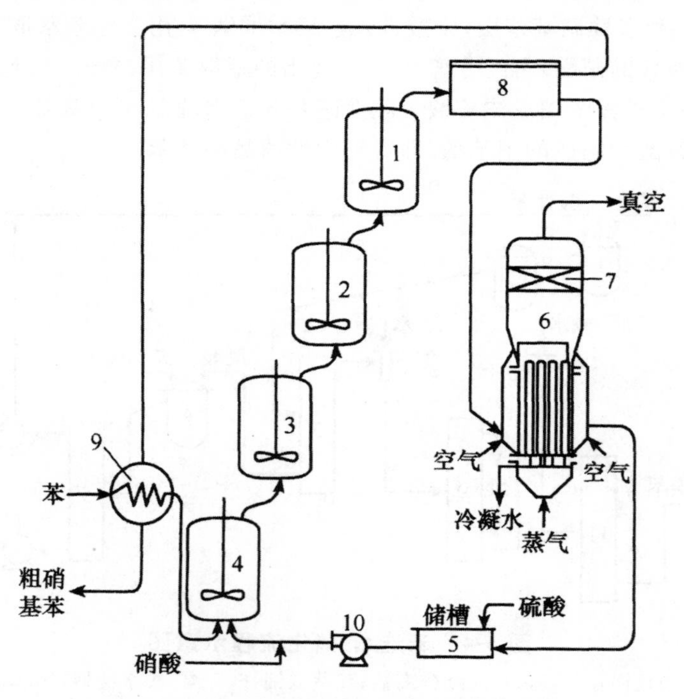

图 4-5　苯绝热硝化工艺流程示意图

1,2,3,4. 硝化器;5. 酸槽;6. 闪蒸器;7. 除沫器;8. 分离器;9. 热交换器;10. 泵

4.6　亚硝化反应

4.6.1　亚硝化反应的反应机理

亚硝化反应通常是在水介质中、0℃左右进行的,其实质是双分子亲电取代反应,其活泼质点是亚硝基离子 NO^+,但是 NO^+ 的亲电能力不如 NO_2^+,所以只能向芳环或其他电子密度大的碳原子进攻,即亚硝化的对象主要是酚类、芳仲胺、芳叔胺和某些多余 π 电子的杂环以及具有活泼氢的脂肪族化合物。亚硝基主要进入芳环上羟基和叔氨基的对位,对位被占据时则进入邻位。仲胺在亚硝化时,亚硝基优先进入氮原子上。一般硝化反应过程如下。

$$HNO_2 \rightleftharpoons NO^+ + OH^-$$

$$C_6H_5R + NO^+ \rightleftharpoons [R\text{-}C_6H_5(H)(NO)]^+ \longrightarrow R\text{-}C_6H_4\text{-}NO + H^+$$

4.6.2 亚硝化反应实例

1.酚类的亚硝化

这类反应向酚类环上碳原子引入亚硝基，主要得到对位取代产物，若对位已有取代基时，则可在邻位取代，通常在低温下进行，温度过高，不仅使产率下降，而且影响产品质量。对亚硝基苯酚是制备橡胶硫化剂、药物和硫化蓝染料的重要中间体，由苯酚出发，可以制备对亚硝基苯酚。其制备方法先将苯酚溶于氢氧化钠水溶液中，得到苯酚钠，然后在较低的温度下低于5℃用 $NaNO_2$ 与硫酸硝化，可得对亚硝基苯酚。

$$C_6H_5OH \xrightarrow[NaOH]{NaNO_2, H_2SO_4} NO-C_6H_4-OH + Na_2SO_4 + H_2O$$

$$NO-C_6H_4-OH \rightleftharpoons OH-N{=}C_6H_4{=}O$$

2.芳仲胺、芳叔胺的亚硝化

二苯胺在稀盐酸中与亚硝酸钠反应得 N-亚硝基二苯胺。

$$(C_6H_5)_2NH \xrightarrow[NaNO_2+HCl]{\text{亚硝化}, -26℃} (C_6H_5)_2N-NO$$

N-亚硝基二苯胺在盐酸-甲醇—氯仿介质中，可以重排成 4-亚硝基二苯胺，后者用硫化钠还原得 4-氨基二苯胺。

$$(C_6H_5)_2N-NO \xrightarrow{\text{盐酸-甲醇溶液}} C_6H_5-NH-C_6H_4-NO \xrightarrow[\text{还原}]{Na_2S} C_6H_5-NH-C_6H_4-NH_2$$

但二苯胺价格贵，工业上在制备 4-氨基二苯胺时，用对硝基氯苯和甲酰苯胺的芳氨基化—还原法，现在正在开发对硝基苯胺和苯胺的芳氨基化—还原法。而新的生产方法是硝基苯和苯胺混合物的液相催化氢化法。

N,N-二甲基苯胺在稀盐酸中、0℃左右与亚硝酸钠反应得 4 亚硝基-N,N-二甲基苯胺。

$$C_6H_5-N(CH_3)_2 \xrightarrow[NaNO_2+2HCl]{\text{亚硝化，约}0℃} ON-C_6H_4-N(CH_3)_2$$

第5章　烷基化反应

5.1　概述

5.1.1　烷基化的作用

有机物分子碳、氮、氧等原子上引入烷基，合成有机化学品的过程称为烷基化。被烷基化物主要有烷烃及其衍生物、芳香烃及其衍生物。烷烃及其衍生物，包括脂肪醇、脂肪胺、羧酸及其衍生物等。通过烷基化，可在被烷基化物分子中引入甲基、乙基、异丙基、叔丁基、长碳链烷基等烷基，也可引入氯甲基、羧甲基、羟乙基、腈乙基等烷基的衍生物，还可引入不饱和烃基、芳基等。芳香烃及其衍生物，包括芳香烃及硝基芳烃、卤代芳烃、芳磺酸、芳香胺类、酚类、芳羧酸及其酯类等。

通过烷基化，可形成新的碳碳、碳杂等共价键，从而延长了有机化合物分子骨架，改变了被烷基化物的化学结构，赋予了其新的性能，制造出许多具有特定用途的有机化学品。有些是专用精细化学品，如非离子表面活性剂壬基酚聚氧乙烯醚、邻苯二甲酸酯类增塑剂、相转移催化剂季铵盐类等。

烷基化在石油炼制中占有重要地位。大部分原油中可直接用于汽油的烃类仅含10%～40%。现代炼油通过裂解、聚合和烷基化等加工过程，将原油的70%转变为汽油。将大分子量烃类，变成小分子量易挥发烃类称为裂解加工；将小分子气态烃类，变成用于汽油的液态烃类称为聚合加工；烷基化是将小分子烯烃和侧链烷烃变成高辛烷值的侧链烷烃。烷基化加工是在磺酸或氢氟酸催化作用下，丙烯和丁烯等低分子量烯烃与异丁烯反应，生成主要由高级辛烷和侧链烷烃组成的烷基化物。该种烷基化物是一种汽油添加剂，具有抗爆震作用。

现代炼油过程通过烷基化，按需要将分子重组，增加汽油产量，将原油完全转变为燃料型产物。

实施烷基化过程，使用的烷基化剂、被烷基化物等物料，均为易燃、易爆、有毒害性和腐蚀性的危险化学品，必须严格执行安全操作规程。

实现烷基化反应，需要应用取代、加成、置换、消除等有机化学反应。

烷基化过程包括气相烷基化与液相烷基化，烷基化条件有常压和高压烷基化，烷基化操作伴有物料混配、烷基化液分离、产物重结晶、脱色等化工操作；执行烷基化任务，注意操作安全，认真执行生产工艺规程。

5.1.2　烷化剂

烷基化试剂又称为烷化剂、烃化剂，许多烃的衍生物可作烷化剂。

①卤烷：氯甲烷、碘甲烷、氯乙烷、溴乙烷、氯乙酸和氯化苄等。

②醇类：甲醇、乙醇、正丁醇、十二碳醇等。

③酯类：硫酸二甲酯、硫酸二乙酯、磷酸三甲酯、磷酸三乙酯、对甲基苯磺酸甲酯和乙酯等。

④不饱和烃：乙烯、丙烯、高碳 α-烯烃、丙烯腈、丙烯酸甲酯和乙炔等。

⑤环氧化合物：环氧乙烷、环氧丙烷等。

⑥醛或酮类：甲醛、乙醛、丁醛、苯甲醛、丙酮和环己酮等。

卤烷、醇类和酯类是取代反应的烷化剂，不饱和烃和环氧化物是加成反应的烷化剂。醛类、酮类是脱水缩合反应的烷化剂。

5.2　烷基化反应的原理

5.2.1　C-烷基化反应

1. C-烷基化的反应特点

C-烷基化即在芳烃及其衍生物芳环上，引入烷基或取代烷基，合成烷基芳烃或烷基芳烃衍生物的过程。常用 C-烷化剂为烯烃、卤烷、醇及醛和酮等。

(1)芳烃 C-烷基化解释

在催化剂作用下，烷化剂形成亲电质点——烷基正离子，烷基正离子进攻芳环，发生烷基化反应。

烯烃类烷化剂，使用能够提供质子的催化剂，使烯烃形成烷基正离子：

$$R-CH=CH_2+H^+ \rightleftharpoons R-\overset{+}{C}H-CH_3$$

烷基正离子进攻芳环，发生亲电取代反应，生成烷基芳烃并释放质子：

$$C_6H_6 + R-\overset{+}{C}H-CH_3 \underset{}{\overset{慢}{\rightleftharpoons}} [C_6H_6-CH(R)CH_3]^+ \overset{快}{\rightleftharpoons} C_6H_5-CH(R)-CH_3 + H^+$$

质子与烯烃加成遵循的规则为马尔科夫尼柯夫规则，质子加在含氢较多的碳上，所以除乙烯外，采用烯烃的 C-烷基化生成支链烷基芳烃。

卤烷类烷化剂，氯化铝可使其变成烷基正离子：

$$R-Cl+AlCl_3 \rightleftharpoons R\rightarrow Cl:AlCl_3 \rightleftharpoons R^+\cdots AlCl_4^- \rightleftharpoons R^+ + AlCl_4^-$$

分子配合物　　离子对或离子配合物

卤烷的烷基为叔烷基或仲烷基时，易生成离子对或 R^+；伯烷基以分子配合物形式参加反应。离子对形式的反应历程为：

$$C_6H_6 + R^+\cdots AlCl_4^- \overset{慢}{\rightleftharpoons} [C_6H_6(H)(R\cdot AlCl_4^-)]^+ \overset{快}{\rightleftharpoons} C_6H_5R + HCl + AlCl_3$$

理论上不消耗 $AlCl_3$。1 mol 卤烷实际需要 0.1 mol $AlCl_3$。

醇类烷化剂先形成质子化醇，再离解为水与烷基正离子：

$$R-OH + H^+ \rightleftharpoons R-\overset{+}{O}H_2 \rightleftharpoons R^+ + H_2O$$

在质子存在下，醛类烷化剂形成亲电质点：

$$RCHO + H^+ \rightleftharpoons R-\overset{+}{C}(OH)H$$

芳环上C-烷基化的难易程度主要取决于芳环上的取代基。芳环上的给电子取代基，促使烷基化容易进行。烷基给电子性取代基，不易停留在烷基化一取代阶段；如果烷基存在较大的空间效应，如异丙基、叔丁基，只能取代到一定程度。氨基、烷氧基、羟基虽属给电子取代基，由于其与催化剂配合而不利于烷基化反应。芳环上含有卤素、羧基等吸电子取代基时，烷基化不易进行，此时需要较高温度、较强催化剂。硝基芳烃难以烷基化，如果邻位有烷氧基，采用合适的催化剂，烷基化效果较好。例如：

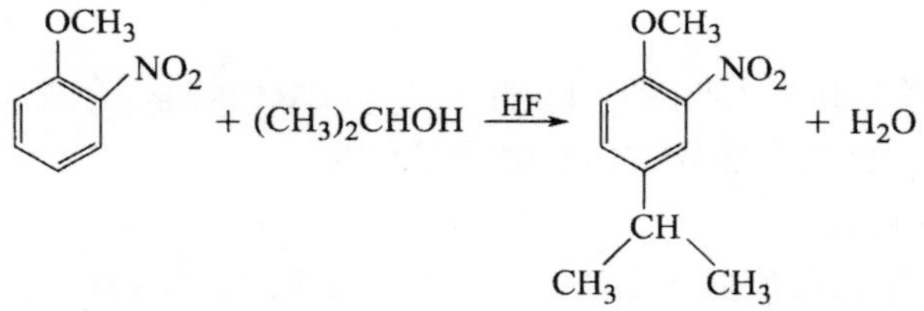

$$\text{(2-硝基苯甲醚: } OCH_3, NO_2\text{)} + (CH_3)_2CHOH \xrightarrow{HF} \text{(4-异丙基-2-硝基苯甲醚: } OCH_3, NO_2, CH(CH_3)_2\text{)} + H_2O$$

硝基苯不能进行烷基化，然而其可溶解氯化铝和芳烃，因此可作烷基化溶剂。

稠环芳烃如萘、芘等极易进行C-烷基化反应，呋喃系、吡咯系等杂环化合物对酸较敏感，在合适条件下可进行烷基化反应。

低浓度、低温、短时间及弱催化剂条件下，烷基进入芳环位置遵循定位规律；否则烷基进入位置缺乏规律性。

(2)C-烷基化的特点

①连串反应。

芳环上引入烷基，反应活性增强，乙苯或异丙苯烷基化速率比苯快1.5～3.0倍，苯一烷基化物易进一步烷基化，生成二烷基苯和多烷基苯。伴随着芳环上烷基数目增多，空间效应逐渐增大，烷基化反应速率降低，三或四烷基苯的生成量很少。芳烃过量可控制和减少二烷基或多烷基芳烃生成，过量芳烃可回收循环使用。

②可逆反应。

因为烷基的影响，与烷基相连的碳原子电子云密度比芳环其他碳原子增加得更多。在强酸作用下，烷基芳烃返回σ-配合物，进一步脱烷基转变为原料。根据C-烷基化反应的可逆性，实现烷基转移和歧化，在强酸下苯环上的烷基易位，或转移至其他苯分子上。苯用量不足，利于二烷基苯或多烷基苯生成；苯过量，利于多烷基苯向单烷基苯转化。例如：

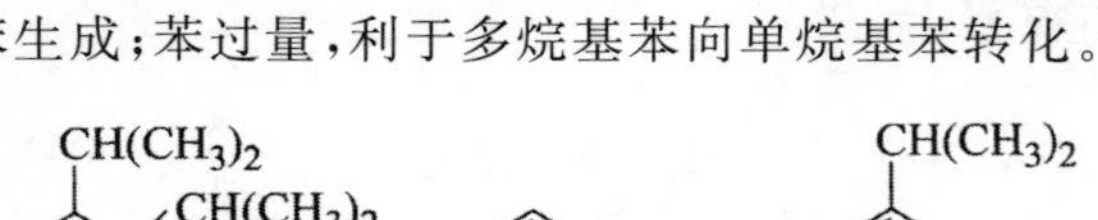

$$C_6H_4[CH(CH_3)_2]_2 \text{(邻位)} + C_6H_6 \longrightarrow 2\,C_6H_5CH(CH_3)_2$$

③烷基重排。

烷基正离子重排，趋于稳定结构。通常情况下，伯重排为仲，仲重排为叔。例如，苯用1-

氯丙烷的烷基化，异丙苯和正丙苯的混合物为其产物，这是因为烷基正离子发生了重排：

$$CH_3CH_2\overset{+}{C}H_2 \rightleftharpoons CH_3-\overset{+}{C}H-CH_3$$

高碳数的卤烷或长链烯烃作烷化剂，烷基正离子的重排现象更突出，烷基化产物异构体种类更多，苯用 α-十二烯烷基化产物组成见表 5-1。

表 5-1 α-十二烯与苯制十二烷基苯的异构体组成

催化剂	反应条件	异构体组成/%			
		2 位	3 位	4 位	5 和 6 位
HF	55℃	25	17	17	41
HF	55℃,已烷稀释	14	15	17	54
$AlCl_3$	0℃,30 s 35℃～37℃	44	22	14	10
$AlCl_3$		32	19～21	17	30～32

2. C-烷基化催化剂

C-烷基化的烷化剂需在催化剂作用下转变成烷基正离子。催化剂主要有酸性卤化物、质子酸、酸性氧化物和烷基铝等物质。不同催化剂，催化活性相差较大。

(1)酸性卤化物

酸性卤化物是烷基化常用的催化剂，其催化活性次序为：

$$AlBr_3 > AlCl_3 > GaCl_3 > FeCl_3 > SbCl_5 > ZnCl_4 > SnCl_4 > BF_3 > TlCl_4 > ZnCl_2$$

其中最常用的为 $AlCl_3$、$ZnCl_2$、BF_3。

①无水氯化铝。

催化活性好、技术成熟、价廉易得、应用广泛。

无水氯化铝可溶于液态氯烷、液态酰氯，具有良好的催化作用；可溶于 SO_2、$COCl_2$、CS_2、HCN 等溶剂，形成的 $AlCl_3$－溶剂配合物具有催化作用；然而溶于醚、醇或酮所形成的配合物，催化作用很弱或无催化作用。

升华无水氯化铝几乎不溶于烃类，对烯烃无催化作用。少量水或氯化氢存在，使其有催化活性。

红油即无水氯化铝、多烷基苯及少量水形成的配合物。红油不溶于烷基化物，易于分离，便于循环使用，只要补充少量 $AlCl_3$ 即可保持稳定的催化活性，且副反应少，是烷基苯生产的催化剂。

因为烷基化产生的氯化氢与金属铝生成具有催化作用的氯化铝配合物，因此用氯烷的烷基化、酰基化，可直接使用金属铝。

无水 $AlCl_3$ 与氯化钠等可形成复盐，如 $AlCl_3-NaCl$，其熔点为 185℃，141℃开始流化。

如果需较高温度，并且没有合适溶剂时，此时 $AlCl_3-NaCl$ 既为催化剂，又作反应介质。

无水氯化铝为白色晶体，熔点为 190℃，180℃升华，吸水性很强，遇水分解，生成氯化氢并释放大量的热，甚至导致事故。与空气接触吸潮水解，逐渐结块，氯化铝潮结，从而失去催化性能。所以，无水氯化铝贮存应隔绝空气，保持干燥；使用要求原料、溶剂及设备干燥无水；硫化物降低无水氯化铝活性，含硫原料应先脱硫。

无水氯化铝有两种状态即：粒状和粉状两种。粒状氯化铝不易吸潮变质，粒度适宜的便于加料，烷基化温度易于控制，工业常用粒状氯化铝。

②三氟化硼。

用于酚类烷基化。与醇、醚和酚等形成具有催化活性的配合物，催化活性好，副反应少。烯烃或醇作烷化剂时，三氟化硼可作硫酸、磷酸和氢氟酸催化剂的促进剂。

③其他酸性卤化物。

$FeCl_3$、$ZnCl_2$、CuCl 等性能温和，活泼的被烷化物可选用氯化锌等温和型催化剂。

(2)质子酸

质子酸是能够电离出质子 H^+ 的无机酸或羧酸及其衍生物。硫酸、磷酸和氢氟酸是重要的质子酸，活性顺序为：

$$HF > H_2SO_4 > H_3PO_4$$

①硫酸。

硫酸使用方便、价廉易得，烯烃、醇、醛和酮为烷基化剂时，常用作催化剂。硫酸为催化剂，必须选择适宜浓度，避免副反应，否则将导致芳烃的磺化和烷基化剂聚合、酯化、脱水及氧化等副反应。用异丁烯为烷化剂进行 C-烷基化，采用 85%～90%硫酸，除烷基化反应外，还有一些酯化反应；使用 80%硫酸时，主要是聚合反应，同时伴随有一些酯化反应，但并不发生烷基化反应；如使用 70%硫酸，则主要是酯化反应，而不发生烷基化和聚合反应。若乙烯为烷化剂，98%硫酸足以引起苯和烷基苯磺化。故乙烯与苯的烷基化不用硫酸催化剂。

②氢氟酸。

熔点为－83℃，沸点为 19.5℃，在空气中发烟，其蒸气具有强烈的腐蚀性和毒性，溶于水。液态氢氟酸对含氧、氮和硫的有机物溶解度较高，对烃类有一定的溶解度，可兼作溶剂。氢氟酸的低熔点性质，可使其在低温使用。氢氟酸沸点较低，易于分离回收，温度高于沸点时加压操作。氢氟酸与三氟化硼的配合物，也是良好的催化剂。氢氟酸不易引起副反应，对于不宜使用氯化铝或硫酸的烷基化，可使用氢氟酸。氢氟酸的腐蚀性强、价格较高。

③磷酸和多磷酸。

100%磷酸室温下呈固体，常用 85%～89%含水磷酸或多磷酸。多磷酸为液态，也是多种有机物的良好溶剂。负载于硅藻土、二氧化硅或氧化铝等载体的固体磷酸，是气相催化烷基化的催化剂。磷酸和多磷酸不存在氧化性，不会导致芳环上的取代反应，特别是含羟基等敏感性基团的芳烃，催化效果比氯化铝或硫酸好。

磷酸和多磷酸，主要用作烯烃烷基化、烯烃聚合和闭环的催化剂。与氯化铝或硫酸相比，磷酸和多磷酸的价格较高，故其应用受到限制。

阳离子交换树脂催化剂，如苯乙烯-二苯乙烯磺化物，其优点为副反应少、易回收，然而其受使用温度限制，失效后不能再生。苯酚用烯烃、卤烷或醇烷基化常用阳离子交换树脂催化剂。

(3)酸性氧化物及烷基铝

重要的有 $SiO_2-Al_2O_3$，其催化活性良好，用于脱烷基化、酮的合成和脱水闭环等过程，常用于气相催化烷基化。

烷基铝，主要有烷基铝、苯酚铝、苯胺铝等。烯烃烷化剂选择性催化剂，可使烷基选择性地进入芳环上氨基或羟基的邻位。苯酚铝是苯酚邻位烷基化催化剂；苯胺铝是苯胺邻位烷基化催化剂。脂肪族烷基铝或烷基氯化铝，要求烷基与导入烷基相同。

3. C-烷基化方法

卤烷、烯烃、醇、醛和酮等为C-烷基化常用的烷化剂，烷化剂不同，C-烷基化方法亦不同。

(1)用烯烃C-烷基化

烯烃是价格便宜的烷化剂，用于烷基酚、烷基苯、烷基苯胺生产，常用乙烯、丙烯、异丁烯及长链α-烯烃等，常用催化剂为三氟化硼、氯化铝、氢氟酸。

烯烃比较活泼，易发异构化、生聚合以及酯化等反应。所以，用烯烃C-烷基化应严格控制条件，避免副反应。

工业用烯烃C-烷基化，有如下两种方法。

①气相法。

采用固定床反应器，气相芳烃和烯烃在一定温度和压力下，催化C-烷基化，催化剂为固体酸。

②液相法。

液态芳烃、气(液)态烯烃通过液相催化剂进行的C-烷基化。一般情况下反应器为鼓泡塔、多级串联反应釜或釜式反应器。

(2)用卤烷C-烷基化

卤代烷活泼，不同结构的卤代烷其活性不同，烷基相同卤代烷的活性次序为：

$$RCl > RBr > RI$$

卤代烷的卤素相同，烷基不同时的卤代烷的活泼性次序为：

$$C_6H_5CH_2 > R_3CX > RCH_2X > CH_3X$$

氯化苄的活性最强，少量温和催化剂，便可与芳烃C-烷基化。氯甲烷活性较小，氯化铝用量较多，在加热条件下，与芳烃发生C-烷基化反应。卤代芳烃因其活性较低，通常情况下不作烷化剂。

卤代烷中常用氯代烷，其反应在液相中进行。因为烷基化过程产生氯化氢，所以用氯烷C-烷基化应注意以下几点：

①管道和设备作防腐处理，以防烷基化液腐蚀设备、管道。

②不使用无水氯化铝，而用铝锭或铝丝。

③须在微负压下操作，以导出氯化氢气体。

④具备吸收装置，以回收尾气中的氯化氢。

C-烷基化物料必须干燥脱水，以避免氯化铝水解、破坏催化剂配合物，这不仅消耗铝锭，而且导致管道堵塞，影响生产。

氯烷比烯烃价高，芳烃C-烷基化较少使用氯烷，具有活泼甲基或亚甲基化合物的C-烷基化常用卤烷。

(3)用醇C-烷基化

醇类属弱烷化剂，适用于酚、芳胺、萘等活泼芳烃的C-烷基化，烷基化过程中有烷基化芳烃和水生成。

例如，苯胺用正丁醇烷基化合成染料中间体正丁基苯胺，氯化锌为催化剂。温度太高时，烷基取代氨基上的氢发生 C-烷基化反应：

$$C_6H_5NH_2 + C_4H_9OH \xrightarrow[210℃,0.8\ MPa]{ZnCl_2} C_6H_5NHC_4H_9 + H_2O$$

温度为 240℃～300℃时，烷基从氨基转移至芳环碳原子上，主要生成对烷基苯胺：

$$C_6H_5NHC_4H_9 \xrightarrow[240℃,2.2\ MPa]{ZnCl_2} p\text{-}C_4H_9C_6H_4NH_2$$

工业用压热釜，苯胺、正丁醇按 1∶1.055（摩尔比）配比，无水氯化锌加入高压釜，升温、升压于 210℃，0.8 MPa 保温 6 h，然后在 240℃、2.2 MPa 保温 10 h，再在碱液中回流 5 h，分离得正丁基苯胺，以苯胺计收率 40%～45%。未反应的苯胺、正丁醇及副产物 C-正丁基苯胺，分离后回收套用。

发烟硫酸存在下，萘用正丁醇同时进行 C-烷基化和磺化，生成 4,5-二丁基萘磺酸，中和后为渗透剂 BX。

渗透剂 BX 有如下两种生产方法。

①萘与正丁醇搅拌混合后，加浓硫酸，继续搅拌至试样溶解于水为透明溶液为止，静止分层，上层溶液用烧碱中和，过滤、干燥即为成品。

②用同等质量的硫酸磺化，生成的 2-萘磺酸冷却后，在剧烈搅拌下加入浓硫酸和正丁醇，搅拌数小时至烷基化终点，静置分层，上层溶液用烧碱中和、蒸发、盐析后过滤、干燥得成品。

(4)氯甲基化

在无水氯化锌存在条件下，在芳烃和甲醛混合物中通入氯化氢可在芳环上导入氯甲基：

$$C_6H_6 + HCHO + HCl \xrightarrow{无水ZnCl_2} C_6H_5CH_2Cl + H_2O$$

氯甲基化为亲电取代反应，芳环上的给电子取代基有利于反应。甲醛、聚甲醛及氯化氢为常用的氯甲基化剂，催化剂有氯化锌及盐酸、硫酸、磷酸等。

为避免多氯甲基化反应发生，氯甲基化使用过量芳烃。反应催化剂用量过大、温度过高时，易发生副反应，生成二芳基甲烷。

芳烃氯甲基化是合成 α-氯代烷基芳烃的一个重要方法。例如，在乙酸及 85%磷酸存在下，将萘与甲醛、浓盐酸加热至 85℃，产物是 1-氯甲基萘：

$$C_{10}H_8 + HCHO + HCl \xrightarrow{无水ZnCl_2} 1\text{-}C_{10}H_7CH_2Cl + H_2O$$

间二甲苯活泼性较高，氯甲基化在水介质中进行而无需催化剂：

$$m\text{-}CH_3C_6H_4CH_3 + 2HCHO + 2HCl \xrightarrow{\text{乳化剂}} (ClCH_2)_2C_6H_2(CH_3)_2 + 2H_2O$$

(5)用醛或酮 C-烷基化

醛或酮活性较弱，主要用于酚、萘等活泼芳烃的 C-烷基化，催化剂常用质子酸。例如，在稀硫酸作用下，2-萘磺酸与甲醛的 C-烷基化：

$$2\ C_{10}H_7SO_3H + HCHO \xrightarrow[130℃]{H_2SO_4} HO_3S\text{-}C_{10}H_6\text{-}CH_2\text{-}C_{10}H_6\text{-}SO_3H + H_2O$$

产物亚甲基二萘磺酸，经 NaOH 中和后得扩散剂 N，扩散剂 N 是纺织印染助剂。反应可在水溶液、中性或弱酸性无水介质中进行，不仅生成两个萘环的亚甲基化合物，还可生成多个萘环的亚甲基化合物。

在质子酸作用下，烷基酚用甲醛 C-烷基化，合成一系列抗氧剂。例如：

$$2\ (H_3C)_3C\text{-}C_6H_3(OH)(CH_3) + HCHO \xrightarrow{H^+} H_3C\text{-}C(CH_3)_2\text{-}C_6H_2(OH)(CH_3)\text{-}CH_2\text{-}C_6H_2(OH)(CH_3)\text{-}C(CH_3)_2\text{-}CH_3 + H_2O$$

在无机酸存在下，甲醛与过量苯酚 C-烷基化，合成双酚 F：

$$2\ C_6H_5OH + HCHO \xrightarrow{H^+} HO\text{-}C_6H_4\text{-}CH_2\text{-}C_6H_4\text{-}OH + H_2O$$

以碱为催化剂，甲醛与酚类作用，可在芳环上引入羟甲基：

$$C_6H_5OH + HCHO \xrightarrow{OH^-} o\text{-}HOC_6H_4CH_2OH$$

如果酚不是大大过量，无论酸或碱催化，都将生成酚醛树脂。

$$2\ C_6H_5NH_2 + HCHO \xrightarrow[100℃]{HCl} H_2N\text{-}C_6H_4\text{-}CH_2\text{-}C_6H_4\text{-}NH_2 + H_2O$$

醛类与芳胺的 C-烷化产物，用于合成染料中间体。盐酸存在条件下，甲醛与过量苯胺烷基化，合成 4,4′-二氨基二苯甲烷。

$$2\ C_6H_5NH_2 + C_6H_5CHO \xrightarrow{HCl} H_2N\text{-}C_6H_4\text{-}CH(C_6H_5)\text{-}C_6H_4\text{-}NH_2 + H_2O$$

在30%盐酸作用下，苯甲醛与苯胺在145℃下减压脱水，产物4,4′-二氨基三苯甲烷。在无机酸作用下，丙酮与过量苯酚烷基化，合成2,2′-双丙烷，即双酚A。

$$2\,C_6H_5OH + CH_3COCH_3 \xrightarrow{H^+} HO-C_6H_4-C(CH_3)_2-C_6H_4-OH + H_2O$$

在盐酸或硫酸作用下，环己酮与过量苯胺C-烷基化合成4,4′-二苯氨基环己烷。

$$2\,C_6H_5NH_2 + C_6H_{10}O \xrightarrow[130℃,0.13\ MPa]{H_2SO_4} (H_2N-C_6H_4)_2C_6H_{10} + H_2O$$

将无机酸作为催化剂，设备腐蚀严重，产生大量含酸、含酚废水；若使用强酸性阳离子交换树脂，从而上述问题可避免，并可循环使用。

4. C-烷基化工业过程

(1)异丙苯的生产

异丙苯的生产为典型的烷基苯生产过程，异丙苯主要用于苯酚、丙酮生产，也可用作汽油添加剂，提高油品的抗爆震性能。异丙苯是以丙烯、苯为原料合成的，工业生产有如下两种方法。

①液相法。

使用鼓泡式反应器生产异丙苯，如图5-1所示。催化剂为无水氯化铝、多烷基苯与少量水配制成的溶液，烷基化温度为80℃～100℃，如果温度高于120℃，催化剂溶液树脂化而失去催化活性，因此必须严格温度控制不超过120℃。丙烯与苯配料摩尔比为1∶(6～7)。

丙烯与苯的混合物从烷基化反应器底部连续通入，烷基化液由塔上部连续溢出，所夹带的催化剂大部分经沉降分离返回烷基化反应器，少量的经水分解、中和后除去。同时补加少量无水氯化铝，保持催化剂溶液具有稳定的催化活性。

烷基化液中，含异丙苯30%～32%、多异丙苯10%～12%及未反应的苯。烷基化液经精馏分离出苯、乙苯、异丙苯和多异丙苯。苯循环套用，多异丙苯用于配制催化剂或返回烷基化反应器。异丙苯的选择性，以苯计为94%～96%，以丙烯计为96%～97%。

液相法生产工艺，如图5-2所示，该方法反应温和，多烷基苯可循环使用，催化剂对烷基转移有较好的催化活性；然而烷基化过程中产生氯化氢，中和、洗涤过程中产生的$Al(OH)_3$絮状物不易处理。

②气相法。

生产流程如图5-3所示。烷基化为气固相催化反应过程，催化剂为固体磷酸，烷基化温度为200℃～250℃、压力为0.3～1.0 MPa，丙烯与苯的配料比(摩尔比)为1∶(7～8)，原料气中添加适量水蒸气，以保持催化剂高温催化活性。

气相烷基化的副产物主要是二异丙苯、三异丙苯及正丙苯等，烷基化反应的选择性，以丙烯计为91%～92%，以苯计为96%～97%。

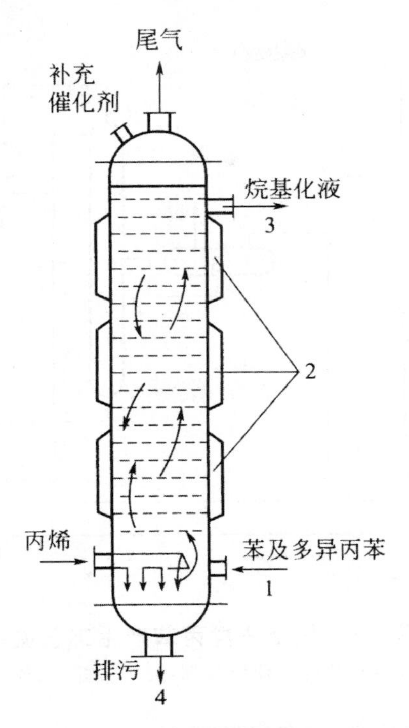

图 5-1　烷基反应器

1. 入口；2. 加热或者冷却夹套；3. 出口；4. 排污口

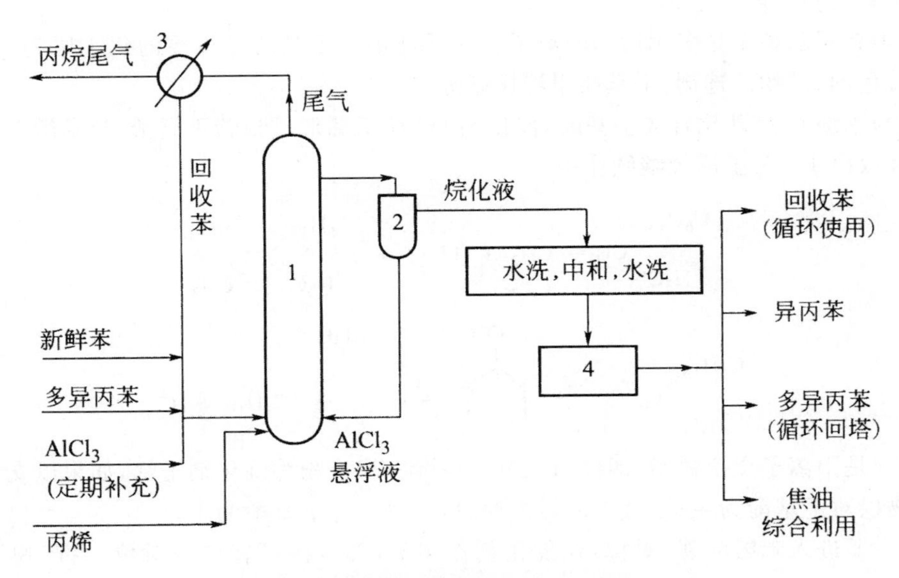

图 5-2　液相法异丙苯生产工艺流程

1. 烷化塔；2. 沉降器；3. 回流冷凝器；4. 精馏塔

气相法的优点为：对原料纯度及含水量要求不高，异丙苯易回收精制；选择性高；催化剂用

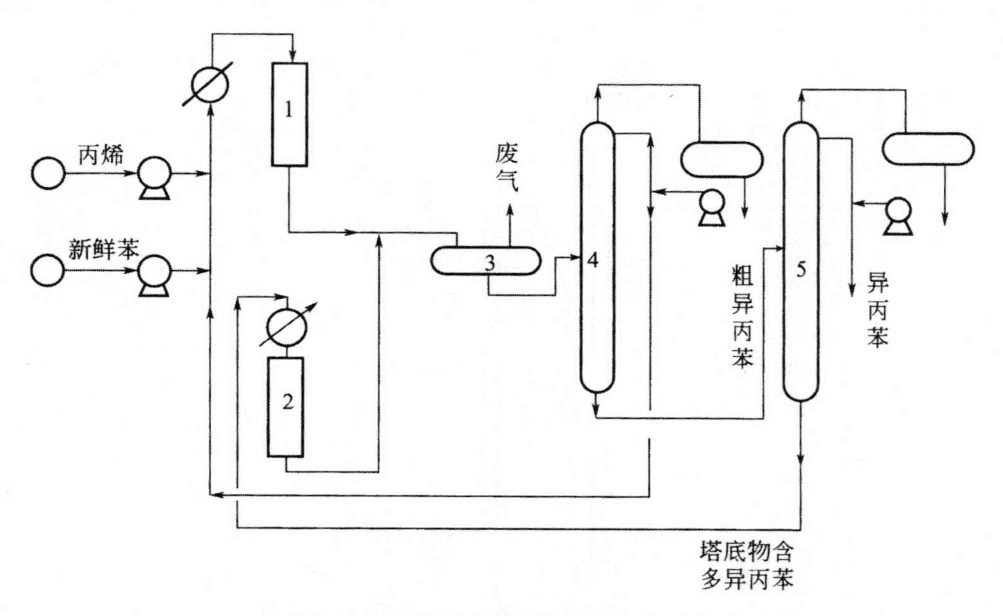

图 5-3 气相法异丙苯产生工艺流程

1.烷化反应器;2.转移烷化反应器;3.闪蒸罐;4.苯塔;5.产品塔

量少;无氯化氢气体产生;三废较少;设备腐蚀轻。

其缺点为:此法需要耐高温高压设备,且多异丙苯不易循环。

(2)壬基酚的生产

壬基酚聚氧乙烯醚是多用途的非离子表面活性剂。壬基酚是重要的化工原料,用于合成防腐剂、着色剂、矿物浮选剂、壬基酚甲醛树脂等。

壬烯与苯酚 C-烷基化合成壬基酚,催化剂 H^+ 使壬烯形成叔碳正离子,与苯酚烷基化生成壬基酚,释放出 H^+ 与壬烯烃继续作用。

$$C_6H_{13}(H_3C)CH=CH_2 + H^+ \longrightarrow C_6H_{13}(H_3C)C^+CH_3$$

$$C_6H_{13}(H_3C)C^+CH_3 + C_6H_5OH \longrightarrow HOC_6H_4-C_9H_{19} + H^+$$

催化剂是阳离子交换树脂、活性白土等。丙烯三聚产物为烷化剂壬烯,如果以支链烯烃为原料,产物以对壬基酚为主;以直链烯烃为原料,产物以邻壬基酚为主。

壬基主要进入苯酚的邻、对位,在催化剂作用下,邻位体可转位至对位,主产物为对壬基酚,副产物为二取代壬基酚。提高酚烯比,可达到降低二壬基酚的生成量,减少二壬基酚循环,提高壬烯的转化率的目的;然而增加酚烯配比,则会导致酚转化率下降,酚回收能耗增加,设备利用率下降。

壬基酚的生产工艺包括原料混合、反应和精馏部分,如图 5-4 所示。

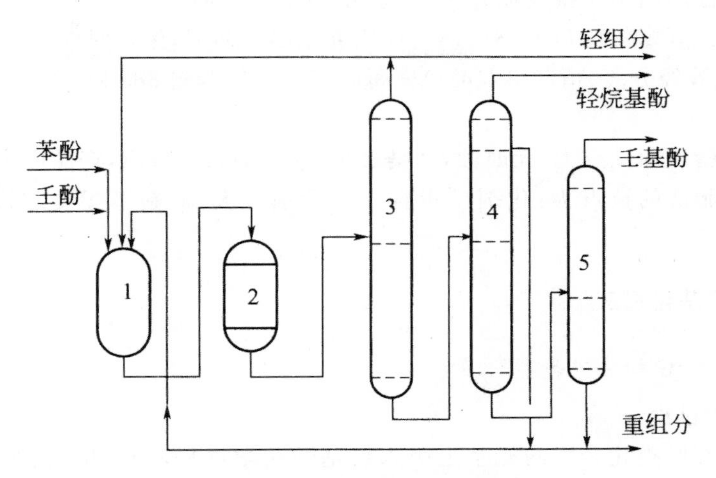

图 5-4　壬基酚产生流程

1.混合釜;2.反应器;3.轻组分塔;4.轻烷

新鲜的壬烯、苯酚与未反应的原料及邻壬基酚和二壬基酚在混合釜混合,混合物进入固定床反应器,在 196～980.7 kPa、50%～100%下进行烷基化。烷基化物由反应器底部采出进入轻馏分塔,塔顶馏分为未反应的原料、烃类与水,大部分返回混合釜循环使用;塔底馏分进入轻烷基酚塔,轻烷基酚塔顶馏分做燃料或石化原料,侧线采出的邻壬基酚返回混合釜,塔釜馏分进入成品塔。成品塔塔顶馏分即壬基酚,塔釜为二壬基酚和高聚物,部分循环至混合釜,部分送出装置以避免重组分积累,以苯酚计为 93.1%,以壬烯计壬基酚收率为 94.5%。

(3)双酚 A 的合成

苯酚和丙酮的重要衍生物为双酚 A[2,2-二(4-羟基苯基)丙烷],其主要用于生产聚碳酸酯、不饱和聚酯树脂等高分子材料,也用于增塑剂、阻燃剂、橡胶防老剂、农药、涂料等精细化工产品的生产。

我国开发的杂多酸法聚合级双酚 A 的生产工艺,苯酚和丙酮以磷钨酸为主催化剂、巯基乙酸为助催化剂,合成双酚 A。丙酮转化率高于 95%,双酚 A 的选择性大于 98%,催化剂循环利用率在 80%以上,套用次数达 16 次以上,此工艺采用含酚无离子水闭路循环,无含酚废水排放,双酚 A 质量达到聚合级标准。

按照催化剂不同,双酚 A 生产分为三种:硫酸法、盐酸法和阳离子交换树脂法。硫酸法的催化剂为 73%～74%硫酸,助催化剂为巯基乙酸,苯酚∶丙酮∶酸(摩尔比)为 2∶1∶6,温度为 37℃～40.5℃。阳离子交换树脂法为催化剂以强酸性阳离子交换树脂,以巯基化合物为助催化剂,苯酚和丙酮的摩尔比 10∶1,在 75℃下合成双酚 A,产物经蒸馏分离低沸点组分后送结晶器,用冷却结晶法分离提纯。

合成双酚 A 有两种方法:间歇法和连续法。连续法优点为生产能力大,缺点为消耗较高。间歇法使用间歇式反应釜,烷基化在常压下进行,将丙酮和苯酚按 1∶8 的配比(摩尔比)与被氯化氢饱和的循环液加入反应釜,在 50℃～60℃下搅拌 8～9 h,分离回收氯化氢及未反应的丙酮和苯酚,精制后得双酚 A。每吨产品消耗苯酚 855 kg、丙酮 269 kg、氯化氢 16 kg。

连续法以改性阳离子交换树脂作催化剂，使用绝热式固定床反应器，单台或多台串联操作，丙酮和苯酚配比(摩尔比)1∶(8～14)，反应温度尽可能低，停留时间为 1 h，丙酮转化率约为 50%。烷基化液经分离、精制得双酚 A。每吨产品消耗苯酚 888 kg、丙酮 288 kg、阳离子交换树脂 139 kg。

离子交换树脂法的优点为：无腐蚀，污染极少，催化剂易于分离，产品质量高，操作简单。

离子交换树脂法的缺点为：化剂昂贵且一次性填充大，原料苯酚要求高，丙酮单程转化率低。

5.2.2 N-烷基化反应

1. N-烷基化过程和反应类型

(1)N-烷基化过程

N-烷基化是在胺类化合物的氨基上引入烷基的化学过程，胺类指氨、脂肪胺或芳香胺及其衍生物，N-烷基化反应的通式为：

$$NH_3 + R—Z \longrightarrow RNH_2 + HZ$$

$$R'NH_2 + R—Z \longrightarrow R'NHR + HZ$$

$$R'NHR + R—Z \longrightarrow R'NR_2 + HZ$$

式中，R—Z 表示烷化剂，R 代表烷基，Z 代表—OH、—SO_3H 等。烷化剂可是醇、酯、卤烷、环氧化合物、烯烃、醛和酮类。

N-烷基化可导入甲基、乙基、羟乙基、氯乙基、氰乙基、苄基、C_8～C_{18}烷基等。伯胺、仲胺、叔胺、季铵盐等 N-烷基化产物，在染料、医药、表面活性剂方面有着重要用途。

胺类的反应活性与氨基的活性成正比，脂肪胺的活性比芳香胺高；在胺的衍生物中，给电子基增强氨基的活性，吸电子基削弱氨基的活性；烷基是氨基的致活基团，当导入一个烷基后，还可导入第二个、第三个，N-烷基化是连串反应。

(2)N-烷化反应类型

①加成型。

烷基化剂直接加成在氨基上，生成 N-烷化衍生物。

$$RNH_2 \xrightarrow{CH_2=CHCN} RNHC_2H_4CN \xrightarrow{CH_2=CHCN} RN\begin{matrix} / C_2H_4CN \\ \backslash C_2H_4CN \end{matrix}$$

$$RNH_2 \xrightarrow{\overset{CH_2—CH_2}{\diagdown O \diagup}} RNHCH_2CH_2OH \xrightarrow{\overset{CH_2—CH_2}{\diagdown O \diagup}} RN\begin{matrix} / CH_2CH_2OH \\ \backslash CH_2CH_2OH \end{matrix}$$

烯烃衍生物和环氧化合物是加成型烷化剂。

②取代型。

烷化剂与胺类反应，烷基取代氨基上的氢原子。

$$RNH_2 \xrightarrow{R'Z} R'NHR \xrightarrow{R''Z} RNR'R'' \xrightarrow{R'''Z} RR'R''R'''N^+Z^-$$

取代型烷化剂有醚、醇、酯等，烷基化活性取决于与烷基相连的离去基团，强酸中性酯的活性最强，其次是卤烷，醇较弱。

③缩合-还原型。

醛或酮为烷化剂，与胺类的羰基加成，再脱水缩合生成缩醛胺，然后还原为胺，因此称还原N-烷基化。

$$RNH_2 \xrightarrow{R'CHO} RN=CHR' \xrightarrow{[H]} RNHCH_2R' \xrightarrow{R'CHO} RN\begin{matrix}\diagup CH_2R' \\ \diagdown \underset{\large OH}{\underset{|}{CHR'}}\end{matrix} \xrightarrow{[H]} RN\begin{matrix}\diagup CH_2R' \\ \diagdown CH_2R'\end{matrix}$$

2. N-烷基化方法

(1)用醇和醚 N-烷基化

醇的烷基化能力很弱，需要催化剂和较强烈条件。如果使用液相 N-烷基化反应，需要加压条件；使用气相 N-烷基化反应，需要高温条件。甲醇、乙醇等低级醇类价廉易得，多用作活泼胺类的烷化剂。

用醇 N-烷基化常用强酸作催化剂。硫酸使醇转变成烷基正离子，烷基正离子与氨或氨基作用形成中间配合物，脱去质子生成伯胺或仲胺：

$$Ar-\overset{\large H}{\underset{\large H}{\overset{|}{\underset{|}{N}}}}:+R^+ \rightleftharpoons \left[Ar-\overset{\large H}{\underset{\large H}{\overset{|}{\underset{|}{N^+}}}}-R\right] \rightleftharpoons Ar-\overset{\large H}{\underset{\large R}{\overset{|}{\underset{|}{N}}}}:+H^+$$

同理，仲胺与烷基正离子生成叔胺：

$$Ar-\overset{\large H}{\underset{\large R}{\overset{|}{\underset{|}{N}}}}:+R^+ \rightleftharpoons \left[Ar-\overset{\large H}{\underset{\large R}{\overset{|}{\underset{|}{N^+}}}}-R\right] \rightleftharpoons Ar-\overset{\large R}{\underset{\large R}{\overset{|}{\underset{|}{N}}}}:+H^+$$

叔胺与烷基正离子生成季铵正离子：

$$Ar-\overset{\large R}{\underset{\large R}{\overset{|}{\underset{|}{N}}}}:+R^+ \rightleftharpoons Ar-N^+R_3$$

生成的伯胺、仲胺和叔胺质子解离后可继续使用；如果生成季铵正离子，质子不能解离，季铵正离子的生成量按化学计量不大于加入酸量。

胺类的碱性越强，N-烷基化越容易，芳环上的给电子基致活，芳环上的吸电子基致钝。

用醇的 N-烷基化是一个连串可逆反应：

$$ArNH_2+ROH \overset{K_1}{\rightleftharpoons} ArNHR+H_2O$$

$$ArNHR+ROH \overset{K_2}{\rightleftharpoons} ArNR_2+H_2O$$

一烷化物与二烷化物的相对生成量，与一烷化和二烷化的平衡常数 K_1 和 K_2 有关。

$$K_1=\frac{[ArNHR][H_2O]}{[ArNH_2][ROH]}$$

$$K_2=\frac{[ArNR_2][H_2O]}{[ArNHR][ROH]}$$

K_1 和 K_2 数值的大小与醇的性质有关。

N-烷基化产物为季铵盐和伯、仲、叔胺的混合物，烷基化程度不同的胺存在烷基移。例如，在甲基苯磺酸存在下，N-甲基苯胺转化为苯胺和 N，N-二甲基苯胺：

$$2C_6H_5NHCH_3 \xrightleftharpoons{H^+} C_6H_5N(CH_3)_2+C_6H_5NH_2$$

苯胺的甲基化或乙基化，如制备仲胺，醇用量需稍大于其理论量；若制取叔胺则过量较多，一般为 40%～60%。

硫酸催化剂用量，一般 1 mol 芳胺用 0.05～0.3 mol 硫酸。芳胺与醇 N-烷基化的温度不宜过高，否则有利于 C-烷基化。用醇 N-烷基化有液相法和气相法，液相法操作一般用压热釜，醇与氨或伯胺，在酸催化下高温加压脱水。例如，N，N-二甲基苯胺的生产：

$$C_6H_5NH_2 + 2CH_3OH \xrightarrow{H_2SO_4} C_6H_5N(CH_3)_2 + 2H_2O$$

将苯胺、甲醇与硫酸按 1：3：0.1 的摩尔比混合均匀，加入不带搅拌的高压釜中，密闭加热，在温度 205℃～215℃及 3 MPa 下保温 4～6 h，然后泄压回收过量的甲醇及副产物二甲醚，再将物料放至分离器，用碳酸钠中和游离酸，静置分层。有机层主要是粗 N，N-二甲基苯胺，水层含有硫酸钠、季铵盐等，在分离水层加入 30%氢氧化钠溶液，在温度 160℃～170℃和 0.7～0.9 MPa 下密闭保温 3 h，季铵盐水解为甲醇，N 和 N-二甲基苯胺等。

$$C_6H_5\overset{+}{N}(CH_3)_3 \cdot HSO_4^- +2NaOH \longrightarrow C_6H_5N(CH_3)_2+Na_2SO_4+CH_3OH+H_2O$$

N 和 N-二甲基苯胺与水层分离，与有机层合并，水洗、真空蒸馏得 N 和 N-二甲基苯胺，收率为 96%。

N，N-二甲基苯胺主要用于合成染料、医药、硫化促进剂及炸药等。

气相法使用固定床反应器，醇和胺或氨的混合气体在一定温度和压力下通过固体催化剂进行 N-烷基化，反应后混合气经冷凝脱水，得到 N-烷基化粗品。

烷基化产物是一甲胺、二甲胺和三甲胺的混合物。因为二甲胺用途最广，一般氨过量并加适量水和循环三甲胺，使烷基转移以减少三甲胺。

高级脂肪仲胺或叔胺的合成，可将 C_8～C_{18} 高级醇作为烷化剂，被烷基化物为二甲胺等低级脂肪胺，例如：

$$(CH_3)_2NH+C_{18}H_{37}OH \xrightarrow[180\sim220℃]{CuO\text{-}Cr_2O_3} C_{18}H_{37}N(CH_3)_2+H_2O$$

另外，二甲醚和二乙醚也可用于气相 N-烷基化，反应温度较醇类低。

(2)用卤烷 N-烷基化

卤烷比醇活泼，烷基相同的卤烷活性顺序为：

$$RI > RBr > RCl > RF$$

卤烷主要用于引入长链烷基、难烷化的胺类。

氯或溴烷为常用卤烷，卤素相同的卤烷，伯卤烷最好，仲卤烷次之，叔卤烷易发生消除反应。卤代芳烃反应活性低于卤烷，其 N-烷基化条件较高，如催化剂和高温等；芳卤的邻或对位的强吸电子取代基，可增强其反应活性。

用卤烷 N-烷基化的反应通式为：

$$ArNH_2 + RX \longrightarrow ArNHR + HX$$

$$ArNHR + RX \longrightarrow ArNR_2 + HX$$

$$ArNR_2 + RX \longrightarrow ArNR_3 \cdot X^-$$

反应是不可逆的，卤化氢与芳胺形成铵盐不利于 N-烷基化，缚酸剂可中和卤化氢。

采用卤烷 N-烷基化的条件比醇类温和，反应可在水介质中进行，通常温度不超过 100℃，用氯甲烷、氯乙烷等低沸点卤烷，需高压釜操作。

N-烷基化产物多为仲胺和叔胺的混合物。例如苯胺与溴烷的摩尔比为(2.5～4)：1，共热 2～6 h，得相应的 N-丙基苯胺、N-异丙基苯胺或 N-异丁基苯胺。

长碳链卤烷与胺类可合成仲胺或叔胺，胺类常用二甲胺。

$$(CH_3)_2NH + RCl \xrightarrow[130\sim140℃]{NaOH} RN(CH_3)_2 + HCl$$

例如，N,N-二甲基十八胺、N,N-二甲基十二胺苄基化物，将 N,N-二甲基十八胺，在 80℃～85℃加至接近等物质的量的氯化苄中，在 100℃～105℃反应到达 pH 为 6.5 左右，收率近 95%。

采用类似方法，可合成十二烷的季铵盐。

$$C_{18}H_{37}N(CH_3)_2 + C_6H_5CH_2Cl \longrightarrow C_{18}H_{37}-\overset{\overset{CH_3}{|}}{\underset{\underset{CH_3}{|}}{N^+}}-CH_2C_6H_5 \cdot Cl^-$$

(3)用环氧乙烷 N-烷基化

环氧乙烷有毒、易燃、易爆，沸点为 10.7℃，其爆炸极限为 3%～80%，一般采用钢瓶储运，反应需要耐压设备，通入环氧乙烷前，务必用氮气置换，将设备抽真空后通入氮气，为保证安全需要多次置换；使用环氧乙烷注意通风，加强安全防范。

环氧乙烷性质活泼，可与水、氨、醇、羧酸、胺和酚等含活泼氢的化合物加成，催化剂可为碱或酸，碱常用氢氧化钾、氢氧化钠、醇钠与醇钾；酸性催化剂常用三氟化硼、酸性白土及酸性离子交换树脂等。环氧乙烷与氨或胺加成烷基化，产物是 N-羟乙基化合物：

$$\underset{\diagdown O \diagup}{CH_2-CH_2} + RNH_2 \longrightarrow RNHC_2H_4OH$$

在碱存在下，N-羟乙基化胺与环氧乙烷齐聚生成聚醚：

$$RNHC_2H_4OH + n\ \underset{O}{CH_2-CH_2} \longrightarrow RNHC_2H_4O(C_2H_4O)_nH$$

制取羟乙基化物需要酸性催化剂，齐聚多用碱作催化剂。芳胺N-羟乙基化不使用碱催化剂，可在水存在下进行。

$$C_6H_5NH_2 \xrightarrow{\underset{O}{H_2C-CH_2}} C_6H_5NHC_2H_4OH \xrightarrow{\underset{O}{H_2C-CH_2}} C_6H_5N(C_2H_4OH)_2$$

合成N-二羟乙基化物，苯胺过量很多；如果合成N，N-二羟乙基化物，环氧乙烷稍过量。

例如，N-羟乙基苯胺的合成，苯胺与环氧乙烷按2.4：1(摩尔比)配比，苯胺与水混合后加热温度达到60℃，在冷却条件下环氧乙烷分批加入，60℃～70℃保温3 h；真空蒸馏，收集150℃～160℃/800 Pa馏分，N-羟乙基苯胺收率为83%～86%。

N，N-二羟乙基苯胺的合成，苯胺与环氧乙烷的摩尔比为1：2.02，在105℃～110℃、0.2 MPa条件下，在苯胺中分批加入环氧乙烷，加毕在95℃保温5 h，真空蒸馏，收集190℃～200℃/600～800 Pa馏分，N，N-二羟乙基苯胺收率在88%左右。

高级脂肪胺与环氧乙烷的反应如下：

$$RNH_2 + \underset{O}{CH_2-CH_2} \longrightarrow \begin{cases} RNH(C_2H_4O)_nH \\ RN\begin{matrix}(C_2H_4O)_nH \\ (C_2H_4O)_nH\end{matrix} \end{cases}$$

环氧乙烷与叔胺作用制得的硝酸季铵盐：

$$C_{18}H_{37}N(CH_3)_2 + \underset{O}{CH_2-CH_2} + HNO_3 \longrightarrow \left[C_{18}H_{37}-\overset{CH_3}{\underset{CH_3}{N^+}}-C_2H_4OH \right] \cdot NO_3^-$$

其操作是将N，N-二甲基十八胺溶解在异丙醇中，加入硝酸，氮气置换后，于90℃通环氧乙烷，在90℃～110℃反应，之后冷却至60℃，加入双氧水漂白即可，其产品可用作抗静电剂。

环氧乙烷与氨加成合成乙醇胺：

$$NH_3 + \underset{O}{CH_2-CH_2} \longrightarrow H_2NC_2H_4OH + HN(C_2H_4OH)_2 + N(C_2H_4OH)_3$$

产物为一乙醇胺、二乙醇胺和三乙醇胺的混合物。氨与环氧乙烷反应的条件和产物组成，如表5-2所示。

表5-2 氨和环氧乙烷反应的条件和产物组成

氨环：氧乙烷(摩尔)	N-烷基化产物组成(%)		
	一乙醇胺	二乙醇胺	三乙醇胺
10:1	67～75	21～27	4～12
2:1	25～31	38～52	23～26
1:1	4～12	20～26	65～69

(4)用酯类N-烷基化

强酸的烷基酯,反应活性高于卤烷,用量无需过量很多,副反应较少。强酸烷基酯的沸点较高,可在常压及不太高的温度下进行N-烷基化,价格比相应醇或卤烷高,用于不活泼胺类的烷基化,制备价格高、产量少的N-烷基化产品。

应用最多的为硫酸二酯、芳磺酸酯,其次为磷酸酯类。在硫酸酯中,最常用的为硫酸二甲酯或硫酸二乙酯,硫酸氢酯烷基化能力较弱,所以硫酸二酯只有一个烷基参加反应。

$$ArNH_2 + CH_3OSO_2OCH_3 \xrightarrow{\text{易}} ArNHCH_3 + CH_3OSO_3H$$

$$ArNH_2 + CH_3OSO_3Na \xrightarrow{\text{难}} ArNHCH_3 + NaHSO_4$$

硫酸二甲酯活性高,芳环上同时存在氨基和羟基,控制介质pH值或选择适当溶剂,可只发生N-烷基化而不影响羟基。例如:

$$\text{HO-C}_6\text{H}_4\text{-NH}_2 \xrightarrow[\text{pH}=6\sim7]{(CH_3)_2SO_4,20\%NaOH} \text{HO-C}_6\text{H}_4\text{-NHCH}_3$$

如被烷基化物分子中有多个氮原子,根据氮原子活性差异,有选择地进行N-烷基化,例如:

$$\text{H}_3\text{CO-苯并噻唑-2-NH}_2 \xrightarrow[60\sim64℃]{(CH_3)_2SO_4,CHCl_3} \text{H}_3\text{CO-苯并噻唑}(\overset{+}{N}\text{-CH}_3)\text{-2-NH}_2 \cdot CH_3SO_4^-$$

使用硫酸二甲酯制备仲胺、叔胺和季铵盐时,此时需要有机溶剂或者碱性水溶液。

芳磺酸酯多用于引入摩尔质量较大的烷基,其活性比硫酸酯低、比卤烷高。芳磺酸的烷基可是含取代基的烷基,苯磺酸甲酯的毒性比硫酸二甲酯小,可代替硫酸二甲酯。

芳磺酸酯N-烷基化需用游离胺,否则得卤烷和芳磺酸铵盐:

$$R'NH_2 \cdot HX + C_6H_5SO_2OR \longrightarrow RX + R'\overset{+}{N}H_3 \cdot C_6H_5SO_3^-$$

芳磺酸酯N-烷基化的温度,脂肪胺较低,芳香胺较高。芳磺酸高碳烷基酯与芳香胺N-烷基化,芳磺酸酯与芳胺的摩尔比为1∶2,温度为110℃~125℃,N-烷基芳胺收率良好,过量芳胺与芳磺酸生成芳胺芳磺酸盐;用与芳磺酸酯等摩尔比的缚酸剂高温共热生成N,N-二烷基芳胺。

芳磺酸酯的制备需在N-烷基化之前,芳磺酰氯与相应的醇在氢氧化钠存在下,低温酯化得芳磺酸酯。

使用磷酸酯N-烷基化,产品纯度高、收率好,如N,N-二烷基芳胺的合成:

$$3ArNH_2 + 2(RO)_3PO \longrightarrow 3ArNR_2 + 2H_3PO_4$$

对于可脱水的环合胺类,多聚磷酸酯可兼脱水环合剂:

$$\text{(2-氨基苯基)-CH}_2\text{-CH}_2\text{-OH} + \left[-\underset{OCH_3}{\overset{O}{\overset{\|}{P}}}-O- \right]_n \xrightarrow{130℃,\ 5h} \text{N-甲基二氢吲哚类}(N-CH_3,\ CH_2,\ CH_2) + H_2O$$

多聚磷酸酯可由五氧化二磷与相应醇酯化获得。

(5)用烯烃 N-烷基化

烯烃通过双键加成实现 N-烷基化，常用含 α-羰基、羧基、氰基、酯基的烯烃衍生物。如果无活性基团，那么难以进行 N-烷基化；含吸电子基的烯烃衍生物，反应容易进行。

$$RNH_2 + CH_2 = CH—CN \longrightarrow RNH—C_2H_4CN$$

$$RNH—C_2H_4CN + CH_2=CH—CN \longrightarrow RN\begin{cases} C_2H_4CN \\ C_2H_4CN \end{cases}$$

$$RNH_2 + CH_2 = CH—COOR' \longrightarrow RNH—C_2H_4COOR'$$

$$RNH—C_2H_4COOR' + CH_2=CH—COOR' \longrightarrow RN\begin{cases} C_2H_4COOR' \\ C_2H_4COOR' \end{cases}$$

与环氧乙烷、卤烷、硫酸二酯相比，烯烃衍生物的烷基化能力较弱，需要催化剂，乙酸、硫酸酸等，常用催化剂为三甲胺、三乙胺、吡啶等。

丙烯酸衍生物易聚合，超过 140℃聚合反应加剧，所以用丙烯酸衍生物 N-烷基化，温度通常不超过 130℃。反应需少量阻聚剂如对苯二酚，以防烯烃衍生物聚合。

烯烃衍生物 N-烷基化产物，多用于合成染料、表面活性剂和医药中间体。

(6)用醛或酮 N-烷基化

在还原剂存在下，氨与醛或酮还原 N-烷基化，经羰基加成、脱水消除、再还原得相应的伯胺，伯胺可与醛或酮继续反应，生成仲胺，仲胺与醛或酮进一步反应，最终生成叔胺。

$$NH_3 + RCHO \xrightarrow{-H_2O} RCH = NH \xrightarrow{\text{还原剂}} RCH_2NH_2$$

$$NH_3 + RCOR' \xrightarrow{-H_2O} RR'C = NH \xrightarrow{\text{还原剂}} RR'CHNH_2$$

$$RCH_2NH_2 + RCHO \xrightarrow{-H_2O} RCH = NCH_2R \xrightarrow{\text{还原剂}} \begin{matrix} RCH_2 \\ RCH_2 \end{matrix}\rangle NH$$

氨或胺类与醛或酮还原烷基化，脱水缩合和加氢还原同时进行。在硫酸或盐酸等酸介质中用锌粉还原，常用还原剂为甲酸。在 $RhCl_3$ 存在下，一氧化碳为还原剂，可制备仲胺和叔胺。

$$RNH_2 + R'CHO + CO \xrightarrow[180℃,7\ MPa]{RhCl_3, C_2H_5OH} RNHCH_2R' + CO_2$$

橡胶防老剂 40101NA 的合成，是催化加氢缩合还原烷基化的一例。

$$C_6H_5-NH-C_6H_4-NH_2 + CH_3-\overset{O}{\overset{\|}{C}}-CH_3 + H_2 \xrightarrow[5.07\sim6.08\ MPa,\ 150℃]{Cu-Cr} C_6H_5-NH-C_6H_4-NH-CH(CH_3)_2 + H_2O$$

N,N-二甲基十八胺是表面活性剂及纺织助剂的重要品种,其合成是伯胺与甲醛水溶液及甲酸共热:

$$CH_3(CH_2)_{17}NH_2 + 2HCHO + 2HCOOH \rightarrow CH_3(CH_2)_7N(CH_3)_2 + 2CO_2 + 2H_2O$$

反应在常压液相条件下进行,胺与甲醛、甲酸的摩尔比为 1∶(5.9～6.4)∶(2.6～2.9)。将乙醇、十八烷基胺分别加入反应釜,搅拌均匀,加入甲酸,加热,至 50℃～60℃缓慢加入甲醛水溶液,升温,至 80℃～83℃回流 2 h,液碱中和至 pH 值大于 10,静置分层,除去水的粗胺减压蒸馏,产品为 N,N-二甲基十八胺。

3. N-烷基化产物的分离

N-烷基化产物通常为伯、仲、叔胺的混合物。分离胺类混合物的方法有两种:物理法和化学法。

物理分离法是根据 N-烷基化产物沸点不同,如表 5-3 所示,多采用精馏方法分离。若 N-烷基化产物沸点差很小,若 N-甲基苯胺与 N,N-二甲基苯胺沸点差仅 2℃,普通精馏难以分离,那么此时则需用化学分离法。

表 5-3 苯胺 N-基化产物组成及其沸点

组成	沸点/℃	组成	沸点/℃
苯胺	184	N-乙基苯胺	204.7
N,N-二乙基苯胺	216.3		

化学分离法是根据 N-烷基芳胺的化学性质差异分离的。例如,用光气处理烷基芳胺混合物。在碱性试剂存在下,光气与伯胺、仲胺低温酰化生成不溶性酰化物:

$$ArNH_2 + COCl_2 \longrightarrow ArNH{-}\overset{\overset{\displaystyle O}{\|}}{C}{-}NHAr + 2HCl$$

$$ArNHR + COCl_2 \longrightarrow Ar{-}\underset{\underset{\displaystyle R}{|}}{N}{-}\overset{\overset{\displaystyle O}{\|}}{C}{-}Cl + HCl$$

叔胺不与光气反应,稀盐酸可使之溶解,滤出不溶性酰化物,用稀酸在 100℃下水解,此时只有仲胺酰化物水解:

$$Ar{-}\underset{\underset{\displaystyle R}{|}}{N}{-}\overset{\overset{\displaystyle O}{\|}}{C}{-}Cl + H_2O \xrightarrow{H^+} ArNHR + HCl + CO_2\uparrow$$

滤出伯胺生成的二芳基脲,二芳基脲在碱性介质中用过热蒸汽水解,从而可得伯胺。化学分离法产品的优点:纯度较高,几乎为纯品。化学分离法产品的缺点:消耗化学原料,成本较高。

4. N-烷基化过程

橡胶加工助剂对苯二胺类化合物，对橡胶氧化、屈服疲劳、臭氧老化、热老化等具有良好的防护作用，是重要的橡胶防老剂。

对苯二胺类防老剂的结构通式如下：

$$R_1(H)N-C_6H_4-N(H)R_2 \quad (R_1, R_2\text{可以是烷基，也可以是芳基})$$

对苯二胺类防老剂的合成，通常使用4-氨基二苯胺及其衍生物为被烷化物，酮类化合物为烷化剂，应用缩合-还原型N-烷基化法生产，防老剂4010、防老剂4010NA、防老剂4020等为其主要品种。

防老剂4010是高效防老剂，用于天然橡胶和丁苯、氯丁、丁腈、顺丁等合成橡胶，也可用于燃料油，纯品为白色粉末，熔点为115℃，密度为1.29 g /cm³，易溶于苯，难溶于油，不溶于水。

防老剂4010是以4-氨基二苯胺为被烷基化物，环己酮为烷化剂，经高温脱水生成亚胺，然后用甲酸还原，得产物N-环己基-N′-苯基对苯二胺。

$$C_6H_5NH-C_6H_4-NH_2 + C_6H_{10}O \xrightarrow{90\sim100℃} C_6H_5NH-C_6H_4-N{=}C_6H_{10} + H_2O$$

$$C_6H_5NH-C_6H_4-N{=}C_6H_{10} + HCOOH \xrightarrow{150\sim180℃} C_6H_5NH-C_6H_4-NH-C_6H_{11} + CO_2$$

还原烷基化的产物采用溶剂汽油结晶，再经过滤、洗涤、干燥、粉碎等操作，即得到防老剂4010。主要原材料规格及其消耗定额如表5-4所示。

表5-4　防老剂4010生产材料的规格及其消耗定额

原材料名称	规格		消耗定额		原材料名称	规格		消耗定额	
4-氨基二苯胺	凝固点/℃	68	t/t 产品	0.93	溶剂汽油	标号	120	t/t 产品	0.45
环已酮	纯度/%	97.5	t/t 产品	0.62	甲酸	纯度/%	85	t/t 产品	0.274

防老剂4010的生产工艺流程，如图5-5所示。

将定量的4-氨基二苯胺和环已酮加入配制釜，启动搅拌、升温，在110℃时开始脱去部分水，然后将混合物料打入缩合反应釜，此时进一步升温，在150℃～180℃继续脱水缩合，至缩合反应结束，待缩合物料冷却，送至还原反应釜。当还原反应釜温度降至90℃时，滴加甲酸进行还原反应，待还原反应结束时，用真空泵将还原物料抽至盛有120号溶剂汽油的结晶釜，冷却结晶，将结晶物料放至抽滤罐，吸滤、洗涤，滤饼送干燥器干燥，干燥后的物料经粉碎、过筛，得成品防老剂4010。

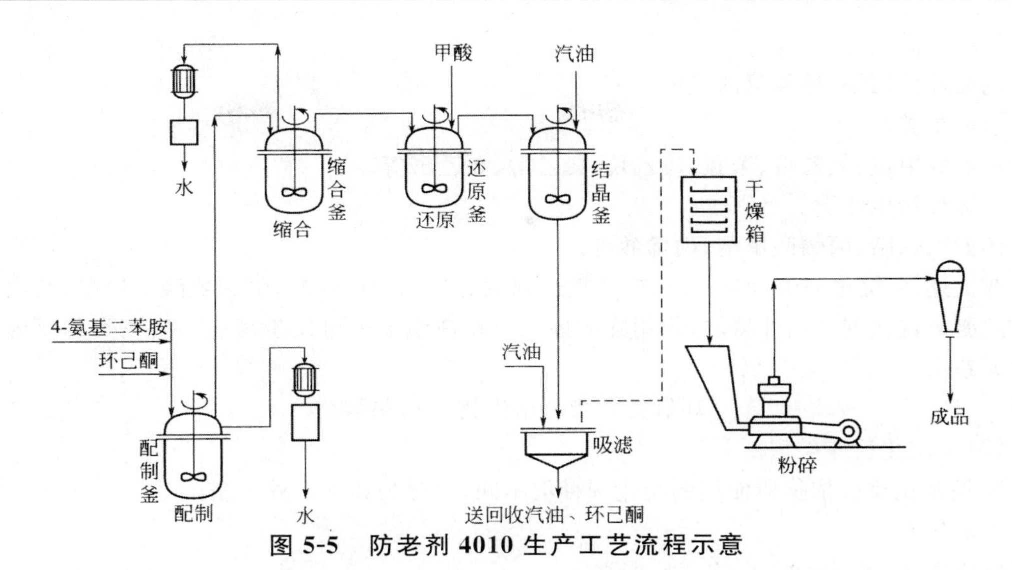

图 5-5 防老剂 4010 生产工艺流程示意

5. N-烷基化反应

制备各种脂肪族和芳香族伯胺、仲胺和叔胺的主要方法为 N-烷基化反应。其在工业上的应用极为广泛，其反应通式如下。

$$NH_3 + R—Z \longrightarrow RNH_2 + HZ$$
$$R'NH_2 + R—Z \longrightarrow RNHR' + HZ$$
$$R'NHR + R—Z \longrightarrow R_2NR' + HZ$$
$$R_2NR' + R—Z \longrightarrow R_3\overset{+}{N}R' + Z^-$$

式中，R—Z 代表烷基化剂；R 代表烷基；Z 则代表离去基团，依据烷基化剂的种类不同，Z 也不尽相同。如烷基化剂为卤烷、醇、酯等化合物时，离去基团 Z 分别为—OH、—X、—OSO_3H 基团。另外环氧化合物、烯烃、醛和酮也可作为 N-烷化剂，其与胺发生加成反应，因此无离去基团。

N-烷基化产物是制造医药、表面活性剂及纺织印染助剂时的重要中间体。氨基是合成染料分子中重要的助色基团，烷基的引入可加深染料颜色，故 N-烷基化反应在染料工业有着极为重要的意义。

(1) N-烷化剂

N-烷化剂是完成 N-烷基化反应必需的物质，其种类和结构决定着 N-烷基化产物的结构。N-烷化剂的种类很多，通常使用的有以下六类。

①醇和醚类。

例如甲醇、乙醇、甲醚、乙醚、异丙醇、丁醇等。

②醛和酮类。

例如各种脂肪族和芳香族的醛、酮。

③酯类。

例如硫酸二甲酯、硫酸二乙酯、对甲苯磺酸酯等。

④环氧类。

例如环氧乙烷、环氧氯丙烷等。

⑤卤烷类。

例如氯甲烷、氯乙烷、苄氯、溴乙烷、氯乙醇、氯乙酸等。

⑥烯烃衍生物类。

例如丙烯腈、丙烯酸甲酯、丙烯酸等。

在上述N-烷化剂中，前三类反应活性最强的是硫酸的中性酯，例如硫酸二甲酯；其次是卤烷；醇、醚类烷化剂的活性较弱，须用强酸催化或在高温下才可发生反应。后三类的反应活性次序大致为：

环氧类＞烯烃衍生物＞醛和酮类。

(2)N-烷化反应类型

N-烷基化反应依据所使用的烷化剂种类不同，可分为如下三种类型。

①取代型。

所用N-烷化剂为醇、卤烷、醚、酯类。

$$NH_3 \xrightarrow[-HZ]{R^1-Z} R^1NH_2 \xrightarrow[-HZ]{R^2-Z} R^1NHR_2 \xrightarrow[-HZ]{R^3-Z} R^1-\underset{R^3}{\overset{R^2}{N}} \xrightarrow{R^4-Z} \left[R^1-\underset{R^4}{\overset{R^2}{N^+}}-R^3\right]Z^-$$

其反应可看作是烷化剂对胺的亲电取代反应。

②加成型。

所用N-烷化剂为环氧化合物和烯烃衍生物。

$$RNH_2 \xrightarrow{\overset{CH_2-CH_2}{\diagdown O \diagup}} RNHCH_2CH_2OH \xrightarrow{\overset{CH_2-CH_2}{\diagdown O \diagup}} RN(CH_2CH_2OH)_2$$

$$RNH_2 \xrightarrow{CH_2=CH-CN} RNHCH_2CH_2CN \xrightarrow{CH_2=CH-CN} RN(CH_2CH_2CN)_2$$

其反应可看作是烷化剂对胺的亲电加成反应。

③缩合-还原型。

所用N-烷化剂为醛和酮类。

$$RNH_2 \xrightarrow[\text{缩合}]{R'CHO} RN=CHR' \xrightarrow[\text{还原}]{[H]} RNHCH_2R' \xrightarrow{R'CHO} R-\underset{HO-CHR'}{\overset{CH_2R'}{N}} \xrightarrow{[H]} RN(CH_2R')_2$$

其反应可看作是胺对烷化剂的亲核加成、再消除、最后还原。

需要指出，无论哪种反应类型，都是利用胺结构中氮原子上孤对电子的活性来完成的。

(3)N-烷基化方法

①用卤烷作烷化剂的N-烷基化法。

卤烷作N-烷化剂时，反应活性较醇要强。当需要引入长碳链的烷基时，因为醇类的反应活性随碳链的增长而减弱，此时则需使用卤烷作为烷化剂。另外，对于活泼性较低的胺类，如芳胺的磺酸或硝基衍生物，为提高反应活性，也要求采用卤烷作为烷化剂。卤烷活性次序为：

RI＞RBr＞RCl

脂肪族＞芳香族

短链＞长链

用卤烷进行的 N-烷基化反应是不可逆的，因为反应中有卤化氢气体放出。此外，反应放出的卤化氢会与胺反应生成盐，胺盐失去了氮原子上的孤对电子，N-烷基化反应则难以进行。工业上为使反应顺利进行，通常向反应系统中加入一定的碱作为缚酸剂，以中和卤化氢。

卤烷的烷基化反应可在水介质中进行，如果卤烷的沸点较低，反应要在高压釜中进行。烷基化反应生成的大多是仲胺与叔胺的混合物，为了制备仲胺，则必须使用大过量的伯胺，以抑制叔胺的生成。有时还需要用特殊的方法来抑制二烷化副反应，例如：由苯胺与氯乙酸制苯基氨基乙酸时，除了要使用不足量的氯乙酸外，在水介质中还要加入氢氧化亚铁，使苯基氨基乙酸以亚铁盐的形式析出，以避免进一步二烷化。

$2C_6H_5NH_2 + 2ClCH_2COOH + Fe(OH)_2 + 2NaOH \rightarrow (C_6H_5NH_2COO)_2Fe\downarrow\ 2NaCl + 4H_2O$ 然后将亚铁盐滤饼用氢氧化钠水溶液处理，使其转变成可溶性钠盐。

制备 N,N-二烷基芳胺可使用定量的苯胺和氯乙烷，加入到装有氢氧化钠溶液的高压釜中，升温至 120℃，当压力为 1.2 MPa 时，靠反应热可自行升温至 210℃～230℃，压力 4.5～5.5 MPa，反应 3 h，即可完成烷基化反应。

$$C_6H_5\text{—}NH_2 + 2C_2H_5Cl \xrightarrow[120℃\sim220℃]{NaOH} C_6H_5\text{—}N(C_2H_5)_2 + 2HCl$$

长碳链卤烷与胺类反应也能制取仲胺和叔胺。如用长碳链氯烷可使二甲胺烷基化，制得叔胺。

$$RCl + NH(CH_3)_2 \xrightarrow[130℃\sim140℃]{NaOH} RN(CH_3)_2 + HCl$$

反应生成的氯化氢用氢氧化钠中和。

②用烯烃衍生物作烷化剂的 N-烷基化法。

烯烃衍生物与胺类也可发生 N-烷基化反应，此反应是通过烯烃衍生物中的碳-碳双键与氨基中的氢加成来而完成的。丙烯腈和丙烯酸酯为常用的烯烃衍生物，其分别向胺类氮原子上引入氰乙基和羧酸酯基。

$$RNH_2 + CH_2 = CHCN \longrightarrow RNHCH_2CH_2CN \xrightarrow{CH_2 = CHCN} RN(CH_2CH_2CN)_2$$

$$RNH_2 + CH_2 = CHCOOR' \longrightarrow RNHCH_2CH_2COOR' \xrightarrow{CH_2 = CHCOOR'} RN(CH_2CH_2COOR')_2$$

其产物均为生产染料、表面活性剂和医药的重要中间体。

丙烯腈与胺类反应时，通常加入少量酸性催化剂。因为丙烯腈易发生聚合反应，还需要加入少量阻聚剂。例如：苯胺与丙烯腈反应时，其摩尔比为 1∶1.6 时，在少量盐酸催化下，水介质中回流温度进行 N-烷基化，主要生成 N-(β-氰乙基)苯胺；取其摩尔比为 1∶2.4，反应温度为 130℃～150℃，那么主要生成 N,N-(β-氰乙基)苯胺。

丙烯腈和丙烯酸酯分子中含有较强吸电子基团—CN、—COOR，使其分子中 β-碳原子上带部分正电荷，从而有利于与胺类发生亲电加成，生成 N-烷基取代产物。

$$R\ddot{N}H_2+\overset{\delta^+}{C}H_2=\overset{\delta^-}{C}H-CN \longrightarrow RNHCH_2CH_2CN$$

$$R\ddot{N}H_2+\overset{\delta^+}{C}H_2=\overset{\delta^-}{C}H-\underset{\delta^+}{\overset{O^{\delta^-}}{\overset{\|}{C}}}-OR' \longrightarrow RNH(CH_2CH_2COOR')$$

与卤烷、环氧乙烷和硫酸酯相比，烯烃衍生物的烷化能力较弱，为提高反应活性，常需加入酸性或碱性催化剂。需要指出，丙烯酸酯类的烷基化能力较丙烯腈弱，因此其反应时需要更剧烈的反应条件。胺类与烯烃衍生物的加成反应是一个连串反应。

③用醇和醚作烷化剂的 N-烷基化法。

用醇和醚作烷化剂时，它们烷化能力较弱，因此反应需在较强烈的条件下才能进行，然而某些低级醇由于价廉易得，供应量大，工业上常用其作为活泼胺类的烷化剂。

醇烷基化常用强酸作催化剂，其催化作用是将醇质子化，进而脱水得到活泼的烷基正离子 R^+。R^+ 与胺氮原子上的孤对电子形成中间络合物，其脱去质子得到产物。

$$H-\underset{H}{\overset{H}{N}}: + R^+ \rightleftharpoons \left[H-\underset{H}{\overset{H}{N^+}}-R\right] \rightleftharpoons R-\underset{H}{\overset{H}{N}}: + H^+$$

$$R-\underset{H}{\overset{H}{N}}: + R^+ \rightleftharpoons \left[R-\underset{H}{\overset{H}{N^+}}-R\right] \rightleftharpoons R-\underset{H}{\overset{R}{N}}: + H^+$$

$$R-\underset{H}{\overset{R}{N}}: + R^+ \rightleftharpoons \left[R-\underset{R}{\overset{R}{N^+}}-H\right] \rightleftharpoons R-\underset{R}{\overset{R}{N}}: + H^+$$

$$R-\underset{R}{\overset{R}{N}}: + R^+ \rightleftharpoons \left[R-\underset{R}{\overset{R}{N^+}}-R\right]$$

胺类用醇烷化为一个亲电取代反应。胺的碱性越强，则反应越易进行。由于烷基是供电子基，其引入会使胺的活性提高，因此 N-烷基化反应是连串反应，同时又是可逆反应。对于芳胺，环上带有供电子基时，芳胺易发生烷基化；而环上带有吸电子基时，烷基化反应较难进行。

N-烷基化产物是伯胺、仲胺和叔胺的混合物。可见要得到目的产物必须采用适宜的 N-烷化方法。

苯胺进行甲基化时，如果目的产物是一烷基化的仲胺，那么醇的用量仅稍大于理论量；如果目的产物是二烷基化的叔胺，那么此时醇用量约为理论量 140%～160%。虽然这样，在制备仲胺时，得到的产物依然是伯胺、仲胺和叔胺的混合物。用醇烷化时，1 mol 胺用强酸催化剂 0.05～0.3 mol，反应温度约为 200℃左右，温度不宜过高，否则有利于芳环上的 C-烷化反应。苯胺甲基化反应完毕后，物料用氢氧化钠中和，分出 N，N-二甲基苯胺油层。再从剩余水层中蒸出过量的甲醇，然后再在 170℃～180℃、压力 0.8～1.0 MPa 下使季铵盐水解转化为叔胺。

胺类用醇进行烷基化除了上述液相方法外，对易于气化的醇和胺，反应还可采用气相方法。通常是使胺和醇的蒸气在 280℃～500℃左右的高温下，通过氧化物催化剂。例如，工业上大规模生产的甲胺就是由氨和甲醇气相烷基化反应生成的。

$$NH_3 + CH_3OH \xrightarrow[350℃\sim500℃,\ 1\sim3\ MPa]{Al_2O_3 \cdot SiO_2} CH_3NH_2 + H_2O \quad \Delta H = -21\ kJ/mol$$

烷基化反应并不停留在一甲胺阶段，还同时得到二甲胺、三甲胺混合物。其中用途最广的为二甲胺，需求量一甲胺次之。为减少三甲胺的生成，烷基化反应时，一般取氨与甲醇的摩尔比大于 1，使氨过量，再加适量水和循环三甲胺，使烷基化反应向一烷基化和二烷基化转移。工业上三种甲胺的产品是浓度为 40%的水溶液。一甲胺和二甲胺为制造医药、炸药、农药、染料、表面活性剂、橡胶硫化促进剂和溶剂等的原料。三甲胺用于制造离子交换树脂、饲料添加剂及植物激素等。

甲醚是合成甲醇时的副产物，也可用作烷化剂，其反应式如下。

$$C_6H_5NH_2 + (CH_3)_2O \xrightarrow[230℃]{Al_2O_3} C_6H_5NHCH_3 + CH_3OH$$

$$C_6H_5NHCH_3 + (CH_3)_2O \longrightarrow C_6H_5NH(CH_3)_2 + CH_3OH$$

此烷基化反应可在气相进行。使用醚类烷化剂的优点是反应温度可以较使用醇类的低。

④用环氧乙烷作烷化剂的 N-烷基化法。

环氧乙烷是一种活性很强的烷基化剂，其分子具有三元环结构，环张力较大，容易开环，与胺类发生加成反应得到含羟乙基的产物。例如：芳胺与环氧乙烷发生加成反应，生成 N-(β-羟乙基)芳胺，如果再与另一分子环氧乙烷作用，可进一步得到叔胺：

$$ArNH_2 + \underset{\diagdown O \diagup}{CH_2—CH_2} \longrightarrow ArNHCH_2CH_2OH \xrightarrow{\underset{\diagdown O \diagup}{CH_2—CH_2}} ArN(CH_2CH_2OH)_2$$

当环氧乙烷与苯胺的摩尔比为 0.5：1，反应温度为 65℃～70℃，并加入少量水时，此时主要产物为 N-(β-羟乙基)苯胺。若使用稍大于 2 mol 的环氧乙烷，并在 120℃～140℃和 0.5～0.6 MPa压力下进行反应，则得到的产物主要是 N，N-(β-羟乙基)苯胺。

环氧乙烷活性较高，易与含活泼氢的化合物发生加成反应，碱性和酸性催化剂均能加速此类反应。例如 N，N-二(β-羟乙基)苯胺与过量环氧乙烷反应，将生成 N，N-二 β-羟乙基)芳胺衍生物。

$$ArN(CH_2CH_2OH)_2 + 2m\ \underset{\diagdown O \diagup}{CH_2—CH_2} \longrightarrow ArN[(CH_2CH_2O)_mCH_2CH_2OH]_2$$

氨或脂肪胺和环氧乙烷也能发生加成烷基化反应，例如制备乙醇胺类化合物。

$$NH_3 + \underset{\diagdown O \diagup}{CH_2—CH_2} \longrightarrow H_2NCH_2CH_2OH + HN(CH_2CH_2OH)_2 + N(CH_2CH_2OH)_3$$

产物为三种乙醇胺的混合物。反应时首先将 25%的氨水送入烷基化反应器，然后缓通气化的环氧乙烷；反应温度为 35℃～45℃，到反应后期，升温至 110℃以蒸除过量的氨；后经脱水，减压蒸馏，收集不同沸程的三种乙醇胺产品。乙醇胺是重要的精细化工原料，它们的脂肪酸脂可制成合成洗净剂。乙醇胺可用于净化许多工业气体，脱除气体中的酸性杂质。

环氧乙烷沸点较低，其蒸气与空气的爆炸极限很宽，因此在通环氧乙烷前，务必用惰性气体置换反应器内的空气，从而确保生产安全。

⑤用醛或酮作烷化剂的 N-烷基化法。

醛或酮可与胺类发生缩合-还原型 N-烷基化反应，其反应通式如下。

$$R-\overset{\displaystyle H}{\overset{|}{C}}=O + NH_3 \xrightarrow{-H_2O} \left[R-\overset{\displaystyle H}{\overset{|}{C}}=NH \right] \xrightarrow{[H]} RCH_2NH_2$$

$$R-\overset{\displaystyle R'}{\overset{|}{C}}=O + NH_3 \xrightarrow{-H_2O} \left[R-\overset{\displaystyle R'}{\overset{|}{C}}=NH \right] \xrightarrow{[H]} R-\overset{\displaystyle R'}{\overset{|}{C}}HNH_2$$

反应最初产物为伯胺，若醛、酮过量，则可相继得到仲胺、叔胺。在缩合-还原型 N-烷基化中应用最多的是甲醛水溶液，如脂族十八胺用甲醛和甲酸反应可以生成 N，N-二甲基十八烷胺：

$$CH_3(CH_2)_{17}NH_2 + 2CH_2O + 2HCOOH \rightarrow CH_3(CH_2)_{17}N(CH_3)_2 + 2CO_2 + 2H_2O$$

反应在常压液相条件下进行。脂肪胺先溶于乙醇中，再加入甲酸水溶液，升温至 50℃～60℃，缓慢加入甲醛水溶液，温度加热至 80℃，反应完毕。产物液经中和至强碱性，静置分层，分出粗胺层，经减压蒸馏得叔胺。该方法优点为：反应条件温和，易操作控制。

其缺点为：消耗大量甲酸，对设备有腐蚀性。

在骨架镍存在下，可用氢代替甲酸，但这种加氢还原需要采用耐压设备。此法合成的含有长碳链的脂肪族叔胺是表面活性剂、纺织助剂等的重要中间体。

⑥用酯作烷化剂的 N-烷基化法。

硫酸酯、磷酸酯和芳磺酸酯都是活性很强的烷基化剂，其沸点较高，反应可在常压下进行。因酯类价格比醇和卤烷都高，因此其实际应用受到限制。硫酸酯与胺类烷基化反应通式如下。

$$R'NH_2 + ROSO_2OR \longrightarrow R'NHR + ROSO_2H$$

$$R'NH_2 + ROSO_2ONa \longrightarrow R'NHR + NaHSO_4$$

硫酸中性酯易给出其所含的第一个烷基，而给出第二烷基则较困难。常用的是硫酸二甲酯，然而其毒性极大，可通过呼吸道及皮肤进入人体，因此在使用时应当十分小心。用硫酸酯烷化时，常需要加碱中和生成的酸，以便提高其给出烷基正离子的能力。若对甲苯胺与硫酸二甲酯于 50℃～60℃时，在碳酸钠、硫酸钠和少量水存在下，可生成 N，N-二甲基对甲苯胺，收率可达 95％。此外，用磷酸酯与芳胺反应也可高收率、高纯度地制得 N，N-二烷基芳胺，反应式如下。

$$3ArNH_2 + 2(RO)_3PO \longrightarrow 3ArNR_2 + 2H_3PO_4$$

芳磺酸酯作为强烷基化剂也可发生如上类的反应。

$$3ArNH_2 + ROSO_2Ar' \rightarrow ArNHR + Ar'SO_3H$$

6. 相转移催化 N-烷基化

吲哚和溴苄在季铵盐的催化下，可高收率得到 N-苄基化产物。

$$\xrightarrow[33℃,\ 18\ h]{PhCH_2Br/50\%NaOH/TBAHS/C_6H_6}$$

(93%)

此反应在无相转移催化剂时将无法进行。

抗精神病药物氯丙嗪的合成也采用了相转移催化反应。

$$\xrightarrow[C_6H_6/TBAB]{Cl(CH_2)_3N(CH_3)_2/NaOH}$$

$CH_2(CH_2)_2N(CH_3)_2$

1,5-萘内酰亚胺，因分子中羰基的吸电子效应，使氮原子上的氢具有一定的酸性，因此很难 N-烷化，即使在非质子极性溶剂中或是在含吡啶的碱性溶液中，反应速率也很慢，且收率低。然而 1,5-萘内酰亚胺易与氢氧化钠或碳酸钠形成钠盐。

$$+NaOH \rightleftharpoons \quad +H_2O$$

它易被相转移催化剂萃取到有机相，而在温和的条件下与溴乙烷或氯苄反应。若用氯丙腈为烷基化剂，为避免其水解，需使用无水碳酸钠，并选择使用能使钠离子溶剂化的溶剂，以利于 1,5-萘内酰亚胺负离子被季铵正离子带入有机相而发生固-液相转移催化反应。

$$+\ ClCH{=}CHCN \xrightarrow[无水\ Na_2CO_3]{PTC/溶剂}$$

5.2.3 O-烷基化反应

1. 卤代烃的 O-烷基化

这类反应容易进行，一般只要将所用的醇或酚与氢氧化钠氢氧化钾或金属钠作用形成醇钠盐或酚钠盐，然后在不太高的温度下加入适量卤烷，即可得到良好的结果。当使用沸点较低的卤烷时，则需要在压热釜中进行反应。

$$+\ 2NaOH \xrightarrow[水介质]{35℃} \quad +\ 2H_2O$$

$$p\text{-}C_6H_4(ONa)_2 + 2CH_3Cl \xrightarrow[NaOH]{70\sim120℃, 1.5\ MPa} p\text{-}C_6H_4(OCH_3)_2 + 2NaCl$$

通常醇钠易溶于水而难溶于有机溶剂，而卤代烷则易溶于有机溶剂而难溶于水，因此加入相转移催化剂，可使反应产率大为提高，同时也使反应在更温和的条件下进行。例如，在相转移催化剂聚乙二醇(PEG)2000 作用下，2-辛醇与丁基溴在室温下反应生成醚。

$$CH_3(CH_2)_5CH(OH)CH_3 + BrCH_2CH_2CH_2CH_3 \xrightarrow[KOH, rt]{PEG2000} CH_3(CH_2)_5CH(CH_3)OCH_2CH_2CH_2CH_3$$

在合适的条件下，酚与卤代烃或醇与活泼芳卤在非质子性强极性溶、剂中可直接反应。当反应体系中有相转移催化剂存在，微波加热可使芳醚烷基醚的产率大有提高。例如，在微波促进下，间甲苯酚在相转移催化剂存在下与苄氯反应。

$$m\text{-}CH_3C_6H_4OH + PhCH_2Cl \xrightarrow[\text{微波}(300\ W), 50\ s]{n\text{-}Bu_4NBr/K_2CO_3/KOH} m\text{-}CH_3C_6H_4OCH_2Ph$$

2. 脂的 O-烷基化

硫酸酯及磺酸酯均是良好的烷基化试剂。在碱性催化剂存在下，硫酸酯与酚、醇在室温下即能顺利反应，生成较高产率的醚类。

$$C_6H_5OH + (CH_3)_2SO_4 \xrightarrow[10℃]{NaOH} \underset{72\%\sim75\%}{C_6H_5OCH_3} + CH_3OSO_3Na$$

$$C_6H_5CH_2CH_2OH + (CH_3)_2SO_4 \xrightarrow[NaOH]{(n\text{-}C_4H_9)_4\overset{+}{N}I^-} \underset{90\%}{C_6H_5CH_2CH_2OCH_3}$$

若用硫酸二乙酯作烷基化试剂时，可不需碱性催化剂；而且醇、酚分子中存在有其他羰基、氰基、羧基及硝基时，对反应亦均无影响。

除上述硫酸酯、磺酸酯外，还有原甲酸酯、草酸二烷酯、羧酸酯、二甲基甲酰胺缩醛、亚磷酸酯等也可用作 O-烷基化试剂。

$$o\text{-}NO_2C_6H_4OK + (COOC_2H_5)_2 \xrightarrow[120℃]{DMF} \underset{85\%}{o\text{-}NO_2C_6H_4OC_2H_5}$$

在对甲苯磺酸催化下，醇与亚磷酸二苯酯反应，以良好产率生成用其他方法难以得到的苯基醚。

$$\text{胆固醇(3-OH, 17-}C_8H_{17}\text{)} \xrightarrow[HOP(OC_6H_5)_2]{TsOH} \text{3-}C_6H_5O\text{-胆甾烯}$$

3. 醇、酚脱水成醚

醇或酚的脱水是合成对称醚的通用方法。醇的脱水反应通常在酸性催化剂存在下进行。常用的酸性催化剂有浓硫酸、浓盐酸、磷酸、对甲苯磺酸等。

$$(CH_3)_2CHCH_2CH_2OH \xrightarrow[\text{加热}]{CH_3-C_6H_4-SO_3H} [(CH_3)_2CHCH_2CH_2]_2O + H_2O$$

在浓硫酸催化下，三苯甲醇与异戊醇之间发生脱水生成三苯甲基异戊基醚。此法特别适用于合成叔烷基、伯烷基混合醚。因为叔醇在酸性催化剂存在下极易生成碳正离子，继而伯醇可对此碳正离子进行亲核进攻，形成混合醚。

$$(C_6H_5)_3COH + (CH_3)_2CHCH_2CH_2OH \xrightarrow[H_2SO_4]{\Delta} (C_6H_5)_3COCH_2CH_2CH(CH_3)_2$$

用弱酸或质子化的固相催化剂也可催化醇或酚的分子间或分子内脱水形成醚。例如，在弱酸 $KHSO_4$ 催化下，对乙酰氧基苄醇在减压条件下可发生分子间脱水。

$$2AcO-C_6H_4-CH_2OH \xrightarrow[100℃, 33\ Pa]{KHSO_4} AcO-C_6H_4-CH_2OCH_2-C_6H_4-OAc$$

阳离子交换树脂也是二元醇进行分子内脱水的有效催化剂。

$$HO(CH_2)_5OH \xrightarrow{\text{阳离子交换树脂}} \text{四氢吡喃}$$

对于某些活泼的酚类，也可以用醇类作烷基化剂生成相应的醚，该方法是生成混合醚的重要方法。例如在温和条件下，对甲氧基苯酚可与甲醇生成对甲氧基苯甲醚。

$$CH_3O-C_6H_4-OH + CH_3OH \xrightarrow{DEAD, Ph_3P} CH_3O-C_6H_4-OCH_3$$

4. 环氧乙烷的 O-烷基化

环氧化合物易与醇、酚类发生开环反应，生成羟基醚。开环反应可用酸或碱催化，但往往生成不同的产品，酸与碱催化开环的反应过程是不相同的。

$$\underset{\text{(环氧)}}{RCH-CH_2} \xrightarrow{H^+} [R\overset{+}{C}HCH_2OH] \xrightarrow{R'OH} \underset{OR'}{RCHCH_2OH} + H^+$$

$$\underset{\text{(环氧)}}{RCH-CH_2} \xrightarrow{R'O^-} \left[\underset{O^-}{RCHCH_2OR'}\right] \xrightarrow{R'OH} \underset{OH}{RCHCH_2OR'} + R'O^-$$

此种反应在工业上的应用之一是由醇类与环氧乙烷反应生成各种乙二醇醚。

低级脂肪醇如甲醇、乙醇和丁醇用环氧乙烷烷基化可生成相应的乙二醇单甲醚、单乙醚和单丁醚。

$$ROH + \underset{\diagdown O \diagup}{CH_2—CH_2} \longrightarrow ROCH_2CH_2OH$$

当 R 为甲基、乙基或丁基时，可相应制取乙二醇单甲醚、单乙醚及单丁醚等，这些产品都是重要的溶剂。

苯酚与萘酚也能与环氧乙烷反应，其中重要的是烷基酚与环氧乙烷的反应。例如，辛基苯酚与环氧乙烷在碱存在下，生成聚氧化乙烯辛基苯酚醚。

$$C_8H_{17}—C_6H_4—OH + n\underset{\diagdown O \diagup}{CH_2—CH_2} \xrightarrow{NaOH} C_8H_{17}—C_6H_4—O\text{(}CH_2CH_2O\text{)}_nH$$

反应中环氧乙烷的量对产品性质的影响极大，可按需要加以控制。环氧乙烷量小的产品在水中难于溶解；环氧乙烷量大的在水中容易溶解。

5.3 相转移烷基化反应

在精细有机合成中经常遇到这样的问题，两种互相不溶的试剂，如何使其达到一定的浓度能够迅速反应。通常实验室的解决办法是加入一种溶剂，将两种试剂溶解，但这样有时并不能成功，并且工业上出于节约成本及环境保护等考虑，最好不加溶剂或即使使用溶剂也应使用成本较低的溶剂并且要易于回收的溶剂。相转移催化(PTC)技术提供了解决的方法，其主要原理是找到一种相转移催化剂可将一个反应物转入含有另一反应物的相中，使其有较高的反应速度。PTC 用于烷基化反应，有着重要意义。

5.3.1 相转移催化原理及烷基化反应

在 C、N、O 原子上进行的烷基化反应，除前面讨论的芳环上的 C-烷基化反应是亲电取代反应外，其他烷基化反应在机理上都属于亲核取代反应类型。因此首先要求亲核试剂中的活性 H 原子与碱性试剂作用形成相应的负离子 Nu^-，然后向烷化剂作亲核进攻。故大多数反应必需在无水条件下进行，以免形成酸碱平衡，使 Nu^- 浓度下降甚至消失。但当采用无水的质子极性溶剂时，能与 Nu^- 发生溶剂化，使 Nu^- 的活性降低；若采用非质子极性溶剂时虽然克服溶剂化而使 Nu^- 的活性增高，但这些溶剂存在价格昂贵、回收不易、后处理麻烦及会带来环境污染等问题。采用相转移催化，可将在碱性水溶液中形成的 Nu^- 转移到非极性溶剂中，具有以下优点：克服溶剂化反应，不需要无水操作，又可取得如同采用非质子极性溶剂的效果；通常后处理较容易；可用碱金属氢氧化物水溶液代替醇盐、氨基钠、氢化钠或金属钠，这在工业生产上是非常有利的；还可降低反应温度，改变反应选择性，如 O-烷化与 C-烷化的比例，通过抑制副反应提高收率等。

一般 Nu^- 都是以钠盐或钾盐存在，在这里是 NaCN，这些盐类不溶或难溶于极性很小的非质子溶剂中。反应物 $n-C_8H_{17}Cl$，加入季铵盐可增大 Nu^- 在有机相中的溶解度，在这里将 CN^- 以 Q^+CN^- 形式转运到有机相中，然后与 $n-C_8H_{17}Cl$ 反应生成壬腈。同时生成的 Q^+

Cl^- 在水相或水有机相交界，通过与水相的 NaCN 交换负离子，迅速再转变为 Q^+CN^-。

相转移催化剂常用的有两大类，一类如季铵盐，季铵盐结构中的 Q^+，便于与 Nu^- 结合形成有机离子对，Q^+ 中必须有足够的碳原子数，使形成的有机离子对有较大的亲有机溶剂能力。另一类为冠醚。它的结构中虽无正离子，但有六个氧原子，可利用其未共用电子对与许多正离子结合，而具有如有机正离子的性质，并能溶于有机相中，相应的 Nu^- 由于无溶剂化效应，特称为“裸”离子，其活性甚大。

相转移反应能否取得良好效果，关键在于形成相转移离子对及其在有机相中有较大的分配系数，而该分配系数的大小则与选用的相转移催化剂种类和溶剂极性密切相关。当然，反应速度与烷基化剂的活性和搅拌效果也是不可忽视的因素。

相转移反应中常用溶剂有：二氯甲烷，二氯乙烷、氯仿、苯、甲苯、乙腈、乙酸乙酯、四氢呋喃(THF)、二甲亚砜(DMSO)等。

5.3.2　相转移催化 C-烷基化

碳负离子的烷基化，由于其在合成中的重要性，是相转移催化反应中研究最早和最多的反应之一。例如，乙腈在季铵盐催化下进行烷基化反应。

$$PhCH_2CN \xrightarrow[28\sim35℃,\ 3\sim5\ h]{EtBr/浓\ NaOH/TEBAC(1\%,\ 摩尔分数)} PhCH(Et)CN \quad (78\% \sim 84\%)$$

合成抗癫痫药物丙戊酸钠时，可采用 TBAB 催化进行 C-烷基化反应。

$$H_2C(COO)_2C(CH_3)_2 \xrightarrow[K_2CO_3/TBAB]{n\text{-}C_3H_7Br} (n\text{-}C_3H_7)_2C(COO)_2C(CH_3)_2 \xrightarrow{NaOH/H_2O} (n\text{-}C_3H_7)_2CH\text{—}COONa$$

5.3.3　相转移催化 N-烷基化

吲哚和溴苄在季铵盐的催化下，可高收率得到 N-苄基化产物。

$$\text{吲哚(N—H)} \xrightarrow[33℃,\ 18\ h]{PhCH_2Br/50\%NaOH/TBAHS/C_6H_6} \text{N—}CH_2Ph\ \text{吲哚} \quad (93\%)$$

此反应在无相转移催化剂时将无法进行。抗精神病药物氯丙嗪的合成也采用了相转移催化反应。

$$\text{吩噻嗪(N—H)} \xrightarrow[C_6H_6/TBAB]{Cl(CH_2)_3N(CH_3)_2/NaOH} \text{N—}CH_2(CH_2)_2N(CH_3)_2\ \text{吩噻嗪}$$

1,8-萘内酰亚胺,因分子中羰基的吸电子效应,使氮原子上的氢具有一定的酸性,很难N-烷化,即使在非质子极性溶剂中或是在含吡啶的碱性溶液中,反应速率也很慢,且收率低。但1,8-萘内酰亚胺易与氢氧化钠或碳酸钠形成钠盐。

$$\text{1,8-萘内酰亚胺(O=C—N—H)} + NaOH \rightleftharpoons \text{(O=C—}N^{-}\ Na^{+}\text{)} + H_2O$$

它易被相转移催化剂萃取到有机相,而在温和的条件下与溴乙烷或氯苄反应。若用氯丙腈为烷基化剂,为避免其水解,需使用无水碳酸钠,并选择使用能使钠离子溶剂化的溶剂,以利于1,8-萘内酰亚胺负离子被季铵正离子带入有机相而发生固-液相转移催化反应。

$$\text{1,8-萘内酰亚胺(O=C—N—H)} + ClCH{=}CHCN \xrightarrow[\text{无水 } Na_2CO_3]{\text{PTC/溶剂}} \text{(O=C—N—CH=CHCN)}$$

5.3.4 相转移催化O-烷基化

在碱性溶液中正丁醇用氯化苄O-烷基化,相转移催化剂的使用与否,反应收率相差较大。

$$n\text{-BuOH} \xrightarrow[45℃,\ 6\ h]{PhCH_2Cl/50\%NaOH} n\text{-BuOCH}_2\text{Ph}$$

(4%)

$$n\text{-BuOH} \xrightarrow[35℃,\ 1.5\ h]{PhCH_2Cl/50\%NaOH/TBAHS/C_6H_6} n\text{-BuOCH}_2\text{Ph}$$

(92%)

活性较低的醇不能直接与硫酸二甲酯反应得到醚,使用醇钠也较困难,加入相转移催化剂则可顺利反应。

$$Ph\text{—}C(CH_3)_2\text{—}OH \xrightarrow[33℃,\ 18\ h]{Me_2SO_4/50\%NaOH/TBAI/PE} Ph\text{—}C(CH_3)_2\text{—}OMe$$

(85%)

5.4 烷基化反应的应用

5.4.1 长链烷基苯的制备

长链烷基苯主要用于生产表面活性剂、涤剂等,原料路线有烯烃和卤氯烷两种,到目前为止都使用。

氟化氢法即以烯烃为烷化剂,氟化氢为催化剂的制造方法。

$$R—CH_2CH═CH—R' + C_6H_6 \xrightarrow[30\sim40℃]{FH} R—CH_2CH(C_6H_5)—CH_2R'$$

三氯化铝法即以氯代烷为烷化剂，三氯化铝为催化剂的制造方法。

$$R—CHCl—R' + C_6H_6 \xrightarrow[70℃]{AlCl_3} R—CH(C_6H_5)—R' + HCl$$

式中，R 和 R′为烷基或氢。

1. $AlCl_3$ 法

此法采用的长链氯代烷是由煤油经分子筛或尿素抽提得到的直链烷烃经氯化制得的。在与苯反应时，除烷基化主反应外，其副反应及后处理与上述以烯烃为烷化剂的情况类似，不同点在于烷化器的结构、材质及催化剂不同。

长链氯代烷与苯烷基化的工艺过程随烷基化反应器的类型不同而不同，通常使用的烷基化反应器有釜式和塔式两种。单釜间歇烷基化已很少使用，连续操作的烷基化设备有多釜串联式和塔式两种，前者主要用于以三氯化铝为催化剂的烷基化过程。

目前，国内广泛采用的都是以金属铝作催化剂，在三个按阶梯形串联的搪瓷塔组中进行，工艺流程，如图 5-6 所示。

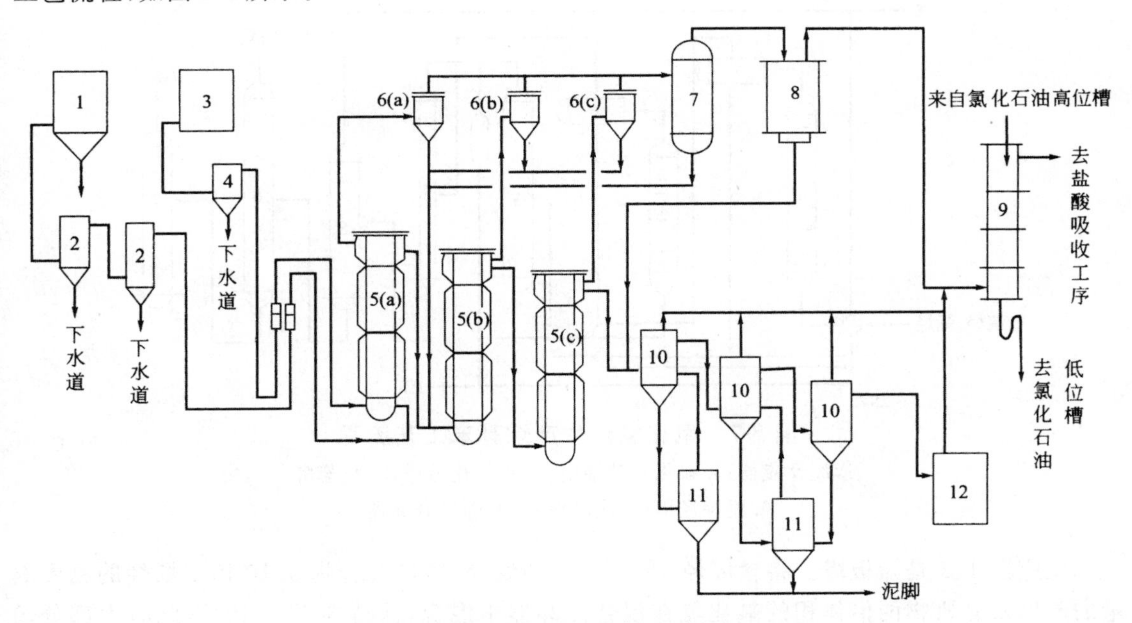

图 5-6　金属铝催化缩合工艺流程图

1. 苯高位槽；2. 苯干燥器；3. 氯化石油高位槽；4. 氯化石油干燥器；5. 缩合塔；6. 分离器；7. 气液分离器；8. 石墨冷凝器；9. 洗气塔；10. 静置缸；11. 泥脚缸；12. 缩合-液贮缸

反应器为带冷却夹套的搪瓷塔，塔内放有小铝块，苯和氯代烷由下口进入，反应温度在70℃左右，总的停留时间约为0.5 h，实际上5 min时转化率即可达90%左右。为了降低物料的黏度和抑制多烃化，苯与氯代烷的摩尔比为(5～10)∶1。由反应器出来的液体物料中有未反应的烷基苯、苯、正构烷烃、少量HCl及$AlCl_3$络合物，后者静置分离出红油。其一部分可循环使用，余下部分使用硫酸处理转变为$Al_2(SO_4)_3$沉淀下来。上层有机物用氨或氢氧化钠中和，水洗，然后进行蒸馏分离，得到产品。

2. 氟化氢法

苯与长链正构烯烃的烷基化反应通常情况下采用液相法，也有时采用在气相中进行的。凡能提供质子的酸类均可作为烷基化的催化剂，因为HF性质稳定，副反应少，且易与目的产物分离，产品成本低及无水HF对设备几乎没腐蚀性等优点，使它在长链烯烃烷基化中应用最为广泛。

苯与长链烯烃的烷基化反应较复杂，按照原料来源不同主要有以下几个方面：

①烷烃、烯烯中的少量杂质。

②因长链单烯烃双键位置不同，形成许多烷基苯的同分异构体。

③在烷基化反应中可能发生异构化、聚合、分子重排和环化等副反应。

上述副反应的程度随操作条件、原料纯度和组成的变化而变化，其总量往往只占烷基苯的千分之几甚至万分之几，但它们对烷基苯的质量影响却很大，主要表现为烷基苯的色泽偏深等。

氟化氢法长链烷基苯生产工艺流程，如图5-7所示。

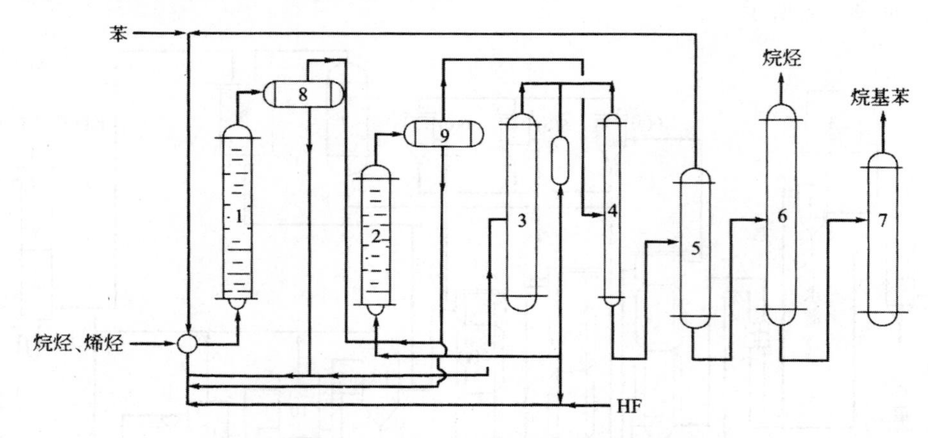

图5-7 氟化氢法生产烷基苯工艺流程

1,2. 反应器；3. 氟化氢蒸馏塔；4. 脱氟化氢塔；5. 脱苯塔；6. 脱烷烃塔；7. 成品塔；8,9. 静置分离器

反应器1、2是筛板塔。将含烯烃9%～10%的烷烃、烯烃混合物及10倍于烯烃的物质的量的苯以及有机物两倍体积的氟化氢在混合冷却器中混合，保持30℃～40℃，此时大部分烯烃已经反应。将混合物塔底送入反应器1。为保持氯化氢为液态，反应在0.5～1 MPa下进行。物料由顶部排出至静置分离器8，上层的有机物和静置分离器9下部排出的循环氟化氢及蒸馏提纯的新鲜氟化氢进入反应器2，使烯烃反应完全。反应产物进入静置分离器9，上层

的物料经脱氟化氢塔 4 及脱苯塔 5，蒸出氟化氢和苯；然后至脱烷烃塔 6 进行减压蒸馏，蒸出烷烃；最后至成品塔 7，在 96～99 kPa 真空度、170℃～200℃蒸出烷基苯成品。静置分离器 8 下部排出的氟化氢溶解了一些重要的芳烃，该氟化氢一部分去反应器 1 循环使用，另一部分在蒸馏塔 3 中进行蒸馏提纯，然后送至反应器 2 循环使用。

5.4.2　异丙苯的制备

异丙苯的主要用途是经过氧化和分解，制备丙酮与苯酚，其产量非常巨大。异丙苯法合成苯酚联产丙酮是比较合理的先进生产方法，工业上该法的第一步为苯与丙烯的烷基化。目前广泛使用的催化剂为三氯化铝和固体磷酸，新建投产的工厂几乎均采用固体磷酸法。三氯化硼也是可用的催化剂，以沸石为代表的复合氧化物催化剂是近年较活跃的开发领域。

工业上丙烯和苯的连续烷基化用液相法和气相法均可生产。丙烯来自石油加工过程，允许有丙烷类饱和烃，可视为惰性组分，不会参加烷基化反应。苯的规格除要控制水分含量外，还要控制硫的含量，以免影响催化剂活性。

1. $AlCl_3$ 法

苯和丙烯的烷基化反应如下：

$$C_6H_6 + CH_3CH{=}CH_2 \xrightarrow{AlCl_3\text{-}HCl} C_6H_5{-}CH(CH_3)_2 \qquad \Delta H = -113\ \mathrm{kJ/mol}$$

该法所用的三氯化铝-盐酸络合催化剂溶液，一般情况下是由无水三氯化铝、多烷基苯和少量水配制而成的。此催化剂在温度高于 120℃会产生严重的树脂化，因此烷基化温度一般应控制在 80℃～100℃。工艺流程如图 5-8 所示。

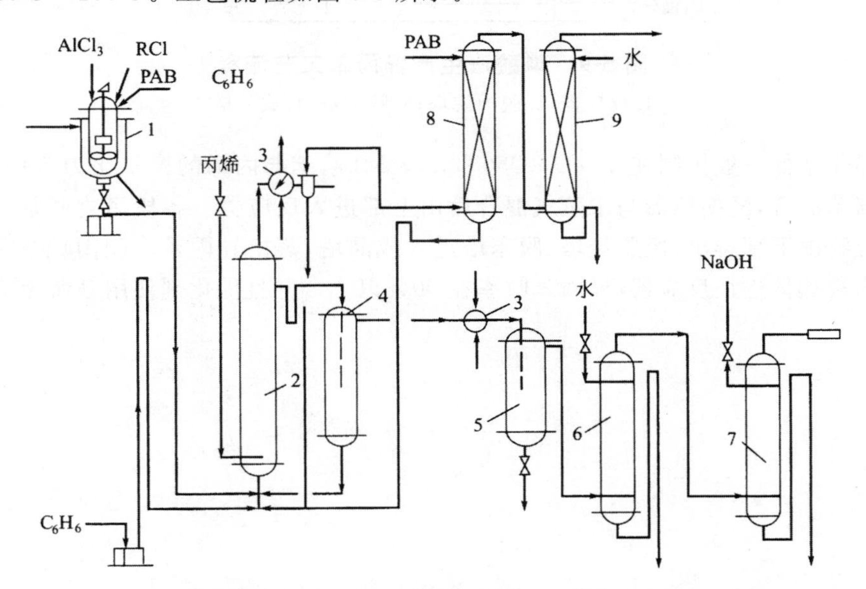

图 5-8　三氯化铝法合成异丙苯工艺流程

1. 催化剂配制罐；2. 烷化塔；3. 换热器；4. 热分离器；5. 冷分离器；
6. 水洗塔；7. 碱洗塔；8. 多烷基苯吸收塔；9. 水吸收塔

首先在催化剂配制罐1中配制催化络合物，该反应器为带加热夹套和搅拌器的间歇反应釜。先加如多烷基苯或其和苯的混合物及$AlCl_3$，$AlCl_3$与芳烃的摩尔比为1∶(2.5～3.0)，然后在加热和搅拌下加入氯丙烷，以合成得到催化络合物红油。制备好的催化络合物周期性地注入烷化塔2。烷基化反应是连续操作，丙烯、经共沸除水干燥的苯、多烷基苯及热分离器下部分出的催化剂络合物由烷化塔2底部加入，塔顶蒸出的苯被换热器3冷凝后回到烷化塔，未冷凝的气体经多烷基苯吸收塔8回收未冷凝的苯，在水吸收塔9捕集HCl后排放。烷化塔上部溢流的烷化物经热分离器4分出大部分催化络合物。热分离器排出的烷化物含有苯、异丙苯和多异丙苯，同时还含有少量其他苯的同系物。烷化物的组成为：异丙苯35%～40%、苯45%～55%、二异丙苯8%～12%，副产物占3%。烷化物进一步被冷却后，在冷分离器5中分出残余的催化络合物，再经水洗塔6和碱洗塔7，除去烷化物中溶解的HCl和微量$AlCl_3$，然后进行多塔蒸馏分离。异丙苯收率可达94%～95%，每吨异丙苯约消耗10 kg $AlCl_3$。

2. 固体磷酸法

固体磷酸气相烷化工艺以磷酸-硅藻土作催化剂，可以采用列管式或多段塔式固定床反应器，工艺流程如图5-9所示。

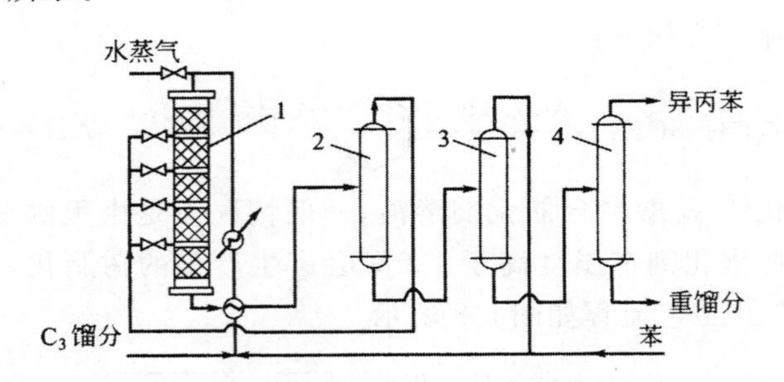

图5-9　磷酸法生产异丙苯工艺流程

1. 反应器；2. 脱丙烷塔；3. 脱苯塔；4. 成品塔

反应操作条件一般控制在230℃～250℃，2.3 MPa，苯与丙烯的摩尔比为5∶1。将丙烯-丙烷馏分与苯混合，经换热器与水蒸气混合后由上部进入反应器。各段塔之间加入丙烷调节温度。反应物由下部排出，经脱烃塔、脱苯塔进入成品塔，蒸出异丙苯。脱丙烷塔蒸出的丙烷有部分作为载热体送往反应器，异丙苯收率在90%以上。并且催化剂使用寿命为1年。

第 6 章 酰基化反应

6.1 概述

酰基是指有机酸或无机酸除去分子中的一个或几个羟基后所剩余的原子团。酰化反应指的是有机分子中与碳原子、氮原子、磷原子、氧原子或硫原子相连的氢被酰基所取代的反应。能够引入酰基的底物很多，它们共同的特点是含有亲核性的碳。例如，酯、酮、腈等含有活性亚甲基的化合物，烯烃、烯胺和芳香体系也能引入酰基。氨基氮原子上的氢被酰基所取代的反应称 N-酰化，生成的产物是酰胺。羟基氧原子上的氢被酰基取代的反应称 O-酰化，生成的产物是酯，故又称酯化。碳原子上的氢被酰基取代的反应称 C-酰化，生成产物是醛、酮或羧酸。

为底物提供酰基的化合物被称为酰化剂。下面列出了一些最常用的酰化剂：

①羧酸：甲酸、乙酸和乙二酸等。

②酸酐：乙酐、顺丁烯二酸酐、邻苯二甲酸酐、1,8-萘二甲酸酐以及二氧化碳（碳酸酐）和一氧化碳等。

③酰氯：碳酸二酰氯、乙酰氯、苯甲酰氯、三聚氰酰氯、苯磺酰氯、三氯氧磷和三氯化磷等。

④酰胺：如尿素和 N,N-二甲基甲酰胺等。

⑤羧酸酯：乙酰乙酸乙酯、羧酸酯、氯甲酸三氯甲酯（双光气）和二（三氯甲基）碳酸酯（三光气）等。

⑥其他：如乙烯酮和双乙烯酮等。

酰化反应是亲电取代反应，酰化剂以亲电质点参与反应，最常用的酰化剂是羧酸、相应的酸酐或酰氯。在引入碳酰基时，酰基碳原子上的正电荷电子云密度越大，亲电能力越强，即酰化能力越强。因此，羧酸、相应的酸酐、酰氯及其他酰化剂的活泼性次序是：

$$R-\overset{O}{\overset{\|}{C}}NR_2 < R-\overset{O}{\overset{\|}{C}}OH < R-\overset{O}{\overset{\|}{C}}OR < R-\overset{O}{\overset{\|}{C}}-O-\overset{O}{\overset{\|}{C}}-R < R-\overset{O}{\overset{\|}{C}}Cl <$$

$$R-CH=C=O < Cl_2C=O-AlCl_3$$

脂肪族酰化剂反应活性随碳链的增长而变弱。一般向氨基氮原子或羟基氧原子上引入甲酰基、乙酰基或羧甲酰基时，才使用价廉易得的甲酸、乙酸或乙二酸作酰化剂。在引入长碳链的脂酰基时，则需要使用活泼的羧酰氯作酰化剂。

当 R 为芳环时，由于芳环的共轭效应，使酰基碳原子上的正电荷电子云密度降低，从而使酰化剂活性降低。因此在引入芳羧酰基时也要用活泼的芳羧酰氯作酰化剂。

弱酸构成的酯也可以作为酰化剂，从结构上看它们的活性比相应的羧酸要弱，但是酰化时不生成水，而是生成醇。羧酸胺也是弱酰化剂，只有在个别情况下才使用。但是，强酸构成的酯，例如苯磺酸甲酯和硫酸二甲酯，则是烷化剂，而不是酰化剂。这是因为强酸的酰基吸电子能力很强，使酯分子中烷基碳原子上正电荷较大的缘故。

当脂链上或芳环上有吸电基时，酰化剂的活性增强，而有供电基时则活性减弱。如 Lewis 酸络合的羰基化合物有非常强的酰化能力，是由于 Lewis 酸的强吸电性，它能够迫使羰基上的电子云向 Lewis 酸偏移，从而使羰基中的碳具有较强的亲电性。

6.2 酰基化反应的原理

6.2.1 C-酰基化反应

1. C-酰化制芳酮

在 Lewis 酸作用下，苯、蒽、菲及其他多核芳环、芳香杂环能够被酰化。Lewis 酸对酰氯具有活化作用(图 6-1)，反应中生成 Lewis 酸-酰氯络合物或生成酰基正离子。这是由于 Lewis 酸的强吸电性，它能使羰基上的电子云向 Lewis 酸偏移，容易和芳香环反应形成正离子中间体，接着形成芳香酮的 Lewis 酸络合物。由于引进的酰基使苯环得以钝化，因此第二次酰基化一般不会发生。基于该反应的一些特点使得芳烃酰化成为合成芳香酮或醛的重要方法。

$$(CH_3CO)_2O \xrightarrow[CS_2,\ 回流]{2.8eq.\ AlCl_3} MeC(=O)—O—AlCl_2 + CH_3C(=O)—Cl \xrightarrow{AlCl_3}$$

$$CH_3C(Cl){=}O\cdots AlCl_3 \xrightarrow{C_6H_5Br} [\,Cl(Me)C(O—\bar{A}lCl_2)—C_6H_5^{+}(H)Br\,] \xrightarrow{-HCl} Br—C_6H_4—C(Me){=}O\cdots AlCl_3$$

$$\xrightarrow[H_2O]{HCl} Br—C_6H_4—C(=O)—Me \quad 69\%\sim79\%$$

图 6-1 Lewis 酸对酰氯的活化过程

(1)反应历程

在三氯化铝或其他 Lewis 酸或质子酸催化下，酰化剂与芳烃发生环上的亲电取代，生成芳酮的反应，称为 Friedel-Crafts 酰化反应。它是芳环上的亲电取代反应。当用羧酰氯作酰化剂时，一般用无水 $AlCl_3$ 作催化剂，其历程如下：

$$R—C(=O)—Cl + AlCl_3 \rightleftharpoons \underset{(a)}{R—C^{\delta+}(Cl)=O^{\delta-}:AlCl_3} \rightleftharpoons \underset{(b)}{R—C^{+}=O} + AlCl_4^-$$

$$\underset{(a)}{R—C^{\delta+}(Cl)=O^{\delta-}:AlCl_3} + C_6H_6 \rightleftharpoons \left[C_6H_6^{+}(H)—C(R)(Cl)—O:AlCl_3 \right] \longrightarrow C_6H_5—C(R)=O:AlCl_3 + HCl\uparrow$$

$$R-\overset{O}{\overset{\|}{C}}{}^{+} + AlCl_4^- + C_6H_6 \rightleftharpoons \left[\text{(C}_6\text{H}_6^{+})(H)-\overset{O}{\overset{\|}{C}}-R\right]AlCl_4^- \longrightarrow C_6H_5-\overset{O:AlCl_3}{\overset{\|}{C}}-R + HCl\uparrow$$

(b)

芳酮与三氯化铝的配合物遇水即分解为芳酮。

$$C_6H_5-\overset{O:AlCl_3}{\overset{\|}{C}}-R \xrightarrow{H_2O} C_6H_5-\overset{O}{\overset{\|}{C}}-R + AlCl_3\text{（水溶液）}$$

由于反应的产物为芳香酮的 Lewis 酸络合物，络合物中的 $AlCl_3$ 不能再起催化作用，因此 Lewis 酸的用量通常大于 1 mol $AlCl_3$，一般要过量 10% ～ 50%。

当用酸酐作酰化剂时，若只让酸酐中的一个酰基参加反应时，1 mol 酸酐至少需要 2 mol $AlCl_3$。

用羧酸酐作为酰化剂时，催化剂三氯化铝首先使酸酐转变成为酰氯，然后酰氯再按前述过程与芳环发生 C-酰化反应。

$$(RCO)_2O + AlCl_3 \rightleftharpoons (RCO)_2O:AlCl_3 \longrightarrow R-\underset{O}{\underset{\|}{C}}{}^{\delta+}-Cl^{\delta-} + R-\underset{O}{\underset{\|}{C}}-OAlCl_2$$

可以看出，若使酸酐中的一个酰基参见酰化反应，1 mol 酸酐至少要 2 mol $AlCl_3$，其总的反应式可以简单表示如下：

$$(RCO)_2O + 2AlCl_3 + C_6H_6 \longrightarrow C_6H_5-\overset{O:AlCl_3}{\overset{\|}{C}}-R + R-\overset{O}{\overset{\|}{C}}-OAlCl_2 + HCl$$

上式中的 $RCOOAlCl_2$ 在 $AlCl_3$ 存在下，也会转化为酰氯，但是转化率不高。

$$R-\overset{O}{\overset{\|}{C}}-OAlCl_2 \xrightarrow{AlCl_3} R-\underset{Cl}{\underset{|}{\overset{O}{\overset{\|}{C}}}} + \overset{O}{\overset{\|}{Al}}Cl$$

所以，要使酸酐中的两个酰基都参加酰化反应，每摩尔至少 3 mol$AlCl_3$。

由于酰基对芳环的钝化作用，使得酰化反应并不能进行到此程度，故芳酮的实际收率反而降低了。因此，通常只是使酸酐中的一个酰基参与反应，故酸酐与三氯化铝的摩尔配比取 1∶2，再过量 10% ～ 50%。

酸酐中比较重要的是二元酸酐，如丁二酸酐、邻苯二甲酸酐、顺丁烯二酸酐及它们的衍生物。二元酸酐可用于合成芳酰脂肪酸，该酸经锌汞齐-盐酸还原为长链羧酸，接着进行分子内酰化可得环酮。

$$\text{C}_6\text{H}_6 + \text{(CH}_2\text{CO)}_2\text{O} \xrightarrow[\text{回流,1.5 h}]{\text{AlCl}_3} \text{C}_6\text{H}_5\text{COCH}_2\text{CH}_2\text{COOH} \xrightarrow{\text{Zn-Hg/HCl}} \text{C}_6\text{H}_5\text{CH}_2\text{CH}_2\text{CH}_2\text{COOH} \xrightarrow{\text{HF}} \text{四氢萘酮}$$

最常用的酰化剂是酰氯和酸酐,但是反应中使用的酰化试剂并不局限于酰氯和酸酐,羧酸、酰胺、腈、烯酮等也可作为酰化试剂。例如,使用一氧化碳或氢氰酸也可向芳香环引入酰基,这是合成芳醛的经典方法。

$$\text{C}_6\text{H}_5\text{Me} \xrightarrow[\text{AlCl}_3/\text{CuCl},\ 51\%]{\text{CO, HCl}} p\text{-MeC}_6\text{H}_4\text{CHO}$$

$$\text{1,3-二甲基萘} \xrightarrow[\text{AlCl}_3]{\text{Zn(CN)}_2\text{, HCl}} \xrightarrow{\text{H}_2\text{O}} \text{2,4-二甲基-1-萘甲醛}\ (71\%)$$

(2)被酰化物结构的影响

Friedel-Crafts 反应是亲电取代,因此底物的结构对酰化反应的进行有很大的影响。一般分以下几种情况:

①当芳环上有强给电基时,反应容易进行,可以不用 $AlCl_3$ 作催化剂,而用无水氯化锌、多聚磷酸等温和催化剂。例如,强的给电基$-OH$、$-OCH_3$、$-OAc$、$-NH_2$、$-NHR$、$-NR_2$、$-NHAc$等。

②当芳环上有吸电子基时,使 C-酰化难于进行。因此当芳环上引入一个酰基后,芳环被钝化。芳环上有硝基不能被酰化。例如,吸电子基$-Cl$、$-COOR$、$-COR$ 等。

③杂环化合物中,富 π 电子的杂环,如呋喃、噻吩和吡咯,容易被 C-酰化。缺 π 电子的杂环,如吡啶、嘧啶,则很难 C-酰化。酰基一般进入杂原子的 α 位,若 α 位被占据,也可进入 β 位。

芳环上含有邻、对位定位基时,引入酰基的位置主要是该取代基的对位,如对位已被占据,则酰基入邻位。

对于 1,3,5-三甲苯、萘等活泼化合物,在一定条件下可以引入两个酰基。

$$\text{C}_{10}\text{H}_8 + 2\ \text{C}_6\text{H}_5\text{COCl} \xrightarrow{\text{AlCl}_3} \text{1,5-(C}_6\text{H}_5\text{CO)}_2\text{C}_{10}\text{H}_6 + 2\text{HCl}$$

当芳环上有硝基或磺基取代后,就不能再进行酰化反应,因此硝基苯可以用作酰化反应的溶剂。除非环上可同时还有其他给电子基存在,才可再发生酰化反应。

(3)C-酰化的催化剂

催化剂的作用是增强酰基碳原子上的正电荷的电子云密度,以便增强亲电质点的进攻能力。由于芳环上碳原子的给电子能力比羟基氧原子或氨基氮原子弱,一般 C-酰化要用催化剂。当酰化剂为酸酐和酰氯时,常用 Lewis 酸如 $AlCl_3$、BF_3、$ZnCl_2$ 等为催化剂。若酰化剂为羧酸，则多选用 H_2SO_4、HF、H_3PO_4 等为催化剂。最常用的催化剂是无水 $AlCl_3$，它的优点是价廉易得、催化活性高、技术成熟。缺点是产生大量的含铝盐废液。对于活泼的化合物的 C-酰化容易引起副反应，此时可改用无水氯化锌、多聚磷酸和三氟化硼等温和催化剂。

路易斯酸的催化活性的大小次序：

$$AlBr_3 > AlCl_3 > FeCl_3 > ZrCl_3 > BF_3 > VCl_3 > TiCl_3 > ZnCl_2 > SnCl_2 > TiCl_4 > SbCl_5 > HgCl_2 > CuCl_2 > BiCl_3$$

质子酸的催化活性顺序为：

$$HF > H_2SO_4 > (P_2O_5)_2 > H_3PO_4$$

采用 $AlCl_3$ 作催化剂时，酮-$AlCl_3$ 络合物水解会放出大量热量，并产生 HCl 气体，实验时要特别小心。

Lewis 酸的催化性能比质子酸好，对于含有羟基、烷氧基、或二烷芳胺、富电子杂环等，需使用温和的催化剂，如 $ZnCl_2$、磷酸、多聚磷酸等。例如：

$$C_6H_4(OH)_2 + CH_3(CH_2)_4COOH \xrightarrow[120℃]{ZnCl_2} CH_3(CH_2)_4CO\text{-}C_6H_3(OH)_2 + H_2O$$

间苯二酚　　己酸　　2，4-二羟基苯基戊基甲酮（医药中间体）

$$2(CH_3)_2N\text{-}C_6H_5 + Cl\text{-}CO\text{-}Cl \xrightarrow{15℃\sim18℃} (CH_3)_2N\text{-}C_6H_4\text{-}CO\text{-}Cl + C_6H_5\text{-}N(CH_3)_2 \cdot HCl$$

$$(CH_3)_2N\text{-}C_6H_4\text{-}CO\text{-}Cl + 2\,C_6H_5\text{-}N(CH_3)_2 \xrightarrow[28℃\sim80℃]{ZnCl_2}$$

$$(CH_3)_2N\text{-}C_6H_4\text{-}CO\text{-}C_6H_4\text{-}N(CH_3)_2 + C_6H_5\text{-}N(CH_3)_2 \cdot HCl$$

$$C_6H_5\text{-}CCl_3 + C_6H_4(OH)_2 + H_2O \xrightarrow{水\text{-}乙醇} C_6H_5\text{-}CO\text{-}C_6H_3(OH)_2 + 3HCl$$

$$C_4H_4S + (RCO)_2O \xrightarrow[96℃\sim97℃,回流]{85\%磷酸催化} C_4H_3S\text{-}CO\text{-}CH_3 + RCOOH$$

（4）C-酰化的溶剂

C-酰化反应生成的酮-$AlCl_3$ 络合物都是固体或粘稠的液体，为顺利进行酰化反应，必须选用合适的溶剂。

酰化反应中的常用的溶剂有过量(被酰化的)低沸点芳烃,过量酰化剂或另外加入适当的惰性溶剂,如硝基苯、二氯乙烷、四氯化碳、二硫化碳和石油醚等。硝基苯的极性较大,不仅能溶解三氯化铝,而且还能溶解三氯化铝和酰氯或芳酮形成的络合物,此种酰化反应基本上属于均相反应。二硫化碳、氯代烷、石油醚等溶剂对于三氯化铝或其络合物的溶解度很小,此种酰化反应基本上是非均相反应。

①三氯化铝-过量酰化剂酰化法。

例如,5-叔丁基-1,3-二甲苯、酸酐和三氯化铝,在搅拌下,在45℃反应,反应后将过量的乙酸蒸出即可。反应为:

$$\text{5-}C(CH_3)_3\text{-1,3-}(CH_3)_2C_6H_3 + (CH_3CO)_2O + 2AlCl_3 \xrightarrow[45\ ^\circ C]{\text{冰乙酸}} C(CH_3)_3C_6H(CH_3)_2\text{—}C(CH_3){=}O:AlCl_3 + CH_3\text{—}\overset{O}{\overset{\|}{C}}\text{—}OAlCl_2$$

②三氯化铝-过量被酰化物酰化法。

例如,在55℃～60℃条件下,邻苯二甲酸、苯和无水三氯化铝在苯溶剂中反应1 h,然后将反应物放入稀硫酸中进行水解、用水蒸气蒸出过量的苯,冷却、过滤即得邻苯甲酰基苯甲酸。反应为:

$$C_6H_4(CO)_2O + C_6H_6 + 2AlCl_3 \longrightarrow C_6H_4(C(C_6H_5){=}O:AlCl_3)(\text{—}\overset{O}{\overset{\|}{C}}\text{—}OAlCl_2) + HCl\uparrow$$

$$C_6H_4(C(C_6H_5){=}O:AlCl_3)(\text{—}\overset{O}{\overset{\|}{C}}\text{—}OAlCl_2) + 3H_2SO_4 \xrightarrow{\text{水介质}} C_6H_4(COC_6H_5)(\text{—}\overset{O}{\overset{\|}{C}}\text{—}OH) + Al_2(SO_4)_3 + 5HCl$$

③三氯化铝-溶剂酰化法。

例如,在30℃条件下,萘、乙酸酐和无水三氯化铝在1,2-二氯乙烷中反应1 h,然后将反应物用水萃取,分出油层,先蒸出1,2二氯乙烷,然后减压蒸出产品α-萘乙酮。

$$(CH_3CO)_2O + C_{10}H_8 + 2AlCl_3 \longrightarrow C_{10}H_7\text{—}C(CH_3){=}O:AlCl_3 + CH_3\text{—}\overset{O}{\overset{\|}{C}}\text{—}OAlCl_2 + HCl\uparrow$$

$$\text{1-萘-C(=O:AlCl}_3\text{)}-CH_3 + CH_3-\overset{O}{\overset{\|}{C}}-OAlCl_2 + HCl \longrightarrow \text{1-萘-}\overset{O}{\overset{\|}{C}}-CH_3 + CH_3-\overset{O}{\overset{\|}{C}}-OH + 2AlCl_3$$

选择不同的溶剂可得到不同的产物。若选用硝基苯作为溶剂在 65℃反应,得到 β-萘乙酮。若选用二硫化碳或石油醚为溶剂,则得到 α-萘乙酮和 β-萘乙酮的混合物。

2. C-甲酰化制芳醛

以一氧化碳、乙醛酸、三氯甲烷和 N,N-二甲基甲酰胺(DMF)等作为 C-酰化剂,可在芳环上引入甲酰基制得芳醛。

(1)Gattermann 反应

德国化家 Gattermann 发现了两种方法向芳环引入醛基。

①一氧化碳法。

芳香烃与等分子的一氧化碳以氯化氢在无水三氯化铝-氯化亚铜作用下,反应生成芳香醛。此反应被称做 Gattermann-Koch 反应。

$$H_3C-C_6H_5 + CO \xrightarrow{AlCl_3/CuCl_2/HCl} H_3C-C_6H_4-CHO$$

由于此法收率低,催化剂不能回收,有环境污染问题,后改用 $HF-BF_3$ 催化体系。例如,从间二甲苯制 2,4-二甲基苯甲醛。

$$\text{间二甲苯}(CH_3,CH_3) + HF + BF_3 \xrightarrow[\text{配位}]{-20℃} \text{间二甲苯}\cdot HBF_4 \xrightarrow[<0℃]{+CO}$$

烃配合物(A)

$$\text{2,4-二甲基苯甲醛}(CHO,CH_3,CH_3)\cdot HBF_4 \xrightarrow{>100℃} \text{2,4-二甲基苯甲醛}(CHO,CH_3,CH_3) + HF + BF_3$$

醛配合物(B)

②氰化氢法。

在氯化锌或三氯化铝等 Lewis 酸催化下,氢氰酸与芳族化合物作用生成芳香醛,其反应通式可简单表示如下:

$$ArH + HCN + HCl \xrightarrow{ZnCl_2} Ar\underset{H}{\underset{|}{C}}=NH\cdot HCl \xrightarrow{H_2O} ArCHO$$

由于氢氰酸有剧毒性,后改用无水氰化锌[$Zn(CN)_2$]和氯化氢来代替氢氰酸,这样可在反应中慢慢释放氢氰酸,使反应更为顺利。该反应适用于烷基苯、酚醚及某些杂环化合物(如吡咯、吲哚)等的甲酰化。对不同官能团的化合物,反应条件要求也不一样。如对于烷基苯,反应条件要求较剧烈,需用过量的三氯化铝来催化反应。而对于多元酚或多甲基酚,反应条件可温和些,甚至有时可以不用催化剂。例如:

$$\text{1,3,5-}(CH_3)_3C_6H_3 \xrightarrow[Zn(CN)_2+HCl]{AlCl_3,\ ClCH_2CH_2Cl} \text{2,4,6-}(CH_3)_3C_6H_2CH{=}NH\cdot HCl \xrightarrow{H_2O,\ HCl} \text{2,4,6-}(CH_3)_3C_6H_2CHO\ \ 81\%$$

$$\text{1,3-}(OH)_2C_6H_4 \xrightarrow{Zn(CN)_2+HCl} \text{2,4-}(HO)_2C_6H_3CH{=}NH\cdot HCl \xrightarrow{H_2O} \text{2,4-}(HO)_2C_6H_3CHO\ \ 95\%$$

(2)Vilsmeier 反应

以甲酸的 N-取代酰胺作酰化剂,在催化剂的参与下向芳环或杂环上引入醛基。最常用的酰胺是 N,N-二甲基甲酰胺;最常用的促进剂是三氯氧磷($POCl_3$),也可以用光气、亚硫酰氯、乙酐、草酰氯或无水氯化锌等。该反应适用于芳环上或杂环上电子云密度较高化合物的甲酰化,例如 N,N-二甲基芳胺、酚类、酚醚、多环芳烃以及噻吩和吲哚衍生物等。

Vilsmeier 反应通式可简单表示为:

$$Ar{-}H + HC(=O){-}NR_2 + POCl_3 \longrightarrow Ar{-}CH(HR_2){-}O{-}POCl_2 + HCl\uparrow$$

$$Ar{-}CH(NR_2){-}O{-}POCl_2 + 3H_2O \xrightarrow{\text{水解}} Ar{-}CH{=}O + H_3PO_4 + HCl + R_2NH\cdot HCl$$

上述反应中,首先甲酸的 N-取代酰胺与三氯化磷生配合物,它是放热过程,而 C-酰化是吸热反应,需要加热,因此应严格控制反应温度。例如:

$$C_6H_5N(CH_3)CH_2CH_2CN + HC(=O){-}N(CH_3)_2 \xrightarrow[POCl_3]{-(CH_3)_2NH} \text{4-}OHC{-}C_6H_4N(CH_3)CH_2CH_2CN$$

$$\text{吲哚} + (Ph)(H_3C)N{-}CHO \xrightarrow{POCl_3} \text{吲哚-3-甲醛}\ \ (99\%)$$

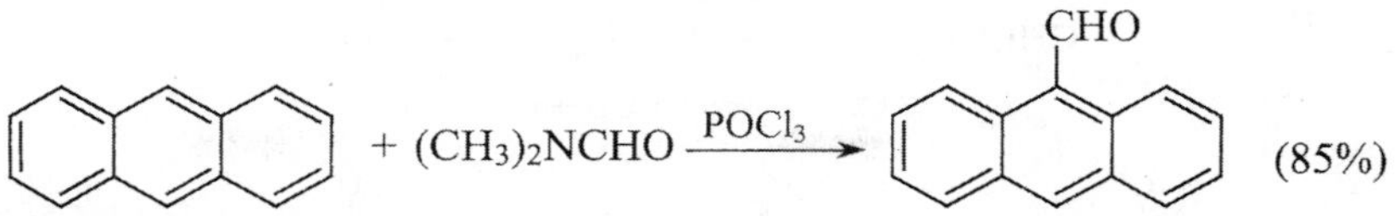

$$\text{蒽} + (CH_3)_2NCHO \xrightarrow{POCl_3} \text{9-蒽甲醛 (CHO)} \quad (85\%)$$

用这个方法还可以制备下列化合物：

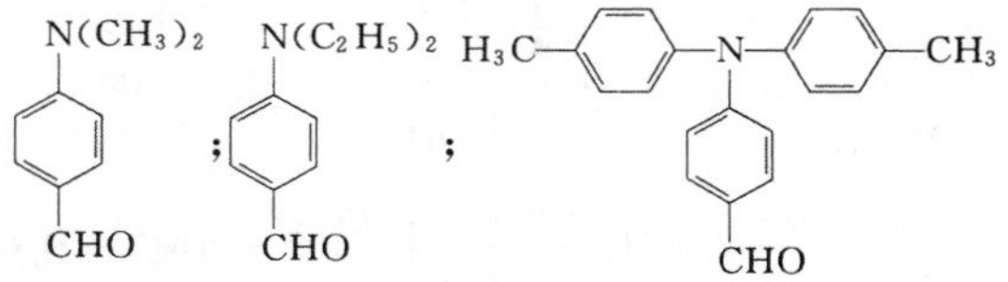

$N(CH_3)_2$ / CHO ； $N(C_2H_5)_2$ / CHO ； H_3C—⟨⟩—N—⟨⟩—CH_3 / CHO

(3)用乙醛酸的 C-甲酰化

乙醛酸的 C-甲酰化方法制芳醛有很大的局限性，只适合用于酚类和酚醚的 C-甲酰化，其反应通式可简单表示为：

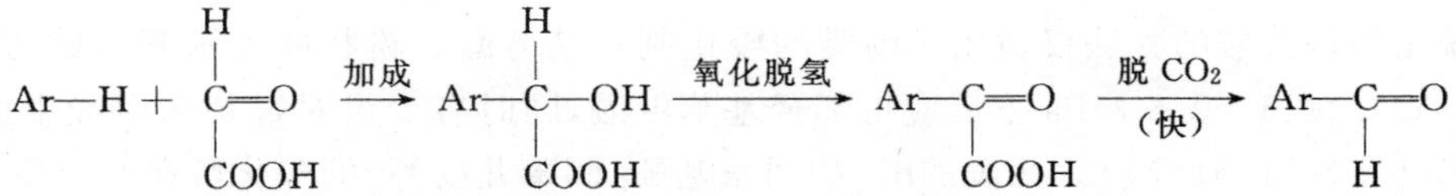

$$Ar—H + \underset{COOH}{\overset{H}{C}}=O \xrightarrow{\text{加成}} Ar—\underset{COOH}{\overset{H}{C}}—OH \xrightarrow{\text{氧化脱氢}} Ar—\underset{COOH}{C}=O \xrightarrow[\text{(快)}]{\text{脱 }CO_2} Ar—\underset{H}{C}=O$$

在低温和强酸介质中，将邻苯二酚亚甲醚与乙醛酸反应可得到高收率的 3,4-二氧亚甲基苯乙醇酸，后者在温和条件下用稀硝酸氧化脱羧几乎定量地生成 3,4-二氧亚甲基苯甲醛即为洋茉莉醛。

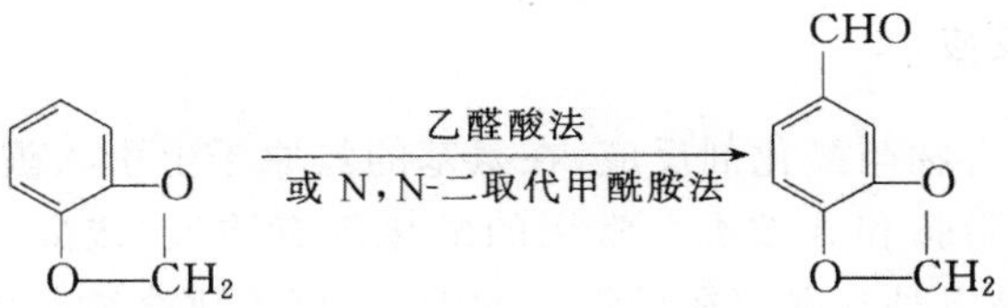

$$\text{邻苯二酚亚甲醚 (O—}CH_2\text{—O)} \xrightarrow[\text{或 N,N-二取代甲酰胺法}]{\text{乙醛酸法}} \text{3,4-二氧亚甲基苯甲醛 (CHO)}$$

(4)Reimer-Tiemann 反应

酚类与三氯甲烷在碱性溶液中反应，可在芳环邻位和对位引入醛基而生成羟芳醛，含有羟基的喹啉、吡咯、茚等杂环化合物也能进行此反应。

常用的碱溶液是氢氧化钠、碳酸钾、碳酸钠水溶液，产物一般以邻位为主，少量为对位产物。如果两个邻位都被占据则进入对位。不能在水中起反应的化合物可以在吡啶中进行，此时只得邻位产物。

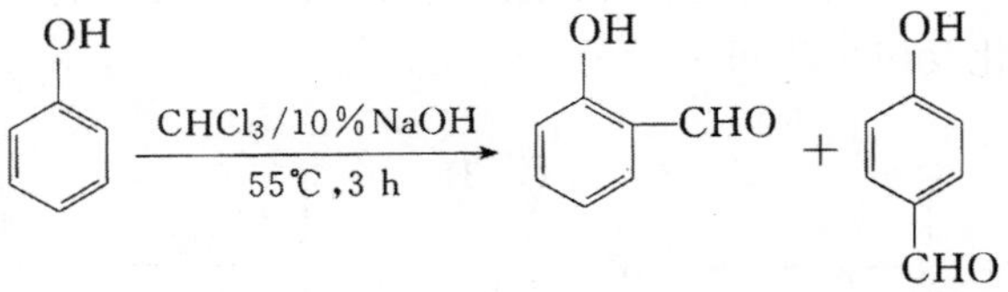

$$\text{苯酚 (OH)} \xrightarrow[55℃,3\ h]{CHCl_3/10\%NaOH} \text{邻羟基苯甲醛 (OH, CHO)} + \text{对羟基苯甲醛 (OH, CHO)}$$

该路线收率较低，但原料易得，操作简便，仍然是从苯酚制邻羟基苯甲醛以及从 2-萘酚制 2-羟基-1 萘甲醛的主要方法。

反应机理：首先氯仿在碱溶液中形成二氯卡宾，它是一个缺电子的亲电试剂，与酚负离子中芳环上电子云密度较高的邻位或对位发生亲电取代形成中间体(a)，(a)通过质子转移生成苯二氯甲烷衍生物(b)，(b)经水解得到醛。

$$CHCl_3 + NaOH \longrightarrow Na^+ + {}^-CCl_3 + H_2O$$

$$^-CCl_3 \rightleftharpoons :CCl_2 + Cl^-$$

$$\text{苯氧负离子} + :CCl_2 \xrightarrow{\text{加成}} \text{(a)} \xrightarrow{\text{质子转移}} \text{(b)}$$

$$\text{(b)} + 2NaOH \xrightarrow{\text{水解}} \text{邻羟基苯甲醛} + 2NaCl + H_2O$$

酚羟基的邻位或对位有取代基时，常有副产物 2,2-二取代的环己二烯酮或 4,4-二取代的环己二烯酮产生。

3. C-酰化制芳酸(Koble-Schmitt 反应)

C-酰化制备芳酸的方法仅适用于酚类的羧化制羟基芳酸。粉状的无水苯酚钠与 CO_2，在 125℃～150℃、0.5～0.8 MPa 下反应得邻羟基苯甲酸，同时有少量对羟基苯甲酸生成。此反应叫作 Koble-Schmitt 反应。活泼的酚(如间氨基酚、间苯儿酚等)的羧化可在水介质中进行。

反应产物与酚盐的种类及反应温度有关，一般来讲，使用钠盐及在较低的温度下反应主要得到邻位产物，而用钾盐及在较高温度下反应则主要得对位产物。

另外，邻位异构体在钾盐及较高温度下加热也能转变为对位异构体。

6.2.2 N-酰基化反应

N-酰化是将胺类化合物与酰化剂反应，在氨基的氮原子上引入酰基生成酰胺化合物的反应。胺类化合物可以是脂胺和芳胺类。常用的酰化剂有羧酸、羧酸酐、酯和酰氯等。N-酰化反应有两种目的：一种是将酰基保留在最终产物中，以赋予化合物某些新的性能；另一种是为了保护氨基，即在氨基氮上暂时引入一个酰基，以防止氧化、重氮化等，最后经水解脱除原先引入的酰基。

1. N-酰化反应

(1)反应历程

N-酰化是发生在氨基氮原子上的亲电取代反应。酰化剂中酰基的碳原子上带有部分正电荷，它与氨基氮原子上的未共用电子对相互作用，形成过渡态配合物，再转化成酰胺。以伯胺类化合物为代表，酰化反应历程可表示为：

$$R-\overset{\overset{\delta^-}{O}}{\overset{\|}{C}}{}^{\delta^+}(-Z) + H-\underset{H}{N}-R' \longrightarrow \left[R-\overset{O}{\overset{\|}{C}}(-Z)\cdots\overset{H}{\underset{H}{N}}-R' \right] \xrightarrow{-HZ} R-\overset{O}{\overset{\|}{C}}-\overset{H}{N}-R'$$

酰化剂　伯胺　过渡配合物　羧酰胺

式中，Z 为—OH、—OCOR、—Cl、—OC_2H_5 等。

由于酰基是吸电子基团，它能使酰胺分子中氨基氮原子上的电子云密度降低，使氨基很难再与亲电性的酰化剂质点相作用，即不容易生成N,N-二酰化物。通过N-酰化，一般情况下容易制得较纯酰胺。

(2)被酰化物结构影响

N-酰化反应的难易，与胺类化合物和酰化剂的反应活性以及空间效应都有密切关系。氨基氮原子上的电子云密度越大，碱性越强，空间阻碍越小，反应活性越强，反应越容易进行。胺类化合物的酰化活性，其一般规律为：

伯胺＞仲胺；脂胺＞芳胺；无空间位阻胺＞有空间位阻胺

在芳胺类化合物中，芳环上有给电子基团时，氨基氮原子上的电子云密度增大，反应活性增强；反之，有吸电子基团时，反应活性降低。

对于活泼的胺，可以采用弱酰化剂。对于活性低的胺，则需要使用强酰化剂。

2.用羧酸的N-酰化

羧酸和胺类化合物反应合成酰胺是一种制酰胺的重要方法，反应过程中有水生成，因此羧酸的N-酰化是一个可逆反应，酰化反应通式为：

$$R-\overset{\overset{O}{\|}}{C}-OH + H_2N-R' \xrightleftharpoons{\text{成盐}} R-\overset{\overset{O}{\|}}{C}-O^- \cdot H_3\overset{+}{N}-R' \underset{+H_2O}{\overset{-H_2O}{\rightleftharpoons}} R-\overset{\overset{O}{\|}}{C}-\overset{\overset{H}{|}}{N}-R'$$

羧酸是一类较弱的酰化剂，只适用于引入甲酰基、乙酰基、羧甲酰基时才使用甲酸、乙酸或乙二酸作酰化剂，特殊情况下也可用苯甲酸作酰化剂。羧酸类酰化剂适用于对碱性较强的胺类进行酰化。为了使酰化反应进行到底，可使用过量的反应物，通常使廉价易得的羧酸过量，同时不断移去反应生成的水。

移去反应生成的水的方法主要有高温熔融脱水酰化法、溶剂共沸蒸馏脱水酰化法和反应精馏脱水酰化法。

(1)高温熔融脱水酰化法

对于胺类为挥发物，反应生成的铵盐稳定，则可用此法脱水。例如，向冰乙酸中通入氨气，使生成乙酸铵，然后逐渐加热到180℃～220℃进行脱水，即得到乙酰胺。此方法还可以制得丙酰胺和丁酰胺。

$$CH_3COOH + NH_3 \longrightarrow CH_3COONH_4 \xrightarrow[180℃\sim220℃]{\text{脱水}} CH_3CONH_2$$

此外，也可将羧酸和胺的蒸气通入温度为200℃的三氧化二铝或温度为280℃的硅胶上进行气固相酰化反应。

N-酰化反应中常加入少量的强酸以提高反应的速率，例如盐酸、氢碘酸或氢溴酸等。为了防止羧酸的腐蚀，要求使用铝制反应器或玻璃反应器。

(2)溶剂共沸蒸馏脱水酰化法

此法主要用于甲酸(b.p.100.8℃)与芳胺的N-酰化。由于底物甲酸的沸点和水非常接近，不能使用精馏法分离出反应生成的水。一般在反应物中加入甲苯或二甲苯进行共沸蒸馏脱水。

一般常用的共沸体系：

水(100℃)—甲苯(110.6℃)　　共沸点：84.1℃

水(100℃)－苯(80.6℃)　　　　共沸点:69.2℃

水(100℃)－乙酸乙酯(78℃)　　共沸点:70℃

乙醇(78℃)－乙酸乙酯(78℃)　共沸点:71.8℃

(3)反应精馏脱水酰化法

此法主要适用于乙酸(b.p.118℃)与芳胺的N-酰化。反应结束后蒸出多余的含水乙酸,然后在160℃～210℃减压蒸馏出多余的乙酸,即得N-乙酰苯胺。

$$C_6H_5NH_2 + CH_3COOH \longrightarrow C_6H_5NHCOCH_3 + H_2O$$

3.用酸酐的N-酰化

乙酐是酸酐中最常用的酰化剂,活性比较强,其次是邻苯二甲酸酐。反应通式:

$$(CH_3CO)_2O + HNR^1R^2 \longrightarrow CH_3-\overset{O}{\overset{\|}{C}}-\overset{R^1}{\overset{|}{N}}-R^2 + CH_3-\overset{O}{\overset{\|}{C}}-OH$$

式中,R^1 可也是氢、烷基或芳基;R^2 可以是氢或烷基。这个反应是不可逆反应,反应过程中没有水生成。反应生成的乙酸可作为溶剂,一般在20℃～90℃乙酰化反应可顺利进行。乙酐的用量一般只需要过量5%～50%。由于乙酸酐在室温下的水解速率很慢,对于反应活性较高的胺类可以在室温下进行乙酐酰化反应。酰化反应的速率大于乙酐水解的速率,因此反应还可以在水介质中进行。

酸酐和胺类进行酰化时,一般不用加催化剂。但是对多取代芳胺、带有较多吸电子基和空间位阻较大的芳香胺类,需要加入少量的强酸作催化剂,以提高反应速率。

由于被酰化产物的性质不同,操作方式也不同,如无溶剂法、非水溶性惰性有机溶剂法(苯、甲苯、二甲苯、氯苯、石脑油等)、乙酸或过量乙酐溶剂法、水介质法等。

无溶剂法适用于被酰化的胺和酰化产物的熔点都不高。例如,在搅拌和冷却下,将乙酐加入到间甲苯胺中,在60℃～65℃下反应2 h,得到间甲基乙酰苯胺,熔点65.5℃。

非水溶性惰性有机溶剂法适用于被酰化的胺和酰化产物的熔点都比较高。例如,将对氯苯胺在80℃～90℃溶解于石脑油中,然后慢慢加入乙酐,在80℃～90℃下反应2 h,得到对氯乙酰苯胺,熔点176℃～177℃。

乙酸或过量乙酐溶剂法用乙酸或过量的乙酐作为溶剂。例如,2,4-二硝基苯胺和过量的乙酐反应生成2,4-二硝基乙酰苯胺。

水介质法适用于被酰化的胺和酰化产物都溶于水,而且N-酰化反应速率比乙酐水解速率快。例如,在水中加入块状或熔融态间苯二胺和盐酸,溶解后加入稍过量乙酐(胺∶盐酸∶乙酐摩尔比1∶1∶1.05),在40℃搅拌反应1 h,然后加盐盐析,得到间氨基乙酰苯胺盐酸盐。

$$\text{间苯二胺}\cdot HCl + (CH_3CO)_2O \xrightarrow[\text{NaCl 盐析}]{\text{水介质;}40℃} \text{3-乙酰氨基苯胺}\cdot HCl\ (NHCOCH_3,\ NH_2\cdot HCl) + CH_3COOH$$

氨基酚分子中的羟基也会乙酰化，可在乙酰化后将其水解掉。例如，在水中加入 1-氨基-8 萘酚-3，6-二磺酸单钠盐和氢氧化钠水溶液，调节 pH 为 6.7～7.1，全部溶解，在 30℃～35℃下加入乙酐反应 0.5 h，然后加入碳酸钠调节溶液 pH 为 7～7.5，升温到 95℃反应 20 min，然后冷却至 15℃，即得到 N-乙酰基 H 酸水溶液。

$$\text{(HO, } NH_2\text{; } NaO_3S\text{, } SO_3Na\text{)} \xrightarrow[30\sim35℃]{(CH_3CO)_2O} \text{(}CH_3COO\text{, } NHCOCH_3\text{; } NaO_3S\text{, } SO_3H\text{)}$$

$$\xrightarrow[95℃]{Na_2CO_3;\ pH\ 7\sim7.5} \text{(HO, } NHCOCH_3\text{; } NaO_3S\text{, } SO_3Na\text{)}$$

此外，通过酰化反应氨和伯胺也能生成酰亚胺，其中的两个酰基连接在同一个 N 原子上。环酐尤其容易发生这样的反应，生成酰亚胺。环状酸酐，例如邻苯二甲酸酐、丁二酸酐、顺丁烯二酸酐等，根据条件的不同，在 N-酰化反应时，可以生成羧酰胺或内酰亚胺。例如：

$$\text{丁二酸酐 } (H_2C{-}C(=O))_2O + H_2N{-}C_6H_4{-}SO_2NH{-}\text{(2-噻唑基)} \xrightarrow[30\sim40\ min]{115\sim120\ ℃} HOOC{-}CH_2{-}CH_2{-}CONH{-}C_6H_4{-}SO_2NH{-}\text{(2-噻唑基)}$$

$$\text{邻苯二甲酸酐} \xrightarrow{NH_3} C_6H_4(CONH_2)(COOH) \xrightarrow[300℃]{-H_2O} C_6H_4(CO)_2NH$$

$$\text{1,8-萘二甲酸酐} \xrightarrow[100℃\sim110℃,\ 0.2\sim0.25\ MPa]{20\ \%\text{氨水}} \text{1,8-萘二甲酰亚胺 } (C{=}O)_2NH$$

一氧化碳作为甲酰化剂，活性比较弱，但是廉价易得，工业生产中常用一氧化碳作为甲酰化剂。例如，将无水二甲胺和含催化剂甲醇钠的甲醇溶液连续地压入喷射环流反应器中，与一氧化碳在110℃～120℃、1.5～5 MPa下反应，得到N，N-二甲基甲酰胺。

$$CO + HN(CH_3)_2 \xrightarrow{\text{甲醇钠催化}} H-\overset{\overset{\displaystyle O}{\|}}{C}-N(CH_3)_2$$

4.用酰氯的N-酰化

酰氯与胺类的酰化反应通式为：

$$R-NH_2 + AcCl \longrightarrow R-NHAc + HCl$$

式中，R代表烷基或芳基，Ac代表各种酰基。这类反应是不可逆的。反应中生成的氯化氢能与游离的胺化合成盐，降低酰化反应的速率。反应时常加入碱性缚酸剂中和生成的氯化氢，例如NaOH、Na_2CO_3、CH_3COONa、$NaHCO_3$、三甲胺、三乙胺、吡啶等，以提高酰化反应的收率。

酰氯是比相应的酸酐更活泼的酰化剂，因此常用来作酰化剂。最常用的酰氯是羧酰氯、芳磺酰氯、三聚氰酰氯和光气。

(1)用羧酰氯的N-酰化

羧酸氯可有相应的羧酸或酸酐与光气、三卤化磷、三卤氧磷、亚硫酰卤等活泼的卤化剂在无水条件下反应制得。

$$R-\overset{\overset{\displaystyle O}{\|}}{C}-OH + COCl_2 \longrightarrow R-\overset{\overset{\displaystyle O}{\|}}{C}-Cl + HCl\uparrow + CO_2\uparrow$$

$$R-\overset{\overset{\displaystyle O}{\|}}{C}-OH + SOCl_2 \longrightarrow R-\overset{\overset{\displaystyle O}{\|}}{C}-Cl + HCl\uparrow + SO_2\uparrow$$

$$3R-\overset{\overset{\displaystyle O}{\|}}{C}-OH + PCl_3 \longrightarrow 3R-\overset{\overset{\displaystyle O}{\|}}{C}-Cl + H_3PO_3$$

$$3R-\overset{\overset{\displaystyle O}{\|}}{C}-OH + POCl_3 \longrightarrow 3R-\overset{\overset{\displaystyle O}{\|}}{C}-Cl + H_3PO_4$$

高碳脂羧酰氯亲水性差，易水解，其N-酰化反应要在非水溶性惰性有机溶剂中进行，常用吡啶、三乙胺做缚酸剂。低碳脂羧酰氯的N-酰化反应速率快，一般可在水介质中反应，可用无机碱作缚酸剂(如氢氧化钠、碳酸钠或氢氧化钙)，为了防止酰氯的水解，应始终控制反应体系的pH值为7～8左右。例如，

$$\text{3,4-}Cl_2C_6H_3NH_2 + C_8H_{17}COCl \xrightarrow{\text{吡啶}} \text{3,4-}Cl_2C_6H_3NHCOC_8H_{17} + HCl$$

$$\text{(NaO}_3\text{S, OH)C}_{10}\text{H}_5\text{NH}_2 + \text{ClCH}_2\text{COCl} \xrightarrow{\text{NaOH}} \text{(NaO}_3\text{S, OH)C}_{10}\text{H}_5\text{NHCOCH}_2\text{Cl} + \text{HCl}$$

芳羧酰氯不易水解,一般可以在水介质中反应,可用碳酸钠作为缚酸剂。在个别情况下,芳羧酰氯的酰化反应要在无水氯苯中进行。芳族酰氯的酰化剂主要有:

C_6H_5COCl　　$CH_3C_6H_4COCl$ (o-,m-)　　ClC_6H_4COCl　　$NO_2C_6H_4COCl$ (m-,p-)

$C_6H_5SO_2Cl$　　$CH_3C_6H_4SO_2Cl$　　$NO_2C_6H_4SO_2Cl$

在芳族酰氯中最常用的是苯甲酰氯和对硝基苯甲酰氯。有时也会用到芳环上有其他取代基的芳族酰氯。

用间硝基苯甲酰氯的 N-酰化制 3,3′-二硝基苯甲酰苯胺:在水中加入粉状间硝基苯胺和石灰乳,在 60℃～62℃滴加熔融的间硝基苯甲酰氯,然后加入盐酸酸化,在 60℃过滤,用水洗至中性,可得到产品。

用芳磺酰氯的 N-酰化可得到一系列的芳磺酰胺类药物中间体,一般可在水介质中、在弱碱下进行。

$$p\text{-CH}_3\text{C}_6\text{H}_4\text{NH}_2 + \text{C}_6\text{H}_5\text{SO}_2\text{Cl} \xrightarrow[85\sim95℃]{\text{水介质, NaOH}} p\text{-CH}_3\text{C}_6\text{H}_4\text{NHSO}_2\text{C}_6\text{H}_5 + \text{HCl}$$

$$\text{(OH)(NH}_2\text{)C}_{10}\text{H}_4\text{(SO}_3\text{Na)(SO}_3\text{H)} + \text{ClSO}_2\text{C}_6\text{H}_5 \xrightarrow[70℃]{\text{CaCO}_3} \xrightarrow[85℃]{\text{NaOH}} \text{(OH)(NH—SO}_2\text{C}_6\text{H}_5\text{)C}_{10}\text{H}_4\text{(SO}_3\text{Na)}_2$$

(2)用芳羧酸加三氯化磷的 N-酰化

此方法主要用于 2-羟基萘-3-甲酰苯胺的合成。2-羟基萘-3-甲酰苯胺的商品名为色酚 AS,是非常重要的染料中间体。根据反应时 2-羟基萘-3-甲酸的形态,可用酸式酰化法和钠盐酰化法。反应通式可表示为：

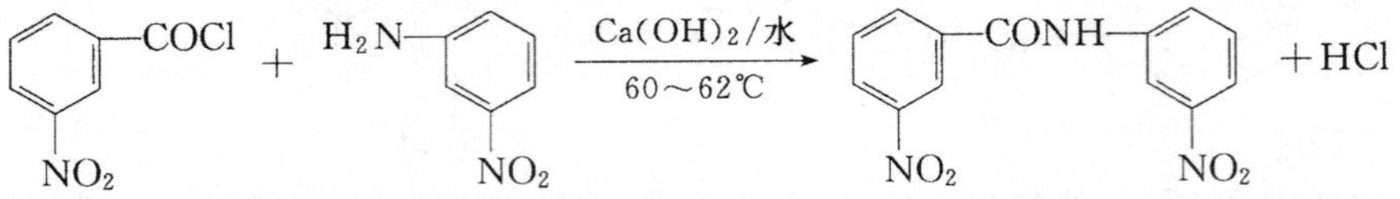

$$3\text{-}O_2N\text{-}C_6H_4COCl + H_2N\text{-}C_6H_4\text{-}3\text{-}NO_2 \xrightarrow[60\sim62℃]{Ca(OH)_2/水} 3\text{-}O_2N\text{-}C_6H_4CONH\text{-}C_6H_4\text{-}3\text{-}NO_2 + HCl$$

反应中选用不同的芳伯胺代替苯胺，可制得一系列色酚，如：

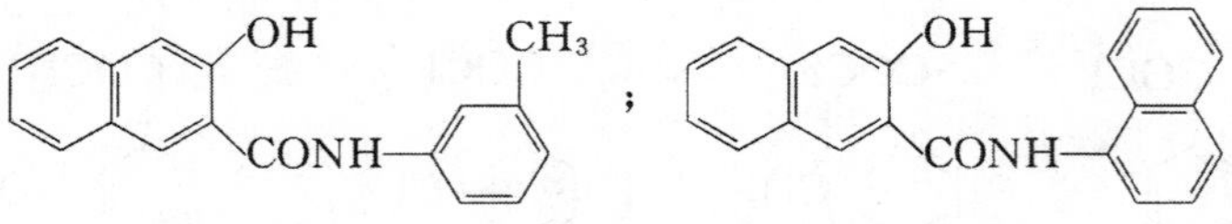

色酚 AS-D（2-羟基-3-萘甲酰间甲苯胺，OH、CONH—C₆H₄—CH₃）；色酚 AS-BO（OH、CONH—萘基）

①钠盐酰化法。

钠盐酰化法的反应式为：

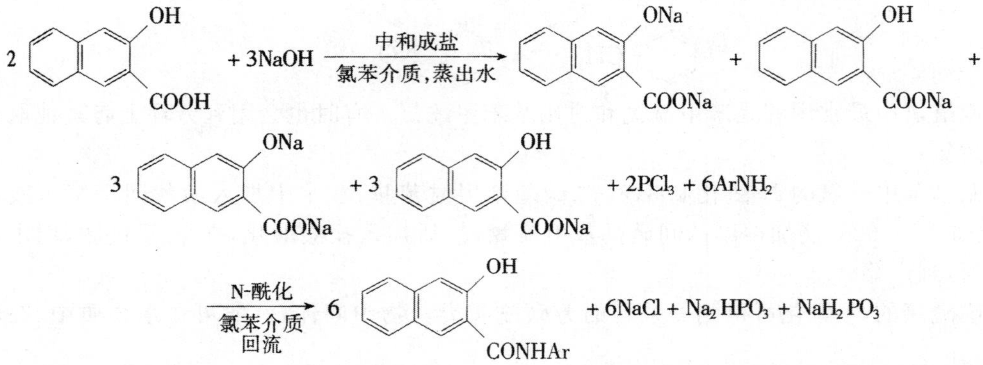

$$2\ \text{(2-羟基-3-萘甲酸, OH, COOH)} + 3NaOH \xrightarrow[氯苯介质,蒸出水]{中和成盐} \text{(ONa, COONa)} + \text{(OH, COONa)} + 3H_2O\uparrow$$

$$3\ \text{(ONa, COONa)} + 3\ \text{(OH, COONa)} + 2PCl_3 + 6ArNH_2$$

$$\xrightarrow[\substack{氯苯介质\\回流}]{N\text{-}酰化} 6\ \text{(OH, CONHAr)} + 6NaCl + Na_2HPO_3 + NaH_2PO_3$$

2-羟基萘-3-甲酸(2,3-酸)在氯苯中与碳酸钠反应生成 2,3-酸钠盐，逸出二氧化碳，在 134℃～135℃脱水，蒸出部分氯苯以带走反应生成的水，然后再加入邻甲苯胺及三氯化磷-氯苯混合液，在 118℃～120℃反应 2 h，经后处理即得色酚 AS-D。

对于大多数色酚来说，采用酸式酰化法或钠盐酰化法均可，但有些色酚则必须采用酸式酰化法。酸式酰化法和钠盐酰化法相比较，钠盐酰化法可不用耐酸设备，但消耗碱，废液多。酸式酰化法废液少，必须用搪瓷反应器、石墨冷凝器和氯化氢吸收设备。

为了提高经济效益，反应原料的选择应根据具体情况而定。若芳胺价廉、容易随水蒸气和氯苯一起蒸出，回收使用，可用过量的芳胺。反之，芳胺就使用理论量或不足量的芳胺。由于三氯化磷易水解，因此所用原料和设备都应干燥无水。其用量，按羧酸计一般要超过理论量的 10%～50%。反应介质一般采用氯苯，在常压下回流。也可根据反应温度选用其他非水溶性惰性有机溶剂。

冰染色酚是一类偶氮染料的偶合组份，它们能与适当的重氮组份生成稳定的重氮盐，在纤维上直接形成不溶性的偶氮染料。一种色酚往往能与不同的色基重氮盐偶合而成不同的偶氮染料，具有不同的色调和牢度。色酚多数品种是由 2-羟基-3-萘甲酸经酰氯化后与不同的芳胺缩合而成。

②酸式酰化法。

酸式酰化法的总反应式为：

$$3\ \text{(2-羟基-3-萘甲酸, OH, COOH)} + 3\ H_2N-C_6H_5 + PCl_3 \xrightarrow[72\sim130℃]{\text{氯苯溶剂}} 3\ \text{(OH, CONH}-C_6H_5\text{)} + H_3PO_3 + 3HCl\uparrow$$

向氯苯中加入 2-羟基萘-3-甲酸和 1/8 的三氯化磷，升温至 65℃加入苯胺，然后在 72℃滴加其余的三氯化磷-氯苯溶液，在 130℃回流反应 1 h，并用水吸收逸出的氯化氢。待反应完毕后，将反应物放入水中，用碳酸钠调节溶液 pH＞8，蒸出氯苯和过量的苯胺，然后过滤，热水洗，干燥，就得到色酚 AS。

③用光气的 N-酰化。

光气是碳酸的二酰氯，是活泼的酰化剂，用光气的 N-酰化制得三种类型产物：氨基甲酰氯衍生物、异氰酸酯和不对称脲。

(a)光气的 N-酰化制异氰酸酯。

异氰酸酯(R—N═C═O)氨基甲酰氯衍生物的溶液，受热脱 HCl 的产物，它是重要的有机中间体。对称脲衍生物是光气分子中的两个氯与同一种胺的反应产物，一般可在水介质中反应。

$$CH_3-NH-C(=O)Cl \xrightarrow{\text{加热}} CH_3-N=C=O + HCl\uparrow$$

芳胺在水介质或水-有机溶剂中，在碳酸钠、碳酸氢钠等缚酸剂的作用下，与光气反应，可制得二芳基脲。例如染料中间体猩红酸的合成，在 80℃下将 2-氨基-5 萘酚-7-磺酸(J 酸)加入到碳酸钠的溶液中，反应生成 J 酸钠盐和碳酸氢钠，然后在 40℃、pH 为 7.2～7.5 通入光气，经过盐析、过滤、干燥得到猩红酸。

$$2\ \text{(J酸: NaO}_3\text{S, NH}_2\text{, HO)} + COCl_2 + Na_2CO_3 \xrightarrow[\text{水介质}]{pH7.2\sim7.5,\ 40℃} \text{NaO}_3\text{S(HO)C}_{10}\text{H}_5-NH-C(=O)-NH-C_{10}H_5\text{(OH)SO}_3\text{Na} + 2NaCl + H_2O + CO_2\uparrow$$

J酸

猩红酸(染料中间体)

为了避免低温操作，可以先将胺类溶解于甲苯、氯苯等溶剂中，然后在 40℃～160℃通入光气，直接制得异氰酸酯。例如，高分子助剂甲苯二异氰酸酯(简称 TDI)的制备，先把熔融的二氨基甲苯溶解在氯苯中，在低温通入光气反应，生成芳胺甲酰氯。反应完毕用氮气赶出氯化氢和剩余的光气，再将氯苯蒸出，最后经过真空蒸馏得到 TDI。此外 4,4′-二苯基甲烷二异氰酸酯(DMI)应用也很广泛。

$$2,4\text{-}(H_2N)_2C_6H_3CH_3 + 2COCl_2 \longrightarrow 2,4\text{-}(OCN)_2C_6H_3CH_3 + 4HCl\uparrow$$

$$H_2N-C_6H_4-CH_2-C_6H_4-NH_2 + 2COCl_2 \longrightarrow OCN-C_6H_4-CH_2-C_6H_4-NCO + 4HCl\uparrow$$

异氰酸酯是非常重要的工业原料，在日常生活中有着广泛的应用。不同的胺类合成的异氰酸酯应用也不同。

(b)光气的 N-酰化制氨基甲酰氯衍生物。

氨基甲酰氯衍生物(R－NH－COCl)是光气分子中一个氯与胺反应的产物，反应要在无水条件下进行。氨基甲酰氯衍生物可通过气相法和液相法合成。

气相法：甲氨基甲酰氯是重要的农药中间体，需要大量合成。工业生产中，将无水的甲胺气体和稍过量的光气分别预热后，进入文氏管中，在 280℃～300℃下，快速反应生成气态甲氨基甲酰氯，然后冷却至 35℃～40℃以下，即得到液态产品或者将气态氨基甲酰氯用四氯化碳或氯苯在 0℃～20℃循环吸收，就得到质量分数 10%～20%的溶液。

$$CH_3NH_2 + COCl_2 \longrightarrow CH_3NHCOCl + HCl$$

液相法：二甲氨基甲酰氯是重要的医药中间体，其合成是将光气在 0℃左右溶解于甲苯中，通入稍过量的无水二甲胺气体，然后过滤除去副产的二甲胺盐酸盐，将滤液减压精馏，先蒸出甲苯，再蒸出产品二甲氨基甲酰氯①。

氨基甲酰氯衍生物溶液一般用于进一步与醇或酚反应制氨基甲酸酯衍生物或异氰酸酯。

(c)用三聚氰酰氯的 N-酰化。

三聚氰酰氯是活泼的酰化剂，分子中三个活泼的氯原子均可被取代，但是三个氯原子的反应活性不同。在三氮苯环上引入一个给电子基团的氨基后，另外的两个氯原子的反应活性下降。三聚氰胺与胺类进行酰化反应时可以选择合适的反应温度和介质的 pH 值，可制备一酰化物、二酰化物、三酰化物。

例如，荧光增白剂 VBL 的合成，三次酰化的温度和 pH 值依次提高。反应如下所示。

① 徐克勋. 精细有机化工原料及中间体手册. 北京：化学工业出版社，1998

$$2\ Cl-C_3N_3Cl_2 \xrightarrow[0\sim5℃;\ pH\ 5\sim7]{+H_2N-C_6H_3(SO_3Na)-CH=CH-C_6H_3(SO_3Na)-NH_2\ /\ Na_2CO_3}$$

$$Cl_2C_3N_3-NH-C_6H_3(SO_3Na)-CH=CH-C_6H_3(SO_3Na)-NH-C_3N_3Cl_2 \xrightarrow[12\sim30℃;\ pH\ 6\sim7.5]{+2H_2N-C_6H_5\ /\ Na_2CO_3}$$

$$C_6H_5-NH-C_3N_3(Cl)-NH-C_6H_3(SO_3Na)-CH=CH-C_6H_3(SO_3Na)-NH-C_3N_3(Cl)-NH-C_6H_5 \xrightarrow[NaHCO_3;\ 80℃;\ NH_4OH;\ 115℃;\ pH\ 8\sim9]{+2H_2NC_2H_4OH}$$

$$C_6H_5-NH-C_3N_3(NHC_2H_4OH)-NH-C_6H_3(SO_3Na)-CH=CH-C_6H_3(SO_3Na)-NH-C_3N_3(NHC_2H_4OH)-NH-C_6H_5$$

荧光增白剂 VBL

酰化反应取代一个或两个活性氯原子，可使产品具有所需要的反应活性。例如：

$$Cl-C_3N_3(NHC_2H_5)(NHCH(CH_3)_2)$$

莠去津（农药除草剂）

$$Cl_2C_3N_3-NH-C_6H_3(CH_3)-N=N-C_{10}H_5(SO_3Na)_2$$

染料活性黄XR

（d）光气的 N-酰化制不对称脲。

不对称脲是氨基甲酰氯衍生物或异氰酸酯与另一种胺的反应产物，反应在无水有机溶剂中进行。例如，除草剂敌草隆和杀虫剂西维因的合成。

$$3,4\text{-}Cl_2C_6H_3-N=C=O + HN(CH_3)_2 \xrightarrow[加热]{有机溶剂} 3,4\text{-}Cl_2C_6H_3-NH-C(=O)-N(CH_3)_2$$

敌草隆（除草剂）

光气是由一氧化碳和氯气在 200℃左右通过活性炭催化剂制得，其沸点为 8.5℃。由光气参与的酰化反应，反应后无残留，产品质量好。但是光气是剧毒的气体，为了避免使用光气，提出了代用酰化剂尿素、双光气（氯甲酸三氯甲酯）和三光气（二（三氯甲基）碳酸酯）。

$$Cl-C(=O)-O-CCl_3 \qquad Cl_3C-O-C(=O)-O-CCl_3$$

双光气$(COCl_2)_2$　　三光气$(COCl_2)_3$

5. 用羧酸酯的 N-酰化

羧酸酯是弱 N-酰化剂，常用的羧酸酯有甲酸甲酯、甲酸乙酯、丙二酸二乙酯、丙烯酸甲酯、氯乙酸乙酯和乙酰乙酸乙酯等，它们比相应的羧酸、酸酐或酰氯较易制得，使用方便。这个反应可看作是酯的氨解反应，其 N-酰化反应通式为：

$$R-\underset{\underset{O}{\|}}{C}-OR'+H_2N-R'' \longrightarrow R-\underset{\underset{O}{\|}}{C}-\underset{\underset{H}{|}}{N}-R''+HO-R'$$

式中，R 是氢或各种有取代基的烷基；R′是甲基或乙基；R″是氢、烷基或芳基。

羧酸酯的结构对它的 N-酰化反应活性有重要影响。如果 R 有位阻，则酰化速度慢，需要在较高的温度或一定压力下反应。如果 R 无位阻并且有吸电基，则 N-酰化反应较易进行。

乙酰乙酸乙酯曾是制 N-乙酰乙酰基苯胺的酰化剂，现在已被反应活性高、成本低的双乙烯酮取代。

6. 用酰胺的 N-酰化

尿素廉价易得，可用于取代光气进行 N-酰化反应，制备单取代脲和双取代脲。其反应式如下：

$$\underset{\text{尿素}}{H_2N-\underset{\underset{O}{\|}}{C}-NH_2} \xrightarrow[-NH_3]{+R-NH_2} \underset{\text{N-单取代脲}}{R-NH-\underset{\underset{O}{\|}}{C}-NH_2} \xrightarrow[-NH_3]{+R-NH_2} \underset{\text{N,N}'\text{-双取代脲}}{R-NH-\underset{\underset{O}{\|}}{C}-NH-R}$$

将胺、尿素、盐酸和水按不同的配比在一起回流即可得产物。例如：

$$C_6H_5-NH_2+H_2N-\overset{\overset{O}{\|}}{C}-NH_2+HCl \longrightarrow C_6H_5-NH-\overset{\overset{O}{\|}}{C}-NH_2+NH_4Cl$$

$$C_6H_5-NH-\overset{\overset{O}{\|}}{C}-NH_2+H_2N-C_6H_5+HCl \longrightarrow C_6H_5-NH-\overset{\overset{O}{\|}}{C}-NH-C_6H_5+NH_4Cl$$

此外，也可用甲酰胺作为 N-酰化的酰化剂。例如，将苯胺、甲酰胺和甲酸，在氮气保护下于 145℃反应 3 h，制得 N-甲酰苯胺。

$$C_6H_5-NH_2+H_2N-\overset{\overset{O}{\|}}{C}-H \longrightarrow C_6H_5-NH\overset{\overset{O}{\|}}{C}-H+NH_3\uparrow$$

7. 用双乙烯酮的 N-酰化

双乙烯酮是由乙酸先催化热解得乙烯酮，然后低温二聚合成。

$$CH_3-\underset{\underset{OH}{|}}{C}=O \xrightarrow[(700\pm20)℃]{\text{磷酸三乙酯催化}} CH_2=C=O+H_2O$$

$$\underset{\underset{O}{\|}}{CH_2=C}+\underset{C=O}{\overset{CH_2}{\|}} \xrightarrow[15℃\sim25℃]{\text{二聚}} \underset{O-C=O}{CH_2=C-CH_2}$$

双乙烯酮是活泼的酰化剂，与胺类反应可在较低温度下、在水或有机溶剂中进行。双乙烯酮与芳胺反应是合成乙酰乙酰芳胺的一种很好的方法，通过这种方法合成的一系列 N-乙酰乙酰基苯胺，它们都是重要的染料中间体。例如，苯胺在水介质中于 0℃～15℃与双乙烯酮，得到 N-乙酰乙酰苯胺。

$$\underset{\underset{O-C=O}{|\quad\ |}}{CH_2=C-CH_2} + H_2N-C_6H_5 \xrightarrow[\text{0～15 ℃（加成 N-酰化）}]{\text{水介质}} CH_3-\underset{\underset{O}{\|}}{C}-CH_2-\underset{\underset{O}{\|}}{C}-NH-C_6H_5$$

双乙烯酮与氨水反应可制得双乙酰胺的水溶液，它可以用于引入乙酰乙酰基的 N-酰化剂。

$$\underset{\underset{O-C=O}{|\quad\ |}}{CH_2=C-CH_2} + NH_3 \xrightarrow[35℃\sim40℃]{\text{水介质}} CH_3-\underset{\underset{O}{\|}}{C}-CH_2-\underset{\underset{O}{\|}}{C}-NH_2$$

双乙烯酮必须在 0℃～5℃的低温贮存于铝制容器或不锈钢中，如果温度升高，会发生自身聚合反应。此外，双乙烯酮具有强烈的刺激性，催泪性，使用时应注意安全。

6.2.3　O-酰化反应

O-酰化指的是醇或酚分子中的羟基氢原子被酰基取代的反应，生成的产物是酯，因此又称酯化。几乎用于 O-酰化的所有酰化剂都可用于酯化。

1. O-酰化反应的历程

在传统的无机酸催化下，H^+ 自催化剂中游离出来，与反应物形成络合物后再与有机酸反应完成酯化过程，反应通式为：

$$RCOOH + R'OH \longrightarrow RCOOR' + H_2O$$

与其他有机酸、无机酸相比，硫酸广泛地应用于酯化反应中，研究证明，硫酸酯化反应分两步进行，如下所示：

$$ROH + H_2SO_4 \longrightarrow R'OSO_3H + H_2O$$

$$RCOOH + R'OH \xrightarrow{R'OSO_3H} RCOOR' + H_2O$$

在酯化过程中真正充当催化剂的是 $R'-O-SO_3H$（烷基硫酸）。

若以相转移催化剂催化酯化反应，由于相转移催化剂能穿越两相之间，从一相提取有机反应物到另一相反应，因而能克服有机反应在界面接触、扩散等困难，显著加快了反应速率，反应如图 6-2 所示。

$$Q^+RCOO^- + R'OH \rightleftharpoons RCOOR' + Q^+OH \text{（有机相）}$$

$$\uparrow \qquad\qquad\qquad\qquad \downarrow$$

$$Q^+RCOO^- + H_2O \rightleftharpoons RCOOH + Q^+OH \text{（水相）}$$

图 6-2　相转移催化酯化反应

2. O-酰化反应的影响因素

(1)羧酸结构

甲酸比其他直链羧酸的酯化速度快得多。随着羧酸碳链的增长,酯化速度明显下降。除了电子效应会影响酯化能力外,空间位阻对反应速率具有更显著的影响。

(2)醇或酚结构

伯醇的酯化反应速率最快,仲醇较慢,叔醇最慢;伯醇中又以甲醇最快。这是由于酯化过程是亲核过程,醇分子中有空间位阻时,其酯化速度会降低,即仲醇酯化速度比相应的伯醇低一些,而叔醇的酯化速度则更低,叔醇的酯化通常要选用酸酐或酰氯。但丙烯醇的酯化速度比相应的饱和醇慢些,因为丙烯醇氧原子上的未共用电子对与双键共轭,减弱了氧原子的亲核,同样,苯酚由于苯环对羟基的共轭效应,其酯化速度也都相当低。苯甲醇由于存在苯基,其酯化速度比乙醇低。

因此,在实际操作中,制备叔丁基酯不用叔丁醇而要用异丁烯,制备酚酯时,酰化剂要用酸酐或羧酰氯而不用羧酸。

(3)酯化催化剂

选用合适的酯化催化剂在保证酯化反应进行方面有决定性的作用,常用的催化剂主要有以下几类。

①传统的无机酸、有机酸催化剂。

硫酸催化酯化是现代酯化工业中最常用的方法,但因硫酸易造成一系列副反应,从而使产品的精制带来一定的困难,产率在一定程度上受到影响,此外设备腐蚀、环境污染问题也相当严重。盐酸则容易与醇反应生成卤代烷。磷酸虽也可作催化剂,但反应速率非常慢。无机酸的腐蚀性较强,也容易使产品的色泽变深。有机磺酸,如甲磺酸、苯磺酸、对甲苯磺酸等也可作催化剂,其腐蚀性较小。

工业上使用的磺酸类催化剂是对甲苯磺酸,它虽然价格较贵,但是不会像硫酸那样引起副反应,已逐渐代替浓硫酸。

②强酸性离子交换树脂。

强酸性离子交换树脂均含有可被阳离子交换的氢质子,属强酸性。其中最常用的有酚磺酸树脂以及磺化聚苯乙烯树脂。该催化剂酸性强、易分离、无炭化现象、脱水性强及可循环利用等,可用于固定床反应装置,有利于实现生产连续化,但溶剂化作用使树脂膨胀,降低了催化效率。

③固体超强酸。

研究表明,固体超强酸催化剂具有催化活性高、不腐蚀设备、不污染环境、制备方法简便、产品后处理简单、可多次重复使用等优点,是有望取代硫酸的催化剂,应用前景广泛。例如,$\frac{TiO_2-Re^+}{SO_4^{2-}}$的反应条件温和,催化活性高,效果优于硫酸。$\frac{M_xO_y}{SO_4^{2-}}$型固体超强酸具有不怕水的优点,因而广泛应用于酯化反应研究。但$\frac{M_xO_y}{SO_4^{2-}}$型固体超强酸还处于实验室研究阶段,实现工业化还有许多工作要做。

④相转移催化剂。

季铵盐是典型的相转移催化剂,它较适合于羧酸盐与卤代烷反应生成相应的酯,催化效率高。

⑤分子筛以及改性分子筛。

沸石分子筛具有很宽的可调变的酸中心和酸强度，能满足不同的酸催化反应的活性要求，比表面积大，孔分布均匀，孔径可调变，对反应原料和产物有良好的形状选择性，结构稳定，机械强度高，可高温活化再生后重复使用，对设备无腐蚀，生产过程环保，废催化剂处理简单。但是，由于活性比浓硫酸低，因此生产能力低，易发生结炭，水的存在会影响其活性等。因此，需要对分子筛进行适当的改性。

⑥杂多酸催化剂。

杂多酸（HPA）是由中心原子和配位原子以一定结构通过氧原子配位桥联而组成的含氧多元酸的总称。酯化反应是有催化剂参与的重要有机化学反应之一，固体杂多酸（盐）催化剂作为一类新型催化剂替代浓硫酸催化合成酯类物质具有高反应活性和选择性，不腐蚀反应设备等优点，负载型杂多酸（盐）催化剂还具有低温、高活性的特点。

随着人类环保意识的不断提高，越来越多的注意力集中在固体酸催化剂的研究上，尽管对固体酸催化剂作了大量研究，但是要实现工业化还有一段很长的路要走，还要不断探索和努力。

3. O-酰化反应方法

(1)酸酐法

羧酸酐是比羧酸更强的酰化剂，适用于较难反应的酚类化合物及空间阻碍较大的叔羟基衍生物的直接酯化。常用的酸酐有乙酸酐、丙酸酐、邻苯二甲酸酐、顺丁烯二酸酐等。

此法也是酯类的重要合成方法之一，其反应过程为：

$$(RCO)_2O + R'OH \longrightarrow RCOOR' + RCOOH$$

在用酸酐对醇进行酯化时，先生成 1 mol 酯及 1 mol 酸，这是不可逆过程；然后由 1 mol 酸再与醇脱水生成酯，这是可逆过程，需较为苛刻的条件，才能保证两个酰基均得到利用。

反应中生成的羧酸不会使酯发生水解，所以这种酯化反应可以进行完全。羧酸酐可与叔醇、酚类、多元醇、糖类、纤维素及长碳链不饱和醇等进行酯化反应。

用酸酐酯化时可用酸性或碱性催化剂加速反应，如硫酸、高氯酸、氯化锌、三氯化铁、吡啶、无水醋酸钠、对甲苯磺酸或叔胺等。酸性催化剂的作用比碱性催化剂强。目前工业上使用最多的是浓硫酸。

止痛药阿司匹林即乙酰水杨酸的合成采用水杨酸与乙酸酐的液相酯化反应，不加入任何溶剂，采用纳米硫酸锆作为催化剂，在 30 min 内就可达到 97% 的高产率。

$$o\text{-}HOC_6H_4COOH + H_3C\text{-}CO\text{-}O\text{-}CO\text{-}CH_3 \longrightarrow o\text{-}CH_3COOC_6H_4COOH + H_3C\text{-}COOH$$

若酰化剂采用环状羧酸酐与醇反应，则可制得双酯。在制备双酯时反应是分步进行的，即先生成单酯，再生成双酯。

$$R'\left\langle\begin{matrix}CO\\CO\end{matrix}\right\rangle O + ROH \longrightarrow R'\left\langle\begin{matrix}COOR\\COOH\end{matrix}\right. \xrightarrow{+ROH} R'\left\langle\begin{matrix}COOR\\COOR\end{matrix}\right. + H_2O$$

工业上大规模生产的各种型号的塑料增塑剂邻苯二甲酸二丁酯及二辛酯等就是以邻苯二甲酸酐利用过量的醇在硫酸催化下进行酯化而成的。

再如增塑剂邻苯二甲酸二异辛酯的生产，将邻苯二甲酸酐溶于过量的辛醇中即可生成单酯，下一步由单酯生成双酯属于羧酸与醇的酯化，要加入催化剂。最初采用的是硫酸催化剂，现在采用的是钛酸四烃酯、氢氧化铝复合物、氧化亚锡或草酸亚锡等非酸性催化剂。

$$\text{邻苯二甲酸酐}\xrightarrow{+ROH}C_6H_4(COOR)(COOH)\xrightarrow{+R^1OH}C_6H_4(COOR)(COOR^1)$$

(2)羧酸法

羧酸可以是各种脂肪酸和芳酸。羧酸价廉易得，是最常用的酯化剂。但羧酸是弱酯化剂，它只能用于醇的酯化，而不能用于酚的酯化。

由于羧酸的种类很多，因此羧酸是最常用的酯化剂。用羧酸的酯化一般是在质子酸的催化作用下，按双分子反应历程进行的。

$$R-\underset{\parallel}{\overset{}{C}}(=O)-OH \underset{\text{质子化}}{\overset{+H^+\text{快}}{\rightleftharpoons}} R-C(=O^+H)-OH \underset{\text{互变异构}}{\overset{\text{快}}{\rightleftharpoons}} R-\overset{+}{C}(OH)-OH \xrightarrow[\text{酯化}]{+R'-OH\text{慢}} \left[R-C(OH)(OH)-\overset{+}{O}(H)-R'\right]$$

$$\underset{\text{互变异构}}{\rightleftharpoons}\left[R-C(\overset{+}{O}H_2)(OH)-O-R'\right]\underset{\text{脱水}}{\overset{-H_2O}{\rightleftharpoons}}\left[R-C(\overset{+}{O}H)-O-R'\right]\underset{\text{脱质子}}{\overset{-H}{\rightleftharpoons}}R-C(=O)-O-R'$$

在这里，羧酸是亲电试剂，醇是亲核试剂，离去基团是水。

用羧酸的酯化是一个可逆反应，即

$$R-C(=O)-OH + H-O-R' \overset{K}{\rightleftharpoons} R-C(=O)-O-R' + H_2O$$

所生成的酯在质子的催化作用下又可以和水发生水解反应而转变为原来的羧酸和醇。因此，在原料和产物之间存在着动态平衡。参加反应的质子可以来自羧酸本身的解离，也可以来自另外加入的质子酸。质子酸只能加速平衡的到达，不能影响平衡常数 K。

$$K=\frac{c_{\text{酯}}\ c_{\text{水}}}{c_{\text{羧酸}}\ c_{\text{醇}}}$$

酯化的平衡常数 K 都不大。在使用当量的酸和醇进行酯化时，达到平衡后，反应物中仍剩余相当数量的酸和醇。为了使反应程度尽可能大，需要使平衡右移，可采用以下几种方法。

①用过量的低碳醇。

此法主要用于生产水杨酸乙酯、对羟基苯甲酸的乙酯、丙酯和丁酯等。此法操作简单，只要将羧酸和过量的醇在浓硫酸催化剂存在下回流数小时，蒸出大部分过量的醇，再将反应物倒入水中，用分层法或过滤法分离出生成的酯。为了减小成本，此法只适用于平衡常数 K 较大、醇不需要过量太多、醇能溶解于水、批量小、产值高的酯化过程。

②蒸出酯。

此法只适用于酯化混合物中酯的沸点最低的情况。这些酯常常会与水形成共沸物，因此蒸出的粗酯还需要进一步精制。

③蒸出生成的水。

此法使用的情况为：水是酯化混合物中沸点最低的组分和可用共沸蒸馏法蒸出水。

当羧酸、醇和生成的酯沸点都很高时，只要将反应物加热至 200℃或更高并同时蒸出水，甚至不加催化剂也可以完成酯化反应。另外，也可以采用减压、通入惰性气体或过热水蒸气的方法在较低温度下蒸出水。

④羧酸盐与卤烷的酯化法。

此法主要用于制备各种苄酯和烯丙酯。加入相转移催化剂可加速酯化反应。

(3)酰氯法

酰氯和醇反应生成酯：

$$RCOCl + R'OH \longrightarrow RCOOR' + HCl$$

酰氯与醇(或酚)的酯化具有以下特点：

①酰氯的反应活性比相应的酸酐强，远高于相应的羧酸。

②酰氯与醇(或酚)的酯化是不可逆反应，反应可在十分缓和的条件下进行，不需加催化剂，产物的分离也比较简便。

③反应中通常需使用缚酸剂以中和酯化反应所生成的氯化氢。

酰氯主要分为有机酰氯和无机酰氯。常用的有机酰氯有：长碳脂肪酰氯、芳羧酰氯、芳磺酰氯、光气、氨基甲酰氯和三聚氯氰等；常用的无机酰氯主要为磷酰氯，如 $POCl_3$、$PSCl_3$、PCl_3、PCl_5 等。

用酰氯的酯化须在缚酸剂存在下进行，常用的缚酸剂有碳酸钠、乙酸钠、吡啶、三乙胺或N,N-二甲基苯胺等。缚酸剂采用分批加入或低温反应的方法，以避免酰氯在碱存在下分解。当酯化反应需要溶剂时，应采用苯、二氯甲烷等非水溶剂，因为脂肪族酰氯活泼性较强，容易发生水解。另外，用各种磷酰氯制备酚酯时，可不加缚酸剂，而制取烷基酯时就需要加入缚酸剂，防止氯代烷的生成，加快反应速率。

由于酰氯的成本远高于羧酸，通常只有在特殊需要的情况下，才用羧酰氯合成酯。

6.3　酰基化反应的应用

6.3.1　米氏酮的合成

米氏酮又称 4,4-双(二甲氨基)二苯甲酮，由 N,N-二甲基苯胺与光气反应制得。光气是碳酸的酰氯，是很强的酰化剂。

$$(CH_3)_2N-C_6H_4 \xrightarrow[20℃]{COCl_2} (CH_3)_2N-C_6H_4-\overset{O}{\overset{\|}{C}}-Cl + HCl$$

$$(CH_3)_2N-C_6H_4-COCl + C_6H_5-N(CH_3)_2 \xrightarrow[ZnCl_2]{100℃} (CH_3)_2N-C_6H_4-C(=O)-C_6H_4-N(CH_3)_2$$

将 N,N-二甲基苯胺加入反应锅,在搅拌冷却至 20℃以下时,开始通入光气。反应一定时间后,得到的甲酰氯在稍高的温度下加入 $ZnCl_2$ 催化剂。反应结束后,用盐酸酸析至 pH3～4,冷却、过滤、水洗至中性,烘干,得米氏酮。

6.3.2 苯胺及其衍生物的 N-酰基化

苯胺与冰乙酸的摩尔比为 1∶(1.3～1.5)的混合物,在 118℃下反应数小时,然后蒸出过量乙酸和反应生成的水,剩下的反应产物 N-乙酰苯胺用减压蒸馏的方法提纯。

对甲氧基苯胺的 N-乙酰基化也用类似的方法。方法一是对甲氧基苯胺和冰乙酸反应,将过量的乙酸和反应生成的水一起蒸出,反应产物用减压蒸馏的方法提纯。每吨产品消耗对甲氧基苯胺(99%)773 kg,冰乙酸(98%)450 kg。方法二是用乙酸酐乙酰基化,将对甲氧基苯胺加入反应器中,在 50℃时加入乙酸酐,在 70℃时反应 10 min,经冷却、过滤、水洗、干燥即可,收率 95%左右。其反应式是:

$$p\text{-}CH_3O-C_6H_4-NH_2 \xrightarrow[\text{或}(CH_3CO)_2O]{CH_3COOH} p\text{-}CH_3O-C_6H_4-NHCOCH_3$$

对甲氧基乙酰苯胺是重要的医药、染料中间体。

6.3.3 α-萘乙酮的合成

萘与乙酐在 $AlCl_3$ 存在下进行碳酰化反应得到 α-萘乙酮。

$$C_{10}H_8 \xrightarrow[AlCl_3]{(CH_3CO)_2O} 1\text{-}C_{10}H_7COCH_3$$

于干燥的铁锅中加入无水二氯乙烷 106 L 及精萘 56.5 kg,搅拌溶解。在干燥搪玻璃反应器中加入无水二氯乙烷 141 L 及无水三氯化铝 151 kg,于(25±2)℃下缓缓加入乙酐 51.5 kg,保温半小时。再于此温度下加入上述配好的精萘二氯乙烷溶液,加完后保持温度为 30℃反应一小时,然后将物料用氮气压至 800 L 冰水中进行水解,稍静置后放去上层废水,用水洗涤下层反应液至刚果红试纸不蓝为止。将下层油状液移至蒸馏釜中,先蒸去二氯乙烷,再进行真空蒸馏,真空度为 100 kPa(750 mmHg),于 160℃～200℃下蒸出 α-萘乙酮约 65～70 kg。本品是医药和染料中间体。

6.3.4 对乙酰氨基苯酚的制备

乙酰氨基苯酚的制备反应为:

$$HO-C_6H_4-NH_2 \xrightarrow[\text{或}(CH_3CO)_2O]{CH_3COOH} HO-C_6H_4-NHCOCH_3$$

将对氨基苯酚加人稀乙酸中，再加入冰乙酸，升温至 150℃，反应 7 h，加入乙酸酐，再反应 2 h，检查终点，合格后冷却至 25℃以下，过滤，水洗至无乙酸味，甩干，即得粗品。

除上述方法外，还可以将对氨基苯酚、冰乙酸及含酸 50%以上的酸母液一起蒸馏，蒸出稀酸的速度为每小时馏出总量的 1/10，待内温升至 130℃以上，取样检查对氨基苯酚残留量低于 2.5%，加入稀酸，经冷却、结晶、过滤后，先用少量稀酸洗涤，再用大量水洗至滤液接近无色，即得粗品。

本品为解热镇痛药，用于感冒、牙痛等症；也是有机合成的中间体、过氧化氢的稳定剂、照相用化学药品等。

第 7 章　氨解和胺化反应

7.1　概述

氨解反应是指含有各种不同官能团的有机化合物在胺化剂的作用下生成胺类化合物的过程。氨解有时也叫做胺化或氨基化，但是氨与双键加成生成胺的反应则只能叫做胺化不能叫做氨解。

氨解反应也指用伯胺或仲胺与有机化合物中的不同官能团作用，形成各种胺类的反应。按被置换基团的不同，氨解反应包括卤素的氨解、羟基的氨解、磺酸基的氨解、硝基的氨解、羰基化合物的氨解和芳环上的直接氨解等，通过氨解可以合成得到伯、仲、叔胺。氨解反应的通式可简单表示如下：

$$R-Y+NH_3 \longrightarrow R-NH_2+HY$$

式中，R 可以是脂肪烃基或芳基，Y 可以是羟基、卤基、磺酸基或硝基等。

胺类化合物可分芳香胺和脂肪胺。脂肪胺中，又分为低级脂肪胺和高级脂肪胺。制备脂肪族伯胺的主要方法包括醇羟基的氨解、卤基的氨解以及脂肪酰胺的加氢等，其中以醇羟基的氨解最为重要。芳香胺的制备，一般采用硝化还原法，当此方法的效果不佳时，可采用芳环取代基的氨解的方法。这些取代基可以是卤基、酚羟基、磺酸基以及硝基等。其中，以芳环上的卤基的氨解最为重要，酚羟基次之。

脂肪胺和芳香胺是重要的化工原料及中间体，可广泛用于合成农药、医药、表面活性剂、染料及颜料、合成树脂、橡胶、纺织助剂以及感光材料等。例如，胺与环氧乙烷反应可得到非离子表面活性集，胺与脂肪酸作用形成铵盐可以作缓蚀剂、矿石浮选剂，季铵盐可用做阳离子表面活性剂或相转移催化剂等。

7.1.1　氨解剂

氨解剂所用的反应剂主要是用氨水和液氨。有时也用到氨气或含氨基的化合物，例如，尿素、碳酸氢铵和羟胺等。作氨解剂，其中氨最为重要。氨气一般用于气固相催化氨解，而含氨基的化合物仅用于个别场合的氨解反应。

1. 氨水

使用氨水的优点是原料易得，操作方便，普遍适用，过量的氨经吸收后可重复使用。如能溶解铜催化剂，在高温时对被氨解物有一定的溶解性。不足之处是对有机氯化物的溶解度较小，而且由于水存在，易引起水解副反应。

对于液相氨基化过程，氨水是最广泛使用的氨基化剂。氨水能溶解芳磺酸盐以及氯蒽醌氨解时所用的催化剂和还原抑制剂。氨水的缺点是对某些芳香族被氨解物溶解度小，水的存在特别是升高温度时会引起水解副反应。因此，生产上往往采用较浓的氨水作氨解剂，并适当降低反应温度。

用氨水进行的氨基化过程，应该解释为是由 NH_3 引起的，因为水是很弱的“酸”，它 NH_3 的氢键缔合作用不很稳定。

$$\mathrm{H:\overset{H}{\underset{H}{\ddot{N}}}} + H_2O \rightleftharpoons \mathrm{H:\overset{H}{\underset{H}{\ddot{N}}}:} + \mathrm{H:O:H} \rightleftharpoons NH_4^+ + OH^-$$

由于 OH^- 的存在，在某些氨解反应中会同时发生水解副反应。

工业用氨水浓度一般是 25%，为得到更高浓度的氨水，可直接通入部分液氨或在加压下通入氨气。但是，随着温度的升高，氨在水中的溶解度将下降，并可能使副产物增多。为适当地降低反应温度，生产上一般用较浓的氨水作氨解剂。

2. 液氨

液氨是氨气的液化产物，临界温度为 132.9℃。在一定的压力下。液氨可溶解于许多液态的有机化合物中，这时氨解反应温度即使超过 132.9℃，氨仍可保持液态。液氨特别使用于需要避免水解副反应的氨解过程，但相应的反应压力比相同温度下 25%的氨水的反应压力高得多。

液氨在压力下可溶解于许多液态有机化合物中。因此，如果有机化合物在反应温度下是液态的，或者氨解反应要求在无水有机溶剂中进行，则需要使用液氨作氨基化剂。这时即使氨基化温度超过 132.9℃，氨仍能保持液态。另外，有机反应物在过量的液氨中也有一定的溶解度。

液氨主要用于需要避免水解副反应的氨基化过程。例如，2-氰基-4-硝基氯苯的氨解制 2-氰基-4-硝基苯胺时，为了避免氰基的水解，要用液氨在甲苯或苯溶剂中进行氨解。

$$\text{2-氰基-4-硝基氯苯} + 2NH_3 \xrightarrow[120℃\sim150℃]{\text{液氨，有机溶剂}} \text{2-氰基-4-硝基苯胺} + NH_4Cl$$

2-氰基-4-硝基苯胺是制分散染料等的中间体，原料 2-氰基-4-硝基氯苯是由邻氯甲苯经氨氧化得邻氯苯腈，再经混酸硝化而制得的。

用液氨进行氨基化的缺点是：操作压力高，过量的液氨较难再以液态氨的形式回收。

7.1.2　氨解反应机理

1. 脂肪族化合物的氨解反应机理

当进行酯的氨解时，几乎仅得到酰胺一种产物。而将脂肪醇或卤化物进行氨解时，将生成伯、仲、叔胺的平衡混合物，反应机理比较复杂。因而对酯类的氨解动力学研究的较多。其氨解反应式如下：

$$R-COOR' + NH_3 \longrightarrow RCONH_2 + R'OH$$

以醇作催化剂时，酯氨解的反应机理可表示如下：

$$R-\underset{H}{\underset{|}{O}} + NH_3 \rightleftharpoons R-\underset{H}{\underset{|}{O}} \cdots H^+ \cdots {}^-NH_2$$

$$R-\underset{H}{\underset{|}{O}} \cdots H^+ \cdots NH_2 + R_1COOR_2 \rightleftharpoons \left[R-\underset{H}{\underset{|}{O}} \cdots H \cdots NH_2 \cdots \overset{R_1}{\overset{|}{\underset{OR_2}{\underset{|}{C^+}}}} \cdots O^- \right]$$

$$\longrightarrow R_1CONH_2 + R_2OH + ROH$$

式中，ROH 表示醇类催化剂，R_1 和 R_2 表示酯中的脂肪烃基和芳烃基。

在氨解反应中，氨总是采用过量的配比．反应前后氨的浓度变化较小，因此常常可按假一级反应处理，而实际上是一个二级反应，即

$$v = k'[\text{脂肪烃化合物}] \cdot [NH_3]$$

2．芳香族化合物的氨解反应机理

芳香族化合物的氨解包含芳环上卤基的氨解、芳环上羟基的氨解、磺酸基及硝基的氨解等。在此重点讨论芳环上卤基的氨解的反应原理。

芳环上卤基的氨解是一种亲核取代过程。当芳环上有强吸电子基团时，卤基比较活泼，反应比较容易进行。通常以氨水处理时，可使卤素被氨基置换。当芳环上没有这类强吸电子基团时，卤基不够活泼，它的氨解需要很强的反应条件，并且要用铜盐或亚铜盐作催化剂进行反应。

(1)卤基的非催化氨解

卤基的非催化氨解是一般的双分子的亲核取代反应(S_N2)。其反应速度与卤代芳香化合物和氨的浓度成正比。决定反应速度步骤是氨对卤代芳香化合物的加成。

$$v_{\text{非催化}} = k_1[\text{卤代芳香化合物}] \cdot [NH_3]$$

例如，邻或对硝基氯苯的非催化氨解：

$$\text{Cl-C}_6\text{H}_4\text{-NO}_2 + NH_3 \overset{\text{慢}}{\rightleftharpoons} \text{(Cl)}(\overset{+}{N}H_3)\text{C}_6\text{H}_4{=}N^+(O^-)_2 \underset{-Cl}{\overset{\text{快}}{\rightleftharpoons}} \overset{+}{N}H_3\text{-C}_6\text{H}_4\text{-NO}_2 \xrightarrow[+NH_3,\ -NH_4^+]{\text{快}} NH_2\text{-C}_6\text{H}_4\text{-NO}_2$$

(2)卤基的催化氨解

卤基的催化氨解不同于非催化氨解，根据动力学研究，其反应速度与卤化物的浓度和铜离子的浓度成正比，而与氨的浓度无关。

$$v_{\text{催化}} = k_2[\text{卤代芳香化合物}] \cdot [Cu^+]$$

催化氨解的反应机理如下：

$$Cu^+ + 2NH_3 \overset{\text{快}}{\rightleftharpoons} [Cu(NH_3)_2]^+$$

$$Ar- + [Cu(NH_3)_2] + \overset{\text{慢}}{\longrightarrow} [At \cdots X \cdots Cu(NH_3)_2]^+ \quad (7-1)$$

$$[Ar\cdots X\cdots Cu(NH_3)_2]^+ + 2NH_3 \xrightarrow{快} ArNH_2 + NH_4X + [Cu(NH_3)_2]^+ \quad (7-2)$$

铜离子首先与氨形成铜氨络离子，然后铜氨络合离子作为催化剂起催化作用。式(7－1)是速度控制步骤，芳环上的卤基受到铜氨络离子的直接进攻而变得活泼，使式(7－2)的过程容易进行。

但是也有副反应发生：

$$[Ar\cdots X\cdots Cu(NH_3)_2]^+ + ArNH_2 Ar-NH-Ar + X^- + [Cu(NH_3)_2]^+$$

$$[Ar\cdots X\cdots Cu(NH_3)_2]^+ + OH^- Ar-OH + X^- + [Cu(NH_3)_2]^+$$

提高氨的浓度可减少酚的生成，增加氨水的用量可以抑制二芳胺的产生。由此可见，虽然催化氨解的反应速度与氨的浓度无关，但生成的主、副产物的量却与氨、产物芳胺以及 OH^- 的浓度有关。

一价铜或二价铜都可以作为卤基催化氨解时的催化剂，选择何者则要根据具体条件而定。当低于 210℃时，使用一价铜盐的反应速度较快；高于 210℃时，则使用二价铜盐的反应速度较快。

7.1.3　氨解反应的主要影响因素

影响氨解反应的主要因素包括被氨解物的性质、氨水的浓度和用量、反应温度以及搅拌速度等。

1. 氨解剂氨水的浓度和用量

氨解反应中，氨与有机氯化物等被氨解物的物质的量之比称为氨比。理论氨比值为 2。但在实际氨解过程中，氨比要大大超过 2。这是出于如下的考虑：

①提高氯化物的溶解度，改进物料的流动性。

②提高反应的选择性，减少副产物仲氨的生成链。

③提高反应体系的 pH，减少对设备的腐蚀性。所以，一般在间歇氨解过程中，选择氨比为 6～9；在连续氨解过程中，氨比控制在 10～17。但是氨比不宜过大，否则，将增加回收负荷，降低生产能力。

选用浓度较高的氨水，可加快氨解速度、提高伯胺的选择性并减少副产物酚的生成，对提高生产能力也有利。但是氨水浓度的提高要受到两个方面的限制；

①随着反应温度的提高，氨在水中的溶解度逐渐下降，虽然向反应器内引入部分液氨可提高氨的浓度，但在操作上比较复杂。

②相同温度下，氨的浓度越高，其饱和蒸气压越大，对设备的耐压要求也随之提高。所以氨水浓度的选择应根据氨解的难易程度和设备的耐压等级决定。

2. 被氨解物的性质

在氨解或胺化过程中，含有不同官能团的有机化合物表现出不同的反应速度和难易程度。一般情况下，卤代烷比较活泼，而卤代芳烃由于环上的卤原子相对不活泼，往往需要较高的反应温度，甚至要使用催化剂。同样，由于醇羟基的离去倾向比较小，醇的氨解要在比较强的反应条件下进行。

在同一类的有机化合物中，非官能团部分的性质对氨解速度也有影响。例如，在卤代烷中，小分子质量的卤代烷较易氨解，一般用氨水即可反应；大分子质量的卤代烷则需要用乙醇作溶剂，并在加热的条件下进行氨解。又如，卤萘中的卤原子活性比苯中的大得多，其氨解速度也快得多。

在卤代烷中，不同的卤素原子对氨解也有影响。卤原子的活泼性以及卤化物的生成热数据已经证实，溴化物的氨解比氯化物的容易。但在铜催化剂存在下的气相氨解，则是氯苯的活性高于溴苯，主要是由于溴化亚铜比氯化亚铜难分解。

当芳环上卤素原子的邻、对位有吸电子基团（第二类定位基）时，氨解较易进行，而且吸电子基团越多越有利。例如，以 30% 氨水作氨解剂，氯苯的氨解条件为 200℃～230℃，7 MPa，0.1 mol的 Cu^+ 催化剂；4－硝基氯苯为 170℃～190℃，3～3.5 MPa；2，4－二硝基氯苯为 115℃～120℃，常压。即有：

$$C_6H_5Cl < 4\text{-}NO_2C_6H_4Cl < 2,4\text{-}(NO_2)_2C_6H_3Cl < 2,4,6\text{-}(NO_2)_3C_6H_2Cl$$

3. 反应温度

选取较高的氨解温度，可增大被氨解物的溶解度并加快反应速度，但温度过高，不利影响也将增多。

（1）加剧副反应

氨解是放热反应，反应热约为 94 kJ/mol。反应过快，将使反应热的移除困难，从而加剧副反应，严重时甚至出现焦化现象。一般对每个具体的氨解过程都有其最高的允许温度。例如，邻硝基苯胺在 270℃发生分解，所以邻硝基氯苯连续氨解的适宜温度为 225℃～230℃，不允许超过 240℃，否则，将出现严重的结焦现象。

（2）使氨水的 pH 降低，提高设备的防腐要求

随着反应温度的上升，氨水的 pH 就下降，当有氯化铵存在时，pH 下降得更快。氨水中含有氯化铵介质的 pH 与温度的关系如图 7-1 所示。

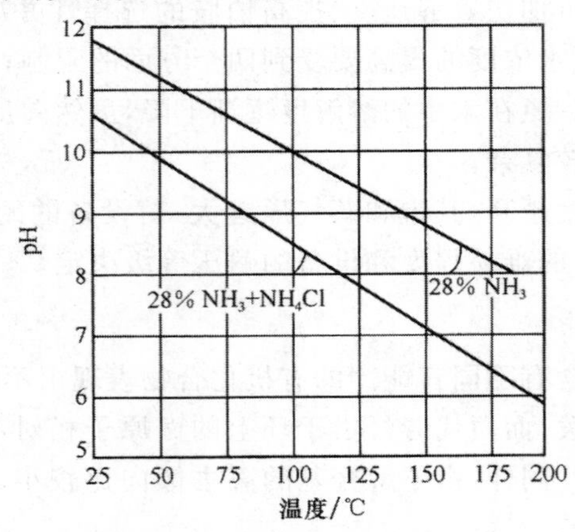

图 7-1　氨水的 pH 与温度的关系

所以，从防腐的角度看，在碳钢材质的高压釜中，间歇氨解温度应不高于175℃；在不锈钢管式反应器中，连续氨解的温度还可适当地提高。

(3)使反应压力升高，提高设备的耐压等级

温度升高，将使氨的饱和蒸气压增大，使系统的反应压力增高，从而对设备的耐压强度提高更高的要求。

4. 搅拌

搅拌的作用是加速反应物的混合，改善反应体系的传质传热效果。在液相氨解反应中，当反应物料为不溶性的、密度又较大时，易沉积于反应器底部，这时良好的搅拌有助于扩大有效的反应界面。对于管式连续反应，应控制流速使反应物料处于湍流状态。当反应物料难溶于氨水中时，稍加搅拌，就可使反应速度明显提高，但当反应物料易溶时，搅拌的重要性有所降低。

7.2　醇羟基的氨解

醇羟基的氨解是制备C_1～C_8低碳脂肪胺的重要方法，因为低碳醇价廉易得。氨与醇作用时首先生成伯胺，伯胺可以与醇进一步作用生成仲胺，仲胺还可以与醇作用生成叔胺。所以氨与醇的氨解反应总是生成伯、仲、叔三种胺类的混合物。

$$NH_3 \xrightarrow[-H_2O]{+ROH} RNH_2 \xrightarrow[-H_2O]{+ROH} R_2NH \xrightarrow[-H_2O]{+ROH} R_3N$$

此反应是可逆的，而伯、仲、叔三种胺类的市场需要量又不一样，因此可根据市场需要，调整氨和醇的摩尔比和其他反应条件，并将需要量小的胺类循环回反应器，以控制伯、仲、叔三种胺类的产量。

醇羟基不够活泼，所以醇的氨解要求较强的反应条件。醇的氨解有三种工业方法，即气固相接触催化氨解法、气固相临氢接触催化胺化氢化法和高压液相氨解法。

7.2.1　气固相接触催化氨解

气固相接触催化氨解主要用于甲醇的氨解制二甲胺。所用的催化剂主要是$SiO_2-Al_2O_3$，并加入0.05%～0.95%(质量)的Ag_3PO_4、Re_2S_7、MoS_2或CoS等活性成分。另外也可以使用氧化硅、氧化铝、二氧化钛、三氧化钨、白土、氧化钍、氧化铬等各种金属氧化物的混合物或磷酸盐作催化剂。一般反应温度为350℃～500℃，压力为0.5～5 MPa。将甲醇和氨经气化、预热，通过催化剂后即得到一甲胺、二甲胺和三甲胺的混合物。其中需要量最大的是二甲胺，其次是一甲胺，三甲胺用途不多。为了多生产二甲胺，可以采取在进料中加水、使用过量的氨、控制反应温度和空间速度以及将生成的三甲胺和一甲胺循环回反应器等方法。

实际上，上述化学平衡与压力无关。但是，在压力下操作可增加反应器中物料的通过量。由于三种甲胺的沸点相差很小，反应产物要用精馏、共沸精馏和萃取精馏法来进行分离。

用类似的方法还可以从乙醇和氨制得一乙胺、二乙胺和三乙胺。另外，也可以采用乙醇(或乙醛)的气固相临氢催化胺化氢化法和乙腈的气固相接触催化加氢法来生产乙胺、二乙胺

和三乙胺。

7.2.2 气固相临氢接触催化胺化氢化

从乙醇、丙醇、异丙醇、正丁醇、异丁醇等低碳醇制备相应的胺类，通常都用气固相临氢接触催化胺化氢化法。此法是将醇、氨和氢的气态混合物在200℃左右和一定压力下通过Cu—Ni催化剂而完成的。整个反应过程包括：醇的脱氢生成醛，醛的加成胺化生成羟基胺，羟基胺的脱水生成烯亚胺和烯亚胺的加氢生成胺等步骤。

(1)伯胺的生成

$$CH_3CH_2OH \xrightarrow[\text{脱氢}]{-H_2} CH_3-\overset{O}{\overset{\|}{C}}-H \xrightarrow[\text{加成胺化}]{+NH_3} CH_3-\overset{OH}{\overset{|}{\underset{\underset{H}{|}}{C}}}-NH_2$$

$$\xrightarrow[\text{脱水}]{-H_2O} CH_3-\underset{H}{C}=NH \xrightarrow[\text{加氢}]{+H_2} \underset{\text{伯胺}}{CH_3CH_2NH_2}$$

(2)仲胺的生成

$$CH_3CH_2NH_2 \xrightarrow[\text{加成胺化}]{+CH_3CHO} CH_3CH_2-\overset{H}{\overset{|}{N}}-\overset{OH}{\overset{|}{C}H}-CH_3$$

$$\xrightarrow[\text{脱水}]{-H_2O} CH_3CH_2-N=CH-CH_3 \xrightarrow[\text{加氢}]{+H_2} (CH_3CH_2)_2NH$$

(3)叔胺的生成

$$(C_2H_5)_2NH \xrightarrow[\text{加成胺化}]{+CH_3CHO} (CH_3CH_2)_2N-\overset{OH}{\overset{|}{C}H}-CH_3$$

$$\xrightarrow[\text{脱水}]{-H_2O} (CH_3CH_2)_2N-CH=CH_2 \xrightarrow[\text{加氢}]{+H_2} (CH_3CH_2)_3N$$

在催化剂中，铜主要是催化醇脱氢生成醛的反应，镍主要是催化烯亚胺加氢生成胺的反应。催化剂的载体主要用Al_2O_3，另外也可以用浮石或酸性白土。反应产物是伯、仲、叔三种胺类的混合物。为了控制伯、仲、叔三种胺类的生成比例，可以采用调整醇和氨的摩尔比、反应温度、空间速度以及将副产的胺再循环等措施。

另外，乙醇胺的临氢接触催化胺化氢化是制备乙二胺的一个重要方法，其总的反应可表示如下：

$$H_2N-CH_2CH_2-OH + NH_3 \longrightarrow H_2N-CH_2CH_2NH_2 + H_2O$$

同时发生副反应生成二乙撑三胺、哌嗪、氨乙基哌嗪、羟乙基哌嗪等。

用乙醇胺法生产乙二胺的投资费用和生产成本都比1,2-二氯乙烷的氨解法低。但我国目前仍采用二氯乙烷法，这可能与各国总的化工生产结构有关。

7.2.3　醇类的液相氨解

对于C_8～C_{10}醇，由于氨解产物的沸点相当高，所以不采用气固相接触催化氨解法，而采用液相氨解法。

将C_8～C_{10}醇在高压釜中于合金催化剂的存在下，连续地通入定量的氨气进行氨解，然后赶掉过量醇，滤掉合金催化剂，可得到三辛胺等产品。所用合金催化剂是由铜-铝、镍-铝、铜-镍-铝、铜-铬-铝等合金用氢氧化钠溶液处理，溶去合金中的部分铝而制得多孔骨架型催化剂。

例如，制备2-乙基己胺、三辛胺、双十八胺和十八胺等产物。另外，十八胺也可以由硬脂酸的氨化脱水、加氢而得。

$$CH_3(CH_2)_{16}COOH \xrightarrow[\text{催化剂},\ 350℃]{+NH_3/-2H_2O} CH_3(CH_2)_{16}CN \xrightarrow[\text{骨架镍}]{+2H_2} CH_3(CH_2)_{16}CH_2NH_2$$

关于脂肪胺的制备又开发了脂肪醇的液相临氢催化胺化法。

关于叔丁胺的生产最初采用异丁烯-氢氰酸法、甲基叔丁基醚-氢氰酸法，最近异丁烯的催化胺化法已经工业化，甲基叔丁基醚的催化胺化法正在开发中。

7.3　羰基的胺化

醛和酮等羰基化合物在加氢催化剂的存在下，与氨和氢反应可以得到脂肪胺。其反应历程与醇的胺化氢化相同。该反应可以在气相进行，也可以在液相进行。要求催化剂具有胺化、脱水和加氢三种功能，镍、钴、铜和铁等多种金属对该反应均有催化活性。其中以镍的活性最高，可以是骨架镍或载体型，载体可以是Al_2O_3、硅胶等，也可以加入铜等助催化剂。

当以醛、酮为原料时，因无需脱氢，反应条件一般比醇的胺化要温和，温度100℃～200℃，稍有压力，醛（或酮）和氢及氨的摩尔比一般为1∶(1～3)∶(1～5)。调节氢氨比可以改变产品中伯胺、仲胺和叔胺的比例。

甲乙酮在骨架镍催化剂存在下在高压釜中，在160℃和3.9～5.9 MPa与氨和氢反应可制得1-甲基丙胺。

将乙醛、氨、氢的气态混合物以1∶(0.4～3)∶5的摩尔比，在105℃～200℃通过催化剂，可得到一乙胺、二乙胺和三乙胺的混合物。所用催化剂以铝式高岭土为载体，以镍为主催化剂，以铜、铬为助催化剂。当气体的空速为0.03～0.15/h时，按乙醛计胺的总收率为88.5%，催化剂使用期为一年。

7.4　环氧烷类的胺化

环氧乙烷分子中的环氧结构化学活性很强。它容易与氨、胺、水、醇、酚或硫醇等亲核物质作用，发生开环加成反应而生成乙氧基化产物。环氧乙烷与氨作用时，根据反应条件的不同可得到不同的产物。

7.4.1 乙醇胺的制备

环氧乙烷与20％～30％氨水发生放热反应可生成三种乙醇胺的混合物：

$$NH_3 \xrightarrow[k_1]{H_2C\overset{O}{—}CH_2} NH_2CH_2CH_2OH \xrightarrow[k_2]{H_2C\overset{O}{—}CH_2} NH(CH_2CH_2OH)_2 \xrightarrow[k_3]{H_2C\overset{O}{—}CH_2} N(CH_2CH_2OH)_3$$

反应产物中各种乙醇胺的生成比例取决于氨与环氧乙烷的摩尔比。

氨过量越多，一乙醇胺相对含量越高，但是在用等摩尔比的氨与环氧乙烷时，产物中三乙醇胺的相对含量已很高，这说明环氧乙烷与胺的反应速度(k_2，k_3)比它与氨的反应速度(k_1)快。另外，环氧乙烷还能与三乙醇胺分子中的羟基发生乙氧基化反应而生成其他副产物。

在分批操作时，可在0.07～0.3 MPa压力、20℃～40℃下向25％氨水中慢慢通入环氧乙烷。在连续生产时，可将20％～30％氨水与环氧乙烷在60℃～150℃、3～15 MPa下连续地通过管式反应器。

应该指出，环氧乙烷的沸点很低，它在空气中的可燃极限浓度为3％～98％(体积)，爆炸极限为3％～80％(体积)。为了防止爆炸，在向反应器中通入环氧乙烷以前，必须用氮气将反应器中的空气置换掉。反应完毕后，也要用氮气将反应器中残余的环氮乙烷吹净。

7.4.2 乙二胺的制备

环氧乙烷与液氨在100℃和31.4 MPa反应时首先生成一乙醇胺，然后它与过量氨发生脱水氨解反应而生成乙二胺：

$$H_2C\overset{O}{—}CH_2 \xrightarrow[\text{加成胺化}]{+NH_3} H_2NCH_2CH_2OH \xrightarrow[\text{脱水氨解}]{+NH_3,\ -H_2O} H_2NCH_2CH_2NH_2$$

但此法操作压力太高，不如乙醇胺的胺化氢化法效果好。

7.5 脂肪族卤素衍生物的氨解

因为脂胺的制备通常可以用醇的氨解、羰基化合物的胺化氢化、—CN基和—$CONH_2$基的加氢等合成路线，所以卤基氨解法在工业上只用于相应的卤素衍生物价廉易得的情况。一般说来，碳原子数少的卤烷进行氨解反应比较容易，可用氨水作氨解剂。碳原子数多的卤烷的活性较低，需要用氨的醇溶液或液氨作氨解剂。卤烷的活性大小依次为R—I＞R—Br＞R—Cl＞R—F。叔卤代烷氨解时，易发生消除副反应，不宜采用叔卤代烷的氨解制叔胺。在制备脂肪族伯胺时常常采用过量很多的氨水，以减少仲胺和叔胺的生成。

7.5.1 从二氯乙烷制亚乙基多胺类

二氯乙烷很容易与氨水反应，首先生成氯乙胺，然后进一步与氨作用生成乙二胺(亚乙基二胺)。由于乙二胺具有两个无位阻的伯氨基,它们容易与氯乙胺或二氯乙烷进一步作用而生成二亚乙基三胺、三亚乙基四胺和更高级的多亚乙基多胺以及哌嗪(对二氮己环)等副产物。

因为各种多亚乙基多胺都有很多用途,在工业上常常同时联产乙二胺和各种多亚乙基多胺。

将二氯乙烷和 28%氨水连续打入钼钛不锈钢高压管式反应器中,在 160℃～190℃和 2.45 MPa反应 1.5 min,即得到含乙二胺和多亚乙基多胺的反应液。从反应液中蒸出过量的氨和一部分水,然后用 30%液碱中和,再经浓缩、脱盐、粗馏和精馏,即得到乙二胺和各种多亚乙基多胺。氨水过量越多,乙二胺收率越高。反应的温度和压力越高,多亚乙基多胺的收率越高。可根据市场需要,控制适当的产物比例。

二氯乙烷法的优点是原料价廉易得,是目前的主要生产方法,此法的缺点是乙二胺二盐酸盐腐蚀性强、设备投资大、能耗大、又含氯化钠废水。1960 年以后又开发成功了单乙醇胺的氨化氢化法。此法主要用含镍和其他金属的多金属组成催化剂,催化剂的载体可以是氧化铝、硅胶、硅酸铝、氧化钛、氧化锆等。为了维持催化剂的寿命和活性,反应要在氢气存在下进行,一般采用固定床反应器,在 200℃～300℃、10～25 MPa 进行,反应时除了生成乙二胺以外,还联产二亚乙基三胺、三亚乙基四胺、N-羟乙基乙二胺、N-羟乙基二亚乙基三胺、哌嗪、N-氨乙基哌嗪和 N 一羟乙基哌嗪等,反应产物的组成可以用反应条件来调整。此法的优点是不排放污染物、无腐蚀、投资少,缺点是乙醇胺价格贵、操作压力高,世界上有 1/3 的乙二胺用此法生产。另据报道,改用 NH4Cl 交换后的 MOR 分子筛为载体,并加入活性氧化铝制成的强固体酸催化剂,反应可在常压、340℃进行,并提高对乙二胺的选择性。

另一个生产方法是环氧乙烷与氨反应生成乙醇胺,然后进一步与氨反应生成乙二胺的一步法,美国已有生产装置。

7.5.2　从氯乙酸制氨基乙酸

β-卤代酸与氨水作用主要发生脱卤化氢的消除反应生成不饱和酸,而只发生极少的氨解反应。但是,α-卤代酸与氨水作用则很容易发生氨解反应生成 α-氨基酸。不过就是使用大大过量的氨水,也会同时生成一些仲胺和叔胺副产物。在这类反应中,最重要的是氯乙酸与氨水作用制氨基乙酸(甘氨酸)。

$$NH_3 \xrightarrow[30\sim50\ ℃,\text{常压}]{ClCH_2COOH} \underset{\text{氨基乙酸}}{H_2NCH_2COOH} \xrightarrow{ClCH_2COOH} \underset{\text{亚氨基二乙酸}}{HN(CH_2COOH)_2} \xrightarrow{ClCH_2COOH} \underset{\text{氮三乙酸}}{N(CH_2COOH)_3}$$

当用氨水作氨解剂时,氯乙酸和氨的摩尔比需要高达 1∶60 才能将仲胺和叔胺的生成量压低到 30%以下。如果在反应液中加入六亚甲基四胺(乌洛托品)作催化剂,可以减少氨的用量,并减少仲胺和叔胺的生成量。此法的优点是工艺过程简单,基本上无公害。缺点是催化剂乌洛托品不能回收,精制用甲醇消耗定额高,采用新的催化法可使甲醇消耗定额较低。

另外,氨基乙酸的制备还可以采用氰醇的氨解水解法。

$$\underset{\text{甲醛}}{H{-}\underset{H}{\overset{}{C}}{=}O} \xrightarrow[\text{亲核加成}]{NaCN+H_2SO_4} \underset{\text{氰醇}}{H{-}\underset{H}{\overset{OH}{C}}{-}CN} \xrightarrow[\text{氨解}]{NH_3} \underset{\text{氨基乙腈}}{H{-}\underset{H}{\overset{NH_2}{C}}{-}CN} \xrightarrow[\text{水解}]{H_2O} \underset{\text{氨基乙酸}}{H{-}\underset{H}{\overset{NH_2}{C}}{-}COOH}$$

氰醇法的优点是成本低、产品易精制,适合于大规模生产,国外多采用此法。但此法要用剧毒的氰化钠,反应条件苛刻。

最近提出的制备氨基乙酸的新方法还有:尿素-氯乙酸的氨解-水解法、用三烷基胺使氯乙酸分子中的氯活化法、乙醇胺的脱氢氧化法和 $H_2O/NH_3/CO_2/HOCH_2CN$ 法等。

7.6 芳环上的氨解

7.6.1 芳环上卤基的氨解

1. 芳环上卤基的氨解反应历程

卤基氨解属于亲核取代反应。当芳环上没有强吸电基时,卤基不够活泼,它的氨解需要很强的反应条件,并且要用铜盐或亚铜盐作催化剂。当芳环上有强吸电基时,卤基比较活泼可以不用铜催化剂,但仍需在高压釜中在高温高压下氨解。

(1)卤基的催化氨解

其反应速率与卤化物的浓度和铜离子的浓度成正比。

$$r=k_2c(ArX)c(Cu^{2+})$$

氯苯、1-氯萘、对氯苯胺等,在没有铜催化剂存在时,在 235℃、加压下与胺不会发生反应,而在铜催化剂存在时,上述卤化物与氨水加热到 200℃时,能反应生成相应的芳胺。因此,催化氨解的反应历程可能是铜离子在大量氨水中完全生成铜氨配离子,卤化物首先与铜氨配离子生成配合物;然后这个配合物再与氨反应生成芳伯胺,并重新生成铜氨配离子。

$$Cu^+ + 2NH_3 \overset{\text{快}}{\rightleftharpoons} [Cu(NH_3)_2]^+ \quad (\text{I})$$

$$Ar{-}X + [Cu(NH_3)_2]^+ \xrightarrow{\text{慢}} [Ar\cdots X\cdots Cu(NH_3)_2]^+ \quad (\text{II})$$

$$[Ar\cdots X\cdots Cu(NH_3)_2]^+ + 2NH_3 \xrightarrow{\text{快}} ArNH_2 + NH_4X + [Cu(NH_3)_2]^+ \quad (\text{III})$$

在上述反应中,生成配合物的反应(Ⅱ)是最慢的控制步骤。但是在配合物中,卤素的活泼性提高了,从而加快了它与氨的氨解反应(Ⅲ)的速率。

催化氨解的反应速率虽然与氨水的浓度无关,但是伯胺、仲胺和酚的生成量,则取决于氨、已生成的伯胺和 OH^- 的相对浓度。

为了抑制仲胺和酚的生成量,一般要用过量很多的氨水。在卤基氨解时,一般都用芳族氯衍生物为起始原料,只有在个别情况下才用溴衍生物。

Cu^+,例如氯化亚铜,它的催化活性高,但价格较贵。它主要用于卤素很不活泼或者生成的芳伯胺在高温容易被氧化的情况。为了防止一价铜在氨解过程中被氧化成二价铜,并减少一价铜的用量,有时可以用 Cu^+/Fe^{2+}、Cu^+/Sn^{2+} 复合催化剂。

Cu^{2+}，例如硫酸铜，主要用于防止有机卤化物中其他基团被还原的情况。例如 2-氯蒽醌的氨解制 2-氨基蒽醌时，使用二价铜催化剂可防止羰基被还原。

(2)卤基的非催化氨解

它是一般的双分子亲核取代反应(S_N2)。对于活泼的卤素衍生物，如芳环上含有硝基的卤素衍生物，一般属于这类反应历程。其反应速率与卤化物的浓度和氨水的浓度成正比。

$$r=k_1 c(ArX)c(NH_3)$$

2. 芳环上卤基的氨解反应的影响因素

(1)卤化物的结构

工业上采用的卤化物绝大多数是氯化物，根据 C—X 键能的数据，都证明溴的置换比氯容易。但在铜催化剂存在下的气相氨解，则是氯苯的活性高于溴苯，主要是由于溴化亚铜比氯化亚铜难分解。

当芳环上卤素原子的邻、对位有吸电基(第二类定位基)时，氨解速率增大。吸电基作用越强，数目越多，氨解反应越容易。例如：均用 30% 氨水作氨解剂，氯苯的氨解条件为，200℃～230℃，7 MPa，0.1 mol 的 Cu^{+} 催化剂；4-硝基氯苯为 170℃～190℃，3～3.5 MPa；2,4-二硝基氯苯为 115℃～120℃，常压。

(2)氨解剂

对于液相氨解反应，氨水仍是应用范围最广的氨解剂，使用氨水时应注意氨水的用量及浓度。每摩尔芳族卤化物氨解时，氨的理论用量是 2 mol。实际上，氨的用量要超过理论量好几倍或更多。一般间歇氨解时，氨的用量为 6～15 mol，连续氨解时约为 10～17 mol。这不仅是为了抑制生成二芳基仲胺和酚的副反应，同时还是为了降低反应生成的氯化铵在高温时对不锈钢材料的腐蚀作用。当氯化铵和氨的摩尔比为 1∶10 时，腐蚀作用就很弱了。氨水中含有氯化铵时介质的 pH 值与温度的关系如图 7-2 所示。

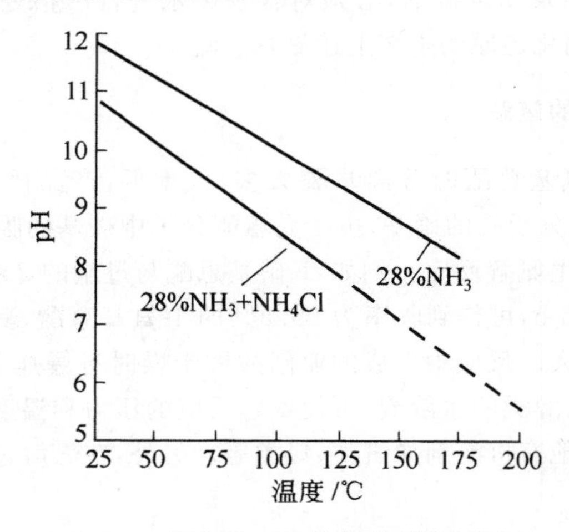

图 7-2 氨水的 pH 值与温度的关系

另外，过量的氨水在高温下还能溶解较多的固态芳族卤化物和氨解产物，改善反应物的流动性，并提高反应速率。这对于邻位和对位硝基氯苯的连续氨解是非常重要的。工业氨解时，一般使用25%的工业氨水。但有时为了加快氨解速率或为了减少卤基水解副反应，需要使用浓度更高的氨水。这时可以在压力下向工业氨水中通入液氨或氨气。使用更浓的氨水时，在相同温度下，要比使用25%氨水的操作压力高得多。因此，在生产上应根据氨解反应的难易，反应温度的限制和高压釜耐压强度等因素来选择适宜的氨水浓度或使用铜催化剂。

7.6.2 芳环上磺基的氧解

磺基的氨解也是亲核取代反应。苯环和萘环上磺基的氨解相当困难，但是蒽醌环上的磺基，由于9,10位两个羰基的活化作用，比较容易被氨解。此法现在主要用于从蒽醌-2,6-二磺酸的氨解制2,6-二氨基蒽醌。

$$3\ (\text{蒽醌-2,6-}(SO_3NH_4)_2) + 12NH_3 + 2\ (\text{间-}NO_2C_6H_4SO_3Na) + 2H_2O \xrightarrow[180\sim184\ ℃,4\ MPa,24\ h]{24\%NH_3,\text{氨比}\ 1:17} 3\ (\text{2,6-}(NH_2)_2\text{蒽醌}) + 2\ (\text{间-}NH_2C_6H_4SO_3Na) + 6(NH_4)_2SO_4$$

在这里，加入间硝基苯磺酸钠是作为温和氧化剂，将反应生成的亚硫酸铵氧化成硫酸铵，以避免亚硫酸铵与蒽醌环上的羰基发生还原反应。

从蒽醌-2-磺酸的氨解可以制得2-氨基蒽醌，但成本比2-氯蒽醌的氨解法高，现在已不采用。此法还可用于从蒽醌-1-磺酸、蒽醌-1,5-二磺酸和蒽醌-1,8-二磺酸的氨解制1-氨基蒽醌、1,5-二氨基蒽醌和1,8-二氨基蒽醌。此法虽然产品质量好、工艺简单，但是在蒽醌的磺化制备上述α-位蒽醌磺酸时要用汞作定位剂，必须对含汞废水进行严格处理，才能防止汞害。现在许多工厂已改用蒽醌的硝化还原法生产上述氨基蒽醌。

7.6.3 芳环上硝基的氧解

用硫化碱还原制1-氨基蒽醌时分离步骤太多，收率低，产品质量不高。因此，又开发了1-硝基蒽醌氨解法。蒽醌分子中的硝基，由于受蒽醌分子中羰基的吸电效应，使得环上的硝基活性变大，可以与氨水发生氨解反应。例如，1-硝基蒽醌与过量的25%氨水在氯苯中于150℃和1.7 MPa压力下反应8 h，可得到收率为99.5%的1-氨基蒽醌，其纯度达99%。此法对设备要求高，氨的回收负荷大。反应中生成的亚硝酸铵干燥时有爆炸危险性，因此，在出料后必须用水冲洗反应器。采用醇类的水溶液，可使氨解反应的压力和温度下降，降低亚硝酸铵分解的危险性，也可以采用其他有机溶剂如醚类、烃类等。另外，在氨解过程中加入少量卤化铵，可促使反应进行。

$$\text{1-}NO_2\text{蒽醌} + 2NH_3 \xrightarrow[150\ ℃]{25\%NH_3} \text{1-}NH_2\text{蒽醌} + NH_4NO_2$$

7.6.4　芳环上羟基的氨解

此法可用于苯系、萘系和蒽醌系羟基化合物的氨解。但是，其反应历程和操作方式却各不相同。酚类的氨解方法一般有气相氨解、液相氨解和萘系布赫勒反应。

1. 苯系酚类的氨解

苯系一元酚的羟基不够活泼，它的氨解需要很强的反应条件。苯系多元酚的羟基比较活泼，可在较温和的条件下氨解，但是工业应用价值小。苯系酚类的氨解主要用于苯酚的氨解制苯胺和间甲酚的氨解制间甲苯胺。由于所用原料和产品的沸点都不太高，上述氨解过程采用气-固相接触催化氨解法，而且未反应的酚类要用共沸精馏法分离回收。

(1)苯胺的制备

苯胺的生产主要采用硝基苯的加氢还原法。美国 Halcon 公司开发了苯酚气相氨解法制苯胺的工艺路线，并于 20 世纪 70 年代投入大规模生产。其反应为：

$$C_6H_5OH + NH_3 \xrightarrow[\text{气-固相接触催化}]{\text{氨解}} C_6H_5NH_2 + H_2O$$

此方法是苯酚和过量的氨(摩尔比为 1∶20)经混合、汽化、预热，在 400℃～480℃，0.98～3.43 MPa的压力下，通过固定床反应器进行氨解反应，生成的苯胺和水经冷凝进入氨回收塔，塔顶出来的氨气经分离器除氮、氢后，回收利用，产物先进干燥塔中脱水，再进精馏塔，塔顶为产物苯胺，塔釜为含二苯胺的重馏分，塔中分离出来的苯酚-苯胺共沸物，可返回反应器中继续反应，所用催化剂可以是 $Al_2O_3-SiO_2$ 或 $MgO-B_2O_3-Al_2O_3-TiO_2$，另外也可以含有 CeO_2、V_2O_5 或 WO_3 等催化组分。使用新开发的催化剂，可延长使用周期，省去催化剂的连续再生，降低反应温度，减少苯胺和过量氨的分解损失。当苯酚的转化率为 98%时，生成苯胺的选择性为 87%～90%，可减少苯酚-苯胺共沸物的循环处理量。与苯的硝化-还原方法相比，此方法的优点是催化剂寿命长，“三废”少，不需要将原料氨氧化成硝酸，不消耗硫酸。缺点是要有廉价的苯酚，反应产物的分离精制比较复杂。

(2)间甲苯胺的制备

间甲苯胺最初是由间硝基甲苯的还原法制得的。但是，在甲苯的-硝化产物中，间位体的含量只有 4%左右，影响了间甲苯胺的产量和价格。后采用间甲酚的氨解法生产间甲苯胺，该方法与苯酚的氨解法相似。原料间甲酚是由间甲基异丙苯的氧化-酸解法制得的。

(3)2,6-二异丙基苯胺的制备

2,6-二异丙基苯胺的制备有两类生产方法，一类是苯胺的邻位选择性异丙基化。另一类是 2,6-二异丙基苯酚的氨解法。

2. 萘酚衍生物的氨解

萘环上 β 位的氨基一般不能用硝化-还原法、氯化-氨解法或磺化-氨解法来引入。但是，萘环上 β 位的羟基却容易通过磺化-碱熔法来引入。因此，将萘环上 β 位羟基转化为 β 位氨基的方法就成为从 2-萘酚制备 2-萘胺衍生物的主要方法。从 2-萘酚的氨解可以制得 2-萘胺，但 2-萘胺是强致癌物，已禁止生产。

2-萘酚及其衍生物的氨解必须采用 Bucherer 反应。

(1)Bucherer 反应历程

某些萘酚衍生物在亚硫酸盐存在下,可以在较温和的条件下与氨水作用而转变为相应的萘胺衍生物。实验证明,2-萘酚的氨解历程很可能是:2-萘酚先从烯醇式互变异构为酮式,它与亚硫酸氢铵按两种方式发生加成反应生成醇式加成物,然后再与氨发生氨解反应生成胺式加成物,胺式加成物发生消除反应脱去亚硫酸氢铵生成亚胺式的 2-萘胺,最后再互变异构为 2-萘胺。

(2)适用范围

Bucherer 反应主要用于从 β-萘酚磺酸制备相应的 β-萘胺磺酸,但并不是所有萘酚磺酸的羟基都能容易地置换成氨基。

羟基处于 1 位时,2 位和 3 位的磺基对氨解反应有阻碍作用,而 4 位的磺基则使氨解反应容易进行。羟基处于 2 位时,3 位和 4 位磺基对氨解反应有阻碍作用,而 1 位磺基则使氨解反应容易进行。羟基和磺基不在同一环上时,磺基对这个羟基的氨解影响不大。

Bucherer 反应是可逆的,因此有时也用于从萘胺衍生物的水解制备相应的萘酚衍生物,例如 1-氨基萘-4-磺酸的水解制 1-萘酚-4-磺酸。

(3)吐氏酸

吐氏酸(2-萘胺-1-磺酸)是由 2-萘酚经低温磺化,然后氨解而制得的。

OH →(磺化) SO_3H OH →(氨解) SO_3H NH_2

为了使氨解产物吐氏酸中 2-萘胺副产物的含量低于 0.1%,各国相继做了很多工作。一种方法是加强分离措施,例如用硝基苯萃取磺化物水溶液中未磺化的 2-萘酚,再用甲苯萃取氨解物水溶液中的副产 2-萘胺(由 2-萘酚-1-磺酸中未除净的 2-萘酚氨解而生成的)可使产物中 2-萘胺的含量降低到 0.013%。另一种方法是调整氨解的反应条件,抑制未磺化的 2-萘酚的氨解。2-萘酚-1-磺酸:NH_3:SO_2 的摩尔比为 1:(8~9):(3~5),温度为 120℃~126℃时,反应 2 h,生成的吐氏酸中 2-萘胺的含量可降低到 0.01%~0.06%。20 世纪 70 年代美国已用连续氨解法生产吐氏酸。

(4)γ 酸

γ 酸(2-氨基-8-萘酚-6-磺酸)是由 2-萘酚先在 78℃~80℃用低浓度发烟硫酸磺化得 2-萘酚-6,8-二磺酸二钾盐,然后在常压,240℃~250℃碱熔得 2,8-二羟基萘-6-磺酸钠,最后将 2 位羟基在 140℃、0.7 MPa 氨解而得。国外生产方法是先氨解后碱熔,氨解压力高,但成本略低,反应条件为压力 2.2~2.5 MPa,温度 180℃~185℃。

3. 羟基蒽醌的氨解

蒽醌环上的氨基一般可以通过硝基还原法、氯基氨解法或磺基氨解法来引入。一个特殊的例子是从 1,4-二羟基蒽醌的氨解制 1,4-二氨基蒽醌。

蒽醌环上的羟基与苯环和萘环上的羟基不同,它的氨解条件比较特殊。它要求将 1,4-二羟基蒽醌在 20%氨水中先用强还原剂保险粉($Na_2S_2O_4$)还原成隐色体,然后在 94℃~95℃、0.37~0.41 MPa 进行氨解。得到的产品是 1,4-二氨基蒽醌的隐色体。其反应历程可能如下：

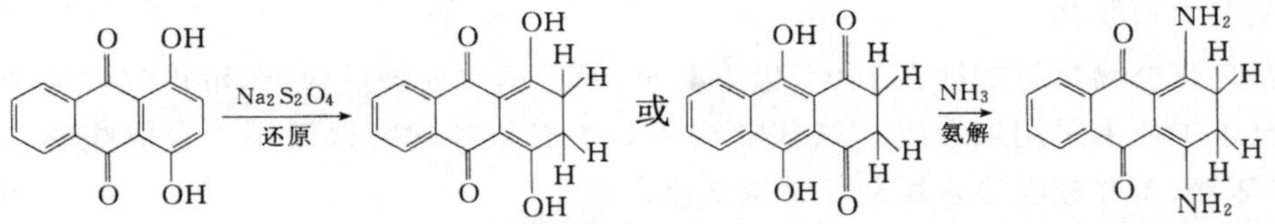

$Na_2S_2O_4$ 还原　　或　　NH_3 氨解

1,4-二羟基蒽醌隐色体　　　　1,4-二氨基蒽醌隐色体

所得到的 1,4-二氨基蒽醌隐色体可以直接使用，也可以用温和氧化剂将其氧化成 1,4-二氨基蒽醌。效果最好的氧化剂是硝基苯。

7.6.5　芳环上氢的直接胺化

1. 用羟胺的亲核胺化

有实用价值的直接胺化法是以羟胺为胺化剂。按照反应条件又可以分为亲核胺化和亲电胺化两种方法。

当芳环上有强吸电子基时，它在碱性介质中可以在温和条件下与羟胺发生亲核取代反应。这时羟胺是以亲核试剂 NH_2OH 或 $-NHOH$ 的形式进攻芳环的。在亲核取代反应中强吸电子基使它邻位和对位碳原子活化，所以氨基进入吸电子基的邻位或对位。例如：

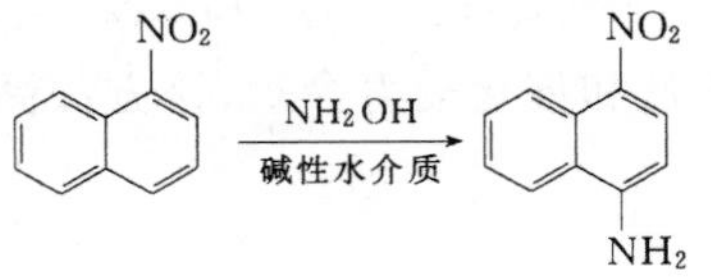

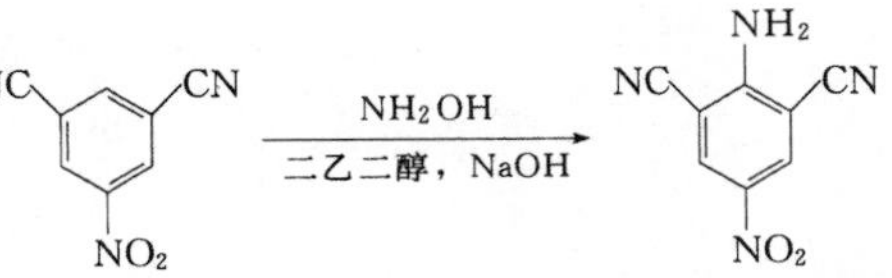

NO_2　NH_2OH 碱性水介质　NO_2 NH_2

NC CN NO_2　NH_2OH 二乙二醇，NaOH　NH_2 NC CN NO_2

2,6-二氰基-4-硝基苯悬浮在二乙二醇中，加热到 120℃，并迅速冷却到 15℃，加入羟胺盐酸盐，并加入氢氧化钠的甲醇溶液，25℃反应 2 h，过滤，洗涤，干燥得到 2,6-二氰基-4-硝基苯胺，收率为 80%

2. 用羟胺的亲电胺化

在浓硫酸介质中（有时加入钒盐或钼盐催化剂），芳香族原料在 100℃～160℃与羟胺反应可以向芳环上直接引入氨基。

$$ArH + NH_2OH \longrightarrow Ar{-}NH_2 + H_2O$$

在浓硫酸中羟胺可能是以 NH 手或 NH 产配合物的形式向芳环发生亲电进攻。

$$NH_2OH \rightleftharpoons NH_2^+ + OH^-$$

因此它是一个亲电取代反应。当引入一个氨基后，反应容易继续进行下去，可以在芳环上引入多个氨基。例如蒽醌用羟胺进行胺化时将得到 1-氨基蒽醌、2-氨基蒽醌和多氨基蒽醌的混合物。

苯和卤代苯在上述条件下与羟胺反应时，将在芳环上同时引入氨基和磺基，从氯苯可制得

3-氨基-4-氯苯磺酸,收率84%。

3.用氨基钠的胺化

含氮杂环化合物与氨基钠在100℃以上共热,而后用水处理反应物,可得到含氮杂环氨基化合物。已被工业上采用来合成2-氨基吡啶和2,6-二氨基吡啶以及用于合成喹啉、异喹啉、嘧啶、苯并咪唑、苯并噻唑等含氮杂环的氨基化合物。

$$\text{吡啶} \xrightarrow[\text{甲苯}]{NaNH_2} \text{2-NHNa-吡啶} \xrightarrow{H_2O} \text{2-}NH_2\text{-吡啶}$$

将氨基钠加入干燥的甲苯中,加热回流,加吡啶同时通入微量氮气,继续回流6 h。反应结束,经后处理,2-氨基吡啶的收率为66%~70%。

4.用氨的催化胺化

用直接胺化法制备芳胺可以大大简化工艺,因此多年来不断有人从事研究。例如从苯与氨直接胺化可得苯胺,从苯胺直接胺化可得苯二胺的混合物。采用的催化剂为Ni-Zr-稀土元素混合物,所用的稀土元素有La、Y、Ho、Dy、Sm等。

$$C_6H_6 + NH_3 \xrightarrow[150℃\sim500℃,\ 1\sim10\ MPa]{\text{Ni-稀土元素催化剂}} C_6H_5NH_2 + H_2$$

但直接胺化法中苯的转化率低和催化剂寿命短,该方法尚未在工业上应用。

第8章 水解反应

8.1 概述

水解是指有机化合物X—Y与水的复分解反应，水中的氢进入一个基团，氢氧基则进入另一个基团。水解的通式可以简单表示为：

$$X-Y + H-OH \longrightarrow X-H + Y-OH$$

水解的方法很多，最常用的方法是碱性水解，其次是酸性水解，还有气固相接触催化水解和酶催化水解等方法。目前，水解反应被广泛应用于实验室合成和工业生产中，许多化合物(如醇、酚、醛、酮、羧酸、酰胺等)都可通过水解反应制得。

8.2 脂链上卤基的水解

脂链上的卤基比较活泼，与氢氧化钠在较温和的条件下相作用可生成相应的醇：

$$R—X + NaOH \rightarrow ROH + NaX$$

除氢氧化钠外，也可以使用廉价的温和碱性剂，例如碳酸钠和氢氧化钙(石灰乳)等。这样的水解反应属于亲核取代反应，脂链上各种卤素在水解时的活泼性次序是：

$$I > Br > Cl$$

脂链上的氟非常稳定，很难水解。考虑到氯比溴价廉易得，工业上主要使用氯基水解法。用氯基水解法制备脂肪醇，要消耗氯气和碱性试剂，并发生副反应产生无机盐废液。目前许多脂肪醇的生产已改用其他更经济的合成路线，但是，还有一些重要的产品仍然需要采用氯基水解法。

8.2.1 乙烯的氯化水解制环氧乙烷

$$Cl_2 + H_2O \rightarrow HOCl + HCl$$

$$CH_2 = CH_2 + HOCl \xrightarrow{\text{加成氯化}} HOCH_2CH_2Cl$$

$$2\ HOCH_2CH_2Cl + Ca(OH)_2 \xrightarrow[\text{环合}]{\text{水解,脱 HCl}} 2\ \underset{\diagdown O \diagup}{CH_2—CH_2} + CaCl_2 + 2\ H_2O$$

上述反应生成的环氧乙烷的选择性按乙烯计可达80%，但是，此法要消耗氯，并副产氯化钙，1975年后环氧乙烷的大型生产都开始改用乙烯的直接氧化法。

8.2.2 丙烯的氯化水解制甘油

甘油最初主要来自油脂的皂化水解制肥皂，但随着合成洗涤剂的出现，肥皂的生产日益减少，而甘油的需要量却日益增加。目前合成甘油已占世界甘油总产量的一半以上。在合成法中丙烯的氯化水解法约占80%，是最重要的合成法。从丙烯制甘油包括四步反应。

(1)丙烯高温取代氯化制烯丙基氯

$$CH_2=CH-CH_3+Cl_2 \xrightarrow[450℃\sim500℃]{\text{自由基取代氯化}} CH_2=CH-CH_2Cl$$

(2)烯丙基氯与次氯酸加成氯化制二氯丙醇

$$CH_2=CH-CH_2Cl \xrightarrow[\text{加成氯化}]{HOCl,25℃\sim30℃,pH0.5\sim2.0} \underset{OH}{CH_2}-\underset{Cl}{CH}-CH_2Cl + \underset{Cl}{CH_2}-\underset{OH}{CH}-CH_2Cl$$

(3)二氯丙醇的石灰乳水解脱氯化氢环合制环氧氯丙烷

$$\underset{\substack{OH\\(Cl)}}{CH_2}-\underset{\substack{Cl\\(OH)}}{CH}-CH_2Cl \xrightarrow[\text{脱氯化氢水解环合}]{Ca(OH)_2,50℃\sim90℃} \underbrace{CH_2-CH}_{O}-CH_2Cl$$

(4)环氧氯丙烷水解制甘油

$$\underbrace{CH_2-CH}_{O}-CH_2Cl \xrightarrow[\text{水合}]{+H_2O} \underset{OH}{CH_2}-\underset{OH}{CH}-CH_2Cl \xrightarrow[\substack{NaOH\\ \text{脱氯化氢水解环合}}]{-HCl} \underset{OH}{CH_2}-\underbrace{CH-CH_2}_{O}$$

$$\xrightarrow[\text{水合}]{+H_2O} \underset{OH}{CH_2}-\underset{OH}{CH}-\underset{OH}{CH_2}$$

近年来，传统工艺得到了极大的改进。将向水中通氯产生次氯酸改为向叔丁醇-氢氧化钠溶液中通氯，生成次氯酸叔丁酯，然后将后者水解成叔丁醇和次氯酸。

$$(CH_3)_3COH+Cl_2+NaOH \xrightarrow{\text{成酯}} (CH_3)_3COCl+NaCl+H_2O$$

$$(CH_3)_3COCl+H_2O \xrightarrow{\text{水解}} (CH_3)_3COH+HOCl$$

生成的叔丁醇可循环利用，由于在加成氯化时没有游离氯，收率可提高8%。生成的二氯丙醇的浓度可达90%；而传统工艺的浓度只有4%。

另外，二氯丙醇不经过环氧氯丙烷，改用 $NaOH + Na_2CO_3$ 混合碱直接水解成甘油(150℃～170℃，1 MPa)，可简化工艺，提高收率。

8.2.3 丙烯的氯化水解制环氧丙烷

仅次于聚丙烯、丙烯腈，环氧丙烷是丙烯衍生物中的第三重要化工产品，主要用于生产聚醚树脂、丙二醇表面活性剂。世界上环氧丙烷的年生产能力约为456万吨，国内环氧丙烷的年生产能力约为45万吨以上。

环氧丙烷的工业合成法主要有以丙烯为原料的氯醇法、间接氧化法、电化学氯醇法和直接氧化法等四种工艺路线。其中氯醇法约占48%左右。

丙烯的氯醇法是目前采用的主要方法，它以丙烯为原料，经次氯酸加成氯化制得氯丙醇，再经碱皂化得环氧丙烷，其反应方程式可简单表示如下：

$$Cl_2+H_2O \rightarrow HClO+HCl$$

$$2CH_3-CH=CH_2+HCl \xrightarrow{\text{加成氯化}} CH_3CHOH-CH_2-Cl+CH_3-CHCl-CH_2-OH$$

$$\xrightarrow{\text{水解脱氯化氢，环合}} 2\ CH_3-\underset{\diagdown O \diagup}{CH-CH_2}$$

丙烯与含氯水溶液相作用生成的1-氯-2-丙醇和2-氯-1-丙醇，两者不经分离与过量的石灰乳相作用，即发生水解脱氯化氢环合反应而生成环氧丙烷。由氯丙醇生成环氧丙烷的收率约为95%，按丙烯计总收率约为87%～90%。此法目前是工业上生产环氧丙烷的主要方法，具有环氧丙烷收率高，可以使用纯度不高的丙烯，工艺成熟，设备简单，可利用原来生产环氧乙烷的设备的优点。但是消耗大量的氯和生石灰，并副产大量氯化钙稀溶液。因此，国外正在进行多方面的开发研究工作。如美国 Milchrty 等人利用含 NaOH 电解液，代替 $Ca(OH)_2$ 可使环氧丙烷的收率达到94.3%；日本经研究发现，将α-氯丙醇和β-氯丙醇与质量分数5%～50%的烷烃溶剂在30℃～100℃下，进入质量分数12%的 NaOH 水溶液中，同时用水蒸气汽提环氧丙烷，反应4 h。从塔顶产物的分析表明，氯丙醇转化率为92.8%，选择性98.6%。与传统方法相比，降低了蒸汽消耗。

环氧丙烷的另一个工业生产方法是丙烯的间接氧化法。1975年，环氧乙烷的生产已可用乙烯的空气直接氧化法。丙烯的空气直接氧化法还不成熟，因甲基也会被氧化。环氧丙烷的另一个工业生产方法是丙烯的间接氧化法，已实现工业化生产。电化学氯醇法是利用氯化钠（或氯化钾、溴化钠、碘化钠）的水溶液，经电解生成氯气和 NaOH 的原理。在阳极区通入丙烯，生成氯丙醇；在阴极区氯丙醇与氢氧化钠作用生成环氧丙烷。该法的优点是避免了氯醇法中氯化钙废液或氯化钠废液的处理难度，缺点是耗电量高。

8.2.4　苯氯甲烷衍生物的水解

苯环侧链甲基上的氯也相当活泼，其水解反应在弱碱性缚酸剂或酸性催化剂的存在下很容易进行。通过这类水解反应可以制得一系列产品。

1. 苯一氯甲烷（一氯苄）的水解制苯甲醇

苯甲醇的工业生产法主要是苄氯的碱性水解法，分为间歇法和连续法。

(1)间歇法

间歇法是将一氯苄与碳酸钠水溶液在63℃～103℃长时间共热，水解产物经油水分离后得粗苯甲醇，再经减压分馏得到苯甲醇，收率约为70%～72%，主要副产物是二苄醚。

主反应：

$$2C_6H_5CH_2Cl+Na_2CO_3+H_2O \rightarrow 2C_6H_5CH_2OH+2NaCl+CO_2\uparrow$$

副反应：

$$2C_6H_5CH_2OH+2C_6H_5CH_2Cl+2Na_2CO_3$$
$$\rightarrow C_6H_5CH_2-O-CH_2C_6H_5+2NaCl+CO_2\uparrow$$

(2)连续法

连续法是将一氯苄与碳酸钠水溶液充分混合并在高温（180℃～275℃）和高压（1～6.8 MPa）下通过反应区，水解时间只需要几分钟。连续法的优点是反应快，生成的二苄醚很少。如果在水解物中加入苯、甲苯等非极性溶剂，则副产物二苄醚还可以进一步减少。

用类似的方法还可以从对苯撑二甲基氯的水解制对苯二甲醇。

2.苯二氯甲烷(二氯苄)的水解制苯甲醛

二氯苄比一氯苄容易水解,一般都采用酸性-碱性联合水解法。

酸性水解:

$$C_6H_5CHCl_2+H_2O \rightarrow C_6H_5CHO+2HCl\uparrow$$

碱性水解:

$$C_6H_5CHCl_2+Na_2CO_3 \rightarrow C_6H_5CHO+2NaCl+CO_2\uparrow$$

酸性水解最初用浓硫酸作催化剂,废酸分层后可循环套用。后来改用氯化锌-磷酸锌作催化剂,其用量只需要二氯苄质量的0.125%。将二氯苄在上述催化剂存在下加热至132℃,然后慢慢滴入水,就会使一部分二氯苄水解成苯甲醛,并蒸出氯化氢。酸性水解后,再加入适量碳酸钠水溶液并回流一定时间,即可使剩余的二氯苄完全水解为苯甲醛。

通常,甲苯侧链氯化制得的二氯苄中总是含有一定的三氯苄,它在碱性水解时转变为苯甲酸钠,可从碱性水解母液中回收得到副产物苯甲酸。

用类似方法制得的苯甲醛衍生物还有:

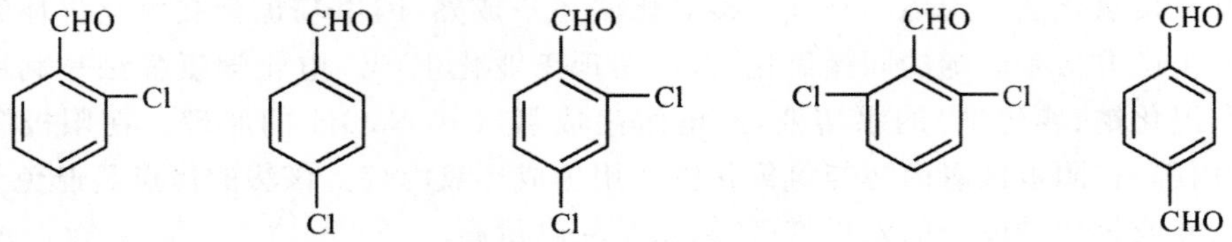

3.苯三氯甲烷(三氯苄)的水解制苯甲酸

苯甲酸在工业上主要用甲苯的空气液相氧化法来制备。由甲苯侧链二氯化制得的二氯苄中还有少量三氯苄,它在水解时转变为副产苯甲酸。

8.3 芳环上的水解

8.3.1 芳环上卤基的水解

1.氯苯的水解制苯酚

氯苯分子中的氯基很不活泼,它的水解需要极强的反应条件,在工业上曾经用氯苯的水解法制苯酚。水解的方法有碱性高压水解法和常压气固相接触催化水解法两种。

(1)碱性高压水解法

将10%~15%氢氧化钠水溶液和氯苯的混合液在360℃~390℃、30~36 MPa下连续地通过高压管式反应器进行水解,停留时间约20 min,除生成苯酚外,还副产二苯醚。

$$C_6H_5Cl+NaOH \rightarrow C_6H_5ONa+NaCl+H_2O$$

$$C_6H_5ONa+C_6H_5Cl \rightarrow C_6H_5—O—C_6H_5+NaCl$$

碱性高压水解法要消耗氯和氢氧化钠、副产废盐水,并且对高压管式反应器的耐腐蚀性要求极高。

(2)常压气固相接触催化水解法

将氯苯和水的气态混合物预热到 400℃～450℃，通过 $Ca_3(PO_4)_2/SiO_2$ 催化剂，氯苯即水解为苯酚，氯苯的单程转化率约为 10%～15%。反应为：

$$C_6H_5Cl + H_2O \rightarrow C_6H_5OH + HCl$$

上述水解是吸热反应，由于热效应小，可使用绝热反应器。由于催化剂活性下降很快，使用几分钟后即需活化，因此需要用四台反应器轮换活化，以保持连续生产。水解时副产的盐酸可用于苯的氧化氯化法制氯苯：

$$C_6H_6 + HCl + 1/2O_2 \rightarrow C_6H_5Cl + H_2O$$

理论上气相水解法制苯酚可以不消耗氯和氢氧化钠，但由于两步反应的转化率都比较低，反应产物的分离后处理过程相当复杂。现在，氯苯的水解法制苯酚已被异丙苯的氧化一酸解法代替。

2.多氯苯的水解

多氯苯分子中的氯比硝基氯苯分子中的氯较难水解，一般要求较高的温度，并需要铜催化剂。多氯苯中的氯比二氯苯中的氯活泼一些。例如，将六氯苯在 160～170 g/L 的 NaOH 溶液中，在 230℃～240℃，2.5 MPa 下水解可得到五氯苯酚。1,2,4,5-四氯苯与 NaOH 的甲醇溶液在 130℃～150℃、0.5～1.4 MPa 反应可得到 2,4,5-三氯苯酚。

3.间二苯酚的制备

间二苯酚是一种重要的精细有机化工原料，广泛用于农业、燃料、医药、塑料、橡胶、电子化学品等领域。间二苯酚可由间二氯苯水解制得，反应在以 La_2O_3 为主要成分的复合催化剂作用下和高温、高压条件下，分两步进行：

Cl　Cl　+　H_2O　⟶　Cl　OH　+　HCl

Cl　OH　+　H_2O　⟶　HO　OH　+　HCl

上述水解反应以 La_2O_3 为主催化剂，CaO、KO H 和 Na_2CO_3 为助催化剂，反应温度为 260℃，反应体系 pH 值为 13.4，间二氯苯转化率＞70%，间二苯酚收率＞20%。该方法原料易得，工艺简洁，污染小，较传统的苯磺化碱熔法和间二异丙苯氧化法有优势。

4.硝基氯化类的水解

当苯环上氯基的邻位或对位有硝基时，由于受硝基的强吸电性作用的影响，苯环上与氯基相连的碳原子上的电子云密度显著降低，亲核反应活性显著增加，使氯基较易水解。因此，只需要用稍过量的氢氧化钠水溶液，在较温和的反应条件下即可进行水解。例如：

$$p\text{-}ClC_6H_4NO_2 + 2NaOH\ (10\%\sim15\%溶液) \xrightarrow{160℃, 0.6\ MPa} p\text{-}NaOC_6H_4NO_2 + NaCl + H_2O$$

$$2,4\text{-}(NO_2)_2C_6H_3Cl + 2NaOH\ (10\%溶液) \xrightarrow{90\sim100℃, 常压} 2,4\text{-}(NO_2)_2C_6H_3ONa + NaCl + H_2O$$

用氯基水解法还可以制得以下邻硝基酚类。例如：

邻硝基苯酚（OH、NO_2）；4-氯-2-硝基苯酚（OH、NO_2、Cl）；4-羟基-3-硝基苯磺酸（OH、NO_2、SO_3H）

用苯酚的硝化法制备一硝基苯和2,4-二硝基苯酚的方法在目前工业应用中基本已经不再采用了。上述硝基酚类经还原后，可制得相应的邻氨基酚和对氨基酚，它们都是重要的中间体。

5. 蒽醌环上卤基的水解

蒽醌环上 α-位的氯基，特别是溴基比较活泼。例如，1-氨基-2,4-二溴蒽醌在浓硫酸中、硼酸存在下，在120℃进行酸性水解，可制得1-氨基-2-溴-4-羟基蒽醌：

$$1\text{-氨基-2,4-二溴蒽醌} + H_2SO_4 \longrightarrow 1\text{-氨基-2-溴-4-羟基蒽醌} + SO_3 + HBr\uparrow$$

在这里用浓硫酸水解法不仅使反应物溶解，同时还可避免碱性水解法引起副反应。用类似的反应条件还可以从1-氨基-2,4-二氯蒽醌的水解制1-氨基-2-氯-4-羟基蒽醌。

8.3.2 芳磺酸及盐类水解

脂链上的磺酸基非常稳定，如乙基磺酸与浓苛性钠溶液或浓硫酸共热都不水解。但是连在芳环上的磺酸基则比较容易水解，而且随水解介质的不同，所得产品也不同。一般芳磺酸的水解有两种，即酸性水解和碱性水解。

1. 芳磺酸的酸性水解

某些芳磺酸在稀硫酸介质中发生磺基被氢原子置换的水解反应，即：

$$Ar—SO_3H + H_2O \xrightarrow[稀硫酸]{加热} Ar—H + H_2SO_4$$

磺基以硫酸的形式脱落下来实际是磺化的逆反应，并且是亲电取代反应历程。酸性水解可用来除去芳环上已经引入的磺基，其制备可参见 2-萘磺酸钠的制备、J 酸的制备和安安蓝 B 色基的制备。

2. 芳磺酸的碱性水解

芳磺酸盐在高温下与苛性碱相作用，使磺酸基被羟基置换的水解反应叫碱熔。

$$Ar—SO_3H+3NaOH \rightarrow ArONa+Na_2SO_3+2H_2O$$

生成的酚钠盐用无机酸如 H_2SO_4 酸化，即转变为游离酚。

$$2Ar—ONa+H_2SO_4 \rightarrow 2Ar—OH+Na_2SO_4$$

另外，酸化时也可以不用硫酸而用以亚硫酸钠或碳酸钠中和磺化反应物时产生的 SO_2 或 CO_2。例如

$$2Ar—SO_3H+Na_2SO_3 \rightarrow 2Ar—SO_3Na+H_2O+SO_2\uparrow$$

$$2Ar—ONa+SO_2+H_2O \rightarrow 2Ar—OH+Na_2SO_3$$

芳磺酸盐的碱熔是工业上制造酚类的重要方法之一。其工艺过程简单，对设备要求不高，适用于多种酚类的制备。但是需要使用大量的酸碱，"三废"多，工艺落后。对于大吨位酚类，已改用其他更加先进的生产方法。例如，苯酚的生产已主要采用异丙苯的氧化酸解法；间甲酚的生产已改用间甲基异丙基苯的氧化酸解法；1-萘酚的大型生产已改用四氢萘的氧化脱氢法。

(1)碱熔剂

苛性钠具有价廉易得的优点，因此常用来做碱熔剂。当磺酸盐不够活泼而需要更活泼的碱熔剂时，可使用苛性钾。苛性钾的价格比苛性钠贵得多，为了减少苛性钾的用量，可使用苛性钾和苛性钠的混合碱。混合碱的另一优点是熔点可低 300℃。例如，无水苛性钠和无水苛性钾的熔点分别为 327.6℃和 410℃，而等量苛性钠和苛性钾的混合物，如果含有 7%～8%的水和少量碳酸钠，其熔点可下降到 167℃～168℃。

(2)用熔融碱的常压高温碱熔法

用熔融碱的常压高温碱熔法主要用于磺基不活泼的情况，并且可以使多磺酸中的磺基全部置换成羟基。用此法制得的重要产品有：

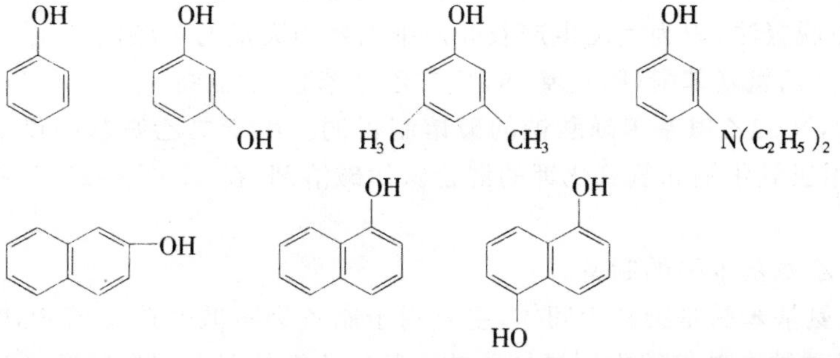

用熔融碱的碱熔，目前在工业上都采用分批操作。碱熔锅砌在炉灶内，以煤气、天然气、重油或煤作燃料。先在碱熔锅内加入熔融的碱，为了保持一定的碱熔温度（例如 285℃～320℃），磺酸盐的浓溶液或湿滤饼要用几小时慢慢地加到碱熔锅中。但是，在加料完毕后，要快速升温（例如加热到 320℃～340℃）并保持十几到几十分钟，使反应完全，并立即放料。应该指出，不必要地延长反应时间会增加副反应。高温碱熔时，温度的控制非常重要，温度偏高易引起副反应或物料的焦化；温度偏低，不仅使反应到达终点的时间延长了，而且还会导致凝

锅事故。

高温碱熔时，碱的过量可以很少。一般每个磺基的碱熔只需要约 2.5 mol 的碱(约过量 25%)。因为碱的用量少，物料比较粘稠，无机盐的存在会影响碱熔物的流动性，使物料变得很稠，甚至结块造成局部过热、焦化、甚至燃烧。在无机盐中硫酸盐的影响最大，因此，所用磺酸盐的浓溶液或湿滤饼，应尽量减少其中硫酸钠的含量。

另外，为了保持碱熔物的流动性，在碱熔开始时，苛性碱中应含有 5%～10%的水，这些水虽然在碱熔过程中被蒸发，但是可以由磺酸盐带入的水和反应生成的水补充。在碱熔后期，还需要在碱熔物的表面通入适量的水蒸气，这不仅是为了保持碱熔物中的水分含量，还为了避免碱熔物与空气接触，保持酚类不受氧化。

①间苯二酚的制备。

1884 年用于工业生产的由苯的二磺化-碱熔生产间苯二酚的方法现在仍是工业上的主要方法。将间苯二磺酸二钠慢慢加人到装有熔融苛性钠的碱熔锅中，在 350℃进行碱熔反应。间苯二酚在碱熔物酸化后的无机盐水溶液中溶解度很大，要用二异丙醚将其萃取出来，然后再用蒸馏法精制。目前由日本成功开发磺化碱熔法联产间苯二酚与苯酚新工艺法的特点是:苯先用发烟硫酸进行液相磺化生成间苯二磺酸，然后通入苯蒸气使过量的硫酸转变为苯磺酸，以充分利用硫酸。

另外，在碱熔时由于苯磺酸钠和苯酚钠的稀释作用，可以降低碱的用量，可大大降低生产成本。间苯二酚的大规模工业生产采用间二异丙苯的氧化酸解法。

②2-萘酚的制备。

萘的高温磺化-碱熔法仍是生产 2-萘酚的主要方法。它是在碱熔锅中加入熔融苛性钠，在 300℃～310℃加入 2-萘磺酸钠滤饼。在 320℃～330℃搅拌反应 3h 进行碱熔反应。然后将碱熔物放入盛有热水的稀释锅中进行稀释，最后进行酸析、精制，得收率为 73%～74%的工业品，质量含量为 99%。

③1-萘酚的制备。

1-萘酚的中小型生产仍采用萘的低温磺化-碱熔法或 1-萘胺的水解法。但是，在美国已改用四氢萘的氧化-脱氢法，因为美国生产农药西维因要用大量的 1-萘酚。

④间-N,M-二乙氨基苯酚(间羟基-N,N-二乙基苯胺)的制备。

它是由间-N,N-二乙氨基苯磺酸钠的碱熔制得的。由于二乙氨基的供电性很强，磺基强烈钝化，因此要用氢氧化钠和氢氧化钾的混合碱作碱溶剂，在 270℃～280℃投料，最后碱熔温度 320℃。

⑤4-甲基-3-乙氨基苯酚的制备。

4-甲基-3-乙氨基苯酚是染料中间体，主要用于制备染料碱性玫瑰精 6GDN。它是由 4-甲基-3-乙氨基苯磺酸钠在碱熔锅中用氢氧化钠和氢氧化钾的混合熔融碱进行碱熔制得的。

(3)反应的影响因素

①无机盐的影响。

芳磺酸盐中一般都含有无机盐(主要是硫酸钠或氯化钠)。这些无机盐在熔融的苛性碱中几乎不溶，在用熔融碱进行高温(300℃～340℃)碱熔时，如果芳磺酸盐中无机盐含量太多，会使反应物变得很黏稠甚至结块，降低了物料的流动性，造成局部过热甚至会导致反应物的焦化和燃烧。因此，在用熔融碱进行碱溶时，无机盐的含量要求控制在芳磺酸盐质量的10%以下。使用碱溶液进行碱熔时，芳磺酸盐中无机盐的允许含量可以高一些。

②碱熔的温度与时间。

碱熔的温度主要取决于芳磺酸的结构。不活泼的芳磺酸用熔融碱在300℃～340℃进行常压碱熔，碱熔速度快，所需要时间短。比较活泼的芳磺酸可以在质量分数70%～80%苛性钠水溶液中在180℃～270℃进行常压碱熔。更活泼的芳磺酸如萘系多磺酸可在质量分数20%～30%稀苛性钠水溶液中进行加压碱熔，反应时间较长，需要10～20 h。

③碱的用量。

芳磺酸盐碱熔时，理论上1 mol芳磺酸盐需要2 mol苛性钠，但实际上必须过量。高温碱熔时，碱的过量较少，一般用2.5 mol左右。中温碱熔时，碱过量较多，有时甚至达6～8 mol，即理论量的3～4倍或更多一些。

(4)用碱溶液的中温碱熔法

用碱溶液的中温碱熔法主要用于将萘多磺酸、氨基或羟基萘多磺酸中的一个磺基置换成羟基，而其他的磺基或氨基仍保持不变。由于上述化合物中的第一个磺基比较活泼，所以碱熔的温度可以低一些(180℃～270℃)。

如果使用70%～80%浓碱液，碱熔过程可在常压下进行。考虑到反应液中有磺酸盐、酚盐和无机盐存在，碱熔温度略高于相应浓度碱溶液的沸点，如表8-1所示。

表8-1 苛性钠水溶液在常压下的沸点

浓度(%)	沸点(℃)
14.53	105
23.08	110
26.21	115
33.77	120
37.58	125
48.32	149
60.13	160
69.97	180
77.53	200
84.03	220
88.89	240
93.02	260
95.92	280
98.47	300
100	318.4

用此法生产的主要精细有机中间体有γ酸、J酸、H酸等。

①γ酸。

γ酸(2-氨基-8-萘酚-6-磺酸)是重要的染料中间体，国内采用由G盐先碱熔后氨解的方法，在碱熔锅中加入质量分数45%的液碱和固碱，加热溶解后在200℃～230℃逐步加入G盐溶液，再在常压下，245℃～250℃保温反应4 h。然后进行中和、氨解，得了酸。氨解所需压力低为0.7 MPa。

G盐(见5.2.4.1) —[65%～80% NaOH，碱熔；常压，170℃～225℃]→ —[氨解、酸化(见9.8.2.4)]→ γ酸

②J酸。

J酸(2-氨基-5-萘酚-7-磺酸)也是重要的染料中间体，它是由吐氏酸经磺化、酸性水解、碱熔而制得。该法是在碱熔锅中加入45%的液碱和固碱，加入氨基J酸钠盐，在190℃～200℃和0.3～0.4 MPa，保温反应6 h，再进行中和、酸析得J酸。

吐氏酸(见5.2.4.5) —[发烟硫酸；磺化]→ —[酸性水解；中和盐析(见13.4.1)]→ —[>60% NaOH，碱熔；190℃，0.3～0.4 MPa(然后酸析)]→ J酸

③H酸。

H酸(1-氨基-8-萘酚-3,6-二磺酸)也是染料中间体，由萘经三磺化、硝化、还原制成T酸的酸性铵钠盐，然后用稀的碱溶液在178℃～182℃进行加压碱熔而制得。

萘 —[分段三磺化(见5.2.4.1)]→ —[加混酸；硝化]→ —[铁粉还原]→ T酸酸性铵钠盐 —[23% NaOH，碱熔；178℃～182℃，0.55～0.65 MPa；4 h 然后酸析]→ H酸单钠盐

④1-甲基-2-乙氨基苯酚。

1-甲基-2-乙氨基苯酚是由相应的氨基磺酸经碱熔而制得的。由于甲氨基和乙氨基的钝化作用，要用氢氧化钠和氢氧化钾混合碱的浓溶液作碱溶剂。

$C_2H_5OH, H_3PO_4/SiO_2$ 气固相接触催化烷化，N-单乙基化；发烟硫酸磺化；NHC_2H_5，SO_3H

NaOH-KOH 浓溶液，240 ℃～260 ℃碱熔，72 h；CH_3，NHC_2H_5，OH

(5)蒽醌磺酸的碱熔

①氧化碱熔法。

蒽醌系的β位磺酸，如果相邻的α位没有其他取代基，在用苛性钠水溶液进行碱熔时，不仅原来β位的磺酸基被羟基所置换，而且相邻的α位也引入了一个羟基，即在α位发生了氧化反应。如果在反应物中没有加入适当的氧化剂，则蒽醌分子中的 9、10 位羰基将同时被还原成羟基。反应式为：

SO_3Na + 5NaOH —NaOH溶液，碱熔→ ONa ONa ONa ONa + Na_2SO_3 + $3H_2O$

在反应液中加入适当的温和氧化剂，其最终产品是 1,2-二羟基蒽醌。它是燃料中间体，商品名茜素。反应式为：

ONa ONa ONa ONa —+[O], $+H_2O$，$-2NaOH$→ O ONa ONa O

上述方法称为氧化碱熔法。工业上在制备茜素时所用的温和氧化剂是硝酸钠，用 40%～50%氢氧化钠水溶液在 190℃和 0.8 MPa 进行碱熔。

②石灰碱熔法。

蒽醌系磺酸在氢氧化钙悬浮液中进行碱熔时，不会在芳环上引入另外的羟基。用石灰碱熔法可以从相应的蒽醌磺酸制得 1,5-和 1,8-二羟基蒽醌。反应也是在高压釜中进行的。在这里需要指出的是，在从蒽醌的磺化制备 1,5-和 1,8-二磺酸时要用汞作定位剂，废水应严格处理，以防止汞害。

8.3.3 芳环上硝基水解

芳环上的$-NO_2$若受邻、对位上的强吸电子基团的影响而活化，在亲核试剂 NaOH 作用下也可转化为羟基。芳环上的硝基对于碱的作用相当稳定。此法只用于从 1,5-和 1,8-肖基蒽醌的碱熔制 1,5-和 1,8-二羟基蒽醌。为了避免氧化副反应,不用苛性钠而用无水氢氧化钙作碱熔剂。反应要在无水非质子型强极性溶剂环丁砜中、280℃左右进行。用环丁砜作溶剂不仅是因为它沸点高,对热和碱的稳定性好,还因为它可以使 Ca^{2+} 溶剂化,使 OH^- 成为活泼的裸负离子。由于碱熔产物的分离精制和溶剂回收等问题,此法目前尚未工业化。

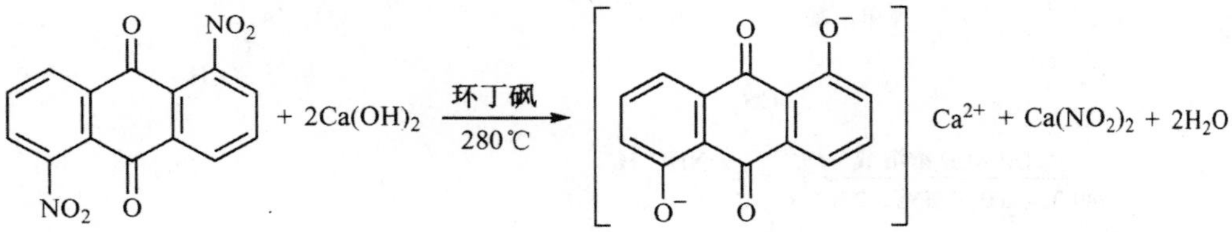
NO2
O
NO2
O
+ 2Ca(OH)2
环丁砜
280℃
O
O-
O-
O
Ca2+ + Ca(NO2)2 + 2H2O

8.3.4 芳环上氨基水解

要在芳环上引入羟基,可以采用先硝化、还原在芳环上引入氨基,然后将氨基转变为羟基的方法。但此法比磺化-碱熔法或氯化-水解法的合成路线长,致使其应用受到限制。实际上,主要用于 1-萘酚及其某些衍生物的制备和在芳环上某些特定位置上引入羟基的情况。在工业上芳伯胺的水解有三种方法。

1. 氨基的酸性水解

氨基的酸性水解一般是在稀硫酸中进行的,若所要求的水解温度高,硫酸会引起氧化副反应。可采用磷酸或盐酸代替硫酸。此法主要用于 1-萘胺及其衍生物的水解,例如 1-萘胺水解为 1-萘酚。

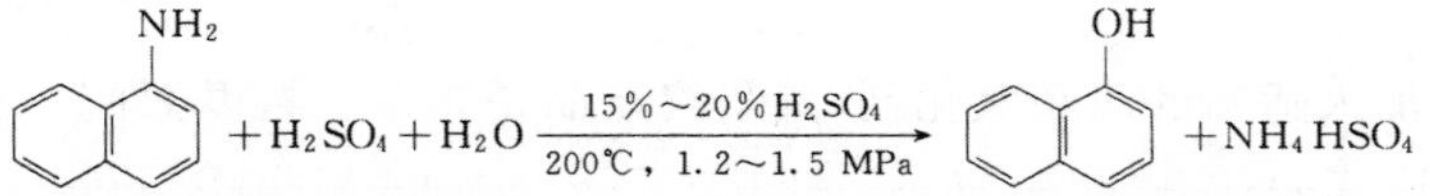
NH2
+H2SO4+H2O
15%~20% H2SO4
200℃, 1.2~1.5 MPa
OH
+NH4HSO4

该方法具有工业过程简单,收率高(为 88%),质量好,纯度 95%的优点,是目前国内的工业生产方法。但由于它要用搪铅的高压釜,设备腐蚀严重,生产能力低,酸性废水处理量大。小规模生产时可采用萘的低温磺化、碱熔法,大规模生产时可用四氢萘的氧化脱氢法。

用酸性水解法还可以从相应的 1-萘胺磺酸衍生物制备以下 1-萘酚磺酸衍生物。

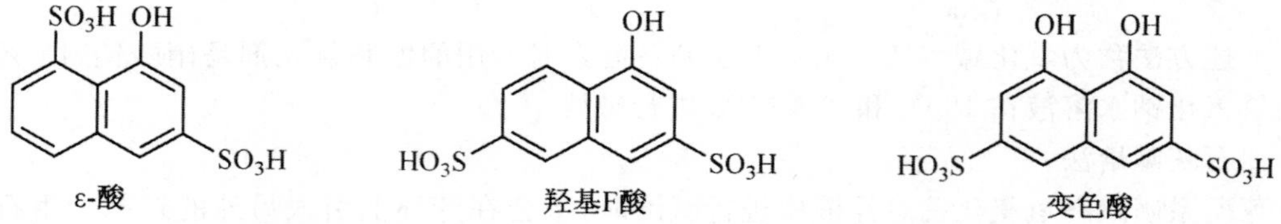
SO3H OH
SO3H
ε-酸
OH
HO3S
SO3H
羟基F酸
OH OH
HO3S
SO3H
变色酸

由此,在稀硫酸中,萘环上 β 位的磺酸基和 1-氨基-8-迫位的磺酸基都不会被水解掉,但是 1-氨基的 4 位和 5 位的磺酸基将同时被水解掉。因此在从相应的氨基萘磺酸制备 1,4-和 1,5-萘酚磺酸时,不能用酸性水解法,而必须用亚硫酸氢钠水解法。

2. 氨基的碱性水解

在碱性介质中,较高温度下,在磺酸基碱熔时,如果提高碱熔温度,可以使萘环上 α 位的磺

酸基和 α 位的氨基同时被羟基所置换。此法只用于变色酸的制备：

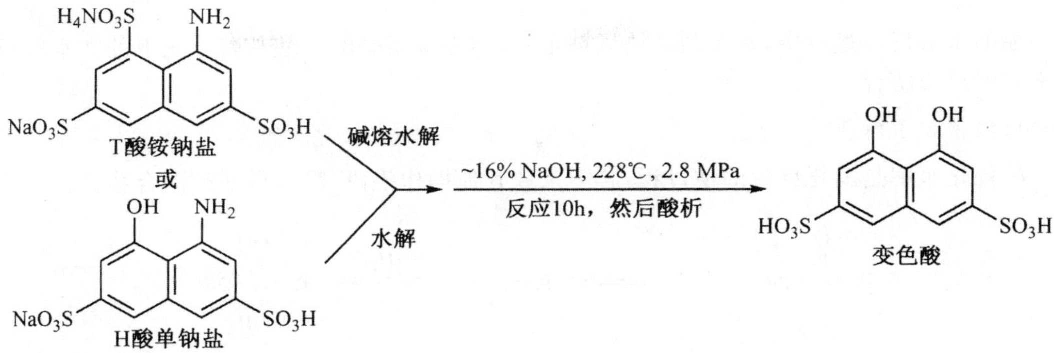

T酸铵钠盐 或 H酸单钠盐 →(碱熔水解 / 水解；~16% NaOH, 228℃, 2.8 MPa，反应10h，然后酸析) 变色酸

3. 氨基的亚硫酸氢钠水解

某些 1-萘胺磺酸在亚硫酸氢钠水溶液中，常压沸腾回流(100℃～104℃)，然后用碱处理，即可完成氨基被羟基置换的反应。该反应也可称为布赫勒反应。它是萘酚在亚硫酸氢铵水溶液中转变为相应的萘胺的逆反应。

在工业上，此法用于从 1,4-和 1,5-萘胺磺酸制 1,4-萘酚磺酸(脚酸)和 1,5-萘酚磺酸(劳仑酸)。但是，在 1-位氨基的邻位、间位和迫位有磺基时，对布赫勒反应有阻碍作用，限制了此法的应用范围。

8.4　脂类的水解

酯类水解是在酸、碱或酶的催化作用下进行的，是可逆反应。对于低相对分子质量的酯而言，在低温下不加催化剂也能够缓慢的发生水解反应。为了加快反应的进行速度，一般需要提高温度并加入催化剂，酸性催化剂的加入可以加快反应速率，但对平衡无影响；在碱性条件下水解(通常称为皂化，是工业上由油脂制肥皂的重要方法)，由于羧酸生成了盐，平衡被破坏，使水解反应进行完全。酯类水解的难易程度与酯本身的结构有关。低级酸酯较高级酸酯易水解，这主要是由于基团体积变大后，阻碍羟基离子的亲核进攻。因此，有些羧酸酯在极苛刻的条件下才能水解。其反应式可表示为：

$$RCOOR' \xrightarrow{H_2O} RCOOH + R'OH$$

酯类水解是酯化反应的逆过程，工业上主要应用于生产肥皂及脂肪酸。

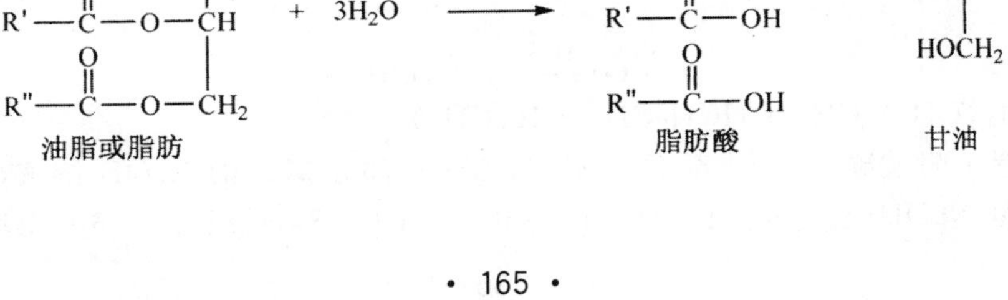

$$\begin{matrix} RCOO-CH_2 \\ R'COO-CH \\ R''COO-CH_2 \end{matrix} + 3H_2O \longrightarrow \begin{matrix} RCOOH \\ R'COOH \\ R''COOH \end{matrix} + \begin{matrix} HOCH_2 \\ HOCH \\ HOCH_2 \end{matrix}$$

油脂或脂肪　　脂肪酸　　甘油

8.4.1 酯类水解历程

酯的水解反应过程中，进攻的亲核试剂是水，离去基团是醇。酸和碱催化下的酯水解反应有不同的反应历程。

1. 酸催化水解历程

酸催化水解是酯化反应的逆过程，若不采取其他操作手段，最后得平衡混合物。

$$R-\overset{O}{\overset{\|}{C}}-OR' + H^+ \rightleftharpoons R-\overset{\overset{+}{O}H}{\overset{\|}{C}}-OR' \xrightleftharpoons{H_2O} R-\underset{\underset{+}{OH_2}}{\overset{OH}{C}}-OR'$$

$$\rightleftharpoons R-\underset{OH}{\overset{:OH}{C}}-\underset{H}{\overset{+}{O}}R' \xrightleftharpoons{-R'OH} R-\overset{\overset{+}{O}H}{\overset{\|}{C}}-OH \xrightleftharpoons{-H^+} R-\overset{O}{\overset{\|}{C}}-OH$$

2. 碱催化水解历程

碱性条件下水解，因 OH^- 亲核性强，容易对羰基亲核加成，反应生成的酸与碱反应生成盐，因此反应不可逆，可以水解彻底。

$$R-\overset{O}{\overset{\|}{C}}-OR' + OH^- \rightleftharpoons R-\underset{OH}{\overset{O^-}{C}}-OR' \xrightleftharpoons{-R'O^-} R-\overset{O}{\overset{\|}{C}}-OH \xrightarrow{OH^-} R-\overset{O}{\overset{\|}{C}}O^- + R'OH$$

在碱催化历程中，是 OH^- 对羰基碳的亲核进攻，如果有增加羰基碳的正电性的因素存在，可以加快酯水解速度。但如 R 和 R′基团较大，不仅会对亲核试剂的进攻产生空间位阻，另一方面形成的四面体中间体拥挤，均使酯的水解速度减慢。

8.4.2 油脂的皂化

油脂的皂化是指油脂在氢氧化钠的作用下，被水解及中和成脂肪酸钠盐的过程。油脂的皂化是生产肥皂的基础。在精细有机合成中，油脂的皂化被用来生产一些特殊的脂肪酸盐。

亚油酸是一种重要的精细化工产品，可用于油漆、油墨的生产及制备聚酰胺、聚酯、聚脲等，纯品为无色液体。工业上亚油酸是以大豆油为原料，经皂化、酸化制得浓脂肪酸产品，后经冷冻分离和精制而得。其反应式为：

$$\begin{array}{l} CH_2-OOCR \\ | \\ CH-OOCR^1 \\ | \\ CH_2-OOCR^2 \end{array} \xrightarrow[95℃]{NaOH} \begin{array}{l} RCOONa \\ R^1COONa \\ R^2COONa \end{array} + \begin{array}{l} CH_2-OH \\ | \\ CH-OH \\ | \\ CH_2-OH \end{array}$$

(a)

$$(a) \xrightarrow{H_2SO_4} RCOOH$$

其中，$R=CH_3(CH_2)_4CH=CHCH_2CH=CH(CH_2)_7$

将豆油置于耐酸罐中，加热至 90℃左右，加入一部分 27%的 NaOH 溶液，继续加热 15 min，加入部分 NaOH(总投料量比为豆油：NaOH=1：0.8)，继续反应 16 h 得皂化物。将皂化物去除废碱液后用 50%的 H_2SO_4 中和，加热搅拌反应 1～3 h 使皂化物完全溶解。除去废酸，得亚油酸粗品，再用水淋洗残留的废酸后静置分层，上层有机相为产品亚油酸。

油脂与碱液（一般均为氢氧化钠溶液）不能互溶，为了加速反应，必须加入乳化剂使油脂分散。肥皂本身就是乳化剂，可在前一次反应结束后留少量已生成的皂在反应器内，或在油脂中先加入少量碱液以中和油脂中存在的游离脂肪酸，使之产生肥皂。在工业生产上，采用质量分数为 32%～36%的苛性碱溶液，在煮沸的情况下进行皂化，皂化结束后用盐溶液洗涤生成的皂，以回收其中的甘油，最后静置 36～47 h，进行保温分层，废液中含 6%～12%的甘油，送甘油回收工段，上层的澄清皂层送去制皂基。

最近皂化水解工艺也有许多改进，其中最重要的是在 0.2 MPa、120℃的加压皂化，它可大大缩短皂化时间，实现连续化生产。

8.4.3　油脂水解制脂肪酸

油脂通过酸性水解可得到脂肪酸，工业上有常压水解法、加压（中压）水解法和高压水解法几种。常压水解时，以蓖麻油水解为例，需要加入乳化剂，以帮助油水两相的充分混合。常用的乳化剂有萘磺酸、十二烷基苯磺酸等。加压水解法一般用氧化锌作催化剂，水解物料油：水：氧化锌的质量比为 1：0.4：0.005。水解过程在塔式反应器中进行，保持 115℃～160℃和 0.6～0.8 MPa，水解 10 h。油脂和蒸发的水解液可以不加催化剂和乳化剂，在高温（250℃～260℃）、高压（5 MPa）下连续进行。

常压水解采用间歇操作，产物静置分层后，下层是甘油水溶液，可以从中回收甘油；上层是粗品脂肪酸，精制后即得到成品脂肪酸。在连续水解中，主反应器是一根空管，反应压力约为 5.5 MPa，温度约 260℃。为避免在高温下被溶于其中的少量空气氧化，油脂在进入水解塔前必须在真空下脱气。粗油脂从塔底送入，逆流至塔顶，而相对密度较油脂及脂肪酸大的水则由塔顶顺流到塔底，单程水解率可达 99%以上。甘油水（甘油质量分数为 10%～15%）由水解塔底的分离槽中连续流出，经闪蒸分离后送到甘油回收工段以回收甘油。水解得到的脂肪酸则从塔顶流出，经减压后送往蒸馏工段。

8.4.4　酶催化水解

酶催化水解脂肪酸是近代高技术发展中的生物工程。早在 20 世纪初，德国化学家们已开发了这种工艺。当时采用的酶纯度较低，近年来，随着酶分离技术的改进，不少可用作催化剂的脂肪酶均可达到高纯度和高活性，因而促进了油脂酶催化水解的研究。

以日本已建成的油脂酶催化水解的半工业性装置为例：采用由酵母中分离出来的相对分子质量为 10 万～20 万的高纯脂肪酶为催化剂，用量为油脂质量的 0.05%。反应温度 30℃～40℃，时间 24～28 h，水解率为 95%～98%。为降低成本，30%～50%的酶可回收使用。

与常压皂化法、压热裂解法相比，酶水解法具有能耗低、设备简单、操作费用少、条件温和等优点。此外，酶水解法得到的脂肪酸及甘油的颜色均与原料油脂相近。若用色泽浅的油脂作原料，得到的脂肪酸可不经蒸馏，甘油水也不必脱色。可见，酶催化水解工艺的优点是非常突出的。

8.4.5 酯的醇解

酯的醇解一般是指酯分子中的伯醇基由另一高沸点的伯醇基取代,反应式为:

$$RCOOR'+R''OH \rightleftharpoons RCOOR''+R'OH$$

在这个平衡反应中,由于醇解反应处于可逆平衡中,除非将产物中的某一组分从反应区通过汽化或沉淀的方式移除,反应就不会进行完全。至于反应达到平衡时各组分间的浓度则与参与反应的醇的性质有关,可采用使某一反应物大大过量,或移去某一生成物的方法来改变平衡。

酯醇解反应的催化剂除酸和碱以外,还有选用离子交换树脂、分子筛作催化剂催化酯醇解反应的报道,由于有的醇解反应也受平衡限制,有一些学者将新技术应用到醇解反应中,以提高反应物的转化率。

酯的醇解反应与酯水解反应有着相似的历程。酸催化醇解反应历程为:

$$R-\overset{O}{\overset{\|}{C}}-OR' \underset{}{\overset{+H^+}{\rightleftharpoons}} R-\overset{O}{\overset{\|}{C}}-\overset{+}{\underset{H}{\underset{|}{O}}}R' \overset{R''OH}{\rightleftharpoons} \left[R-\overset{O}{\overset{\|}{C}}-\overset{+}{\underset{H}{\underset{|}{O}}}R' \quad (\cdots O(H)R'')\right] \overset{R'OH}{\rightleftharpoons} R-\overset{O}{\overset{\|}{C}}-\overset{+}{\underset{H}{\underset{|}{O}}}R'' \overset{-H^+}{\rightleftharpoons} R-\overset{O}{\overset{\|}{C}}-OR''$$

碱催化的醇解反应历程为:

$$R-\overset{O}{\overset{\|}{C}}-OR' \overset{+R''O^-}{\rightleftharpoons} \left[R-\overset{O^-}{\overset{|}{\underset{OR''}{\underset{|}{C}}}}-OR'\right] \overset{-R'O^-}{\rightleftharpoons} R-\overset{O}{\overset{\|}{C}}-OR''$$

能够对醇解反应产生影响的因素有反应温度、催化剂以及平衡状态。

(1)反应温度

在采用碱催化剂时,醇解反应可在室温或较高的温度下进行。采用酸性催化剂时,反应温度需提高到100℃左右。若不用催化剂,则反应必须在高于250℃时才有足够的反应速率。

(2)催化剂

在碱性催化剂作用下,烷氧基碱金属化合物,如甲醇钠、乙醇钠是最常用的催化剂。在某些特殊情况下,也可用较弱的碱性催化剂。而在酸性催化剂中,最常用的有硫酸及盐酸。当用多元醇进行醇解时,硫酸比盐酸更有效,因为后者会生成氯乙醇等副产物。

(3)平衡状态

发生醇解时,伯醇的反应活泼性一般较仲醇高,因此伯醇可以取代已经结合在酯中的仲烷氧基。同理,仲醇也可取代叔醇。

8.5 氰基的水解

8.5.1 氰基水解成羧基

苯乙腈在70%硫酸中在100℃水解可制得苯乙酸,但此法要用氯苄和剧毒的氰化钠为原料,成本高、不安全,而且有含硫酸废水需要治理,现已改用氯苄的羰基合成法。

$$C_6H_5CH_2Cl + CO + H_2O \xrightarrow{\text{催化剂}} C_6H_5CH_2COOH + HCl$$

现在邻氯苯乙酸的生产仍采用腈基水解法。

$$\text{邻氯甲苯} \xrightarrow[\text{PCl}_3\text{ 或 TPC-60 催化剂}]{\text{侧链氯化}} \text{邻氯苄氯} \xrightarrow[\text{水介质相转移催化剂}]{\text{NaCN 氰化}} \text{邻氯苯乙腈} \xrightarrow{\text{氰基水解}} \text{邻氯苯乙酸}$$

水解反应在体积比为 1∶1∶1 的 85％乙酸∶浓硫酸∶水介质中在 120℃ 回流 1.5 h，收率 84.8％。水解时如果只用浓硫酸，会使反应物焦化、缩合，加入乙酸可增加氰化物在介质中的溶解度，提高产品的收率。

工业上还用于从烟腈生成烟酸（碱性水解），烟腈由 3-甲基吡啶的氨氧化而得。丙烯酸和甲基丙烯酸的生产都曾采用过氰基水解法，但现在都已改用其他合成路线。

8.5.2　氰基水解成酰氨基

在较温和的条件下，氰基可以与水结合只发生 C—N 中两个 C—N 键的断裂而转变成氨羰基（酰氨基）。

1. 丙烯腈的水解制丙烯酰胺

丙烯腈的水解制丙烯酰胺最初采用硫酸水解法，因消耗定额高，有大量含硫酸废液，已被淘汰。现在采用的方法是催化水解法和酶催化水解法。

催化水解法以铜—铬合金或骨架铜铝合金为催化剂，将 15％～30％丙烯腈水溶液经过四个串联的装有催化剂的固定床反应器，在 70℃～120℃和 0.8～2.4 MPa 进行水解，控制单程转化率 45％～70％，选择性可达 99％以上。铜—铬催化剂寿命为 6 个月，骨架铜催化剂易粉碎，寿命短。

酶催化水解法的关键是高水解选择性、高活性菌种的筛选、培育和固定化。此法主要优点是：

①采用固定床反应器可在常温常压连续生产。

②丙烯腈单程转化率可达 99.9％以上，无副产物，纯度高、后处理简单。

③产品不含 Cu^{2+}，不需要脱铜工艺。

但甲基丙烯腈的水合制甲基丙烯酰胺，目前仍采用硫酸水合法。

2. 其他实例

烟腈的碱性水解（NaOH 或 NH_4OH），选择合适的条件，控制水解深度可得到烟酰胺或烟酸。另外，烟腈的水解制烟酰胺和烟酸也已能采用酶催化法。

2,6-二氟苯腈的水解制 2,6-二氟苯甲酰胺，反应在 90％硫酸中在 70℃进行。

$$\text{2,6-二氯苯腈} \xrightarrow{2KF} \text{2,6-二氟苯腈} \xrightarrow[70℃]{90\%\,H_2SO_4} \text{2,6-二氟苯甲酰胺}$$

苯乙酰胺的制备已不采用苯乙腈的水解法，而改用苯乙烯与多硫化铵相反应的方法。

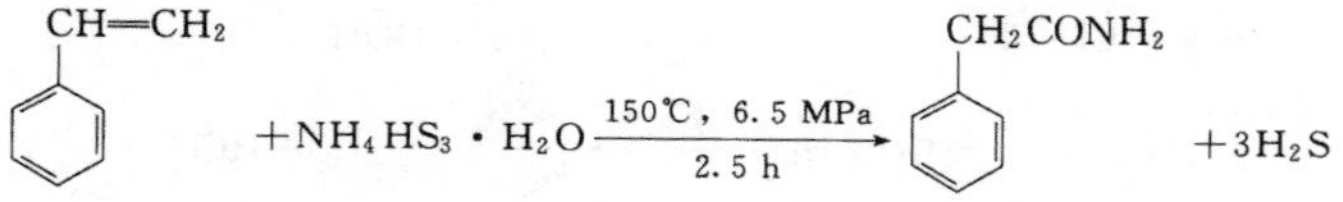

$$C_6H_5CH{=}CH_2 + NH_4HS_3 \cdot H_2O \xrightarrow[2.5\ h]{150℃,\ 6.5\ MPa} C_6H_5CH_2CONH_2 + 3H_2S$$

8.6 碳水化合物的水解

碳水化合物的水解是将植物原料中的多缩己糖(纤维素和淀粉等)水解为单己糖(葡萄糖、果糖、甘露蜜糖、半乳糖等),或是将多缩戊糖(半纤维素)水解为单戊糖(戊醛糖等)。

$$\underset{淀粉}{(C_6H_{10}O_5)_n} + nH_2O \xrightarrow{水解} \underset{单己糖}{nC_6H_{12}O_6}$$

$$\underset{麦芽糖}{C_{12}H_{22}O_{11}} + H_2O \xrightarrow{水解} \underset{单己糖}{2C_6H_{12}O_6}$$

$$\underset{半纤维素}{(C_5H_8O_4)_n} + nH_2O \xrightarrow{水解} \underset{戊醛糖}{nC_5H_{10}O_5}$$

玉米、土豆、甘薯等淀粉的水解大量用于生产葡萄糖。这个水解反应过去主要采用硫酸催化法,现在主要改用酶催化法,所用的水解酶是葡萄糖淀粉酶。根据各种水解酶的不同,在工业上可用来生产其他单己糖。水解酶也用于饲料的发酵糖化。

多缩戊糖用稀硫酸水解可生成戊醛糖,同时脱水生成糠醛:

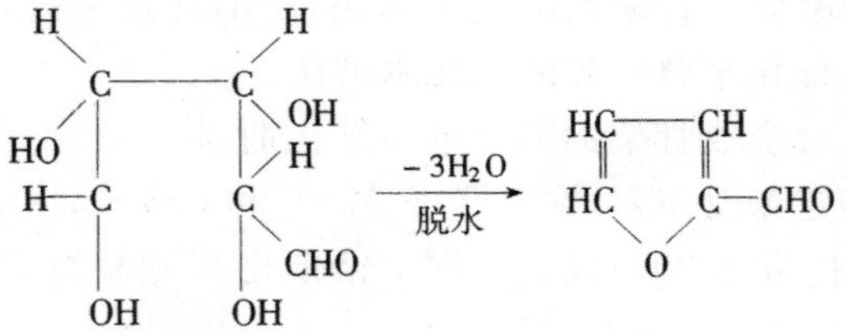

$$\text{戊醛糖} \xrightarrow[\text{脱水}]{-3H_2O} \text{糠醛(呋喃甲醛)}$$

戊醛糖　　　　糠醛(呋喃甲醛)

糠醛是重要的化工原料和溶剂。生产糠醛的原料是含有多缩戊糖的农副产品,例如玉米心、棉子壳和油茶果壳等。大中型生产时,采用加压水解法。水解锅需要用耐酸或钢板衬里,在锅内靠近底部装有一个蓖子。原料在入锅前先在输料装置中与5%(质量)稀硫酸混合,硫酸的用量约为物料质量的30%~50%。装料完毕后,从锅的底部通入直接水蒸气,当压力升至0.4~0.6 MPa时,慢慢打开顶部的排气阀,将含糠醛的水蒸气引入冷凝器,即得到稀的糠醛水溶液。

用精馏法蒸出糠醛一水的共沸物,共沸液分层后,上层的水溶液含糠醛7%~10%,循环回精馏塔;下层的粗糠醛含醛量在90%以上,经碱洗除去副产的乙酸后,再经减压蒸馏,即得到精糠醛。为了减少硫酸消耗量,可将蒸出糠醛后的残渣用压榨法榨干,并用少量水洗涤。回收的含硫酸母液和洗液套用于下一批水解。每生产1吨糠醛,约消耗17.6吨棉子壳或10.5吨玉米心。

大规模生产糠醛时可采用连续水解法。小厂用玉米心制糠醛时,为了避免使用高压釜、中压锅炉并省去精馏操作,改用直接火加热常压水解法。在水解液中除了加入很少的硫酸以外,还需要加入适量的食盐、卤块或芒硝,以减少对设备的腐蚀,并提高水解液的沸点。

第 9 章　缩合反应

9.1　概述

缩合反应一般指两个或两个以上分子通过生成新的碳—碳、碳—杂或杂—杂键，从而形成较大的分子的反应。在缩合反应过程中往往会脱去某一种简单分子，如 H_2O、HX、ROH 等。缩合反应能提供由简单的有机物合成复杂的有机物的许多合成方法，包括脂肪族、芳香族和杂环化合物，在香料、医药、农药、染料等许多精细化工生产中得到广泛应用。

缩合反应的类型繁多，有下列分类方法：

①按参与缩合反应的分子异同。

②按缩合反应发生于分子内或分子间的不同。

③按缩合反应产物是否成环。

④按缩合反应的历程不同。

⑤按缩合反应中脱去的小分子不同。

9.1.1　缩合反应基本概念

缩合反应是指两个或两个以上分子经由失去某一简单分子形成较大的单一分子的反应，是形成新的碳-碳键来合成目的产物的化学反应。

缩合反应一般分为非成环缩合和成环缩合。非成环缩合包括 C-烷基化、C-酰化、脂肪链中亚甲基和甲基的活泼氢被取代，形成碳碳链的缩合。成环缩合包括形成五元及六元碳环、五元及六元杂环的缩合。

缩合反应可分酸催化反应和碱催化反应。酸催化缩合反应包括芳烃、烯烃、醛、酮和醇等在催化剂无机酸或 Lewis 酸催化下，生成正离子并与亲核试剂作用，从而生成碳-碳键或碳-氮键等的反应。碱催化缩合反应或碱催化烃基化反应是指含活泼氢的化合物在碱催化下失去质子形成碳负离子并与亲电试剂的反应。碱催化反应可以用来增长碳链和合成环状化合物。

除生成结构比较复杂的目的产物外，缩合过程还常有结构比较简单的副产物生成，如水、卤化氢、氨、醇等小分子。脱除并回收这些小分子产物，不仅可以提高产品质量、降低生产成本，而且还能改善工作环境、避免环境污染。

缩合是使用结构比较简单的一种或多种原料，通过缩合反应，合成结构较为复杂或具有某种特定功能的化合物。缩合在有机合成中占有十分重要地位。

缩合的主要原料包括以下几类：

①醛类及其衍生物，如甲醛、乙醛、苯甲醛等。

②酮类及其衍生物，如丙酮、甲基乙基酮、苯甲酮等。

③羧酸及其衍生物，如乙酸、醋酸酐、乙酸乙酯、丙二酸、丙二酸乙酯、邻苯二甲酸酐等。

④烯烃及其衍生物，如丙烯腈、丙烯醛、丙烯酸、顺丁烯二酸酐、丁二烯等。

缩合常用的溶剂有乙醇、乙醚、苯、甲苯、二甲苯、四氢呋喃、环己烷等。

缩合的主要辅料包括缩合溶剂、催化剂等。碱性催化剂主要有氢氧化钠、氢氧化钙、碳酸钾、氢化钾或钠、氢化钠/乙醇、甲醇钠/乙醇钠、叔丁醇钠、甲氨基钠、吡啶、哌啶等；酸性催化剂主要有硫酸、盐酸、对甲苯磺酸、阳离子交换树脂、柠檬酸、三氟化硼、三氯化钛、羧酸钾或钠盐等。

缩合生产涉及的原辅料及产品，其化学加工程度深，生产成本高，并且多为低或中闪点的液体，其燃烧性、爆炸性和毒害性较强，因此应严格依照生产工艺规程、安全操作规程实施操作，避免物料泄漏，减少废物料排放，保护环境，避免生产事故。

9.1.2 酯链中亚甲基和甲基上氢原子的酸性

脂链中亚甲基和甲基上连有较强的吸电基时，这个亚甲基或甲基上的氢一般都表现出一定的酸性，其酸性值可以用 pK_a 值表示，酸性值越强，pK_a 值就越小，如表 9-1 所示。

表 9-1 各种活泼甲基和活泼亚甲基化合物的酸性值(以 pK_a 表示)

化合物类型 CH_3-Y	pKa	化合物类型 $X-CH_2-Y$	pKa
CH_3-NO_2	9	$N\equiv C-CH_2-C(=O)-OC_2H_5$	9
$CH_3-C(=O)-C_6H_5$	19	$CH_2(COCH_3)_2$	9
$CH_3-C(=O)-CH_3$	20	$CH_3-C(=O)-CH_2-C(=O)-OC_2H_5$	10.7
$CH_3-C(=O)-OC_2H_5$	约 24	$CH_2(CN)_2$	11
$CH_3-C\equiv N$	约 25	$CH_2(C(=O)-OC_2H_5)_2$	13
$CH_3-C(=O)-NH_2$	约 25		

分析表 9-1 可知，各种吸电基 Y 对 α-甲基上氢原子的活化能力次序如下：

$$-NO_2 > -C(=O)-R > -C(=O)-OR > -C\equiv N > -C(=O)-NH_2$$

而在亚甲基上连有两个吸电基 X 和 Y 时，亚甲基上氢原子的酸性明显增加。

9.1.3 一般反应历程

吸电基 α 位碳原子上的氢具有一定的酸性，因此在碱(B)的催化作用下，可脱去质子而形成碳负离子。例如：

$$CH_3-\underset{\underset{O}{\|}}{C}-H + B \underset{脱质子}{\overset{快}{\rightleftharpoons}} \left[{}^{-}CH_2-\underset{\underset{O}{\|}}{C}-H \rightleftharpoons CH_2=\underset{\underset{O^-}{|}}{C}-H \right] + BH^+$$

碳负离子　　氧负离子

$$CH_2(\underset{\underset{O}{\|}}{C}-OC_2H_5)_2 + B \underset{脱质子}{\overset{快}{\rightleftharpoons}} {}^{-}CH(\underset{\underset{O}{\|}}{C}-OC_2H_5)_2 + BH^+$$

碳负离子

这种碳负离子可以与醛、酮、羧酸酯、羧酸酐以及烯键、炔键和卤烷发生亲核加成反应或亲核取代反应，形成新的碳-碳键而得到多种类型的产物。对于不同的缩合反应需要使用不同的碱性催化剂。

这类缩合反应一般都采用碱催化法，至于酸催化法则很少采用。

9.2　羟醛缩合反应

醛酮缩合包括醛醛、酮酮及醛酮缩合。在碱或酸作用下，含活泼 α-氢的醛或酮缩合，生成 β-羟基醛或 β-羟基酮的反应，又称奥尔德(Aldol)缩合。

9.2.1　醛醛缩合

醛或酮羰基氧的电负性高于羰基碳的电负性，使羰基碳具有一定的亲电性，致使亚甲基(或甲基)的氢具有酸性，在碱作用下形成 α-碳负离子。

$$H-\overset{\overset{O}{\|}}{C}-CH_2-H + OH^{\ominus} \rightleftharpoons \left[H-\overset{\overset{O}{\|}}{C}-\overset{\ominus}{C}H_2 \longleftrightarrow H-\overset{\overset{O^{\ominus}}{|}}{C}=CH_2 \right] + H_2O$$

α-碳负离子　　烯醇负离子

形成 α-碳负离子(烯醇负离子)的醛，与另一分子醛(酮)进行羰基加成，生成 β-羟基醛。

$$H-\overset{\overset{O}{\|}}{C}-CH_3 + \overset{\ominus}{C}H_2-\overset{\overset{O}{\|}}{C}-H \rightleftharpoons CH_3-\overset{\overset{O^{\ominus}}{|}}{C}H-CH_2-\overset{\overset{O}{\|}}{C}-H \overset{H_2O}{\rightleftharpoons} CH_3-\overset{\overset{OH}{|}}{C}H-CH_2-\overset{\overset{O}{\|}}{C}-H$$

醛醛缩合可以是同分子醛缩合，也可以是异分子醛缩合。

1. 同醛缩合

乙醛缩合是一个典型的同醛缩合。2 mol 乙醛经缩合、脱水生成 α,β-丁烯醛。

$$2CH_3CHO \overset{稀NaOH}{\rightleftharpoons} CH_3\underset{\underset{OH}{|}}{C}HCH_2CHO \xrightarrow{-H_2O} CH_3CH=CHCHO$$

α,β-丁烯醛经催化还原，得正丁醛或正丁醇。

$$CH_3CH=CHCHO \xrightarrow{H_2/Ni} CH_3CH_2CH_2CHO \xrightarrow{H_2/Ni} CH_3CH_2CH_2CH_2OH$$

正丁醛缩合、脱水、加氢还原，产物及一乙基己醇是合成增塑剂 DOP 原料。

$$2CH_3CH_2CH_2CHO \underset{}{\overset{OH^{\ominus}}{\rightleftharpoons}} CH_3CH_2CH_2CH(OH)CH(C_2H_5)CHO \xrightarrow[\triangle]{-H_2O} CH_3CH_2CH_2CH{=}C(C_2H_5)CHO$$

$$\xrightarrow{2H_2/Ni} CH_3CH_2CH_2CH_2CH(C_2H_5)CH_2OH$$

2. 异醛缩合

若异醛分子均含 α-氢，含氢较少的 α-碳形成的及一碳负离子与 α-碳含氢较多的醛反应。

$$(CHO)(C_2H_5)CH-H \overset{OH^-}{\rightleftharpoons} (CHO)(C_2H_5)\bar{C}H \xrightarrow[\text{② } H^+,\ H_2O]{\text{① } CH_3CHO,\ OH^-} C_2H_5-CH(CHO)-CH(OH)-CH_3$$

产物 2-乙基-3-羟基丁醛再脱水、加氢还原，主要产物是 2-乙基丁醛(异己醛)。

在碱存在下，异分子醛缩合生成四种羟基醛的混合物，若继续脱水缩合，产物更复杂。

(1)芳醛缩合

芳醛与含 α-氢的醛缩合生成 β-苯基-α,β-不饱和醛的反应，称克莱森-斯密特(Claisen-Schmidt)反应。苯甲醛与乙醛的缩合产物是 β-苯丙烯醛(肉桂醛)。

$$C_6H_5CHO + H-CH_2CHO \xrightarrow{OH^-} C_6H_5CH(OH)-CH_2-CHO \xrightarrow{-H_2O} C_6H_5CH{=}CH-CHO$$

肉桂醛

在氰化钾或氰化钠作用下，两分子芳醛缩合生成 α-羟基酮的反应称为安息香缩合。

$$2\,C_6H_5CHO \xrightarrow[pH=7\sim8,\ \text{回流}1.5\ h]{NaCN,\ C_2H_5OH,\ H_2O} C_6H_5CO-CH(OH)-C_6H_5$$

其反应历程如下：

$$C_6H_5CHO \overset{CN^-}{\rightleftharpoons} C_6H_5C(O^-)(H)CN \underset{\text{极性转换}}{\rightleftharpoons} C_6H_5\bar{C}(OH)CN \xrightarrow[\text{加成}]{C_6H_5CHO}$$

氰醇碳负离子

$$C_6H_5C(OH)(CN)-CH(O^-)C_6H_5 \xrightarrow{-CN^-} C_6H_5CO-CH(OH)-C_6H_5$$

芳醛的苯环上具有给电子基团时，不能发生安息香缩合，但可与苯甲醛缩合，产物为不对称 α-羟基酮。

$$(CH_3)_2N-C_6H_4-CHO + C_6H_5CHO \xrightarrow[C_2H_5OH,\ H_2O]{NaCN} (CH_3)_2N-C_6H_4-CO-CH(OH)-C_6H_5$$

芳醛不含 α-活泼氢，不能在酸或碱催化下缩合。但是，在含水乙醇中，芳醛能够以氰化钠或氰化钾为催化剂，加热后可以发生自身缩合，生成 α-羟酮。该反应称为安息香缩合反应，也称为苯偶姻反应。反应通式如下：

$$2ArCHO \xrightarrow{NaCN\text{或}KCN} Ar-\overset{O}{\overset{\|}{C}}-\overset{OH}{\overset{|}{C}H}-Ar$$

具体的反应步骤如下：

①氰根离子对羰基进行亲核加成，形成氰醇负离子，由于氰基不仅是良好的亲核试剂和易于脱离的基团，而且具有很强的吸电子能力，因此，连有氰基的碳原子上的氢酸性很强，在碱性介质中立即形成氰醇碳负离子，它被氰基和芳基组成的共轭体系所稳定。

②氰醇碳负离子向另一分子的芳醛进行亲核加成，加成产物经质子迁移后再脱去氰基，生成 α 羟基酮，即安息香。

$$Ar-\overset{O}{\overset{\|}{C}}-H + CN^- \rightleftharpoons Ar-\underset{CHN^-}{\underset{|}{\overset{O}{\overset{\|}{C}}}}-H \rightleftharpoons Ar-\underset{CN}{\underset{|}{\overset{OH}{\overset{|}{C^-}}}}$$

$$Ar-\underset{CN}{\underset{|}{\overset{OH}{\overset{|}{C^-}}}} + Ar-\overset{O}{\overset{\|}{C}}-H \longrightarrow Ar-\underset{CN}{\underset{|}{\overset{OH}{\overset{|}{C}}}}-\overset{O^-}{\overset{|}{C}H}-Ar \rightleftharpoons$$

$$Ar-\underset{CN}{\underset{|}{\overset{O^-}{\overset{|}{C}}}}-\overset{OH}{\overset{|}{C}H}-Ar \longrightarrow Ar-\overset{O}{\overset{\|}{C}}-\overset{OH}{\overset{|}{C}H}-Ar$$

上述反应为氰醇碳负离子向另一分子芳醛进行亲核加成反应。需要注意的是，由于氰化物是剧毒品，对人体易产生危害，且“三废”处理困难，因此在 20 世纪 70 年代后期开始采用具有生物学活性的辅酶纤维素 B1 代替氰化物作催化剂进行缩合反应。

(2)羟醛缩合

羟醛缩合反应的通式如下：

$$2RCH_2COR' \rightleftharpoons RCH_2-\underset{R'}{\underset{|}{\overset{OH}{\overset{|}{C}}}}-\underset{R}{\underset{|}{C}}HCOR' \xrightarrow{-H_2O} RCH_2-\underset{R'}{\underset{|}{C}}=\underset{R}{\underset{|}{C}}COR'$$

羟醛缩合反应中应用的碱催化较多，有利于夺取活泼氢形成碳负离子，提高试剂的亲核活性，并且和另一分子醛或酮的羰基进行加成，得到的加成物在碱的存在下可进行脱水反应，生产 α,β-不饱和醛或酮类化合物。其反应机理如下：

$$RCH_2COR' + B^- \rightleftharpoons RC^-HCOR' + HB$$

$$RCH_2\overset{O}{\overset{\|}{C}}R' + RCH^-COR' \longrightarrow RCH_2\underset{R'}{\underset{|}{\overset{O^-}{\overset{|}{C}}}}-\underset{R}{\underset{|}{C}}HCOR' \longrightarrow RCH_2\underset{R'}{\underset{|}{\overset{OH}{\overset{|}{C}}}}-\underset{R}{\underset{|}{C}}HCOR' + B^-$$

$$\mathrm{RCH_2\underset{R'}{\overset{OH}{C}}---\underset{R}{C}HCOR'} + B^- \rightleftharpoons \mathrm{RCH_2\underset{R'}{\overset{OH}{C}}---\underset{R}{C^-}COR'} + HB$$

$$\mathrm{RCH_2\underset{R'}{\overset{OH}{C}}---\underset{R}{C^-}COR'} + HB \rightleftharpoons \mathrm{RCH_2\underset{R'}{C}=\underset{R}{C}COR'} + H_2O + B^-$$

在羟醛缩合中，转变成碳负离子的醛或酮称为亚甲基组分；提供羰基的称为羰基组分。

酸催化作用下的羟醛缩合反应的第一步是羰基的质子化生成碳正离子。这不仅提高了羰基碳原子的亲电性；同时碳正离子进一步转化成烯醇式结构，也增加了羰基化合物的亲核活性，使反应进行更容易。

$$\mathrm{RCH_2\overset{O}{\overset{\|}{C}}R'} + HA \underset{-A^-}{\rightleftharpoons} \mathrm{RCH_2\overset{O^+H}{\overset{\|}{C}}R'} \longleftrightarrow \mathrm{RCH_2\overset{OH}{\overset{|}{C^+}}R'}$$

$$\mathrm{RCH_2\overset{O}{\overset{\|}{C}}R'} + HA \underset{-A^-}{\rightleftharpoons} \mathrm{RCH_2\overset{O^+H}{\overset{\|}{C}}R'} \underset{-HA}{\overset{+A^-}{\rightleftharpoons}} \mathrm{RCH=\overset{OH}{\overset{|}{C}}R'}$$

$$\mathrm{RCH_2\overset{OH}{\overset{|}{C^+}}R'} + \mathrm{RCH=\overset{OH}{\overset{|}{C}}R'} \longrightarrow \mathrm{RCH_2\underset{R'}{\overset{OH}{C}}---\underset{R}{C}H\overset{O^+H}{\overset{\|}{C}}R'} \underset{-H^+}{\rightleftharpoons} \mathrm{RCH_2\underset{R'}{\overset{OH}{C}}---\underset{R}{C}H\overset{O}{\overset{\|}{C}}R'}$$

$$\mathrm{RCH_2\underset{R'}{\overset{OH}{C}}---\underset{R}{C}H\overset{O}{\overset{\|}{C}}R'} \overset{+H^+}{\rightleftharpoons} \mathrm{RCH_2\underset{R'}{\overset{O^+H_2}{C}}---\underset{R}{C}H\overset{O}{\overset{\|}{C}}R'} \xrightarrow{+A^-} \mathrm{RCH_2\underset{R'}{C}=\underset{R}{C}HCOR'} + H_2O + HA$$

羟醛自身缩合可使产物的碳链长度增加一倍，工业上可利用这种缩合反应来制备高级醇。如以丙烯为起始原料，首先经羰基化合成为正丁醛，再在氢氧化钠溶液或碱性离子交换树脂催化下成为β羰基醛，这样就具有了两倍于原料醛正丁醛的碳原子数，再经脱水和加氢还原可转化成2-乙基己醇。

$$CH_3-CH=CH_2+CO+H_2 \xrightarrow{\text{Co 催化剂}} CH_3CH_2CH_2CHO \xrightarrow{OH^-} CH_3CH_2CH_2\underset{HO}{\underset{|}{C}H}\underset{CH_2CH_3}{\underset{|}{C}H}CHO$$

$$\xrightarrow{-H_2O} CH_3CH_2CH_2CH=\underset{CH_2CH_3}{\underset{|}{C}}CHO \xrightarrow{+H_2,\text{Ni 催化剂}} CH_3CH_2CH_2CH_2\underset{CH_2CH_3}{\underset{|}{C}H}CH_2OH$$

在工业上2-乙基己醇常用来大量合成邻苯二甲酸二辛酯，作为聚氯乙烯的增塑剂。

(3)其他缩合反应

甲醛是无α-氢的醛，自身不能缩合。在碱作用下甲醛与含α-氢的醛缩合得β-羟甲基醛，脱水后的产物为丙烯醛。

$$\mathrm{H_2C=O} + H-CH_2CHO \rightleftharpoons \underset{OH}{\underset{|}{CH_2}}-\underset{H}{\underset{|}{CH}}-CHO$$

$$\xrightarrow{-H_2O} CH_2=CH_2-CHO$$

季戊四醇是优良的溶剂，也是增塑剂、抗氧剂等精细化学品的原料，过量甲醛与乙醛在碱作用下缩合制得三羟甲基乙醛，再用过量甲醛还原，得季戊四醇。

$$CH_3CHO + 3\,HCHO \xrightarrow[15℃\sim16℃]{25\%Ca(OH)_2} OHC-C(CH_2OH)_3$$

$$\xrightarrow[55℃\sim60℃]{HCHO,\ 25\%Ca(OH)_2} HOCH_2-C(CH_2OH)_3 + HCOOH$$

季戊四醇

9.2.2 酮酮缩合

酮酮缩合包括对称酮、非对称酮、醛与酮的缩合。

1. 对称酮的缩合

对称酮的缩合产物比较单一。例如，20℃时，丙酮通过固体氢氧化钠，缩合产物是4-甲基-4-羟基戊-2-酮（双丙酮醇）。

$$(CH_3)_2C=O + H-CH_2COCH_3 \xrightarrow{OH^-} (CH_3)_2C(OH)CH_2COCH_3$$

4-甲基-4-羟基-2-戊酮

双丙酮醇进一步反应，合成的产品如下：

$$(CH_3)_2C(OH)CH_2COCH_3 \xrightarrow{H_2} (CH_3)_2C(OH)CH_2CH(OH)CH_3$$

4-甲基-4-羟基-2-戊酮　催化加氢　2-甲基-2,4-戊二醇

$$\xrightarrow[脱水]{-H_2O} (CH_3)_2C=CHCOCH_3 \xrightarrow{H_2} (CH_3)_2CHCH_2COCH_3$$

4-甲基-3-戊烯-2-酮　加氢　4-甲基-2-戊酮

$$\xrightarrow{H_2} (CH_3)_2CHCH_2CH(OH)CH_3$$

加氢　4-甲基-2-戊醇

2. 非对称酮的缩合

非对称酮的缩合产物有四种，虽通过反应可逆性可获得一种为主的产物，但其工业意义不大。例如，丙酮与甲乙酮缩合，主要得2-甲基-2-羟基-4-己酮，经脱水、加氢还原可制得2-甲基-4-己酮。

$$CH_3COCH_3 + CH_3CH_2COC_2H_5 \xrightleftharpoons[\text{缩合}]{OH^-} (CH_3)_2C(OH)CH_2COC_2H_5 \ (\text{2-甲基-2-羟基-4-己酮})$$

$$\xrightarrow[\text{消除脱水}]{-H_2O} (CH_3)_2C{=}CHCOC_2H_5 \ (\text{2-甲基-2-己烯-4-酮})$$

$$\xrightarrow[\text{催化加氢}]{H_2} (CH_3)_2CHCH_2COC_2H_5 \ (\text{2-甲基-4-己酮})$$

9.2.3 醛酮交叉缩合

利用不同的醛或酮进行交叉缩合，得到各种不同的 α,β-不饱和醛或酮可以看做是羟醛缩合反应更大的用途。

1. 含有活泼氢的醛或酮的交叉缩合

含 α-氢原子的不同醛或酮分子间的缩合情况是极其复杂的，它可能产生 4 种或 4 种以上的产物。根据反应性质，通过对反应条件的控制可使某一产物占优势。

在碱催化的作用下，当两个不同的醛缩合时，一般由 α-碳上含有较多取代基的醛形成碳负离子向 α-碳原子上取代基较少的醛进行亲核加成，生成 β 羟基醛或 α,β 不饱和醛：

$$CH_3CHO + CH_3CH_2CHO \xrightarrow{KOH} CH_3-\underset{OH}{CH}-\underset{CHO}{CH}-CH_3 \xrightarrow{-H_2O} CH_3CH{=}\underset{CHO}{C}-CH_3$$

在含有 α-氢原子的醛和酮缩合时，醛容易进行自缩合反应。当醛与甲基酮反应时，常是在碱催化下甲基酮的甲基形成碳负离子，该碳负离子与醛羰基进行亲核加成，最终得到 α,β-不饱和酮：

$$(CH_3)_2CHCHO + CH_3\overset{O}{\overset{\|}{C}}C_2H_5 \xrightarrow{NaOEt} (CH_3)_2CHCH{=}CH\overset{O}{\overset{\|}{C}}C_2H_5$$

当两种不同的酮之间进行缩合反应时，需要至少有一种甲基酮或脂环酮反应才能进行：

$$C_6H_5COCH_3 + C_6H_5CH_2COC_6H_5 \xrightarrow{NaOEt} (C_6H_5)(H_3C)C{=}C(C_6H_5)COC_6H_5$$

2. Cannizzaro 反应

没有 α-H 的醛，如甲醛、苯甲醛、2，2-二甲基丙醛和糠醛等，尽管其不能发生自身缩合反应，但是在碱的催化作用下可以发生歧化反应，生成等摩尔比的羧酸和醇。其中一摩尔醛作为氢供给体，自身被氧化成酸；另一摩尔醛则作为氢接受体，自身被还原成醇。其反应历程如下：

$$\underset{\text{醛}}{R-\overset{O}{\overset{\|}{C}}-H} + OH^- \xrightleftharpoons{\text{亲核加成}} \underset{\text{氧负离子}}{R-C(OH)(O^-)-H}$$

$$R-C(OH)(O^-)-H + R-\overset{\delta+}{C}(=O^{\delta-})-H \xrightarrow[\text{慢}]{\text{氢转移}\atop\text{亲核加成}} \underset{\text{酸}}{R-C(=O)-OH} + \underset{\text{醇负离子}}{R-CH(H)-O^-} \xrightleftharpoons{\text{快}} \underset{\text{酸负离子}}{R-C(=O)-O^-} + \underset{\text{醇}}{R-CH_2-OH}$$

Cannizzaro 反应既是形成 C—O 键的亲核加成反应，又是形成 C—H 键的亲核加成反应。若 Cannizzaro 反应发生在两个不同的没有α氢的醛分子之间，则称为交叉 Cannizzaro 反应。

3. 甲醛与含有 α-H 的醛、酮的缩合

甲醛不含 α-氢原子，它不能自身缩合，但是甲醛分子中的羰基却很容易和含有活泼 α-H 的醛所生成的碳负离子发生交叉缩合反应，主要生成 β-羧甲基醛。例如，甲醛与异丁醛缩合可制得 2,2-二甲基-2-羟甲基乙醛：

$$\underset{\text{甲醛}}{H_2C=O} + \underset{\text{异丁醛}}{H-C(CH_3)_2-CHO} \xrightarrow[\text{缩合}]{OH^-\text{催化}} \underset{\text{2,2-二甲基-2-羟甲基乙醛}}{HO-CH_2-C(CH_3)_2-CHO}$$

在碱性介质中，上述这个没有 α-H 的高碳醛可以与甲醛进一步发生交叉 Cannizzaro 反应。这时高碳醛中的醛基被还原成羟甲基(醇基)，而甲醛则被氧化成甲酸。例如，异丁醛与过量的甲醛作用，可直接制得 2,2-二甲基-1,3-丙二醇(季戊二醇)：

$$\underset{\text{2,2-二甲基-2-羟甲基乙醛}}{HO-CH_2-C(CH_3)_2-CHO} + H_2C=O + H_2O \xrightarrow[\text{交叉 Cannizzaro 反应}]{OH^-\text{催化}} \underset{\text{2,2-二甲基-1,3-丙二醇}}{HOCH_2-C(CH_3)_2-CH_2OH} + \underset{\text{甲酸}}{HCOOH}$$

利用甲醛向醛或酮分子中的羰基 α-碳原子上引入一个或多个羟甲基的反应叫做羟甲基化或 Tollens 缩合。利用这个反应可以制备多羟基化合物。例如，过量甲醛在碱的催化作用下与含有三个活泼 α-H 的乙醛结合可制得三羟甲基乙醛，它再被过量的甲醛还原即得到季戊四醇：

$$3\,H_2C=O + H-CH_2-CHO \xrightarrow[\text{缩合}]{OH^-\text{催化}} (HOCH_2)_3-C-CHO \xrightarrow[-HCOOH]{+H_2C=O\text{还原}} \underset{\text{季戊四醇}}{C(CH_2OH)_4}$$

4. 芳醛与含有 α-H 的醛、酮的缩合

芳醛也没有羰基 α-H，但是它可以与含有活泼 α-H 的脂醛缩合，然后消除脱水生成 β-苯基 α,β 不饱和醛。这个反应又叫做 Claisen-Schmidt 反应。例如，苯甲醛与乙醛缩合可制得 β-苯

基丙烯醛（肉桂醛）：

$$C_6H_5-\underset{\underset{O}{\|}}{C}-H + CH_3-\underset{\underset{O}{\|}}{C}-H \xrightarrow[\text{缩合}]{OH^-\text{催化}} \left[C_6H_5-\underset{OH}{\underset{|}{CH}}-CH_2-\underset{\underset{O}{\|}}{C}-H\right]$$

苯甲醛　　乙醛

$$\xrightarrow[\text{消除脱水}]{-H_2O} C_6H_5-CH=CH-\underset{\underset{O}{\|}}{C}-H$$

β-苯基丙烯醛（肉桂醛）

9.2.4　氨甲基化

氨甲基化是甲醛与含 α-氢的醛、酮、酯，及氨或胺（伯胺、仲胺）缩合、脱水，在醛、酮或酯的 α-碳上引入氨甲基的反应，即曼尼期（Mannich）反应。

$$R'-\overset{\overset{O}{\|}}{C}-\underset{R''}{\underset{|}{CH}}-H + H-\overset{\overset{O}{\|}}{C}-H + H-NR_2 \xrightarrow{H^+} R'-\overset{\overset{O}{\|}}{C}-\underset{R''}{\underset{|}{CH}}-CH_2-NR_2 + H_2O$$

甲醛可以是甲醛水溶液、三聚甲醛或多聚甲醛；采用仲胺，反应简单、副反应少，常用二甲胺、二乙胺、吗啉、哌啶、四氢吡咯等；当用不对称酮时，氨甲基化发生在取代程度较高的 α-碳上。

氨甲基化反应在酸性条件、溶剂的沸点温度下进行，操作简便，条件温和。溶剂为水、甲醇或乙醇等，若反应温度要求较高，可选用高级醇；反应温度不宜过高，否则副反应增多。氨甲基化产物多是有机合成中间体，在精细化学品合成中有着重要意义。

例如，苯海索中间体的合成：

$$C_6H_5-\overset{\overset{O}{\|}}{C}-CH_2-H + H-\overset{\overset{O}{\|}}{C}-H + \text{哌啶}\cdot HCl \xrightarrow[C_2H_5OH\text{回流}]{HCl} C_6H_5-\overset{\overset{O}{\|}}{C}-CH_2CH_2N(\text{哌啶基})\cdot HCl\quad 85\%$$

又如色氨酸中间体的合成：

$$\text{吲哚(3-H)} + HCHO + (CH_3CH_2)_2NH\cdot HCl \xrightarrow[-H_2O]{HAc} \text{吲哚-3-}CH_2-N(CH_2CH_3)_2\quad 95\%$$

1-甲基-2,6-二（苯甲酰甲基）哌啶是中枢兴奋药物山梗菜碱盐酸盐的中间体，其合成如下：

$$C_6H_5-\overset{\overset{O}{\|}}{C}-Cl + H-CH_2-\overset{\overset{O}{\|}}{C}-CH_2-COOC_2H_5 \xrightarrow[38℃\sim40℃,10\ min]{NaOH,\ NH_4Cl-NH_3} C_6H_5-\overset{\overset{O}{\|}}{C}-CH_2-COOC_2H_5$$

$$\xrightarrow[0\sim5^{\circ}C,\ 4\ d]{KOH,\ HCl} C_6H_5-\overset{O}{\overset{\|}{C}}-CH_2-COOK$$

$$\xrightarrow[光照,\ pH=4,\ 1\ h]{(CH_2)_3(CHO)_2,\ CH_3NH_2\cdot HCl,\ 柠檬酸} C_6H_5-\overset{O}{\overset{\|}{C}}-CH_2-(C_5H_8N-CH_3)-CH_2-\overset{O}{\overset{\|}{C}}-C_6H_5$$

在氢氧化钠作用下，苯甲酰氯与乙酰乙酸乙酯进行苯甲酰基化，然后在氨一氯化铵存在下，脱乙酰基得苯甲酰乙酸乙酯，用氢氧化钾溶液水解得苯甲酰乙酸钾。在酸性条件下，苯甲酰乙酸钾与戊二醛、盐酸甲胺进行氨甲基化，合成 1-甲基-2,6-二(苯甲酰甲基)哌啶，工艺过程如图 9-1 所示。

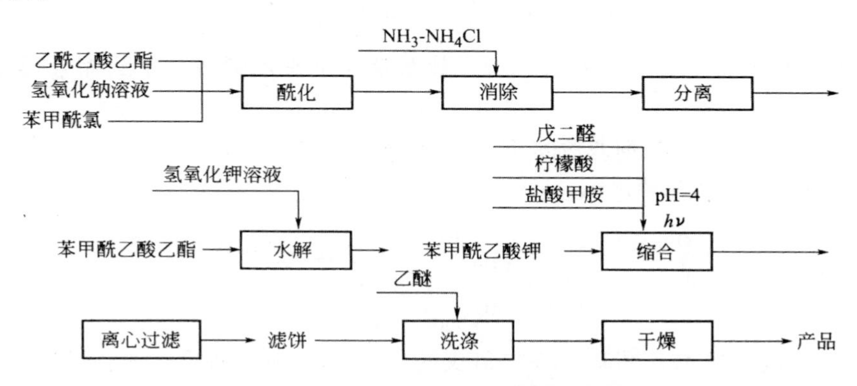

图 9-1　1-甲基-2,6-二(苯甲酰甲基)哌啶的工艺过程

9.2.5　醛酮与醇缩合

在酸性催化剂作用下，醛或酮与两分子醇缩合、脱水，生成缩醛或缩酮。

$$\begin{matrix}R'\\R\end{matrix}\!\!>C=O+2HO-CH_2-R'' \overset{H^+}{\rightleftharpoons} \begin{matrix}R'\\R\end{matrix}\!\!>C<\!\!\begin{matrix}OCH_2-R''\\OCH_2-R''\end{matrix}+H_2O$$

式中，R′—H 时为缩醛；R′=R 时为缩酮；两个 R″构成 $-CH_2-CH_2-$ 时为茂烷类；构成 $-CH_2-CH_2-CH_2-$ 时为噁烷类。缩合需要无水醇或酸作催化剂，常用干燥的氯化氢气体或对甲苯磺酸，也可用草酸、柠檬酸、磷酸或阳离子交换树脂等作催化剂。

缩醛和缩酮可制备缩羰基化物，缩羰基化物多为香料，此类香料化学稳定性好，香气温和，具有花香、木香、薄荷香或杏仁香，可增加香精的天然感。

1. 单一醇缩醛

醛与一元醇缩合，例如：

$$\begin{matrix}CH_3\\H\end{matrix}\!\!>C=O+2HO-CH_3 \xrightarrow{H^+} CH_3-CH<\!\!\begin{matrix}O-CH_3\\O-CH_3\end{matrix}+H_2O$$

产物 1,1-二甲氧基乙烷为香料，俗称乙醛二甲缩醛。

2. 混合缩醛

醛与两种不同的一元醇的缩合，例如：

$$CH_3CH{=}O + CH_3-OH + C_6H_5CH_2CH_2-OH \xrightarrow{H^+} CH_3CH(O-CH_3)(O-CH_2CH_2C_6H_5) + H_2O$$

缩合产物1-甲氧基-1-苯乙氧基乙烷为香料，俗称乙醛甲醇苯乙醇缩醛。

3. 环缩醛

醛与二元醇的缩合，例如：

$$C_6H_5CH_2CHO + \begin{matrix}HO-CH_2\\ HO-CH_2\end{matrix}\!\!>CH_2 \xrightarrow{H^+} C_6H_5CH_2-CH\begin{matrix}O-CH_2\\ O-CH_2\end{matrix}\!\!>CH_2 + H_2O$$

醛或酮与二醇缩合具有工业意义。如在硫酸催化下聚乙烯醇与甲醛缩合得聚乙烯醇缩甲醛。

在柠檬酸催化下，苯为溶剂兼脱水剂，β-丁酮酸乙酯（乙酰乙酸乙酯）和乙二醇缩合，收率为60%，减压精馏得到产品苹果酯。

$$CH_3-\overset{O}{\overset{\|}{C}}-CH_2COOC_2H_5 + \begin{matrix}CH_2-OH\\ |\\ CH_2-OH\end{matrix} \longrightarrow \underset{CH_3\ \ \ \ CH_2COOC_2H_5}{\overset{O-CH_2-CH_2-O}{C}} + H_2O$$

苹果酯(2-甲基-2-乙酸乙酯基-1,3-二氧戊烷)是具有新鲜苹果香气的香料。

醛酮与醇缩合不仅用于合成产品，还常用于有机合成保护羰基和羟基，待预定反应完成，再水解恢复原来的羰基或羟基。

9.3 羧酸及其衍生物的缩合

9.3.1 Knoevenagel 反应

在氨、胺或它们的羧酸盐等弱碱性催化剂的作用下，醛、酮与含活泼亚甲基的化合物（如丙二酸、丙二酸酯、氰乙酸酯等）将发生缩合反应，生成α,β-不饱和化合物的反应称为Knoevenagel 反应。该缩合反应通式为：

$$\begin{matrix}R\\ R'\end{matrix}\!\!>C{=}O + H_2C\!\!<\begin{matrix}X\\ Y\end{matrix} \xrightarrow{\text{弱碱催化}} \begin{matrix}R\\ R'\end{matrix}\!\!>C{=}C\!\!<\begin{matrix}X\\ Y\end{matrix} + H_2O$$

式中，R、R′为脂烃基、芳烃基或氢；X、Y为吸电子基团。

这个反应的机理解释主要有以下两种：

①类似羟醛缩合反应机理。具有活泼亚甲基的化合物在碱性催化剂(B)存在下，首先形成碳负离子，然后向醛、酮羰基进行亲核加成，加成物消除水分子，形成不饱和化合物。

$$H_2C\begin{matrix}X\\Y\end{matrix} + B \rightleftharpoons {}^{-}HC\begin{matrix}X\\Y\end{matrix} + BH^+$$

$$\begin{matrix}R'\\R\end{matrix}C{=}O + {}^{-}HC\begin{matrix}X\\Y\end{matrix} \longrightarrow \begin{matrix}R'\\R\end{matrix}C(O^-){-}HC\begin{matrix}X\\Y\end{matrix} \xrightarrow{+BH^+} \begin{matrix}R'\\R\end{matrix}C(OH){-}HC\begin{matrix}X\\Y\end{matrix}$$

$$\begin{matrix}R'\\R\end{matrix}C(OH){-}HC\begin{matrix}X\\Y\end{matrix} + B \underset{}{\overset{-BH^+}{\rightleftharpoons}} \begin{matrix}R'\\R\end{matrix}C(OH){-}{}^{-}C\begin{matrix}X\\Y\end{matrix} \xrightarrow{-HO^-} \begin{matrix}R'\\R\end{matrix}C{=}C\begin{matrix}X\\Y\end{matrix}$$

②亚胺过渡态机理。在铵盐、伯胺、仲胺催化下，醛或酮形成亚胺过渡态后，再与活泼亚甲基的碳负离子加成，加成物在酸的作用下消除氨分子，得不饱和化合物。

$$H_2C\begin{matrix}X\\Y\end{matrix} \rightleftharpoons {}^{-}HC\begin{matrix}X\\Y\end{matrix} + H^+$$

$$\begin{matrix}R'\\R\end{matrix}C{=}O + NH_4^+ \rightleftharpoons \begin{matrix}R'\\R\end{matrix}C(NH_3^+){-}OH \xrightarrow{-H_2O} \begin{matrix}R'\\R\end{matrix}C{=}NH_2^+$$

$$\begin{matrix}R'\\R\end{matrix}C{=}NH_2^+ + {}^{-}HC\begin{matrix}X\\Y\end{matrix} \longrightarrow \begin{matrix}R'\\R\end{matrix}C(NH_2){-}HC\begin{matrix}X\\Y\end{matrix} \xrightarrow{+NH_4^+}$$

$$\begin{matrix}R'\\R\end{matrix}C(NH_3^+){-}HC\begin{matrix}X\\Y\end{matrix} \xrightarrow{-NH_4^+} \begin{matrix}R'\\R\end{matrix}C{=}C\begin{matrix}X\\Y\end{matrix}$$

Knoevenagel 反应在有机合成中，尤其在药物合成中应用很广。例如，丙二酸在吡啶的催化下与醛缩合、脱羧可制得 β-取代丙烯酸。

$$RCHO + H_2C\begin{matrix}COOH\\COOH\end{matrix} \xrightarrow{-H_2O} R{-}CH{=}C\begin{matrix}COOH\\COOH\end{matrix} \xrightarrow{-CO_2} R{-}CH{=}CH{-}COOH$$

采用该反应制备 β-取代丙烯酸适用于有取代基的芳醛或酯醛的缩合，反应条件温和，速度快，收率高，产品纯度高。但是，丙二酸的价格比乙酸酐贵得多，在制备 β-取代丙烯酸时，经济方面不如 Perkin 反应。

这类反应是以 Lewis 酸或碱为催化剂的，在液相中，特别是在有机溶剂中通过加热来进行，也可采用胺、氨、吡啶、哌啶等有机碱或它们的羧酸盐等作为催化剂，在均相或非均相中反应，一般需要时间较长，而且产率较低。随着新技术、新试剂及新体系的引入，对此类反应也不断出现新的研究成果。

9.3.2 Perkin 反应

Perkin 反应指的是在强碱弱酸盐(如醋酸钾、碳酸钾)的催化下，不含 α-H 的芳香醛加热与含 α-H 的脂肪酸酐(如丙酸酐、乙酸酐)脱水缩合，生成 β-芳基 α,β-不饱和羧酸的反应。通常使用与脂肪酸酐相对应的脂肪酸盐为催化剂，产物为较大基团处于反位的烯烃。以脂肪酸盐为催化剂时，反应的通式为：

$$\mathrm{ArC(=O)-H + CH_3COOCOCH_3 \xrightarrow[\triangle]{CH_3COONa} ArCH{=}CHCOOH}$$

式中，Ar 为芳基。反应的机理表示如下：

$$\mathrm{CH_3COOCOCH_3 \underset{}{\overset{CH_3COONa}{\rightleftharpoons}} \bar{C}H_2COOCOCH_3}$$

$$\mathrm{ArC(=O)-H + \bar{C}H_2COOCOCH_3 \longrightarrow ArCH(O^-)-CH_2COOCOCH_3 \longrightarrow ArCH(OH)-CH_2COOCOCH_3}$$

$$\mathrm{\xrightarrow{-H_2O} ArCH{=}CHCOOCOCH_3 \xrightarrow{H_2O} ArCH{=}CHCOOH}$$

取代基对 Perkin 反应的难易有影响，如果芳基上连有吸电子基团会增加醛羰基的正电性，易于受到碳负离子的进攻，使反应易于进行，且产率较高；相反，如果芳基上连有供电子基团会降低醛羰基的正电性，碳负离子不易进攻醛羰基上的碳原子，使反应难以进行，产率较低。

由于脂肪酸酐的 α-H 的酸性很弱，反应需要在较高的温度和较长的时间下进行，但由于原料易得，目前仍广泛用于有机合成中。例如，苯甲醛与乙酸酐在乙酸钠催化下在 170℃～180℃温度下加热 5 h，得到肉桂酸。若苯甲醛与丙酸酐在丙酸钠催化下反应则可以合成带有取代基的肉桂酸。

$$\mathrm{PhC(=O)-H + CH_3COOCOCH_3 \xrightarrow[\triangle]{CH_3COONa} PhCH{=}CHCOOH}$$

$$\mathrm{PhC(=O)-H + CH_3CH_2COOCOCH_2CH_3 \xrightarrow[\triangle]{CH_3CH_2COONa} PhCH{=}C(CH_3)COOH}$$

Perkin 反应的主要应用是合成香料-香豆素，在乙酸钠催化下，水杨醛可以与乙酸酐反应一步合成香豆素。反应分两个阶段：①生成丙烯酸类的衍生物，②发生内酯化进行环合。

$$\text{(邻羟基苯甲醛)} + \mathrm{CH_3COOCOCH_3 \xrightarrow{CH_3COONa} \left[\text{邻羟基肉桂酸 (OH, COOH)}\right] \xrightarrow{-H_2O}} \text{香豆素}$$

Perkin 反应一般只局限于芳香醛类。但某些杂环醛，如呋喃甲醛也能发生 Perkin 反应产生呋喃丙烯酸，这个产物是医治血吸虫病药物呋喃丙胺的原料。

$$\text{呋喃-CHO} + \mathrm{CH_3COOCOCH_3 \xrightarrow{CH_3COONa}} \text{呋喃-CH=CH-COOH}$$

与脂肪酸酐相比，乙酸和取代乙酸具有更活泼的 α-H，也可以发生 Perkin 反应。如取代苯乙酸类化合物在三乙胺、乙酸酐存在下，与芳醛发生缩合反应生成取代 α-H 苯基肉桂酸类化合物，该产物为一种心血管药物的中间体。

$$\text{R-C}_6\text{H}_4\text{-CHO} + \text{R}'\text{-C}_6\text{H}_4\text{-CH}_2\text{COOH} \xrightarrow[\text{三乙胺}]{\text{乙酸酐}} \text{R-C}_6\text{H}_4\text{-CH=C(COOH)-C}_6\text{H}_4\text{-R}'$$

9.3.3　Darzens 反应

Darzens 缩合反应指的是 α-卤代羧酸酯在强碱的作用下活泼 α 氢脱质子生成碳负离子，然后与醛或酮的羰基碳原子进行亲核加成，再脱卤素负离子而生成 α,β-环氧羧酸酯的反应。其反应通式：

$$\begin{matrix}R^1\\ \quad\backslash\\ \quad C{=}O\\ \quad/\\ R^2\end{matrix} + H-\underset{X}{\overset{R^3}{C}}-COOC_2H_5 \xrightarrow[\text{脱 }H^+\text{，亲核加成}]{(CH_3)_3C-ONa} \left[\begin{matrix}R^1 & R^3\\ C- & C-COOC_2H_5\\ R^2\quad O^- & X\end{matrix}\right]$$

$$\xrightarrow[\text{脱 }X^-\text{，环合}]{-X} \begin{matrix}R^1\\ \backslash\\ C\text{—}C-COOC_2H_5\\ /\ \backslash\ /\\ R^2\quad O\end{matrix}$$

常用的强碱有醇钠、氨基钠和叔丁醇钾等。其中，叔丁醇钾的碱性很强，效果最好，因为脱落的卤素负离子要消耗碱，所以每摩尔 α-卤代羧酸酯至少要用 1 mol 碱。缩合反应发生时，为了避免卤基和酯基的水解，要在无水介质中进行。这个反应中所用的 α-卤代羧酸酯一般都是 α-氯代羧酸酯，也可用于 α-氯代酮的缩合。除用于脂醛时收率不高外，用于芳醛、脂酮、脂环酮以及 α,β-不饱和酮时都可得到良好结果。

由 Darzens 缩合制得的 α,β-环氧酸酯用碱性水溶液使酯基水解，再酸化成游离羧酸，并加热脱羧可制得比原料所用的酮（或醛）多一个碳原子的酮（或醛）。其反应通式：

$$\begin{matrix}R^1 & R^3\\ C\text{—} & C-COOC_2H_5\\ R^2\quad O & \end{matrix} \xrightarrow[\text{碱性水解}]{NaOH} \begin{matrix}R^1 & R^3\\ C\text{—} & C-COONa\\ R^2\quad O & \end{matrix} \xrightarrow[\text{酸化}]{H_2SO_4} \begin{matrix}R^1 & R^3\\ C\text{—} & O-COOH\\ R^2\quad C & \end{matrix}$$

$$\xrightarrow[\text{热脱羧}]{-CO_2} \left[\begin{matrix}R^1 & R^3\\ C\text{—} & C-H\\ R^2\quad O & \end{matrix}\right] \xrightarrow{\text{氢转移，开环}} \begin{matrix}R^1 & R^3\\ CH- & C{=}O\\ R^2 & \end{matrix}$$

该反应对于某些酮或醛的制备有一定的用途。例如由 2-十一酮与氯乙酸乙酯综合、水解、酸化、热脱羧可制得 2-甲基十一醛：

$$CH_3(CH_2)_8-\overset{CH_3}{\overset{\|}{C}}-O + H-\underset{Cl}{\overset{H}{C}}-COOC_2H_5 \xrightarrow[\text{脱 }H^+\text{，亲核加成，脱 }Cl^-]{C_2H_5ONa/-H^+,\ -Cl^-} CH_3(CH_2)_8-\overset{CH_3}{C}\underset{O}{\text{—}}\overset{H}{C}-COOC_2H_5$$

$$\xrightarrow[\text{酯基水解}]{NaOH} \xrightarrow[\text{酸化}]{H^+} CH_3(CH_2)_8-\overset{CH_3}{C}\underset{O}{\text{—}}\overset{H}{C}-COOH \xrightarrow[\text{氢转移，开环}]{-CO_2\ \text{热脱羧}} CH_3(CH_2)_8-\overset{CH_3}{CH}-\underset{O}{\underset{\|}{C}}-H$$

9.3.4　Stobbe 反应

Stobbe 反应是指在强碱的催化作用下，丁二酸二乙酯与醛、酮羰基发生缩合，生成 α-亚烃基丁二酸单酯的反应。Stobbe 缩合主要用于酮类反应物。该反应常用的催化剂为醇钠、醇钾、氢化钠等。反应的通式为：

$$R^2-\overset{O}{\overset{\|}{C}}-R^1 + H_2\overset{COOEt}{\overset{|}{C}}-CH_2-COOEt \xrightarrow{R^3CONa} R^2-\overset{R^1}{\overset{|}{C}}=\overset{COOEt}{\overset{|}{C}}-CH_2-COONa + R^3COH + EtOH$$

式中，R^1、R^2 为烷基、芳基或氢；R^3 为烷基。

在强碱的催化作用下，丁二酸二酯上的活泼 α-H 脱去，生成碳负离子，然后亲核进攻醛、酮羰基的碳原子。

α-亚烃基丁二酸单酯盐在稀酸中可以酸化成羧酸酯，如果在强酸中加热，则可发生水解并脱羧的反应，产物为比原来的醛酮多三个碳的 β,γ-不饱和酸。

$$(R^1)(R^2)C=C(CH_2COO^-)(COOEt) \xrightarrow{H_3O^+} (R^1)(R^2)C=C(CH_2COOH)(COOEt)$$

$$(R^1)(R^2)C=C(CH_2COO^-)(COOEt) \xrightarrow[-CO_2]{H^+,\triangle} (R^1)(R^2)C=CHCH_2COOH$$

α-萘满酮是生产选矿阻浮剂和杀虫剂的重要中间体，以苯甲醛为原料，通过 Stobbe 反应进行合成。

$$C_6H_5-CHO \xrightarrow[EtONa]{(CH_2COOEt)_2} C_6H_5-CH=\overset{COOEt}{\overset{|}{C}}CH_2COO^- \xrightarrow[-CO_2]{H^+,\triangle} C_6H_5-CH=CHCH_2COOH \xrightarrow{H_2,Pd/C}$$

$$C_6H_5-CH_2CH_2CH_2COOH \xrightarrow{H^+} \alpha\text{-萘满酮}$$

9.3.5 Wittig 反应

Wittig 反应指的是羰基化合物与 Wittig 试剂——烃代亚甲基三苯基膦反应合成烯类化合物的反应。该反应的结果是把烃代亚甲基三苯基膦的烃代亚甲基与醛、酮的氧原子交换，产生一个烯烃。Wittig 反应是形成碳碳双键的一个重要方法。

$$(C_6H_5)_3P=C(R')(R) + (R'')(R''')C=O \longrightarrow (R'')(R''')C=C(R')(R) + (C_6H_5)_3P=O$$

烃代亚甲基三苯基膦是一种黄红色的化合物，由三苯基膦与卤代烷反应得到。根据 R、R′结构的不同，可将磷叶立德分为三类：当 R、R′为强吸电子基团（如—$COOCH_3$、—CN 等时，为稳定的叶立德；当 R、R′为烷基时，为活泼的叶立德；当 R、R′为烯基或芳基时，为中等活度的叶立德。磷叶立德是由三苯基膦和卤代烷反应而得。在制备活泼的叶立德时必须用丁基锂、苯基锂、氨基锂和氨基钠等强碱；而制备稳定的叶立德，由于季磷盐 α-H 酸性较大，用醇钠甚至氢氧化钠即可，反应式为：

$$(C_6H_5)_3P + R'(R)CH—X \longrightarrow [(C_6H_5)_3\overset{+}{P}—CHR'R]X^- \xrightarrow{碱} (C_6H_5)_3P=CR'R$$

基于 Wittig 反应产率好、立体选择性高且反应条件温和的特点，它在有机合成中的应用较为广泛，尤其在合成某些天然有机化合物（如萜类、甾体、维生素 A 和 D、植物色素、昆虫信息素等）领域内，具有独特的作用。例如，维生素 D2 的合成：

$$\xrightarrow{Ph_3\overset{+}{P}—\overset{-}{C}H_2}$$

在荧光增白剂的生产和合成研究中 Wittig 反应的应用也比较广泛，如聚合型荧光增白剂中的带水溶性基团的聚酯型共聚物，其中间体就是通过 Wittig 反应来制备的。

$$ClCH_2—C_6H_4—COOCH_3 \xrightarrow{(C_6H_5)_3P} H_3COOC—C_6H_4—CH_2P(C_6H_5)_3$$

$$\xrightarrow{o\text{-}OHC—C_6H_4—CH_2SO_3Na} H_3COOC—C_6H_4—CH=CH—C_6H_4—CH_2SO_3Na$$

9.3.6　酯-酮缩合

酯-酮缩合的反应机理与酯-酯缩合类似。在碱性催化剂作用下，酮比酯更容易形成碳负离子，因此产物中常混有酮自身缩合的副产物；若酯比酮更容易形成碳负离子，则产物中混有酯自身缩合的副产物。显然，不含 α-活泼氢的酯与酮间的缩合所得到的产物纯度更高。

在碱性条件下，具有 α-H 的酮与酯缩合失去醇生成 β-二酮：

$$RH_2C(\text{(H)}R^1)C=O + R^2COOEt \xrightarrow{B^{\ominus}} R—CH(COR^2)—COR^1$$

在 Claisen 酮-酯缩合中，为了防止醛酮和酯都会发生自缩合反应，一般将反应物醛酮和酯的混合溶液在搅拌下滴加到含有碱催化剂的溶液中。醛酮的 α-碳负离子亲核进攻酯羰基的碳原子。由于位阻和电子效应两方面的原因，草酸酯、甲酸酯和苯甲酸酯比一般的羧酸酯活泼。

9.3.7　酯酯缩合

酯酯缩合反应指的是酯的亚甲基活泼 α-氢在强碱性催化剂的作用下，脱质子形成碳负离子，然后与另一分子酯的羰基碳原子发生亲核加成并进一步脱 RO^- 而生成 β-酮酸酯的反应。

最简单的典型实例是两分子乙酸乙酯在无水乙醇钠的催化作用下缩合，生成乙酰乙酸乙酯：

$$C_2H_5O^-Na^+ + H-CH_2-\underset{\underset{O}{\|}}{C}-OC_2H_5 \rightleftharpoons C_2H_5OH + \underset{Na^+}{^-CH_2}-\underset{\underset{O}{\|}}{C}-OC_2H_5$$

$$CH_3-\overset{\overset{OC_2H_5}{|}}{\underset{\underset{O}{\|}}{C}} + \underset{Na^+}{^-CH_2}-\underset{\underset{O}{\|}}{C}-OC_2H_5 \xrightleftharpoons{\text{亲核加成}} \left[CH_3-\overset{\overset{OC_2H_5}{\vdots}}{\underset{\underset{O^-\ \vdots\ Na^+}{|}}{C}}-CH_2-\underset{\underset{O}{\|}}{C}-OC_2H_5\right]$$

$$\xrightarrow{\text{脱 } C_2H_5O^-Na^+} CH_3-\underset{\underset{O}{\|}}{C}-CH_2-\underset{\underset{O}{\|}}{C}-OC_2H_5$$

酯酯缩合可分为同酯自身缩合和异酯交叉缩合两类。

异酯缩合时,如果两种酯都有活泼 α-氢,则可能生成四种不同的 β-酮酸酯,难以分离精制,没有实用价值。如果其中一种酯不含活泼 α-氢,则缩合时有可能生成单一的产物。常用的不含活泼 α-氢的酯有甲酸酯、苯甲酸酯、乙二酸二酯和碳酸二酯等。

为了促进酯的脱质子转变为碳负离子,需要使用强碱性催化剂。最常用的碱是无水醇钠,当醇钠的碱性不够强,不利于形成碳负离子,也不够使产物 β-酮酸酯形成稳定的钠盐时,就需要改用碱性更强的叔丁醇钾、金属钠、氨基钠、氢化钠等。因为碱催化剂必须使 β-酮酸酯完全形成稳定的钠盐,所以催化剂的用量要多于原料酯的用量。

为了避免酯的水解,缩合反应要在无水溶剂中进行。一般可用苯、甲苯、煤油等非质子传递非极性溶剂。有时为了使碱催化剂或 β-酮酸酯的钠盐溶解可用非质子极性或弱极性溶剂,如二甲基甲酰胺、二甲基亚砜、四氢呋喃等。另外,用叔丁醇钾作催化剂时可用叔丁醇作溶剂,用氨基钠作催化剂时可用液氨作溶剂。

与两种都含活泼 α-氢的异酯缩合相类似的例子是氰乙酰胺与乙酰乙酸乙酯的缩合与环合。

第 10 章　有机反应的进展

10.1　重排反应

10.1.1　概述

多数有机反应是官能团转化或碳碳键形成与断裂的反应，这些反应的反应物分子的碳架保留在产物分子中，即碳架没有发生改变。但在一些有机反应中，烃基或别的基团从一个原子迁移到另一个原子上，使产物分子的碳架发生了改变，这样的反应叫做分子重排反应。下式表示分子重排反应，其中 Z 代表迁移基团或原子，A 代表迁移起点原子，B 代表迁移终点原子。A、B 常是碳原子，有时也.可以是 N、O 等原子。

根据起点原子和终点原子的相对位置可分为 1,2-重排、1,3-重排等，但大多数重排反应属于 1,2-重排。反应通式如下：

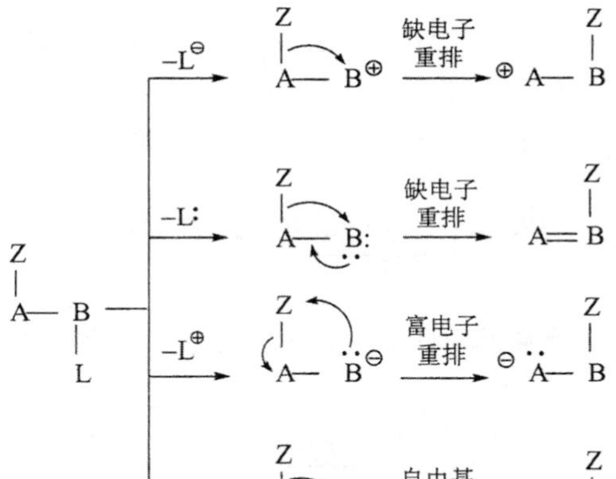

重排反应根据反应机理中迁移终点原子上的电子多少可分为缺电子重排(亲核重排)、富电子重排(亲电重排)和自由基重排。

重排反应一般分为三步：生成活性中间体(碳正离子、碳烯、氮烯、碳负离子、自由基等)，重排，生成消去和取代产物。

此外，协同反应中的 σ-键迁移反应也是常见的重排反应。

10.1.2 亲核重排

1. 碳原子之间的亲核重排

(1)碳正离子的重排

在反应过程中生成碳正离子中间体的,均可能发生碳正离子重排。如烯烃的亲电加成、芳烃的亲电取代、亲核取代反应等。重排往往发生在1,2-位重排后生成的碳正离子更稳定。例如:

Ph—C(Me)(OH)—C(Me)(OH)—Ph $\xrightarrow[-H_2O]{H^+}$ Ph—C(Me)(OH)—$\overset{+}{C}$(Me)—Ph $\xrightarrow[(2)-H^+]{(1)Ph迁移}$ Me—C(=O)—C(Me)—Ph_2

①Wagner-Me. e. rwein。

β-碳原子上具有两个或三个烃基的伯醇和仲醇都能起Wagner-Me. e. rwein重排反应,反应的推动力是生成更稳定的碳正离子。反应式如下:

CH_3—C(CH_3)$_2$—CH_2OH $\xrightarrow{H^\oplus}$ CH_3—C(CH_3)$_2$—CH_2—$\overset{\oplus}{O}H_2$ $\xrightarrow{-H_2O}$ CH_3—C(CH_3)$_2$—$\overset{\oplus}{C}H_2$ $\xrightarrow{1,2-亲核重排}$

伯碳正离子

CH_3—$\overset{\oplus}{C}$(CH_3)—CH_2CH_3 $\xrightarrow{-H^\oplus}$ CH_3—C(CH_3)=$CHCH_3$ (消去重排产物)

CH_3—$\overset{\oplus}{C}$(CH_3)—CH_2CH_3 $\xrightarrow{+Cl^\ominus}$ CH_3—C(Cl)(CH_3)—CH_2CH_3 (取代重排产物)

较稳定的叔碳正离子

烯烃、卤代烃等形成的伯或仲碳正离子也发生类似的重排反应:

CH_3—C(CH_3)$_2$—CH=CH_2 $\xrightarrow{H^\oplus}$ (CH_3)$_3$C—$\overset{\oplus}{C}$H—CH_3 $\xrightarrow{1,2-亲核重排}$ (CH_3)$_2\overset{\oplus}{C}$—CH(CH_3)—CH_3 $\xrightarrow{-H^\oplus}$ (CH_3)$_2$C=C(CH_3)$_2$

仲碳正离子　　叔碳正离子

氯化莰 $\xrightarrow{-Cl^\ominus}$ (碳正离子) $\xrightarrow{1,2-亲核重排}$ (碳正离子) ⟶ 莰烯

环氧化合物在开环时也常起Wagner-Me. e. rwein重排反应。例如:

(环氧化合物) $\xrightarrow[H_2O, THF]{HClO_4}$ [质子化环氧中间体] ⟶ [碳正离子中间体]

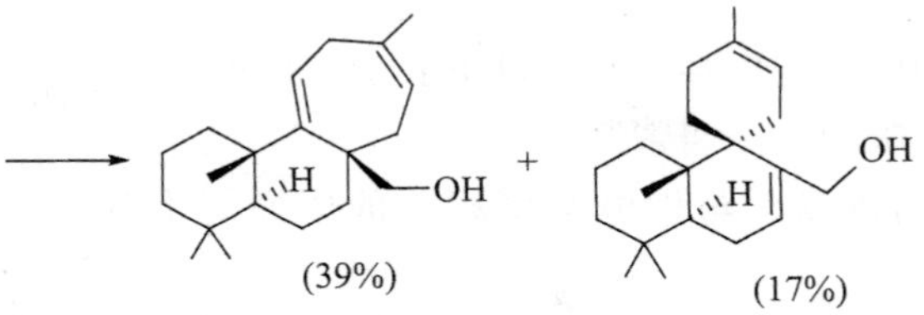

(39%)　　(17%)

其他能生成碳正离子的反应也可能发生 Wagner-Me. e. rwein 重排。例如，下面的 α,β-不饱和酮用三氟化硼处理时生成的碳正离子虽然为叔碳正离子，但仍重排为螺环碳正离子。由于迁移在甲基相反的一边进行，因而得到高度立体选择性产物：

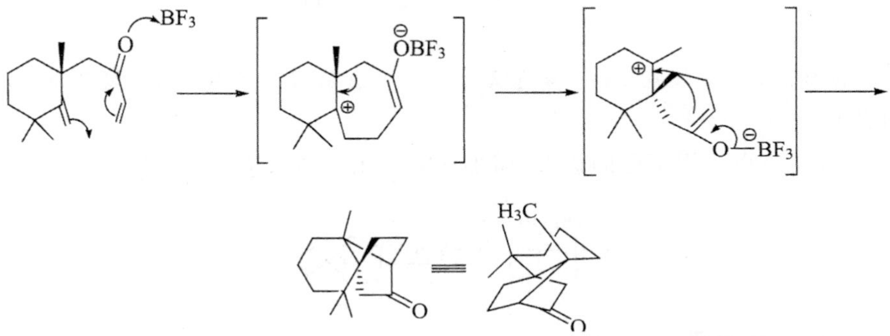

利用 Wagner—Me. e. rwein 重排反应常可得到环扩大或环缩小的产物：

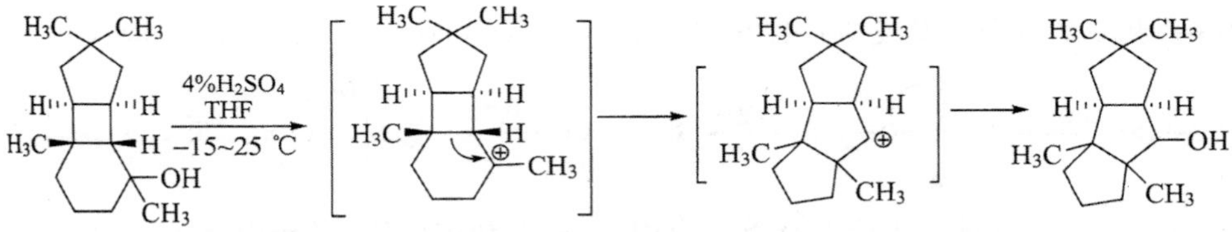

$4\%H_2SO_4$，THF，$-15\sim25$ ℃

由于迁移基团带一对电子向缺电子的相邻碳正离子迁移，因而迁移基团中心原子的电子越富裕，则迁移能力越大。迁移基团迁移能力的大小顺序大致如下：

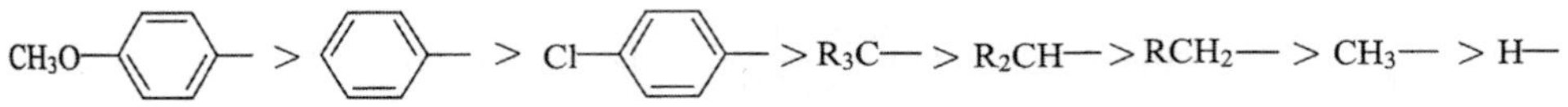

$CH_3O-C_6H_4- > C_6H_5- > Cl-C_6H_4- > R_3C- > R_2CH- > RCH_2- > CH_3- > H-$

②Pinacol 重排。

三取代或四取代的邻二醇在催化剂作用下，重排成醛或酮的反应称为片呐醇重排反应，常用的催化剂有硫酸、盐酸、乙酰氯和碘的乙醇溶液。

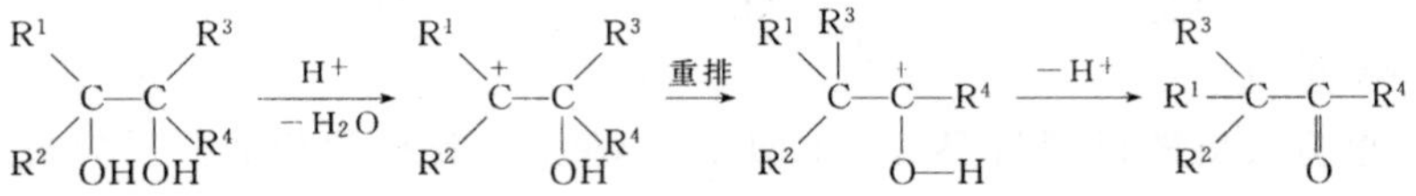

$$R^1R^2C(OH)-C(OH)R^3R^4 \xrightarrow[-H_2O]{H^+} R^1R^2\overset{+}{C}-C(OH)R^3R^4 \xrightarrow{\text{重排}} R^1R^2R^3C-\overset{+}{C}(OH)R^4 \xrightarrow{-H^+} R^1R^2R^3C-C(=O)R^4$$

例如：

$$Me_2C(OH)-C(OH)Me_2 \xrightarrow[-H_2O]{\text{稀 } H_2SO_4} Me_3C-C(=O)-Me$$

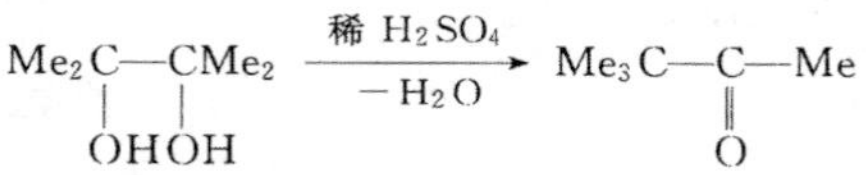

此重排过程中碳正离子的形成和基团的迁移系经由一个碳正离子桥式过渡状态，迁移基

团和离去基团处于反式位置。

迁移基团可以是烷基，也可以是芳基。对于 $R^1R^2C(OH)—C(OH)R^3R^4$ 取代基不同的片呐醇，其重排方向取决于下列两个因素。

第一是失去—OH 的难易。与供电基团相连的碳原子上的—OH 易于失去，供电基团作用：

$$p\text{—甲氧苯基}>\text{苯基}>\text{烷基}>H$$

第二是迁移基团的性质和迁移倾向。当空间位阻因素不大时，基团迁移倾向的大小与其亲核性的强弱一致：

$$Ph—>Me_3C—>Et—>H—$$

若均为芳基，则：

p—甲氧苯基>*p*—甲苯基>*m*—甲苯基>*m*—甲氧苯基>苯基>*p*—氯苯基>*o*—甲氧苯基>*m*—氯苯基

片呐醇重排反应也可用于环的扩大、缩小和螺环化合物的生成。例如：

OH OH

$$\xrightarrow{H_2SO_4\text{-}H_2O}$$

O

56%

③Hydroperoxide 重排。

指烃被氧化为氢过氧化物后，在酸的作用下，过氧键（—O—O—）断裂，烃基发生亲核重排生成醇（酚）和酮的反应。其反应过程与 Baeyer-Villiger Oxidation 重排相似，即：

$$R_3C—O—OH \xrightarrow{H^+} R_3C—O—\overset{+}{O}H_2 \xrightarrow{-H_2O} R_2\overset{+}{C}—OR \xrightarrow{H_2O} R_2C(\overset{+}{O}H_2)—O—R \xrightarrow{-H^+} R_2C=O + ROH$$

Hydroperoxide 重排在工业上有重要应用，工业上利用此法，以异丙苯为原料生产苯酚和丙酮：

$$Me_2C(Ph)—H + O_2 \xrightarrow[Na_2CO_3]{100℃\sim120℃} Me_2C(Ph)—O—OH$$

$$Me_2C(Ph)—O—OH \xrightarrow{H^+} Me_2\overset{+}{C}—OPh \xrightarrow{H_2O} Me—C(Me)=O + PhOH$$

④Demjanov 重排。

Demjanov 重排反应的机理与 Wagner-Me. e. rwein 重排极为相似。反应机理如下：

$$CH_3CH_2CH_2NH_2 \xrightarrow[HCl]{NaNO_2} CH_3CH_2CH_2N_2^{\oplus}\ Cl^{\ominus} \xrightarrow{-N_2} CH_3—CH_2—CH_2^{\oplus} \xrightarrow{1,2\text{-亲核重排}}$$

重氮化　　　　伯碳正离子

$$CH_3-\overset{H}{\underset{\oplus}{C}}-CH_3 \begin{cases} \xrightarrow{H_2O} CH_3-\overset{OH}{CH}-CH_3 \\ \xrightarrow{Cl^{\ominus}} CH_3-\overset{Cl}{CH}-CH_3 \\ \xrightarrow{-H^{\oplus}} CH_3-CH=CH_2 \end{cases}$$

仲碳正离子

脂环族伯胺经 Demjanov 重排反应常得到环扩大或缩小产物。例如：

$$C_6H_{11}-CH_2NH_2 \xrightarrow[HCl]{NaNO_2} C_6H_{11}-CH_2-\overset{\oplus}{N_2}\overset{\ominus}{Cl} \xrightarrow{-N_2} C_6H_{11}-\overset{\oplus}{C}H_2 \xrightarrow{1,2\text{-亲核重排}}$$

$$\text{环庚基正离子} \begin{cases} \xrightarrow{H_2O} \text{环庚醇}\ (58\%) \\ \xrightarrow{-H^{\oplus}} \text{环庚烯}\ (21\%) \end{cases}$$

因此利用脂环族伯胺的 Demjanov 重排反应可以制备含三元环到八元环嘣环化合物。

(2)碳烯重排

①Wolff 重排。重氮甲烷与酰氯作用形成 α-重氮甲基酮，然后在光、热和催化剂（银或氢化银）存在下放出氮气并生成酮碳烯，再重排生成反应性很强的烯酮，此重排反应称 Wolff 重排。Wolff 重排是阿恩特—艾斯特尔特反应的关键步骤。过程如下：

$$R-COOH \xrightarrow{SOCl_2} RCOCl \xrightarrow[-HCl]{CH_2N_2} \underset{(\alpha\text{-重氮甲基酮})}{R-\overset{O}{\overset{\|}{C}}-\overset{-}{C}H-\overset{+}{N}\equiv N} \xrightarrow[cat.]{-N_2} \left[\underset{\text{酮碳烯}}{R-\overset{O}{\overset{\|}{C}}-\ddot{C}H}\right] \xrightarrow{\text{重排}} R-CH=C=O\text{(烯酮)}$$

烯酮与水、醇、氨及胺反应，可分别得到羧酸、酯、酰胺及取代酰胺：

$$R-CH=C=O \quad + \quad \begin{cases} H_2O \rightarrow RCH_2COOH \\ R'OH \rightarrow RCH2COOR' \\ NH_3 \rightarrow RCH_2CONH_2 \\ R'NH_2 \rightarrow RCH_2CONHR' \end{cases}$$

例如：

$$O_2N-Ph-COCl \xrightarrow{CH_3CHN_2} O_2N-Ph-CO-\overset{CH_3}{\overset{|}{C}}N_2 \xrightarrow{Ag_2O} O_2N-Ph-\overset{CH_3}{\overset{|}{C}}=C=O \xrightarrow{PhNH_2} O_2N-Ph-\overset{CH_3}{\overset{|}{C}H}-\overset{O}{\overset{\|}{C}}-NHPh$$

应用 Wolff 反应还可以制得一些特殊的化合物。例如：

$$\text{3-重氮双环[3.2.1]辛-2-酮}\ \xrightarrow{h\nu,\ MeOH}\ \text{双环[2.2.1]庚烷-COOMe}\quad 75\%$$

②芳环在 Birch 还原中的碳负离子能作为亲核试剂与卤代烃等作用得到二取代双烯，然后将分子中的亚甲基氧化为双烯酮，后者在酸性条件下或光照时起双烯酮-苯酚重排。如下式所示：

COOCH3 ... Li / NH3(l), THF/t-BuOH ... BrCH2CH2CH3 ... H3CH2CH2C COOCH3 ... Ph

PDC, t-BuOOH ... H3CH2CH2C COOCH3 ... O ... Ph ... hν (82%) ... COOCH3, CH2CH2CH3, Ph, OH

(3)其他亲核重排

二苯基乙二酮在强碱作用下重排生成二苯基羟乙酸，根据产物结构这类重排叫做二芳羟乙酸重排反应。其反应机理是 HO^- 首先亲核进攻并加在反应物的一个羰基碳原子上，迫使连在该碳原子上的苯基带着一对电子迁移到另一个羰基碳原子上，同时使前一羰基转变成稳定的羧基负离子：

$$C_6H_5-\underset{\underset{O}{\|}}{C}-\underset{\underset{O}{\|}}{C}-C_6H_5 \xrightarrow{:OH^{\ominus}} C_6H_5-\underset{\underset{O}{\|}}{C}-\overset{C_6H_5}{\underset{O^{\ominus}}{\overset{|}{\underset{|}{C}}}}-OH \xrightarrow{1,2\text{-亲核重排}} C_6H_5-\overset{C_6H_5}{\underset{^{\ominus}O}{\overset{|}{\underset{|}{C}}}}-\underset{\underset{O}{\|}}{C}-OH \longrightarrow C_6H_5-\overset{C_6H_5}{\underset{OH}{\overset{|}{\underset{|}{C}}}}-\underset{\underset{O}{\|}}{C}-O^{\ominus}$$

重排一步是整个反应的速率决定步骤。苯基带着一对电子向羰基碳原子迁移的同时，羰基的 π 电子转移到氧原子上，因此二芳羟乙酸重排可以看做是 1,2-亲核重排反应。

脂肪族邻二酮也能发生类似于二芳羟乙酸重排的反应。例如：

$$HOOCH_2C-\overset{O}{\overset{\|}{C}}-\underset{\underset{O}{\|}}{C}-CH_2COOH \xrightarrow[(2)H_3O^{\oplus}]{(1)\ KOH/H_2O,\Delta} HO-\overset{CH_2COOH}{\underset{CH_2COOH}{\overset{|}{\underset{|}{C}}}}-COOH$$

2. 碳原子与杂原子间的亲核重排

(1)氮烯重排

氮烯的重排反应包括酰胺（$RCONH_2$）的 Hofmann 重排、异羟肟酸（RCON-HOH）的 Lossen 重排、酰基叠氮化合物（$RCON_3$）的 Curtius 重排和 Schmidt 重排。它们的反应机理颇为相似，活性中间体都是酰基氮烯，酰基碳原子上的烃基带一对电子向相邻的缺电子的六隅体氮原子迁移生成异氰酸酯，后者水解得到比重排起始原料少一个碳原子的伯胺。反应通式如下：

Hofmann重排

Lossen重排

Curtius重排

酰基氮烯

1,2-亲核重排

异氰酸酯

伯胺

①Curtius 重排。

Curtius 重排中常用二芳氧基磷酰叠氮化物[$(PhO)_2P(O)N_3$，DPPA]为试剂。例如：

(68%)

②Hoffmann 重排。

Hofmann 重排的氧化剂也可以用四乙酸铅(LTA)或 $PhIOPhI(OCOR)_2$ 等。例如：

LTA,BnOH (75%) Hofmann重排

(1)Ac_2O,Py (2)DBU,THF/H_2O Lossen重排

③schmit 重排。

例如：

$HCOONH_4$ (85%)

Br_2 NaOH (82%) Hofmann重排

④Lossen 重排。

Lossen 重排指异羟肟酸（$R-\overset{O}{\overset{\|}{C}}-NH-OH$）或酰基衍生物（$R-\overset{O}{\overset{\|}{C}}-NH-OCOR'$）单独加热，或在 P_2O_5、$SOCl_2$、Ac_2O 等脱水剂存在下加热，发生重排得到异氰酸酯，再经水解生成伯胺。其过程如下：

$$R-\overset{O}{\overset{\|}{C}}-N(H)-OH \xrightarrow{-H^+} R-\overset{O}{\overset{\|}{C}}-\ddot{N}^{-}-OH \xrightarrow[-OH^-]{\text{重排}} R-N=C=O$$

或

$$R-\overset{O}{\overset{\|}{C}}-N(H)-OCOR' \xrightarrow{-H^+} R-\overset{O}{\overset{\|}{C}}-\ddot{N}^{-}-OCOR' \xrightarrow[-COOR']{\text{重排}} R-N=C=O$$

在重排步骤中，R 的迁移和离去基团的离去是协同进行的。当 R 是手性碳原子时，重排后其构型保持不变。

芳香族羧酸与 NH_2OH、PPA（聚对苯二甲酰对苯二胺）共热至 150℃～170℃，可得到芳胺：

$$H_3C-C_6H_4-COOH \xrightarrow[PPA]{NH_2OH/HCl} H_3C-C_6H_4-NH_2 + CO_2$$

（反应先生成异羟肟酸，$H_3C-C_6H_4-CONHOH$）

但当芳香环上有吸电子基团如$-NO_2$ 等时，反应不能顺利进行；脂肪族羧酸也不能顺利进行此反应。

(2)Beckmann 重排

酮肟在酸性催化剂作用下重排生成酰胺的反应叫做 Beckmann 重排。反应通式如下：

$$RR'C=N-OH \xrightarrow{PCl_5} R'CONHR$$

Beckmann 重排也是通过缺电子的氮原子进行的。一般认为其反应机理为

$$RR'C=N-OH \xrightarrow{H^{\oplus}} RR'C=N-\overset{\oplus}{O}H_2 \xrightarrow[\text{1,2-亲核重排}]{-H_2O} \left[R'\overset{\oplus}{C}=\ddot{N}-R \longleftrightarrow R'C\equiv\overset{\oplus}{N}-R\right] \xrightarrow{H_2O} H_2\overset{\oplus}{O}-C(R')=N-R$$

$$\xrightarrow{-H^{\oplus}} HO-C(R')=N-R \xrightarrow{\text{互变异构}} R'-C(=O)-NHR$$

在 Beckmann 重排反应中，迁移基团与羟基处于反式位置，因此酮肟的两种顺反异构体起 Beckmann 重排反应生成不同的产物。例如：

C_6H_5—C(=N—OH)—$C_6H_4OCH_3$-p $\xrightarrow{PCl_5}$ C_6H_5HN—C(=O)—$C_6H_4OCH_3$-p

(Z)-构型

C_6H_5—C(=N—OH)—$C_6H_4OCH_3$-p $\xrightarrow{PCl_5}$ C_6H_5—C(=O)—$NHC_6H_4OCH_3$-p

HO　(E)-构型

环酮肟起 Beckmann 重排生成内酰胺。例如：

C=O　NO_2 $\xrightarrow{NH_2OH}$ C=N—OH　NO_2 $\xrightarrow{PCl_5}$ NO_2　N—C(=O)　H

(3)亲核重排的立体化学

①迁移基团的立体化学。

在 1,2-亲核重排反应中，迁移基团以同一位相从迁移起点原子同面迁移到终点原子，因此迁移基团的手性碳原子构型保持不变：

R—C(R')(R'')　R^1　R^1—C—C—R^2　R^2　L $\longrightarrow$ R—C(R')(R'')　R^1　R^2—$C^{\oplus}$—C—R^1　R^2　+　$L^{\ominus}$

②迁移起点和迁移终点碳原子的立体化学。

在 1,2-亲核重排反应中，如果迁移基团的迁移先于亲核试剂对起点碳原子的进攻，常生成外消旋产物；如果亲核试剂对起点碳原子的背面进攻先于迁移基团的迁移，则起点碳原子的构型翻转。

对于终点碳原子，如果迁移基团的迁移先于离去基团的完全离去，则迁移终点碳原子的构型翻转；如果离去基团的离去先于迁移基团的迁移，则往往得到外消旋产物。反应式如下：

CH_3　C_2H_5—C—CH_2　HO　OH $\xrightarrow{HClO_4}$ CH_3　C_2H_5—C—CH_2　$H_2O^{\oplus}$　OH $\xrightarrow{-H_2O}$ C_2H_5　H　$^{\oplus}$C—C—H　CH_3　OH $\xrightarrow{\text{C—C键的旋转}}$ CH_3　H　$^{\oplus}$C—C—H　C_2H_5　OH

↓　H　C_2H_5—C$^{\oplus}$—C—H　CH_3　OH　↓$-H^{\oplus}$　H　C_2H_5—C—CHO　CH_3

↓　H　CH_3—C$^{\oplus}$—C—H　C_2H_5　OH　↓$-H^{\oplus}$　H　CH_3—C—CHO　C_2H_5

外消旋体

10.1.3 亲电重排

1. Favorskii 重排

α-卤代酮类在碱性催化剂存在下发生重排生成羧酸酯或羧酸(NH_3 的存在使生成酰胺)的反应,酮羰基不含卤素的一端的烃基重排至卤素位置。该反应具有立体专一性,手性基团重排后构型不变。通式:

$$R-\overset{O}{\overset{\|}{C}}-\underset{X}{\overset{R^1}{C}}-R^2 \xrightarrow{R^3ONa} R^3O-\overset{O}{\overset{\|}{C}}-\underset{R}{\overset{R^1}{C}}-R^2 \text{ 或 } R-\overset{O}{\overset{\|}{C}}-\underset{X}{\overset{R^1}{C}}-R^2 \xrightarrow{NaOH} HO-\overset{O}{\overset{\|}{C}}-\underset{R}{\overset{R^1}{C}}-R^2$$

(羧酸酯) (羧酸)

而 α-卤代环酮经重排后可得到环缩小产物,该反应中有环丙酮中间体生成,已用示踪原子 ^{14}C 证实。例如:

NaOH, H_2O ; COONa ; H^+ ; COOH

如用醇钠的醇溶液,则得羧酸酯:

EtONa, EtOH ; COOEt

其反应过程如下:

Br ; OH^- ; Br ; (R)HO$^-$; (R)HO ; O^-

C—OH ; OH^- ; C—O^- ; H^+ ; C—OH

C—OR ; RONa ; C—OR

2. wittig 重排

苄基型或烯丙基型醚在强碱试剂(如 RLi、PhLi、KNH_2、NaN H_2 等)作用下,形成苄基型或烯丙基型碳负离子,然后,烃基迁移而成为更稳定的氧负离子,夺取质子生成醇。

其过程如下:

$$PhCH_2-O-R \xrightarrow{R'Li} [Ph-\bar{C}H-O-R]Li^+ \xrightarrow{\text{重排}} Ph-\underset{R}{CH}-\bar{O}Li^+ \xrightarrow{H_2O} Ph-\underset{R}{C}HOH$$

迁移基团 R 的迁移能力大致顺序如下:

$$H_2C{=}CH{-}CH_2{>}PhCH_2{-}{>}Me{-}{>}Et{-}{>}Ph{-}$$

3. Stevens 重排

在强碱(如 NaOH，$NaNH_2$ 或 $NaOC_2H_5$ 等)作用下，季铵盐中烃基从氮原子上迁移到相邻的碳负离子上的反应叫做 Stevens 重排。反应通式如下：

$$RCH_2\overset{\oplus}{N}(R')(CH_3)_2\ X^{\ominus} \xrightarrow{C_2H_5ONa} R\overset{\ominus}{C}H\overset{\oplus}{N}(R')(CH_3)_2\ X^{\ominus} \xrightarrow{1,2\text{-亲电重排}} R{-}\underset{R'}{\underset{|}{C}}H{-}N(CH_3){-}CH_3$$

R 为乙酰基、苯基、苯甲酰基等吸电子基，它和氮原子上的正电荷使亚甲基活化并提高形成的碳负离子的稳定性。迁移基团 R′常为烯丙基、苄基、取代苯甲基等。由于 Stevens 重排是迁移基向富电子碳原子迁移的 1，2-亲电重排，因而迁移基团上有吸电子基时使反应速率加快。例如：

$$\text{9-H-芴-9-}\overset{\oplus}{N}(CH_3)_2(CH_2C_6H_5) \xrightarrow{NaOCH_3} \text{芴-9-}\overset{\ominus}{C}\text{-}\overset{\oplus}{N}(CH_3)_2(CH_2C_6H_5) \xrightarrow{1,2\text{-亲电重排}} \text{9-}(C_6H_5CH_2)\text{-9-}N(CH_3)_2\text{-芴}$$

锍盐在强碱作用下也起 Stevens 重排反应。例如：

$$C_6H_5COCH_2\overset{\oplus}{S}(CH_2C_6H_5)CH_3 \xrightarrow{NaOC_2H_5} C_6H_5CO\ddot{C}H^{\ominus}{-}\overset{\oplus}{S}(CH_2C_6H_5)CH_3 \xrightarrow{1,2\text{-亲电重排}} C_6H_5COCH(SCH_3){-}CH_2C_6H_5$$

4. sommelet 重排

苯甲基三烷基季铵盐(或锍盐)在 PhLi、$LiNH_2$ 等强碱作用下发生重排，苯环上起亲核烷基化反应，烷基的 α-碳原子与苯环的邻位碳原子相连成叔胺。此反应可以作为在芳环上引入邻位甲基的一种方法。

5. Fries 重排

羧酸的酚酯在 Lewis 酸(如 $AlCl_3$、$ZnCl_2$、$FeCl_3$)催化剂存在下加热，发生酰基迁移至邻位或对位，形成酚酮的重排反应。通式为：

$$C_6H_5{-}OCOR \xrightarrow{AlCl_3} \underset{\text{邻位酚酮}}{o\text{-}(COR)C_6H_4{-}OH} + \underset{\text{对位酚酮}}{RCO{-}C_6H_4{-}OH}$$

可以将该重排反应可看作是 Friedel-craft 酰基化反应的自身酰基化过程。重排产物一般情况下是两种异构体的混合物，其中邻位与对位异构体的比例主要取决于反应条件、催化剂浓度和酚酯的结构。反应温度对邻、对位产物比例的影响比较大，一般来讲，较低温度(如室温)下重排有利于形成对位异构产物(动力学控制)，较高温度下重排有利于形成邻位异构产物(热力学控制)。

10.1.4 σ 键迁移重排

1. σ 键迁移重排

σ 键越过共轭双烯体系迁移到分子内新的位置的反应叫做 σ 键迁移重排反应，反应通式如下：

$$\overset{Z}{\underset{\sigma}{|}}C(-C{=}C)_n \longrightarrow {}_n(C{=}C-)\overset{Z}{\underset{\sigma}{|}}C \qquad \sigma\,\begin{matrix}C(-C{=}C)_m\\ |\\ C(-C{=}C)_n\end{matrix} \longrightarrow \begin{matrix}{}_m(C{=}C-)C\\ |\,\sigma\\ {}_n(C{=}C-)C\end{matrix}$$

σ 键迁移反应的系统命名法如下式所示：

i=1 Z, C—C=C—C=C—C=C，j=1 2 3 4 5 6 7 →

- C=C—C(Z, i=1)—C=C—C=C，j=1 2 3 4 5 6 7　[1,3]迁移
- C=C—C=C—C(Z, i=1)—C=C，j=1 2 3 4 5 6 7　[1,5]迁移
- C=C—C=C—C=C—C(Z, i=1)，j=1 2 3 4 5 6 7　[1,7]迁移

i=1 2 3 4 5：C—C=C—C=C—；j=1 2 3 4 5：C—C=C—C=C—（两个 C1 相连）→

- i=1 2 3 4 5：C=C—C—C=C—；j=1 2 3 4 5：C=C—C—C=C—（C3 与 C3 相连）　[3,3]迁移
- i=1 2 3 4 5：C=C—C—C=C—；j=1 2 3 4 5：C=C—C=C—C—（i 的 C3 与 j 的 C5 相连）　[3,5]迁移
- i=1 2 3 4 5：C=C—C=C—C—；j=1 2 3 4 5：C=C—C=C—C—（C5 与 C5 相连）　[5,5]迁移

方括号中的数字[i,j]表示迁移后 σ 键所联结的两个原子的位置，i,j 的编号分别从作用物中 σ 键所联结的两个原子开始。

σ 键重排反应是协同反应，旧的 σ 键的破裂与新的巧键的形成和 π 键的移动是协同进行的。例如：

5,5-二甲基环戊二烯（CH_3, CH_3 位于 1；环编号 1,2,3,4,5）$\xrightarrow{[1,5]迁移}$ 1,5-二甲基环戊二烯（CH_3, CH_3）　(i=1, j=5)

（3,2,1 / 1,2,3 编号，1 位含 CN、CN）$\xrightarrow[\triangle]{[3,3]迁移}$（3,2,1 / 3,2,1 编号，含 =C(CN)CN）　(i=3, j=3)

2. Cope 重排

1,5-二烯类化合物受热时发生类似于O-烯丙基重排为C-烯丙基的重排反应称为Cope重排。这个反应30多年来引起人们的广泛注意。1,5-二烯在150℃～200℃下单独加热短时间就容易发生重排,并且产率非常好。通式:

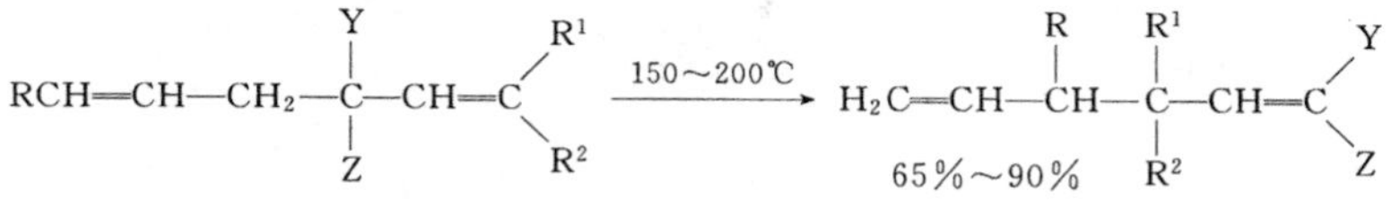

$$RCH{=}CH{-}CH_2{-}C(Y)(Z){-}CH{=}C(R^1)(R^2) \xrightarrow{150\sim200℃} H_2C{=}CH{-}CH(R){-}C(R^1)(R^2){-}CH{=}C(Y)(Z) \quad 65\%\sim90\%$$

式中,R,R^1,R^2=H,烷基;Y,Z=COOEt,CN,C_6H_5。

Cope重排反应过程一般系经由分子内六元环过渡状态进行的协同反应。即:

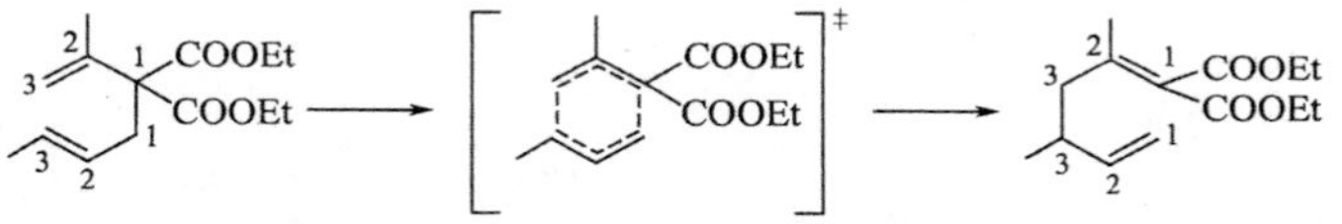

在立体化学上,表现出经过椅式环状过渡态:

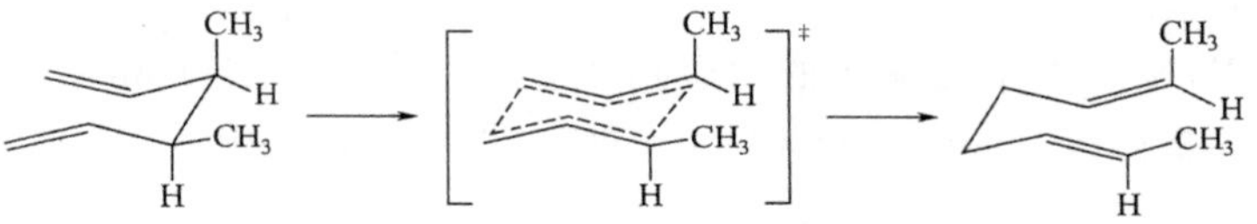

Cope重排反应当3-位或4-位上有吸电子取代基时,有利于重排反应的进行。Cope重排是形成新C—C键的一种合成手段,重排生成的1,5-二烯,两个双键的位置确定,完全可以预测,不但可以用于开链的1,5-二烯,还可用于环状二烯,以及构建七元环以上的中级环等。1,5-二烯在适当的位置有一个羟基时,则Cope重排产物为烯醇,后者转变为羰基化合物,称羟化Cope重排。

Cope重排属于周环反应,它和其他周环反应的特点一样,具有高度的立体选择性。并且不需要其他手性试剂或催化剂,在有机合成中有重要意义。例如:内消旋-3,4-二甲基-1,5-己二烯重排后,得到的产物几乎全部是(Z,E)-2,6辛二烯:

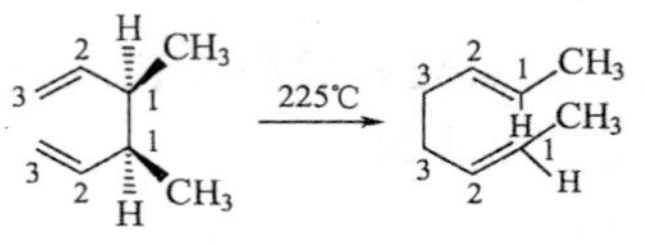

$$\xrightarrow{225℃}$$

3. Claisen 重排

(1)脂肪族的Claisen重排

①Johnson-Claisen重排。

烯丙式醇和原酸酯作用后失去一分子乙醇生成的烯丙基烯醇酯醚,后者起Claisen重排得到不饱和酯。反应通式如下:

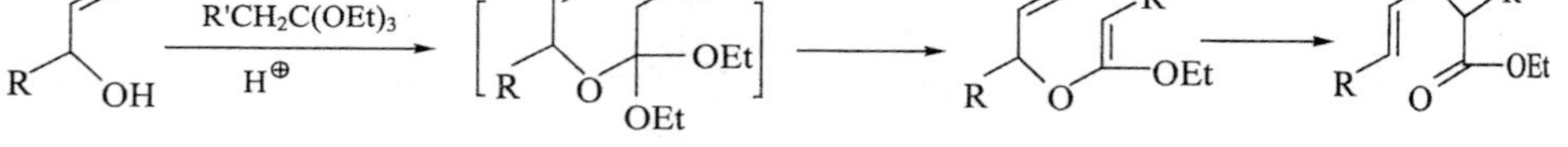

$$\xrightarrow[H^{\oplus}]{R'CH_2C(OEt)_3}$$

②Carroll-Claisen 重排。

β-酮酸酯一般有较高的烯醇含量，其烯丙基醚发生重排(Carroll-Claisen 重排)时同时脱羧，使 p 酮酸酯转变为β-酮烯。反应式如下：

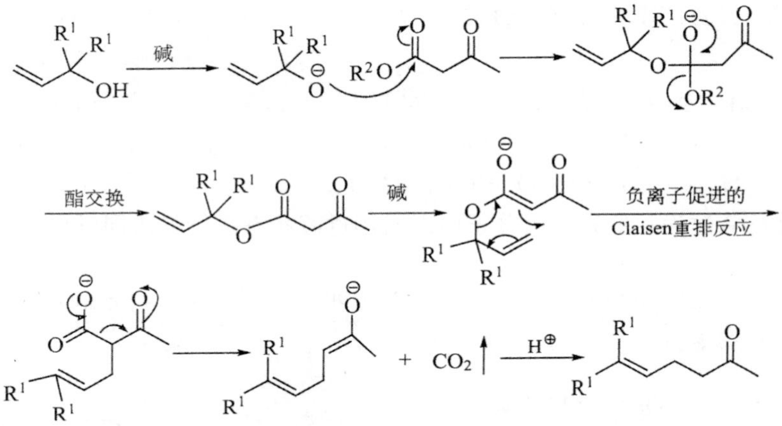

碱

酯交换

碱

负离子促进的

Claisen重排反应

$H^{\oplus}$

③烯丙基乙烯基醚 Claisen 重排。

烯丙式醇和 N,N-二甲基乙酰胺的缩醛衍生物作用失去一分子醇生成烯丙基烯醇酰胺醚，后者起 Claisen 重排(Eschenmoser-Claisen 重排)得不饱和酰胺。反应式如下：

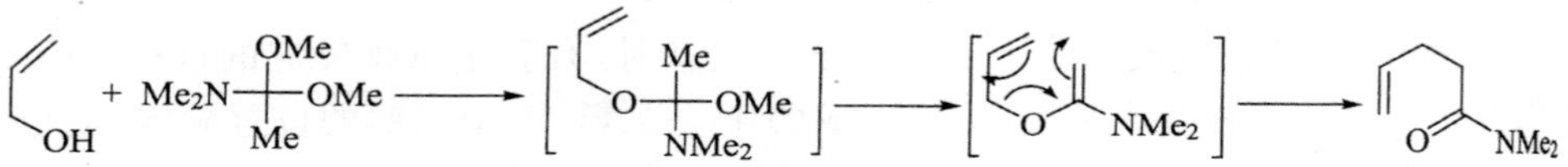

④Eschenmoser-Claisen 重排。

烯丙基乙烯基醚衍生物在加热时起 Claisen 重排反应生成含烯键的醛、酮、羧酸等。反应通式如下：

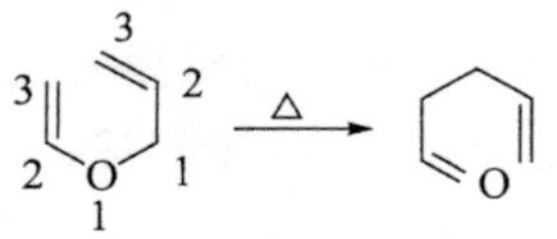

$\triangle$

脂肪族烯丙基乙烯基醚常由乙烯式醚和烯丙醇在酸催化下形成，后者立即起 Claisen 重排反应生成不饱和羰基化合物。反应通式如下：

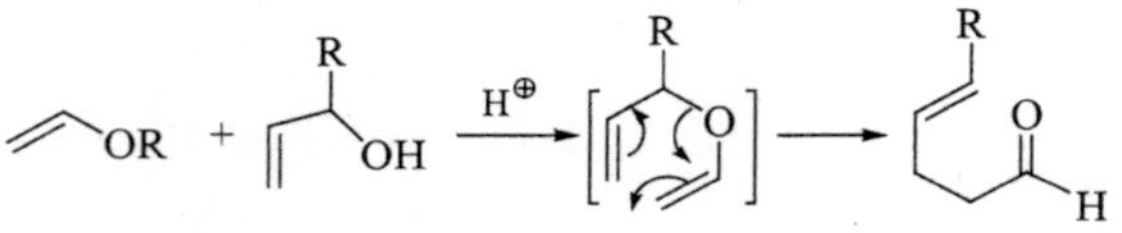

$H^{\oplus}$

(2)芳香族 Claisen 重排

烯丙基芳醚在加热时起 Claisen 重排，烯丙基迁移到邻位 α-碳原子上：

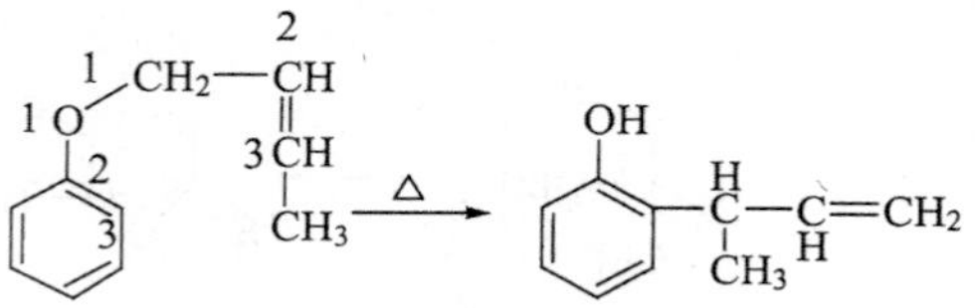

$\triangle$

两个邻位都被占据的烯丙基芳醚在加热时，烯丙基迁移到对位，并且烯丙基以碳原子与酚羟基的对位相连。经同位素标记法研究证明，此反应实际上经过两次重排，先发生 Claisen 重排，使烯丙基迁移到邻位，形成环状的双烯酮，再经 Cope 重排使烯丙基迁移到对位，烯醇化后生成对取代酚。反应式如下：

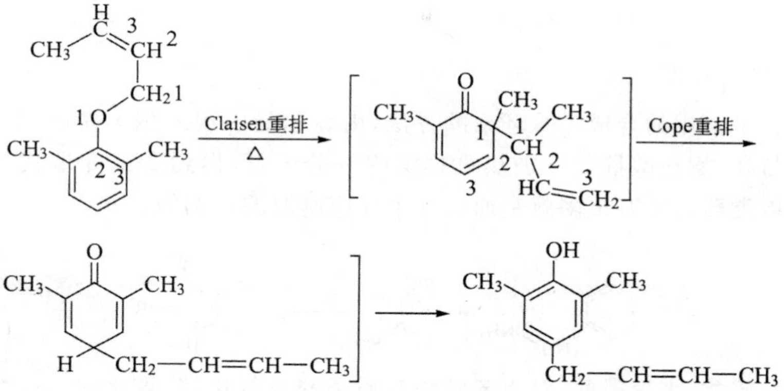

Claisen重排 △ ; Cope重排

CH_2—CH=CH—CH_3

若对位有烯基取代基时，烯丙基可重排到侧链上。反应式如下：

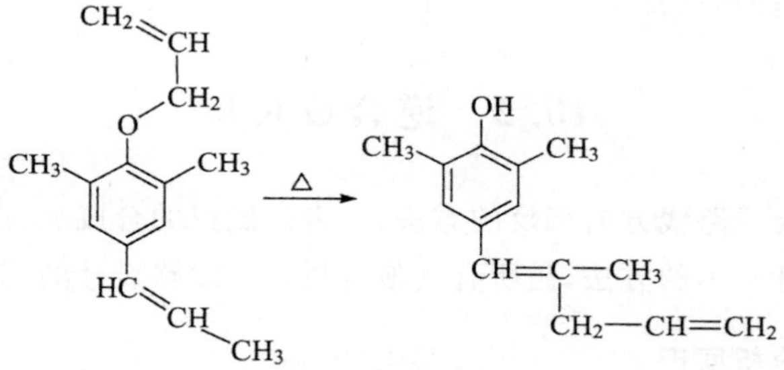

△

芳香族硫醚也可以发生 Claisen 重排。反应式如下：

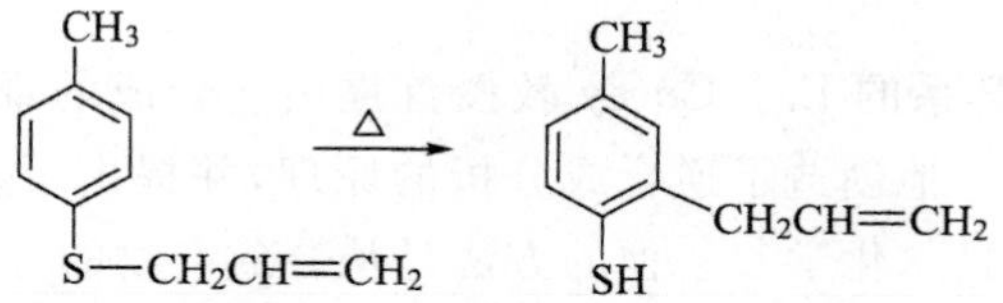

S—$CH_2CH=CH_2$ △ → SH, $CH_2CH=CH_2$

Claisen 重排也常和分子内 Diels-Alder 反应串联发生。例如：

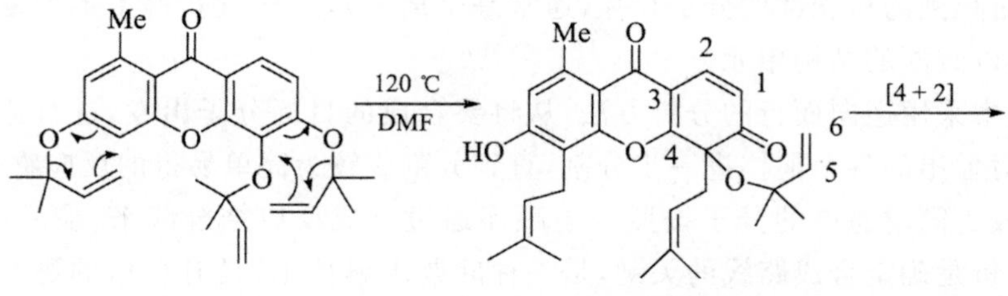

120 ℃ DMF ; [4+2]

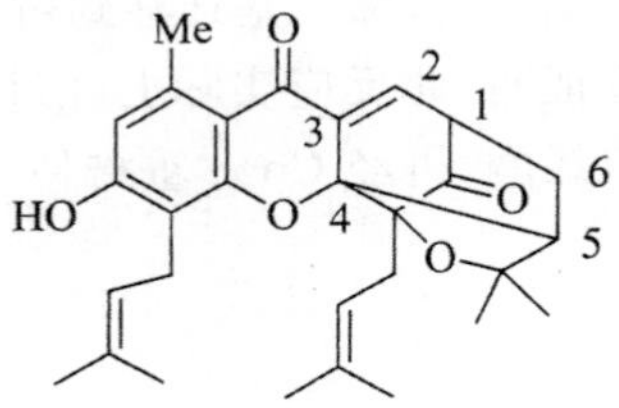

(60%)

4. Fischer 吲哚合成

该反应是一个常用的合成吲哚环系的方法，由赫尔曼·埃米尔·费歇尔在1883年发现。反应是用苯肼与醛、酮在酸催化下加热重排消除一分子氨，得到2-或3-取代的吲哚。目前治疗偏头痛的曲坦类药物中有很多就是通过这个反应制取的。例如：

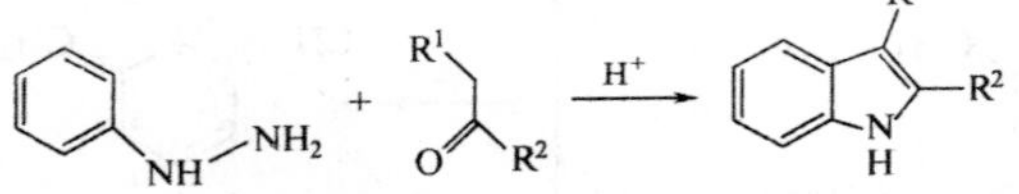

$$\text{PhNHNH}_2 + \text{R}^1\text{CH}_2\text{COR}^2 \xrightarrow{H^+} \text{3-R}^1\text{-2-R}^2\text{-indole}$$

其中，盐酸、硫酸、多聚磷酸、对甲苯磺酸等质子酸及氯化锌、氯化铁、氯化铝、三氟化硼等Lewis酸是反应最常用的酸催化剂。若要制取没有取代的吲哚，可以用丙酮酸作酮，发生环化后生成2-吲哚甲酸，再经脱羧即可。

10.2 逆合成反应

逆合成法是指与合成路线方向相反的方法，或者说倒退的合成法，也叫反向合成。逆合成法是有机合成线路设计基本的方法，是所有其他有机合成线路设计的基础。

10.2.1 逆合成分析原理

1. 逆合成法的涵义及其使用

1964年，哈佛大学化学系的E. J. Corey教授首提出逆合成的观念，将合成复杂天然物的工作提升到了艺术的层次。他创造了逆合成分析的原理，并提出了合成子和切断这两个基本概念，获得了1990年的诺贝尔化学奖。他的方法是从合成产物的分子结构入于，采用切断(一种分析法，这种方法就是将分子的一个键切断，使分子转变为一种可能的原料)的方法得到合成子(在切断时得到的概念性的分子碎片，通常是个离子)，这样就获得了不太复杂的、可以在合成过程中加以装配的结构单元。

有机合成中采用逆向而行的分析方法，从将要合成的目标分子出发，进行适当分割，导出它的前体，再对导出的各个前体进一步分割，直到分割成较为简单易得的反应物分子。然后反过来，将这些较为简单易得的分子按照一定顺序通过合成反应结合起来，最后就得到目标分子。逆合成分析是确定合成路线的关键，是一种问题求解技术，具有严格的逻辑性，将人们积累的有机合成经验系统化，使之成为符合逻辑的推理方法。与此相适应，也发展了计算机辅助有机合成的工作，促进了有机合成化学的发展。

从起始原料经过一步或多步反应经过中间产物制成目标分子。这一个过程可表示为：

甲 ←(试剂,条件)— 乙 ←(条件)— 丙 ←(条件)— 产物丁(TM)

这一系列的反应过程,通常称之为合成路线。但是,在设计合成路线时,都是由目标分子逐步往回推出起始的合适的原料。这个顺序正好和合成法相反,所以称为反向合成,即逆合成法。

如此类推下去,直到推出允许使用的、合适的原料甲为止。经过这样反向的推导过程,再将之反过来,即得一条完整的合成路线。其过程也可示意如下:

丁 ←(试剂,条件)— 丙 ←(如何制得)— 乙 ←(如何制得)— 甲

目标分子(TM)　　　　　　　　　　原料

例如,TM1 这个分子被 Corey 用作合成美登木素的中间体:

TM1

Corey 采用的逆推是这样的:

$\xRightarrow{\text{断开}}$ O ＋ OH, OH $\xRightarrow{\text{断开}}$ $O{=}CH_2$, $O{=}CH_2$ ＋ H—C≡C—H

合成一般是由简单的原料开始,逐步发展成为复杂的产物,其过程可看成是逐步"前进"的。同时也要认识到,在设计合成路线时,需要采取由产物倒推出原料,也可称之为"倒退"的办法。当然,在此处"退"是为了"进",这体现了一种以退为进的辩证的思维方法,因此可以说,逆合成法实质上是起点即终点,通过"以退为进"的手段来设计合成路线。

2. 逆合成分析原理

在设计合成路线时,一般只知道要合成化合物的分子结构,有时,即使给了原料,也需要分析产物的结构,而后结合所给原料设计出合成路线。除了由产物回摊出原料外,没有其他可以采用的办法。

基本分析原理就是把一个复杂的合成问题通过逆推法,由繁到简地逐级地分解成若干简单的合成问题,而后形成由简到繁的复杂分子合成路线,此分析思路与真正的合成正好相反。合成时,即在设计目标分子的合成路线时,采用一种符合有机合成原理的逻辑推理分析法:将目标分子经过合理的转换(包括官能团互变,官能团加成,官能团脱去、连接等)或分割,产生分子碎片(合成子)和新的目标分子.后者再重复进行转换或分割,直至得到易得的试剂为止。

综上所述,逆合成法,简而言之,就是 8 个字"以退为进、化繁为简"的合成路线设计法。

3. 逆合成转变

逆合成转变是产生合成子的基本方法。这一方法是将目标分子通过一系列转变操作加以简化,每一步逆合成转变都要求分子中存在一种关键性的子结构单元,只有这种结构单元存在或可以产生这种子结构时,才能有效地使分子简化,Corey 将这种结构称为逆合成子(retron)。例如,当进行醇醛转变时要求分子中含有—C(OH)— C—CO—子结构,下面是一个逆醇醛转变的具体实例:

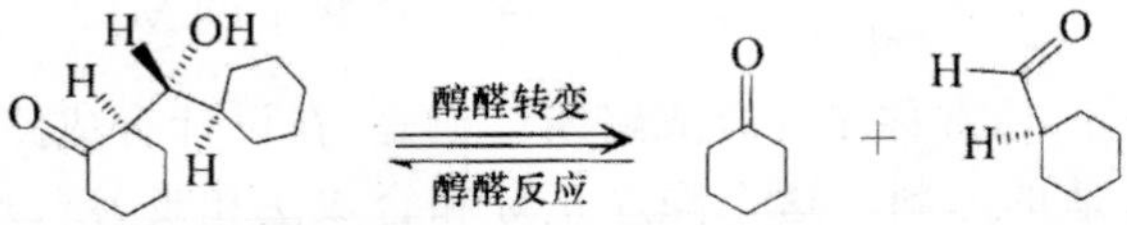
醇醛转变
醇醛反应

上式中的双箭头表示逆合成转变，和化学反应中的单箭头含义不同。

常用的逆合成转变法是切断法(缩写 dis)。它是将目标分子简化的最基本的方法。切断后的碎片即为各种合成子或等价试剂。究竟怎样切断，切断成何种合成子，则要根据化合物的结构、可能形成此键的化学反应以及合成路线的可行性来决定。一个合理的切断应以相应的合成反应为依据，否则这种切断就不是有效切断。

逆合成分析法不意味着每一个目标分子的逆分析过程都涉及各个过程。

例如，2-丁醇的两种切断转变如下：

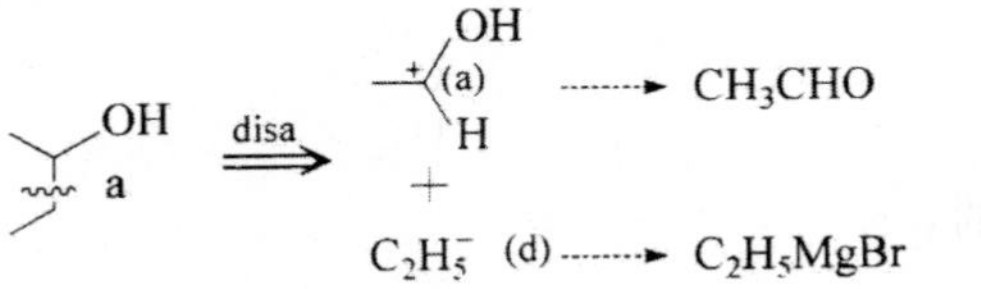
OH
a
disa
(a)
H
CH3CHO
C2H5−
(d)
C2H5MgBr
b
disb
CH3CH2CHO
−CH3
CH3MgBr

第一种切断得到的原料来源方便，所以称为较优路线。

对于叔醇的切断转变：

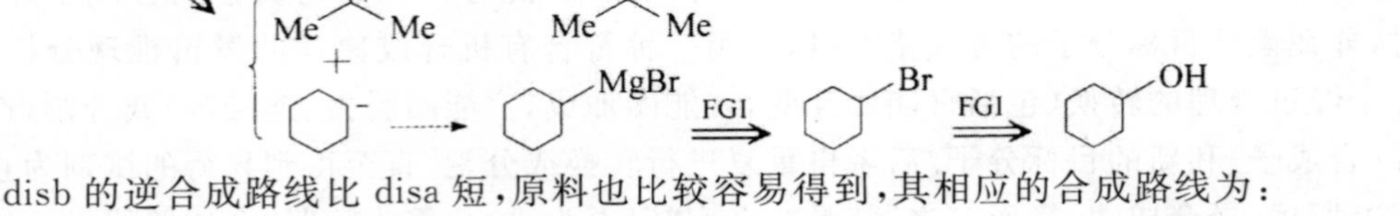
Me− MeMgI
Me
disa
OH
FGI
a'
b'
CHO
CH3COH
CH3CHO
MgBr
disb
Me
Br

显然，disb 的逆合成路线比 disa 短，原料也比较容易得到，其相应的合成路线为：

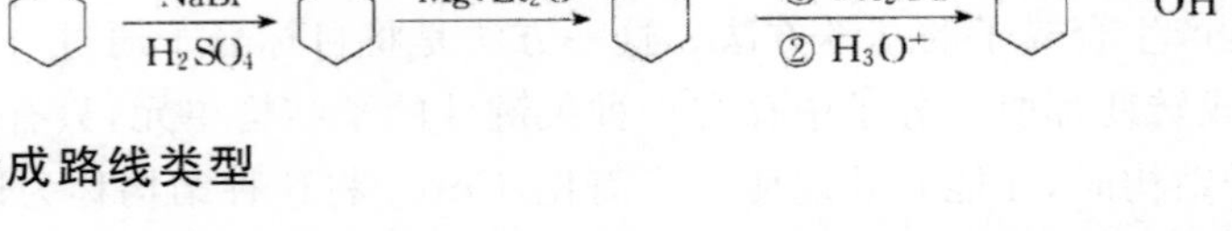
OH
NaBr
H2SO4
Br
Mg.Et2O
MgBr
① Me2CO
② H3O+
Me
OH

10.2.2 逆合成路线类型

既然合成路线的设计是从目标分子的结构开始，我们就应对分子结构进行分析，研究分子结构的组成及其变化的可能性。一般来说，分子主要包含碳骨架和官能团两部分。当然也有不含官能团的分子如烷烃、环烷烃等，但它们在一定的条件下，也会发生骨架的重新排列组合或增、减。

所以，有机合成的问题，根据分子骨架和官能团的变与不变，大体可分为以下 4 种类型。

(1)骨架和官能团都无变化

这里不是说官能团绝无变化，而是指反应前后，官能团的类型没有改变，改变的只是官能团的位置。

(2)骨架不变，但官能团变

许多苯系化合物的合成属于这一类型，因为苯及其若干同系物大量来自于煤焦油及石油中产品的二次加工，在合成过程中一般不需要用更简单的化合物去构成苯环。

(3)骨架变化而官能团不变

例如，重氮甲烷与环已酮的扩环反应。反应中除得到约 60%的环庚酮外，还有环氧化物和环辛酮副产物形成。

(4)骨架与官能团均变

在复杂分子的合成中，常常用到这样的方法技巧，在变化碳骨架的同时，把官能团也变为需要者。当然，这里所说碳骨架的变化，并不一定都是大小的变化，有时，仅仅是结构形状的变化，就可达到合成的目的，如分子重排反应等。

但是，有骨架大小变化的反应在合成上显得更为重要。骨架大小的变化可以分为由大变小和由小变大两种，其中，最重要的是骨架由小变大的反应。因为复杂大分子的合成，常常使用此种类型的反应所组成的合成路线。

10.2.3 逆向切断技巧

在逆向合成法中，逆向切断是简化目标分子必不可少的手段。不同的断键次序将会导致许多不同的合成路线。若能掌握一些切断技巧，将有利于快速找到一条比较合理的合成路线。

1. 优先考虑骨架的形成

有机化合物是由骨架和官能团两部分组成的，在合成过程中，总存在着骨架和官能团的变化，一般有这四种可能：

(1)骨架和官能团都无变化而仅变化官能团的位置

例如：

$$CH_2{=}CHCH_2COOH \xrightleftharpoons{\text{稀 NaOH 溶液}} CH_3CH{=}CHCOOH$$

(2)骨架不变而官能团变化

例如：

$$C_6H_5CCl_3 + H_2O \xrightarrow{Ca(OH)_2} C_6H_5COOH$$

(3)骨架变而官能团不变

例如：

$$CH_3(CH_2)_5CH_3 \xrightarrow[\text{紫外光}]{CH_2Cl_2} CH_3(CH_2)_6CH_3 + CH_3CH(CH_3)(CH_2)_4CH_3 + CH_3CH_2CH(CH_3)(CH_2)_3CH_3 + (CH_3CH_2CH_2)_2CHCH_3$$

(4)骨架、官能团都变

例如：

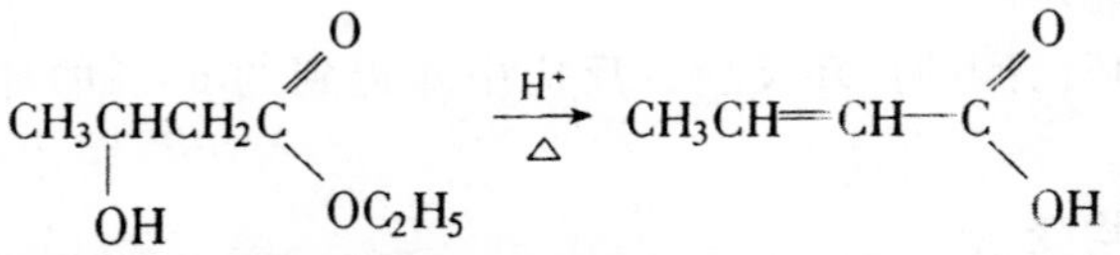

$$CH_3CH(OH)CH_2COOC_2H_5 \xrightarrow[\triangle]{H^+} CH_3CH{=}CH{-}COOH$$

这四种变化对于复杂有机物的合成来讲最重要的是骨架由小到大的变化。解决这类问题首先要正确地分析、思考目标分子的骨架是由哪些碎片(即合成子)通过碳-碳成键或碳-杂原子成键而一步一步地连接起来的。如果不优先考虑骨架的形成，那么连接在它上面的官能团也就没有归宿。但是，考虑骨架的形成却又不能脱离官能团。因为反应是发生的官能团上，或由于官能团的影响所产生的活性部位(例如羰基或双键的 α-位)上。因此，要发生碳-碳成键反应，碎片中必须要有成键反应所要求存在的官能团。

例如，设计[结构式]的合成路线。

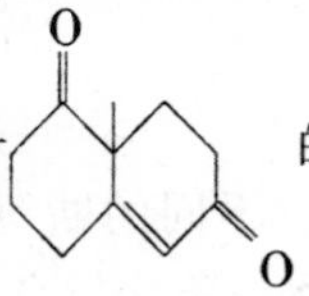

分析：

[逆合成分析图：目标分子 ⟹ 2-甲基-2-(3-氧代丁基)环己烷-1,3-二酮 ⟹ 环己烷-1,3-二酮衍生物 + 甲基乙烯基酮；⟹ 环己烷-1,3-二酮 + CH_3Br ⟸ 5-氧代己酸乙酯(OEt) ⟸ 丙酮 + 丙烯酸乙酯(OEt)]

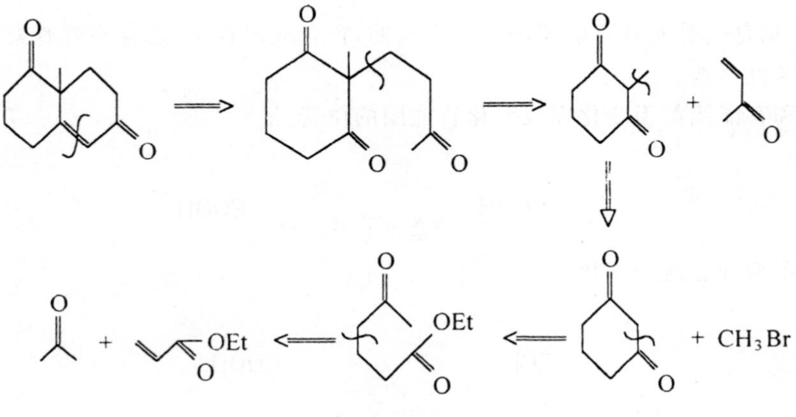

合成：

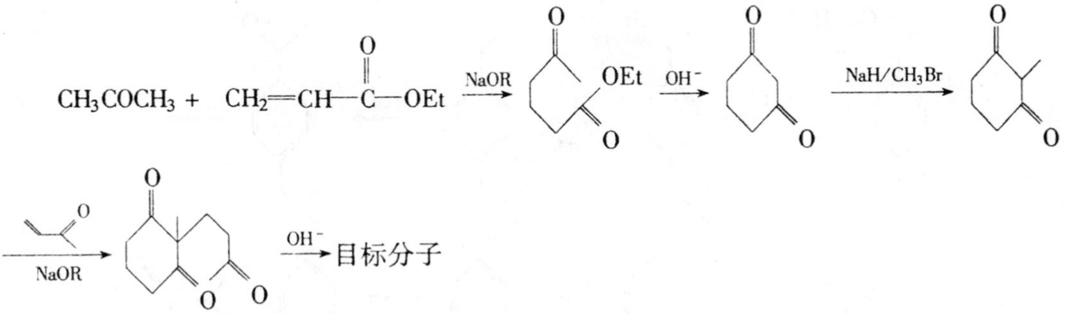

CH_3COCH_3 + $CH_2{=}CH{-}C(=O){-}OEt$ $\xrightarrow{NaOR}$ $\xrightarrow{OH^-}$ $\xrightarrow{NaH/CH_3Br}$ $\xrightarrow[NaOR]{}$ $\xrightarrow{OH^-}$ 目标分子

由上述过程可以看出，首先应该考虑骨架是怎样形成的，而且形成骨架的每一个前体（碎片）都带有合适的官能团。

2. 碳-杂键先切断

碳与杂原子所成的键，往往不如碳-碳键稳定，并且，在合成时此键也容易生成。因此，在合成一个复杂分子的时候，将碳-杂键的形成放在最后几步完成是比较有利的。一方面避免这个键受到早期一些反应的侵袭；另一方面又可以选择在温和的反应条件下来连接，避免在后期反应中伤害已引进的官能团。合成方向后期形成的键，在分析时应该先行切断。

例如，设计的合成路线。

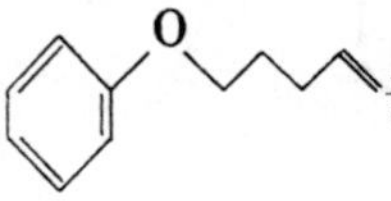

分析：

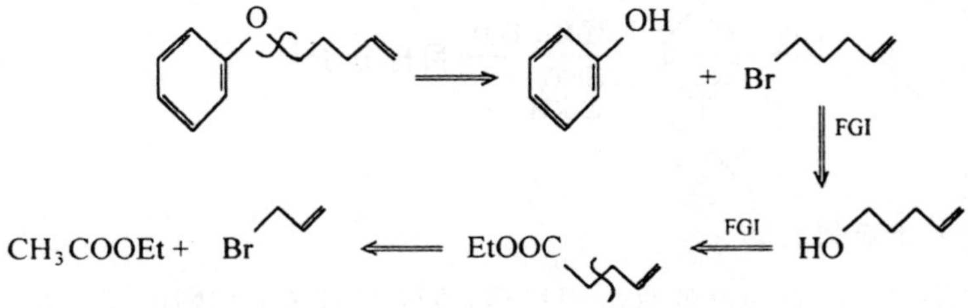

$\Rightarrow$ OH + Br $\xrightarrow{FGI}$ HO

CH_3COOEt + Br $\Leftarrow$ EtOOC $\xleftarrow{FGI}$ HO

合成：

$CH_2(COOEt)_2$ $\xrightarrow[\text{Br}]{EtONa}$ $(EtO_2C)_2CH$ $\xrightarrow[\text{② }EtOH/H^+]{\text{① }H^+/H_2O}$ EtO_2C $\xrightarrow{LiAlH_4}$

HO $\xrightarrow{PBr}$ Br $\xrightarrow{C_6H_5ONa}$ 目标分子

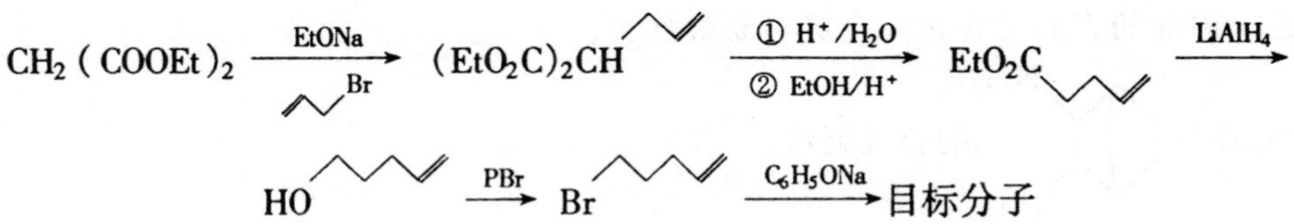

3. 目标分子活性部位先切断

目标分子中官能团部位和某些支链部位可先切断，因为这些部位是最活泼、最易结合的地方。

例如，设计 CO_2H 的合成路线。

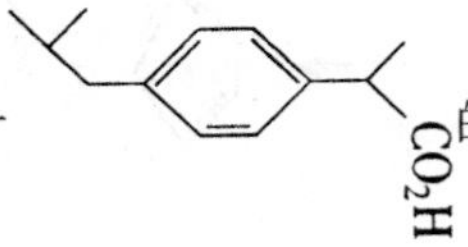

分析：

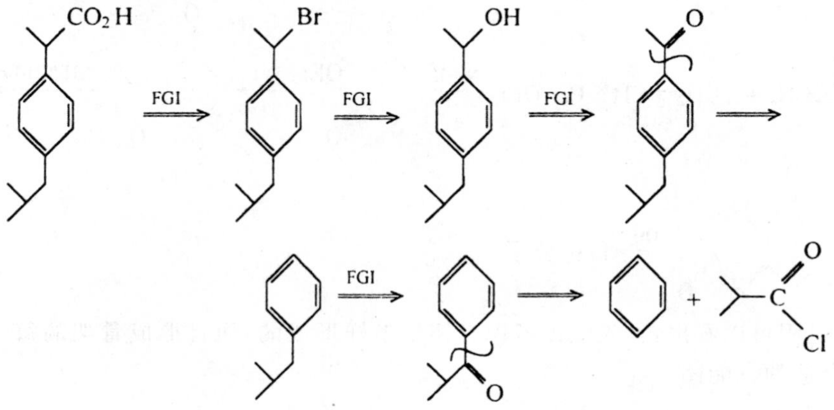

FGI FGI FGI

FGI

合成：

$\succ$COCl / $AlCl_3$ ；Zn－Hg / 浓 HCl ；CH_3COCl / $AlCl_3$ ；$NaBH_4$

PBr_3 ；①Mg，Et_2O ②CO_2 ③水解 → 目标分子

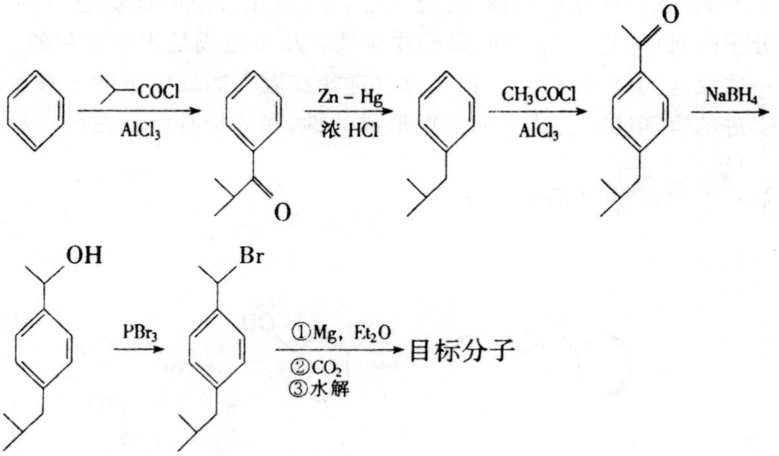

4. 添加辅助基团后切断

有些化合物结构上没有明显的官能团指路，或没有明显可切断的键。在这种情况下，可以在分子的适当位置添加某个官能团，以利于找到逆向变换的位置及相应的合成子。但同时应考虑到这个添加的官能团在正向合成时易被除去。

例如，设计（NH_2，Ph）的合成路线。

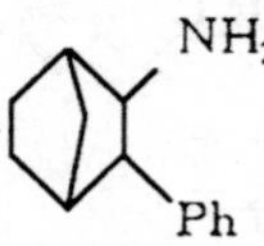

分析：环己烷的一边碳上如果具有一个或两个吸电子基，在其对侧还有一个双键，这样的化合物可方便地应用 Diels-Alder 反应得到

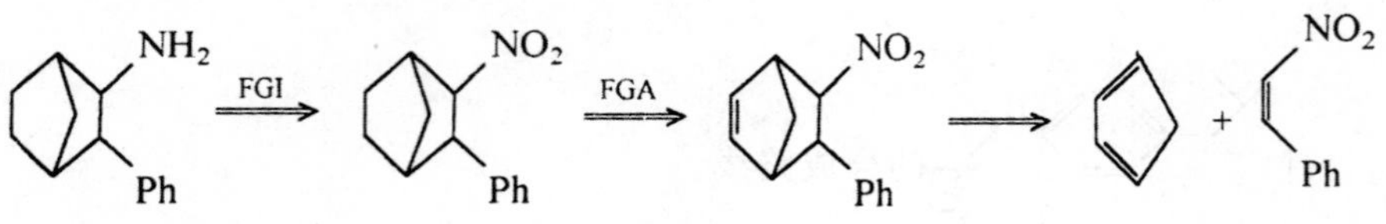

（NH_2，Ph）FGI（NO_2，Ph）FGA（NO_2，Ph）→ ＋（NO_2，Ph）

合成：

$$\text{环己-1,3-二烯} + \text{PhCH=CHNO}_2 \xrightarrow{\triangle} \text{5-硝基-6-苯基双环[2.2.2]辛-2-烯} \xrightarrow{H_2/Pd-C} \text{目标分子}$$

5. 回推到适当阶段再切断

有些分子可以直接切断，但有些分子却不可直接切断，或经切断后得到的合成子在正向合成时没有合适的方法将其连接起来。此时，应将目标分子回推到某一替代的目标分子后再行切断。经过逆向官能团互换、逆向连接、逆向重排，将目标分子回推到某一替代的目标分子是常用的方法。

例如，合成$CH_3CH(OH) \overset{a}{\wr} CH_2CH_2OH$时，若从 a 处切断，得到的两个合成子中的$^{\ominus}CH_2CH_2OH$找不到合成等效剂。如果将目标子分子变换为$CH_3CH(OH)-CH_2CHO$后再切断，就可以由两分子乙醛经醇醛缩合方便地连接起来。

6. 利用分子的对称性

有些目标分子具有对称面或对称中心，利用分子的对称性可以使分子结构中的相同部分同时接到分子骨架上，从而使合成问题得到简化。

①设计$HO-C_6H_4-CH(C_2H_5)-CH(C_2H_5)-C_6H_4-OH$的合成路线。

分析：

$$HO-C_6H_4-CH(C_2H_5) \wr CH(C_2H_5)-C_6H_4-OH \Longrightarrow 2HO-C_6H_4-CH(C_2H_5)-Cl \Longrightarrow$$

$$HO-C_6H_4-CH=CH-CH_3 \Longrightarrow CH_3O-C_6H_4-CH=CH-CH_3$$

茴香脑[以大豆茴香油(含茴香脑 80%)为原料]

合成：

$$2CH_3O-C_6H_4-CH=CHCH_3 \xrightarrow[5\sim10℃]{\text{苯，干燥氯化氢}}$$

$$2CH_3O-C_6H_4-CH(Cl)CH_2CH_3 \xrightarrow[85℃\sim90℃]{Fe} CH_3O-C_6H_4-CH(C_2H_5)-CH(C_2H_5)-C_6H_4-OCH_3 \xrightarrow{HI}$$

目标分子

有些目标分子本身并不具有对称性，但是经过适当的变换或切断，即可以得到对称的中间物，这些目标分子存在着潜在的分子对称性。

②设计 $(CH_3)_2CHCH_2C(=O)CH_2CH_2CH(CH_3)_2$ 的合成路线。

分析：分子中的羰基可由炔烃与水加成而得，则可以推得一对称分子。

$$(CH_3)_2CHCH_2C(=O)CH_2CH_2CH(CH_3)_2 \xrightarrow{FGI} (CH_3)_2CHCH_2 + C{\equiv}C + CH_2CH(CH_3)_2 \Longrightarrow$$

$$2(CH_3)_2CHCH_2Br + HC{\equiv}CH$$

合成 $HC{\equiv}CH + 2(CH_3)_2CHCH_2Br \xrightarrow{NaNH_2/液\ NH_3} (CH_3)_2CHCH_2C{\equiv}CCH_2CH(CH_3)_2$

$\xrightarrow[HgSO_4]{稀\ H_2SO_4}$ 目标分子

10.3 分子拆分反应

对于结构比较简单的目标分子，合成设计者只需在结构分析的基础上认清其骨架特点及具有的官能团，再经过特定的反应形成结构所需的骨架与官能团。即使还需考虑立体化学因素，亦只需在合成中注意，并不难实现。但是对于结构复杂的分子，所需的反应步骤往往很多，而且往往可以有多种合成途径，很难一下子确定适合的合成路线。这就涉及有关复杂分子合成设计的特殊性问题。合成子法正是在这一迫切需求的情况下出现的。合成子法实际上是一种分子的拆开法，通过碳-碳键的拆开，将较大的目标分子分解成它的原料和试剂分子，最终设计出合理的合成路线。解决分子骨架由小变大的合成问题，应该在回推过程的适当阶段，设法使分子骨架由大变小，这可以采用拆开的方法。

10.3.1 分子拆分的原则

1. 优先考虑骨架的形成

虽然有机化合物的性质主要是由分子中官能团决定的，但是在解决骨架与官能团都有变化的合成问题时，要优先考虑的却是骨架的形成，这是因为官能团是附着于骨架上的，骨架不先建立起来，官能团也就没有附着点。

考虑骨架的形成时，首先研究目标分子的骨架是由哪些较小的碎片的骨架，通过碳-碳成键反应结合成的，较小碎片的骨架又是由哪些更小的碎片骨架形成。依此类推，直到得到最小碎片的骨架，也就是应该使用的原料骨架。

2. 其次联想官能团的形成

由于形成新骨架的反应，总是在官能团或是受官能团的影响而产生的活泼部位上发生，因此，要发生碳-碳成键反应，碎片中心需要有适当的官能团存在，并且不同的成键反应需要不同的官能团，例如：

$$R-X+R-X \xrightarrow[Na]{} R-R$$

碎片中需要有卤素存在。又如：

$$R-CH_2-CHO+R-CH_2-CHO \xrightarrow[Na]{} RCH_2CH(OH)CHRCHO$$

碎片中需要有羰基和 α－氢原子存在。所以，在优先考虑骨架形成的同时，进而就要联想到官能团的存在和变化。

10.3.2　分子拆分的一般方法

要解决分子骨架由小变大的合成问题，应该在逆合成分析中，在适当阶段设法使分子骨架由大变小，可以采用分子的切断。切断是结构分析的一种处理方法，设想在复杂目标分子的价键被打断，从而推断出合成它需用的原料。正确运用分子切断法，就是指能够正确选择要切断的价键，回推时的"切"，是为了合成时的"连"，即前者是手段，后者是目的。

一个合成反应能够形成一定的分子结构，同样，一定的分子结构只有在掌握了形成它的反应后才能进行切断。因此，要想很好地掌握分子结构的切断，就必须有许多合成反应知识做后盾。合成反应用于分子的切断的关键是抓住这个反应的基本特征，即反应前后分子结构的变化，掌握了这点，就可以用于切断。例如，要充分理解 Diels-Alder 反应的作用原理与规则，才能将下述目标物切断。

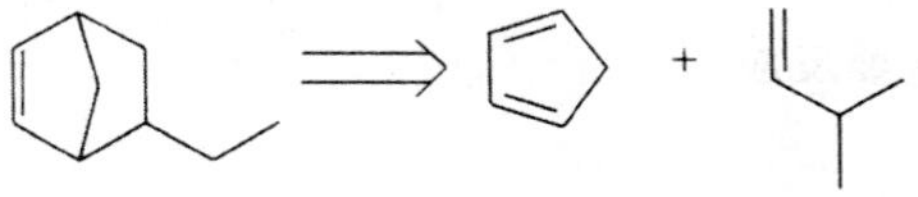

在切断分子时应注意以下几点。

1. 在逆合成的适当阶段将分子切断

由于有的目标分子并不是直接由碎片构成，只是它的前体。这个前体在形成后，又经历了包括分子骨架增大的各种变化才能成为目标分子。为此，在回推时应先将目标分子变回到它的前体后，再进行分子的切断。例如，在注意到频哪醇重排前后结构的变化就可以解决下面两个化合物的合成问题：

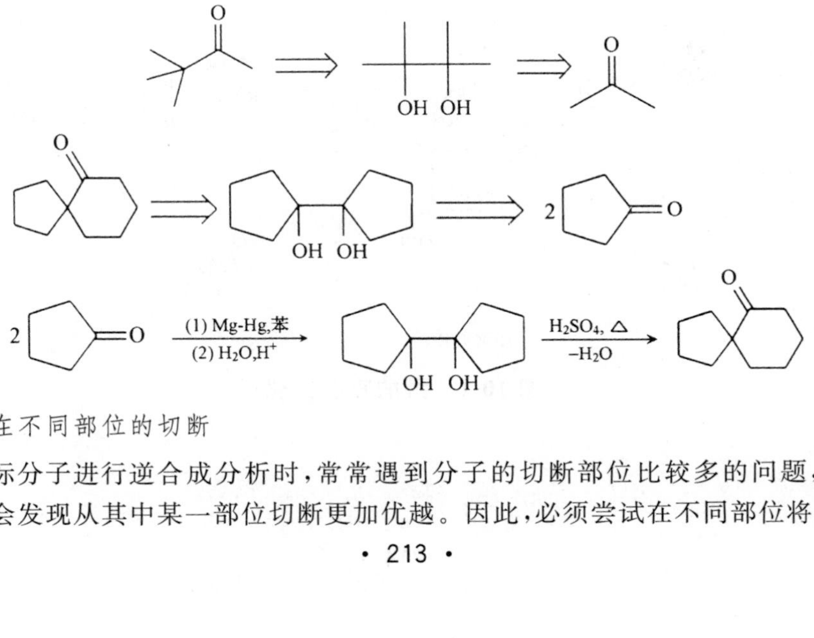

O

OH OH

O

O

OH OH

2 =O

2 =O　(1) Mg-Hg,苯 / (2) H_2O,H^+　OH OH　H_2SO_4, △ / $-H_2O$　O

2. 尝试在不同部位的切断

在对目标分子进行逆合成分析时，常常遇到分子的切断部位比较多的问题，但经认真比较、分析，就会发现从其中某一部位切断更加优越。因此，必须尝试在不同部位将分子切断，以便从中找出更加合理的合成路线。

3. 考虑问题要全面

在判断分子的切断部位时，无论是目标分子或中间体，都要从整体和全局出发，考虑问题要全面，尽可能减少或避免副反应的发生。目标分子的切断部位就是合成时要连接的部位，也就是说，切断了以后要用较好的反应将其连接起来。例如，异丙基正丁基醚的合成，有以下两种切断的方式：

a ⟹ ONa + X (2°)

b ⟹ ONa + X (1°)

在醇钠（碱性试剂）存在下，卤代烷会发生消去卤化氢反应，其倾向是仲烷基卤大于伯烷基卤，因此，为减少这个副反应，宜选择在 b 处切断。

4. 加入官能团帮助切断（探索多种拆法）

对于较复杂的大分子，应探索多种的切断方法以求择优选用。有时在切断中遇到困难，就要设想在分子某一部位加入一个合适的官能团，可能使切断更有利进行。

10.3.3 分子拆分的重要反应

1. 醇的切断

在前面拆开的总原则中提到，只有“会合成”才能“拆开”。可见，要想把多种类型的醇（包括表面看不是醇，实则与醇紧密相连）的分子拆开，就必须熟悉各类型的醇的合成方法。现将有关醇的最常见合成反应整理在一起，以便选择使用。

（1）醇的拆分方法

醇中的羟基在合成中是关键官能团（图 10-1），因为它们的合成可以通过一个重要的拆开来设计，同时它们也能转变成别的官能团，生成各类化合物。

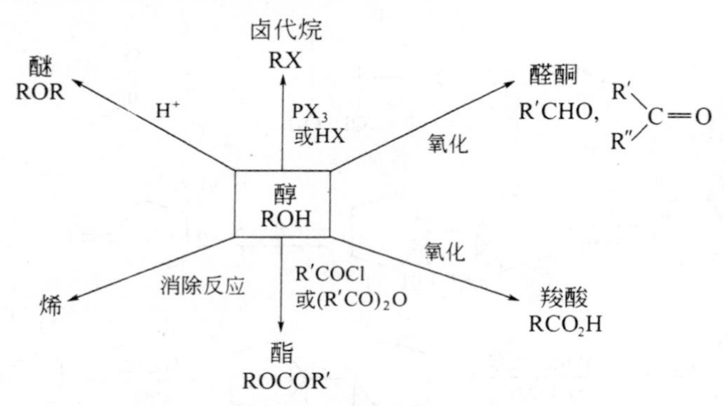

图 10-1 醇的官能团化

醇的合成方法很多，在此我们仅选择以格氏试剂来制备醇（图 10-2）。

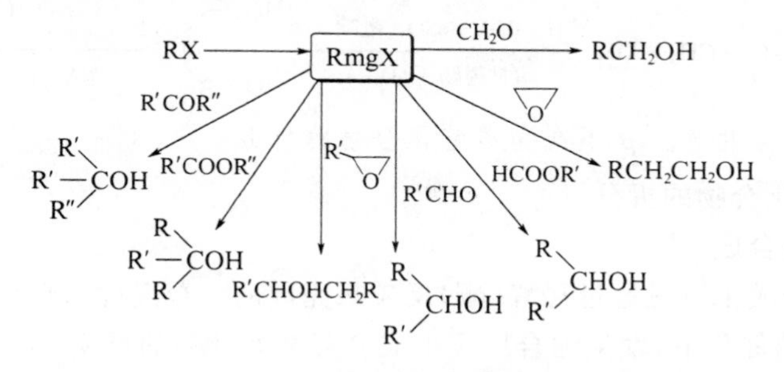

图 10-2　格氏试剂制备饱和醇

图 10-3 为不饱和醇的合成方法。

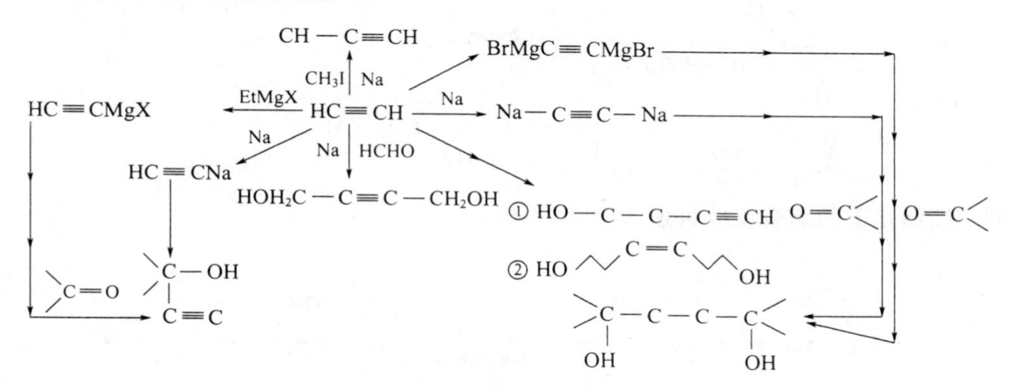

图 10-3　不饱和醇的合成

(2)醇的合成实例

试设计顺 2-丁烯-1,4-二醇缩丙酮（ ）的合成路线。

①分析抓住结构的实质特征，该分子可做如下拆分：

$$\xrightarrow{\text{dis}}\ \text{>=O} + \text{HO—CH=CH—OH（顺 2-丁烯-1,4-二醇）}$$

那么如何合成丁烯二醇，并且具有顺式构型？已知三键催化加氢可得顺式构型的烯，所以作如下拆分：

$$\text{HO—}\ \ \text{HO—} \xrightarrow{\text{FGI}} \text{HO—≡—OH} \xrightarrow{\text{dis}} 2\text{HCHO}+\text{HC≡CH}$$

②合成

$$\text{HC≡CH} \xrightarrow{\text{OH}^-,\text{HCHO}} \text{HO—CH}_2\text{—C≡CH} \xrightarrow{\text{OH}^-,\text{HCHO}}$$

$$HO-CH_2-C\equiv C-CH_2-OH \xrightarrow[\text{(林德勒还原)}]{H_2,\ Pd\text{-}C/BaSO_4,\ \text{吡啶}} \text{HO}\diagdown\!=\!\diagup\text{HO} \xrightarrow[\text{(缩合)}]{(CH_3)_2C=O,\ H^+} \text{(环状缩酮)}$$

2.β-羟基羰基化合物和α,β-不饱和羰基化合物的拆分

(1)β-羟基羰基化合物的拆分

①β-羟基醛酮的合成。

β-羟基醛酮的合成主要是通过羟醛(酮)反应来完成的。羟醛(酮)反应是指含有α-H的醛(酮)在稀碱或稀酸的催化下,发生缩合反应生成β-羟基醛(酮)的反应。

醛在碱催化下的缩合机理,以乙醛为例:

$$HO^- + H_2C(H)-CH=O \underset{\alpha\text{-H的夺取}}{\overset{-H_2O}{\rightleftharpoons}} \left[H_2C=CH-O^- \longleftrightarrow {}^-H_2C-CH=O\right] \xrightarrow[\text{亲核加成}]{H_3C-C^{d+}H=O^{d-}}$$

$$CH_3CH(O^-)CH_2CHO \xrightarrow[\text{水解}]{H_2O} CH_3CH(OH)CH_2CHO + H_2O$$

酮在酸催化下的缩合反应机理,以丙酮为例:

$$Me-CO-Me \overset{H^+}{\rightleftharpoons} Me-C(=OH^+)-Me \underset{\text{烯醇式重排}}{\overset{-H^+}{\rightleftharpoons}} Me-C(:OH)=CH_2 \xrightarrow[\text{亲核加成}]{Me-C^{d+}(=O^{d-})-Me}$$

$$MeC(=OH^+)CH_2C(OH)Me_2 \xrightarrow{-H^+} MeCOCH_2C(OH)Me_2$$

醛酮的交叉缩合反应,以乙醛和丙酮为例:

$$Me-CO-H + Me-CO-Me \xrightarrow[-H_2O]{OH^-,\triangle} MeCH(OH)CH_2CHO + MeCOCH_2C(OH)Me_2 + MeCH(OH)CH_2COMe$$

(醛自缩合产物)(酮自缩合产物)(醛、酮交叉自缩合产物)

由于此反应产物比较复杂,选择性差,合成应用价值不大。

② β-羟基羰基化合物的切断。

从上述β-羟基羰基化合物的合成类型可知,其切断的关键是从羰基开始,将α-C-β-C键打开。例如下列两个化合物的切断:

$$CH_3CH_2CH_2CH(OH)_{\beta}\,/\,CH_{\alpha}(CHO)CH_2CH_3 \overset{dis}{\Longrightarrow} 2\ CH_3CH_2CH_2CHO$$

$$CH_3CH_2CH_2CH_{\alpha}(CHO)\,/\,CH_2OH_{\beta} \overset{dis}{\Longrightarrow} CH_3CH_2CH_2CHO + HCHO$$

在羟醛缩合反应中,其中一分子提供羰基,另一分子提供活泼的α-H。能使α-H活化的基团除醛酮的羰基外,其他强吸电子基团有$-NO_2$、$-CN$、$-CO_2H$、$-CO_2R$,卤原子和不饱和键

也有致活作用。

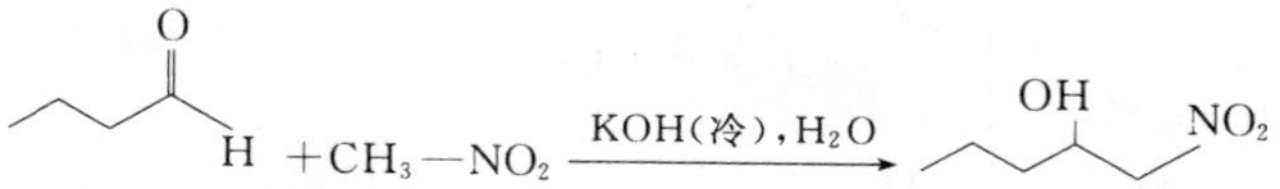

(反应式：丁醛 + $CH_3—NO_2$ $\xrightarrow{KOH(冷),H_2O}$ 1-硝基-2-戊醇)

(2)α,β-不饱和羰基化合物的切断

①α,β-不饱和醛酮的合成。

β-羟基醛(酮)在受热、酸催化或高温碱催化条件下，β-羟基与α-H结合易脱水生成具有π-π共轭体系的α,β-不饱和醛(酮)化合物。

通过分子内的羟醛缩合。对于羟醛(酮)缩合反应，在温和条件下(如碱催化)，一般生成β-羟基醛(酮)，在较剧烈条件下(如加热、酸或碱催化)则生成开链或环状α,β-不饱和醛(酮)。例如：

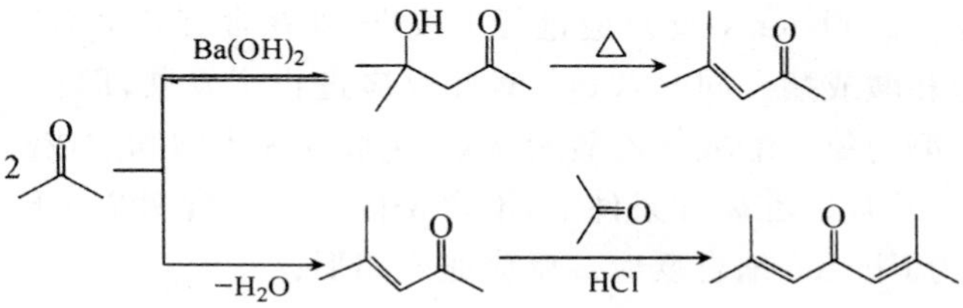

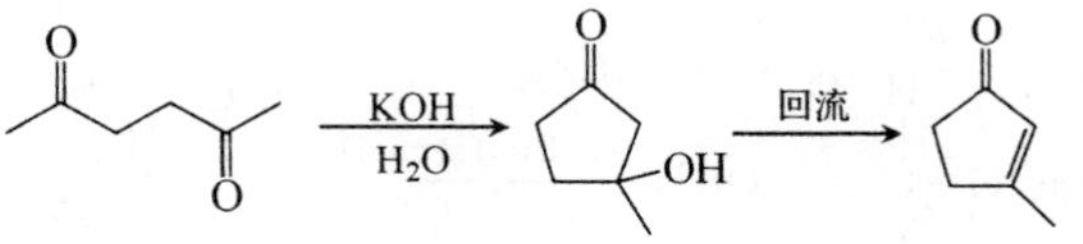

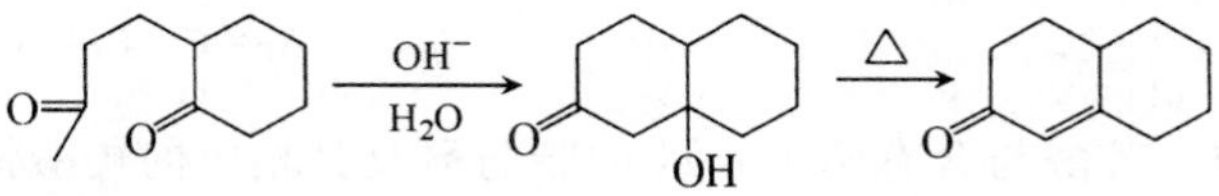

(反应式：2 丙酮 $\xrightarrow{Ba(OH)_2}$ 4-羟基-4-甲基-2-戊酮 $\xrightarrow{\triangle}$ 4-甲基-3-戊烯-2-酮；2 丙酮 $\xrightarrow{-H_2O}$ 4-甲基-3-戊烯-2-酮 $\xrightarrow[HCl]{丙酮}$ 2,6-二甲基-2,5-庚二烯-4-酮)

(反应式：2,5-己二酮 $\xrightarrow[H_2O]{KOH}$ 3-羟基-3-甲基环戊酮 $\xrightarrow{回流}$ 3-甲基-2-环戊烯酮)

(反应式：2-(3-氧代丁基)环己酮 $\xrightarrow[H_2O]{OH^-}$ 羟基十氢萘酮 $\xrightarrow{\triangle}$ 八氢萘酮)

因此，α,β-不饱和醛(酮)的切断应在双键位置。

通过 Claisen-Schmidt 反应。在稀的强碱(OH^-、RO^-)催化下，含有α-H 的脂肪醛酮与芳醛进行交叉缩合，生成α,β-不饱和醛(酮)的反应，称为 Claisen-Schmidt 反应。反应机理为

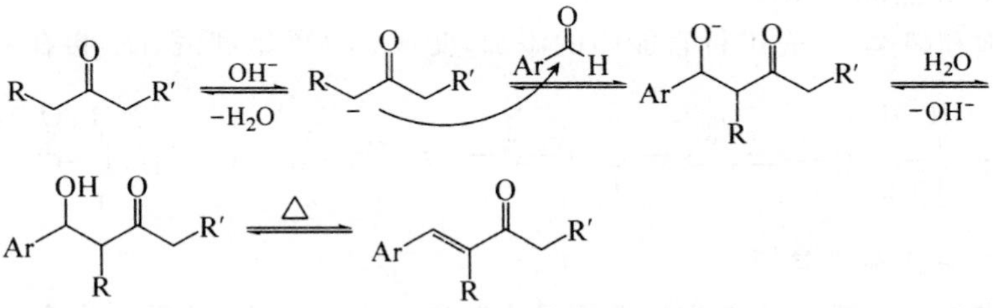

(反应机理：RCH_2COCH_2R' $\underset{-H_2O}{\overset{OH^-}{\rightleftharpoons}}$ 碳负离子 $\overset{ArCHO}{\rightleftharpoons}$ $ArCH(O^-)CH(R)COCH_2R'$ $\underset{-OH^-}{\overset{H_2O}{\rightleftharpoons}}$ $ArCH(OH)CH(R)COCH_2R'$ $\overset{\triangle}{\rightleftharpoons}$ $ArCH=C(R)COCH_2R'$)

反应特点：反应最终产物为反式的α,β-不饱和醛(酮)；芳醛与不对称酮反应时，取代基较少的α-C 参与反应，而取代基较多的(如甲基酮的亚甲基、环己酮的α位的次亚甲基)不易参加反应。例如：

$$PhCHO + \begin{cases} CH_3COCH_2CH_3 \xrightarrow[H_2O]{NaOH} PhCH{=}CHCOCH_2CH_3 \quad (91\%) \\ CH_3COCH_2Ph \xrightarrow[H_2O]{NaOH} PhCH{=}CHCOCH_2Ph \\ \text{2-甲基环己酮} \xrightarrow[\text{回流}]{KOH, H_2O} \text{2-亚苄基-6-甲基环己酮} \quad (75\%) \end{cases}$$

通过 Knoevenagel 反应。在胺(如哌啶)或氨的催化下,醛与丙二酸或丙二酸酯发生缩合,生成 α,β-不饱和酸或酯的反应,称为 Knoevenagel 反应。由于脂肪醛的产物为 α,β-和 β,γ-不饱和酸或酯的混合物。Doebner 对此反应进行了改进,即在含有微量哌啶的吡啶溶液中反应,产物主要为 α,β-不饱和酸或酯。同时,Cope 对此反应进行了发展,即在乙酸和苯的混合溶剂中,在乙酸钠催化下,酮与氰乙酸或氰乙酸酯缩合,生成 α,β-不饱和酸或酯。

通过 Claisen 缩合反应。在碱性条件下,不含 α-H 的醛与含两个 α-H 的酯缩合,生成 α,β-不饱和酯的反应,称为 Claisen 缩合反应。反应通式如下:

$$\begin{matrix} R_3CCHO \\ \text{或} \\ ArCHO \end{matrix} + H{-}\underset{R'}{\overset{H}{C}}{-}\overset{O}{\overset{\|}{C}}{-}OR'' \xrightarrow[0\sim5℃]{Na/EtOH(mini)} \begin{matrix} R_3C{-}\underset{H}{C}{=}\overset{R'}{C}{-}CO_2R'' \\ \text{或} \\ Ar{-}\underset{H}{C}{=}\overset{R'}{C}{-}CO_2R'' \end{matrix}$$

通过 Perkin 反应。芳醛与含有两个 α-H 的脂肪酸及其相应的羧酸钾(或钠)加热,发生类似醇醛缩合,生成 β-芳基取代的丙烯酸及其衍生物的反应。例如:

$$ArCHO + (CH_3CO)_2O \xrightarrow[HOAc, 175℃\sim180℃]{(1)\text{缩合};(2)\text{水解}} ArCH{=}CHCO_2H + CH_3CO_2H$$

②α,β-不饱和醛、酮的切断。

对于 α,β-饱和醛酮,可先进行官能团的添加,变成 α,β-不饱和醛、酮,再在双键处切断。

$$-\overset{H}{\underset{|}{C}}-\overset{H}{\underset{|}{C}}-\overset{O}{\overset{\|}{C}}- \xRightarrow{FGA} -\overset{\beta}{\underset{|}{C}}{\neq}\overset{\alpha}{\underset{|}{C}}-\overset{O}{\overset{\|}{C}}- \xRightarrow{dis} \rangle{=}O + H-\overset{H}{\underset{|}{C}}-\overset{O}{\overset{\|}{C}}-$$

3. 拆分 1,3-二羰基化合物

常用于合成 1,3-二羰基化合物的反应是克莱森酯缩合反应,该反应为含有 α-H 的酯在醇钠等碱性缩合剂作用下发生缩合作用,失去一分子醇得到 β-酮酸酯。如两分子乙酸乙酯在金属钠和少量乙醇作用下发生缩合得到乙酰乙酸乙酯。常用的碱性试剂有醇钠、氨基钠、三苯基钾钠等。实际上这个反应不限于酯类自身的缩合,酯与含活泼亚甲基的化合物(如酯、酰氯、酸酐等与酯、醛酮、氰等提供 α-H 的化合物)都可以发生这样的缩合反应。例如:

$$R-\overset{O}{\overset{\|}{C}}-X + H-\overset{R'}{\overset{|}{\underset{|}{C}}}-\overset{O}{\overset{\|}{C}}-Y \xrightarrow{碱} R-\overset{O}{\overset{\|}{C}}-\overset{R'}{\overset{|}{\underset{|}{C}}}-\overset{O}{\overset{\|}{C}}-Y$$

(1)相同酯间的缩合

最典型的是两分子乙酸乙酯在乙醇钠的作用下，缩合生成乙酰乙酸乙酯。

$$2CH_3COOEt \xrightarrow[NaOEt]{} CH_3COCH_2COOEt + EtOH$$

反应历程如下：

乙酸乙酯的 α-H 酸性很弱($pK_a=24.5$)，而乙醇钠又是一个相对较弱的碱(乙醇的 $pK_a\approx$ 15.9)，因此，乙酸乙酯与乙醇钠作用所形成的负离子在平衡体系是很少的。但由于最后产物乙酰乙酸乙酯是一个比较强的酸，能与乙醇钠作用形成稳定的负离子，从而使平衡朝产物方向移动。所以，尽管反应体系中的乙酸乙酯负离子浓度很低，但一形成后，就不断地反应，结果反应还是可以顺利完成。

$$\underset{pK_5\approx 24}{CH_3-\overset{O}{\overset{\|}{C}}-OC_2H_5} + C_2H_5O^- \rightleftharpoons \bar{C}H_2COOC_2H_5 + \underset{pK_5\approx 16}{C_2H_5OH}$$

$$CH_3-\overset{O}{\overset{\|}{C}}-OC_2H_5 + \bar{C}H_2COOC_2H_5 \rightleftharpoons CH_3-\overset{O^-}{\overset{|}{\underset{CH_2COOC_2H_5}{\underset{|}{C}}}}-OC_2H_5 \rightleftharpoons CH_3-\overset{O}{\overset{\|}{C}}-CH_2COOC_2H_5 + C_2H_5O^-$$

$$CH_3-\overset{O}{\overset{\|}{C}}-CH_2COOC_2H_5 \xrightarrow{C_2H_5O^-} CH_3\overset{O}{\overset{\|}{C}}\bar{C}HCOOC_2H_5 + C_2H_5OH$$

$$\xrightarrow{H^+} CH_3-\overset{O}{\overset{\|}{C}}-CH_2COOC_2H_5$$

如果酯的 α-C 上只有一个氢原子，由于酸性太弱，用乙醇钠难于形成负离子，需要用较强的碱才能把酯变为负离子。如异丁酸乙酯在三苯甲基钠作用下，可以进行缩合，而在乙醇钠作用下则不能发生反应：

$$2(CH_3)_2CHCO_2C_2H_5 + (C_6H_5)_3\bar{C}Na \xrightarrow{Et_2O} (CH_3)_2CH-\overset{O}{\overset{\|}{C}}-\overset{CH_3}{\overset{|}{\underset{CH_3}{\underset{|}{C}}}}CO_2C_2H_5 + (C_6H_5)_3CH$$

(2)二元或多元酯的分子内缩合(狄克曼酯缩合反应)

在强碱条件下，含有 α-H 的二元酯发生分子内缩合，形成一个环状 β-酮酸酯，再水解加热脱羧，得到五元或六元环酮。例如：

$$\text{(环)}\begin{matrix}COOC_2H_5\\COOC_2H_5\end{matrix} \xrightarrow{NaOC_2H_5} \text{2-氧代环戊基}-COOC_2H_5$$

狄克曼分子内酯缩合反应是合成含五元或六元环及其衍生物的主要方法；该反应实际上是在分子内部进行的克莱森酯缩合反应。

狄克曼酯缩合反应对于合成5～7元环化合物是很成功的，但9～12元环产率极低或根本不反应。在高度稀释条件下，α,ω-二元羧酸酯在甲苯中用叔丁醇钾处理得到一元和二元环酮：

$$(CH_2)_n\begin{matrix}CO_2C_2H_5\\CO_2C_2H_5\end{matrix}\longrightarrow (CH_2)_n\,C{=}O + (CH_2)_n\begin{matrix}C{=}O\\C{=}O\end{matrix}(CH_2)_n$$

$(n=6\sim14)$

(3)不同酯间的缩合反应

两种不同的酯也能发生酯缩合，理论上可得到四种不同的产物，称为温合酯缩合，在制备上没有太大意义。如果其中一个酯分子中既无 α-H，而且烷氧羰基又比较活泼时，则仅生成一种缩合产物。如苯甲酸酯、甲酸酯、草酸酯、碳酸酯等。与其它含 α-H 的酯反应时，都只生成一种缩合产物。

①草酸二乙酯的酰化反应及其应用。

草酸二乙酯与含 α-H 的酯反应，在有机合成中有其特殊用途。例如，草酸二乙酯与苯乙酸乙酯的反应：

$$Ph{-}CH_2{-}COOEt + EtO{-}\overset{O}{\overset{\|}{C}}{-}\overset{O}{\overset{\|}{C}}{-}OEt \xrightarrow{NaOEt} Ph{-}CH\begin{matrix}CO_2Et\\CO{-}COOEt\end{matrix}$$

该类型反应的结果是含 α-H 酯的 α-C 上引入了乙草酰基。

②甲酸酯酰化反应及其应用。

甲酸乙酯与含 α-H 的酯在强碱作用下反应，常用于含 α-H 的酯的及位引入一个醛基：

$$H{-}\overset{O}{\overset{\|}{C}}{-}OEt + HCH_2{-}COOEt \xrightarrow[-EtOH]{NaOEt} H{-}\overset{O}{\overset{\|}{C}}{-}CH_2{-}COOEt$$

$$\xrightleftharpoons{(烯醇式重排)} HO{-}CH{=}CH{-}COOEt$$

工业上生产颠茄酸时，即利用这一方法，将苯乙酸乙酯和甲酸乙酯进行缩合，可以先得到70%的产物 α-苯甲酰乙酯乙酯，

$$C_6H_5CH_2COOC_2H_5 + HCOOC_2H_5 \xrightarrow{CH_3ONa} C_6H_5\underset{}{\overset{CHO}{\overset{|}{C}H}}COOC_2H_5 + H_2O$$

(70%)

经催化氢化后，就得到颠茄酸酯：

$$C_6H_5\underset{\underset{CHO}{|}}{CH}COOC_2H_5 \xrightarrow{H_2/Ni} C_6H_5\underset{\underset{CH_2OH}{|}}{CH}COOC_2H_5$$

颠茄酸酯

(4)酯与酮的缩合

以上所讨论的是利用各种酯进行缩合，产物从结构上讲，都是一个 β-羰基酸酯。若用一个

酮和一个酯进行混合缩合，就得到 β-羰基酮。酮是比酯较强的一个"酸"，在碱的催化作用下，酮应首先形成负离子，然后和酯的羰基进行亲核加成。

在实际工作中，往往用一个甲基酮（$\overset{\displaystyle O}{\overset{\|}{RCCH_3}}$）和酯在乙醇钠的催化作用下进行缩合，可以得到适当产量的 β-二酮：

$$CH_3COOCH_5 + CH_3COCH_3 \xrightarrow[C_2H_5ONa]{} CH_3COCH_2COCH_3 + C_2H_5OH$$

2，4-戊二酮（乙酰丙酮）

戊二酮也可用丙酮与乙酸酐再 BF_3 催化下制得，产率很高，中间过程不是经过烯醇负离子，而是烯醇本身：

$$CH_3COCH_3 + (CH_3CO)_2O \xrightarrow[BF_3]{} CH_3COCH_2COCH_3$$

用苯甲酸乙酯和苯乙酮缩合，可以得到产率较高的二苯甲酰甲烷：

$$C_6H_5COOC_2H_5 + CH_3COC_6H_5 \xrightarrow[C_2H_5ONa]{} C_6H_5COCH_2COC_6H_5 + C_2H_5OH$$

取代的乙酸乙酯和一个甲基酮反应，需要用较强的催化剂，如 NaH，但是产物掺杂着其他的异构体。例如用丁酮（ⅰ）和丙酸乙酯（ⅱ）缩合，在 NaH 的作用下，得到两个产物（ⅲ）和（ⅳ），二者的比例和理论所预料的是一致的。

$$\underset{(\text{i})}{CH_3COCH_2CH_3} + \underset{(\text{ii})}{CH_3CH_2COOC_2H_5} \xrightarrow[\text{乙醚}]{NaH} \underset{(\text{iii})}{CH_3CH_2\underset{O^-\ Na^-}{\underset{|}{C}}{=}CHCOCH_2CH_3} + \underset{(\text{iv})}{CH_3CH_2\underset{O^-\ Na^-}{\underset{|}{C}}{=}\overset{CH_3}{\overset{|}{C}}COCH_3}$$

$$(\text{iii}) \xrightarrow{H} \underset{(\text{iii})\quad(51\%)}{CH_3CH_2COCH_2COCH_2CH_3} \qquad (\text{iv}) \xrightarrow{H} \underset{(\text{iv})\quad(9\%)}{CH_3CH_2CO\overset{CH_3}{\overset{|}{C}}HCOCH_3}$$

从这个反应看，酮（ⅰ）在形成负离子时，主要是由甲基而不是亚甲基给出氢，负离子（ⅳ）因有一个取代的甲基，没有（ⅲ）稳定，所以（ⅲ）是主要的产物。

有 α-H 的酮所产生的烯醇盐也可以同没有 α-H 的酯缩合，如后者为碳酸酯，则产物为 β-酮酸酯：

$$\underset{\text{碳酸二乙酯}}{EtO\overset{O}{\overset{\|}{C}}OEt} + \underset{\text{环庚酮}}{\text{(环庚酮)}} \xrightarrow[\text{② } H_2O]{\text{① NaH}} \underset{\text{2-环庚酮甲酸乙酯}}{\text{(2-环庚酮甲酸乙酯)}}$$

碳酸二乙酯　环庚酮　2-环庚酮甲酸乙酯

酮生成的烯醇盐虽然可以与酮羰基缩合，但平衡位置不利于羟基酮的生成。

如用别的没有 α-H 的酯与酮缩合，则得到 β-二酮。例如：

$$C_6H_5\overset{O}{\overset{\|}{C}}OEt + CH_3COC_6H_5 \xrightarrow[\text{②}H_3O]{\text{①EtONa, EtOH}} C_6H_5\overset{O}{\overset{\|}{C}}CH_2\overset{O}{\overset{\|}{C}}C_6H_5$$

苯甲酸乙酯　　苯乙酮　　　　　　　　1,3-二苯基-1,3-丙二酮

(5)其他缩合

另外,酯与腈缩合也可以发生缩合反应。酯与腈的缩合,属于克莱森缩合反应类型。例如:

$$CH_3COOEt + C_6H_5CH_2CN \xrightarrow{NaOEt} CH_3-\underset{\underset{O}{\|}}{C}-\overset{\overset{C_6H_5}{|}}{CH}-CN$$

(63%～67%)

$$(EtO)_2C{=}O + CH_3(CH_2)_4CN \longrightarrow CH_3(CH_2)_3\underset{\underset{CN}{|}}{CH}COOEt$$

由于产物中含有—CN、—Ph、α-CH_3 等基团,在有机合成中有着广泛的用途。

4. 拆分 1,5-二羰基化合物

(1)1,5-二羰基化合物的合成——迈克尔加成反应

含活泼亚甲基的化合物与 α,β-不饱和共轭体系化合物在碱性催化剂存在下发生 1,4-加成,称为迈克尔加成反应。通式如下:

$$A-CH_2-R + \;>C{=}C<_{Y} \xrightarrow{:B^-} \underset{A}{\overset{R}{>}}CH-\overset{|}{\underset{|}{C}}-\overset{|}{\underset{\underset{Y}{|}}{C}}-H$$

A, Y=CHO, C=O, COOR, NO_2, CN

B=NaOH, KOH, EtONa, *t*-BuOK, $NaNH_2$, Et_3N, $R_4N^+OH^-$, 六氢吡啶(NH)

用于这个反应的不饱和化合物,通常称为迈克尔受体。该反应是形成新的 C—C 键的方法,可以将多种官能团引入分子中。这个反应的应用范围十分广泛。它的受体可以是 α,β-不饱和醛、酮、酯、酰胺、腈、硝基物、砜等。它形成的骨架既可以是开链的,也可以是环状的。给予体中的 A 为吸电子的活化基,B 为起催化作用的碱,一般都是强碱,如六氢吡啶、醇钠、二乙胺、氢氧化钠(钾)、叔丁醇钾(钠)、三苯甲基钠、氢化钠等。

反应机理如下:

$$A-CH_2-R \xrightarrow{:B^-} A-\overset{-}{C}H-R \xrightarrow{>C=C<_{Y}} \underset{A}{\overset{R}{>}}CH-\overset{|}{\underset{|}{C}}-\overset{-}{C}<_{Y}$$

$$\xrightarrow{HB} \underset{A}{\overset{R}{>}}CH-\overset{|}{\underset{|}{C}}-\overset{|}{\underset{\underset{Y}{|}}{C}}-H$$

(2)1,5-二羰基化合物的拆分法

1,5-二羰基化合物的拆分可以从 2,3 或,3,4 切断,当然这两个位置是相对的,有两个部

位的拆法，有时两种切断只有一种可行，因此，要尝试在这两处切断哪种更为合理。

$$R'C(=O)-CH_2-CH_2-C(=O)R \xrightarrow[\text{2,3-间断}]{\text{dis ①}} R'-\overset{O}{\overset{\|}{C}}-CH_3 + CH_2=CH-C(=O)R$$

$$\xrightarrow[\text{3,4-间断}]{\text{dis ②}} R-C(=O)-CH_3 + CH_2=CH-C(=O)R'$$

5. 拆分 α-羟基羰基化合物

(1)α-羟基酸的拆分

①α-羟基酸的合成。

α-羧基酸的合成常用的方法如下：

$$>C=O + HCN \longrightarrow -\underset{OH}{\underset{|}{C}}-CN \xrightarrow{H_3^+O,\ \triangle} -\underset{OH}{\underset{|}{C}}-COOH$$

此外，也可用 α-卤代酸的水解来制备。

②α-羟基酸的拆开。

$$-\underset{OH}{\underset{|}{C}}-COOH \xRightarrow{FGI} -\underset{OH}{\underset{|}{C}}-CN \xRightarrow{dis} >C=O + HCN$$

③合成实例。

设计 2-甲基-2-羟基-苯酚（Ph(CH_3)C(OH)COOH）的合成路线。

分析：

$$TM \xRightarrow{FGI} Ph(CH_3)C(OH)CN \Longrightarrow Ph(CH_3)C=O + HCN$$

(2)α-羟基酮的拆分

①α-羟基酮的合成。

$$R-C\equiv CH + Na \xrightarrow{NH_3\text{（液）}} R-C\equiv C\ Na \xrightarrow[\text{②}H_2O]{\text{① }>C=O}$$

$$R-C\equiv C-\overset{OH}{\overset{|}{C}}- \xrightarrow{Hg^{2+},\ H_2SO_4} \left[R-CH=\overset{OH}{\overset{|}{C}}-\overset{OH}{\overset{|}{C}}-\right] \xrightarrow{rearr} R-CH_2-\overset{O}{\overset{\|}{C}}-\overset{OH}{\overset{|}{C}}-$$

此法可用于合成 α-羟基酮、α-甲基酮以及 α-烃基酮等。

②α-羟基酮的拆开。

$$-\overset{OH}{\underset{|}{C}}-\overset{O}{\overset{\|}{C}}-\overset{|}{\underset{H}{C}}-H \xrightarrow{FGI} -\overset{OH}{\underset{|}{C}}\wr C\equiv C- \xrightarrow{dis} (CH_3)_2C{=}O + HC\equiv C-$$

③合成实例。

设计3-甲基-3-羟基-2-丁酮（$(CH_3)_2C(OH)COCH_3$）的合成路线。

分析：

$$\text{TM} \xrightarrow{FGI} (CH_3)_2C(OH)-C\equiv C-H$$

合成：

$$HC\equiv CH + (CH_3)_2C{=}O \xrightarrow{Na} (CH_3)_2C(OH)-C\equiv C-H \xrightarrow[Hg^{2+}]{H_2SO_4} (CH_3)_2C(OH)COCH_3$$

6. 拆分1,4和1,6-二羰基化合物

(1)1,4-二羰基化合物的拆分

①1,4-二酮的合成。

1,4-二羰基化合物主要由活泼亚甲基化合物与α-卤代羰基化合物反应合成。1,4-二酮常由乙酰乙酸乙酯的羰基衍生物的酮式分解来制得。例如：

$$CH_3-\overset{O}{\overset{\|}{C}}-CH_2-\overset{O}{\overset{\|}{C}}OEt \xrightarrow{NaOEt} \left[CH_3-\overset{O}{\overset{\|}{C}}-\overset{-}{C}H-COOEt\right]Na$$

$$\rightleftharpoons \left[CH_3-\overset{O^-}{\overset{|}{C}}{=}CH-COOEt\right]Na^+ \xrightarrow[-NaBr]{Br-CH_2-\overset{O}{\overset{\|}{C}}-CH_3} CH_3-\overset{O}{\overset{\|}{C}}-\underset{CH_2-\overset{O}{\overset{\|}{C}}-CH_3}{\underset{|}{C}H}-COOEt$$

$$\xrightarrow[\triangle]{稀KOH} CH_3-\overset{O}{\overset{\|}{C}}-\underset{CH_2-CO-CH_3}{\underset{|}{C}H}-COOK \xrightarrow[(脱羧)]{H^+,\ \triangle} \boxed{CH_3-\overset{O}{\overset{\|}{C}}-CH_2}\boxed{-CH_2-\overset{O}{\overset{\|}{C}}-CH_3}$$

来自乙酰乙酸乙酯　来自α-溴代丙酮

②拆分。

$$R-\overset{O}{\overset{\|}{C}}-CH_2\wr CH_2-\overset{O}{\overset{\|}{C}}-R' \xrightarrow{dis} R-\overset{O}{\overset{\|}{C}}-CH_2-Y + X-CH_2-\overset{O}{\overset{\|}{C}}-R'$$

（Y＝H、—COOH或潜在的—COOH；X＝卤原子）

1,4-二羰基化合物的合成，主要是通过活泼亚甲基化合物在碱的作用下，产生烯醇式负离子对及一卤代羰基化合物的亲核取代反应得到，所以，在找出合成1,4-二羰基化合物的原料时，遵循的规律是：当切断后的碎片具有丙酮或乙酸结构单元时，应考虑到它们是由乙酰乙酸乙酯或丙二酸二乙酯为原料合成的，应将碎片加上致活基—$COOC_2H_5$ 分别将其转化为乙酰乙酸乙酯或丙二酸二乙酯，也就是将切断后得到的合成子转化成相应的合成等价物。例如：

$$CH_3\overset{O}{\overset{\|}{C}}CH_2 \,\S\, CH_2\overset{O}{\overset{\|}{C}}CH_3 \Longrightarrow CH_3\overset{O}{\overset{\|}{C}}CH_2^- + BrCH_2\overset{O}{\overset{\|}{C}}CH_3$$

$$CH_3\overset{O}{\overset{\|}{C}}CH_2-\overset{O}{\overset{\|}{C}}OC_2H_5$$

$$CH_3\overset{O}{\overset{\|}{C}}CH_2\overset{O}{\overset{\|}{C}}OC_2H_5 \xrightarrow[\text{② } BrCH_2COCH_3]{\text{① } CH_3CH_2ONa} \xrightarrow[\text{② } H^+\text{，加热 } CO_2]{\text{① } ^-OH/H_2O} CH_3\overset{O}{\overset{\|}{C}}CH_2CH_2\overset{O}{\overset{\|}{C}}CH_3$$

环己酮 + 四氢吡咯 $\xrightarrow{H^+}$ 烯胺 $\xrightarrow[\text{② } H_3^+O]{\text{① } BrCH_2COOC_2H_5}$ 2-($CH_2\overset{O}{\overset{\|}{C}}OC_2H_5$)环己酮（→ 上式产物）

下列化合物切断后得到两个乙酸碎片，一个碎片加溴、加乙氧基转化为溴代乙酸酯，另一个碎片应加上致活基转化成相应的合成子丙二酸二乙酯。

$$HO\overset{O}{\overset{\|}{C}}CH_2 \,\S\, CH_2\overset{O}{\overset{\|}{C}}OH \Longrightarrow HO\overset{O}{\overset{\|}{C}}CH_2^- + BrCH_2\overset{O}{\overset{\|}{C}}OC_2H_5$$

$$\Downarrow$$

$$C_2H_5O\overset{O}{\overset{\|}{C}}CH_2\overset{O}{\overset{\|}{C}}OC_2H_5$$

③合成实例。

设计$\triangle^{1,8}$-六氢化茚-2-酮（结构式）的合成路线。

分析：

TM 为稠环 α,β-不饱和羰基化合物，拆开后为 1,4-二碳基化合物。拆开：

TM $\xRightarrow[\text{断双}\beta\text{-加羰}]{\alpha,\beta\text{-不饱和酮}}$ 1,4-二羰基化合物 $\xRightarrow[\text{断单加卤}]{\text{1,4-二羰基化合物}}$ 环己酮 + BrCH_2COCH_3

合成：

环己酮 + 四氢吡咯 $\xrightarrow[-H_2O]{H^+}$ 烯胺 $\xrightarrow[\text{② } H_3^+O]{\text{① } BrCH_2COCH_3}$ 2-(2-氧代丙基)环己酮 $\xrightarrow[-H_2O]{NaOH,\ \triangle}$ $\triangle^{1,8}$-六氢化茚-2-酮

(2)1,6-二羰基化合物的拆分

①1,6-二羰基化合物的合成。

1,6-二羰基化合物主要由环已烯或环已烯的衍生物通过氧化，双键断裂开环得到。

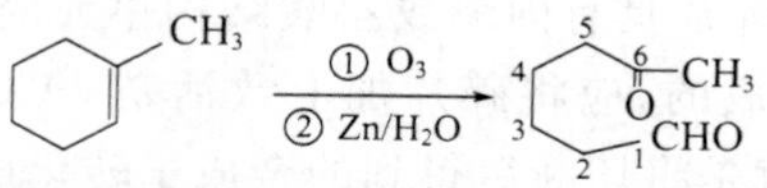

逆合成分析无非是把通过氧化断裂的双键重新连接起来。可称之为“去二羰加一双”。

②1,6-二羰基化合物的拆开。

根据1,6-二羰基化合物的合成，可以看到，拆开实质为重接，即1,6一二羰基化合物去掉氧，围拢成1,6-环己烯或其衍生物。

③合成实例。

设计6-庚酮酸（ ）的合成路线。

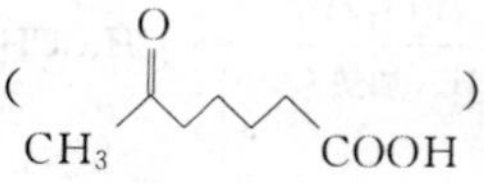

分析：

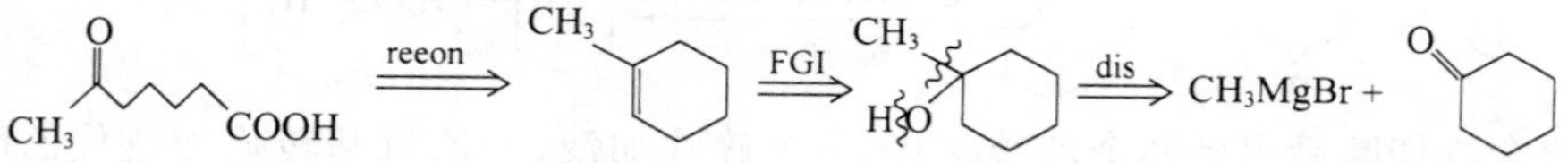

合成：

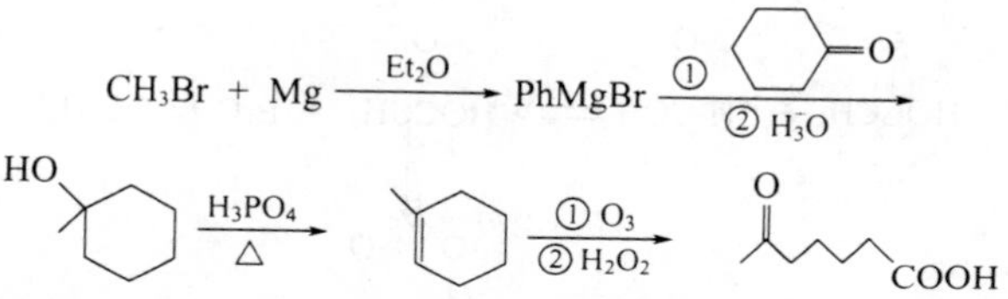

$CH_3Br + Mg \xrightarrow{Et_2O} PhMgBr$

由上可知，1,6-二羰基化合物的合成，涉及环己烯及其衍生物的合成问题，于是就要用到有名的伯奇（Birch）还原反应和狄一阿反应。狄一阿反应在基础有机化学中介绍得很详细，下边着重讨论伯奇还原反应。

④伯奇还原反应。

伯奇还原指芳香族化合物在液氨与己醇（或异丙醇或二级丁醇）作用下用钠（或钾、锂）还原成非共轭的环己二烯（1,4-环己二烯）及其衍生物的反应，称为伯奇（Birch）反应。如：

取代的苯也能发生还原，并且通常得到单一的还原产物。例如：

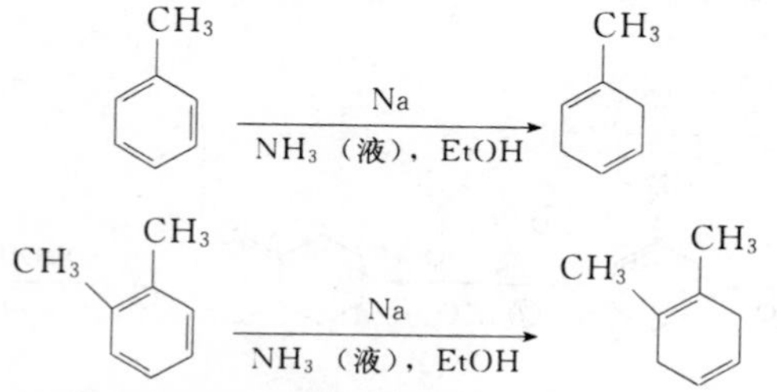

首先是钠和液氨作用生成溶剂化电子，然后苯环得到一个电子生成自由基负离子（Ⅰ），这时苯环的π电子体系中有7个电子，加到苯环上的那个电子处在苯环分子轨道的反键轨道上，自由基负离子仍是个环状共轭体系，工表示的是其部分共振式。工不稳定而被质子化，随即从乙醇中夺取一个质子生成环己二烯基自由基（Ⅱ）。Ⅱ再取得一个溶剂化电子转变成环己二烯负离子（Ⅲ），Ⅲ是一个强碱，迅速再从乙醇中夺取一个电子生成1,4-环己二烯。

$$Na + NH_3 \longrightarrow Na^+ + e^-$$

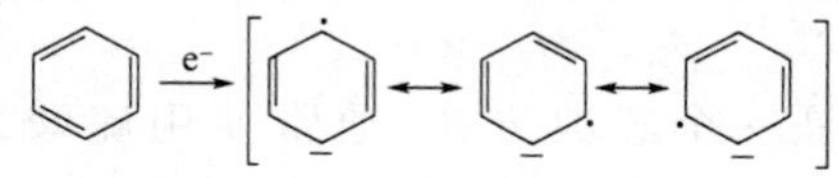

（Ⅰ）

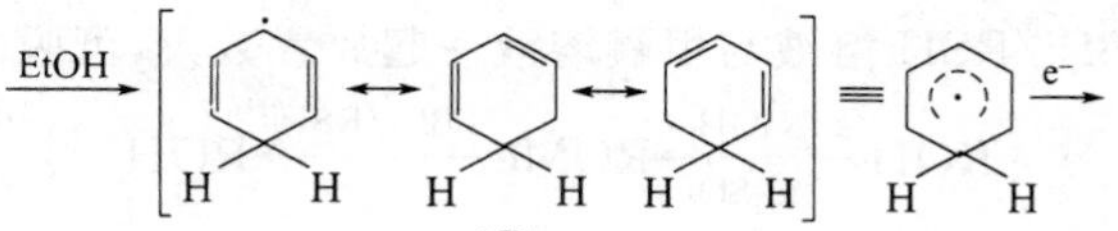

（Ⅱ）

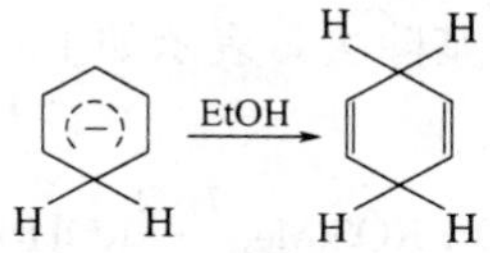

（Ⅲ）

环己二烯负离子(Ⅲ)在共轭链的中间碳原子上质子化比在末端碳原子上质子化快，原因尚不清楚。

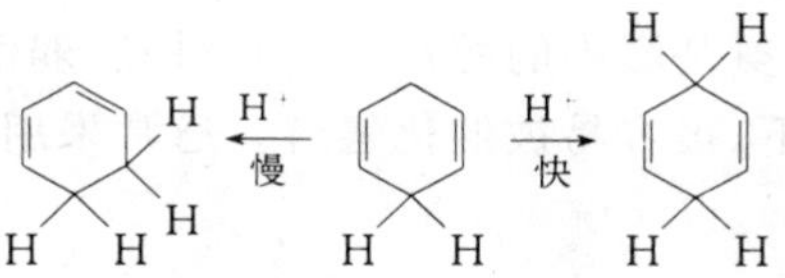

10.4　基团保护

在有机合成中，不少反应物分子内往往存在不止一个可发生反应的基团，在这种情况下，不仅常使产物复杂化，而且有时还会导致所需反应的失败。因此，需要采用基团的保护策略。

所谓基团的保护策略是指将作用物分子中不希望作用的敏感基团转变为能经受所要发生反应的结构，待反应完成后，可在无损分子其余部分的温和条件下除去保护基，重新释放出原来的基团。这样保护基团可使分子的敏感部位免受破坏，是在反应缺乏位置选择时一种应变的有效方法。

在选择保护基团时，需要考虑以下几个因素：

①该基团应该是在温和条件下引入。

②在化合物中其他基团发生转化所需要的条件下是稳定的。

③在温和条件下易于除去。

下面讨论一些常见基团的保护和去保护方法。

10.4.1　羟基的保护

羟基是一个活性基团，它能够分解格氏试剂和其他有机金属化合物，本身易被氧化，叔醇还容易脱水，并可发生烃基化和酰基化反应。所以在进行某些反应时，如果要保留羟基就必须将它保护起来。醇羟基常用的保护方法有三类：醚类、缩醛或缩酮类及酯类。

1. 醚类保护基

(1)甲醚

用生成甲醚的方法保护羟基是一个经典方法，通常使用硫酸二甲酯在 NaOH 或 $Ba(OH)_2$ 存在下，于 DMF 或 DMSO 溶剂中进行。简单的甲醚衍生物可用 BCl_3 或 BBr_3 处理脱去甲基。近年发现，用 BF_3/RSH 溶液与甲醚溶液一起放置数天，可脱去甲基。

$$ROH \xrightarrow[Me_2SO_4]{NaOH} ROMe \xrightarrow{BF_3/RSH} ROH$$

脱去甲基保护基也可以使用 Me_3SiI 等 Lewis 酸，根据软硬酸碱理论，氧原子与硼或硅原子结合，而以溴离子、氟离子或碘离子将甲基除去。表示如下：

$$\text{R—}\ddot{O}\text{—CH}_3 \cdots Me_3Si\text{—I} \longrightarrow CH_3I + ROSiMe_3 \xrightarrow{H_2O} ROH + Me_3SiOH$$

该方法的优点是条件温和，保护基容易引入，且对酸、碱、氧化剂或还原剂都很稳定。

(2)苄醚

苄基广泛用于保护糖类及氨基酸中的醇羟基。它对碱、弱酸、氧化剂及 $LiAlH_4$ 等是稳定的，但在中性溶液及室温条件下，很容易被催化氢解。通常采用催化氢解或者用金属钠在乙醇(或液氨)中还原除去。例如：

(呋喃糖反应式：① H_2SO_4/CH_3OH ② $PhCH_2Cl/KOH$ ③ $HCl/H_2O/AcOH$ ④ Py → 含 PhH_2CO、PhH_2CO、OH、OCH_2Ph 的中间体；① PhCOCl/Py ② $H_2[Pd—C]$ → 含 HO、OH、OCOPh、OH 的产物)

$$\begin{array}{l}CH_2\text{—}OH\\CH\text{—}OH\\CH_2\text{—}OH\end{array} \xrightarrow[KOH]{PhCH_2Cl} \begin{array}{l}CH_2\text{—}OH\\CH\text{—}OH\\CH_2\text{—}OCH_2Ph\end{array} \xrightarrow{C_{15}H_{31}COCl} \begin{array}{l}CH_2\text{—}OCOC_{15}H_{31}\\CH\text{—}OCOC_{15}H_{31}\\CH_2\text{—}OCH_2Ph\end{array} \xrightarrow{[H]} \begin{array}{l}CH_2\text{—}OCOC_{15}H_{31}\\CH\text{—}OCOC_{15}H_{31}\\CH_2\text{—}OH\end{array}$$

(3)三甲基硅醚

醇的三甲基硅醚对催化氢化、氧化、还原反应稳定，广泛用于保护糖、甾族类及其他醇的羟基。它的一个重要特点是可以在非常温和的条件下引入和脱去保护基，但因其对酸、碱都很敏感，只能在中性条件下使用，反应过程表示如下：

$$ROH + MeSiCl(Me_3SiNHSiMe_3) \longrightarrow ROSiMe_3 \xrightarrow[\text{醇}/H_2O]{\Delta} ROH$$

(4)三苯甲基醚

三苯甲基醚常可保护伯羟基，一般用三苯基氯甲烷在吡啶催化下完成保护。稀乙酸在室温下即可除去保护基。例如：

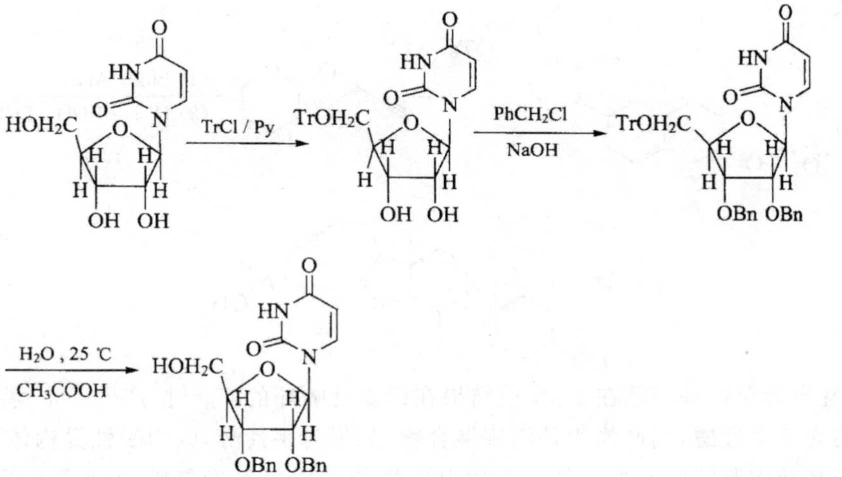

(5)叔丁基醚

叔丁基醚保护基一般用异丁烯在酸或三氟化硼催化下导入。叔丁基醚保护基在碱性条件下稳定。甲酸、三氟乙酸、氢溴酸/乙酸、三氯化铁、碘化三甲基硅烷等 Lewis 酸可以除去保护基。

(6)甲氧基甲醚

甲氧基甲醚(MOM 醚)是烷氧基烷基醚保护基中的常用的保护基之一。MOM 醚对亲核试剂、有机金属试剂、氧化剂、氢化物还原剂等均稳定。MOM 醚保护基常用$(CH_3O)_2CH_2$/P_2O_5 完成保护。例如：

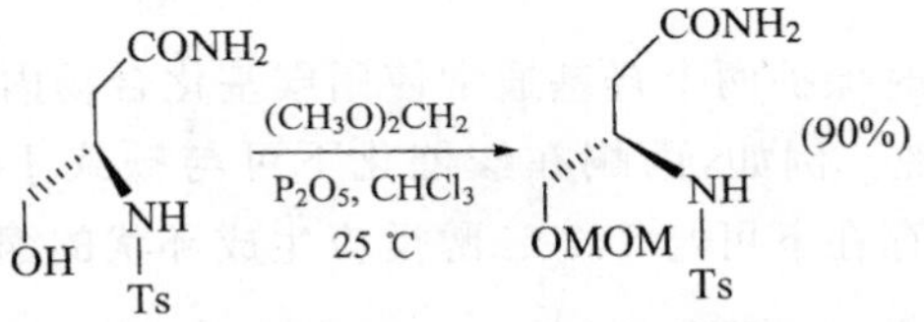

MOM 醚保护基可在酸性条件下去保护。例如,采用盐酸甲醇溶液的温和条件,即可选择性的去除甲氧甲基醚而不影响其他保护基。

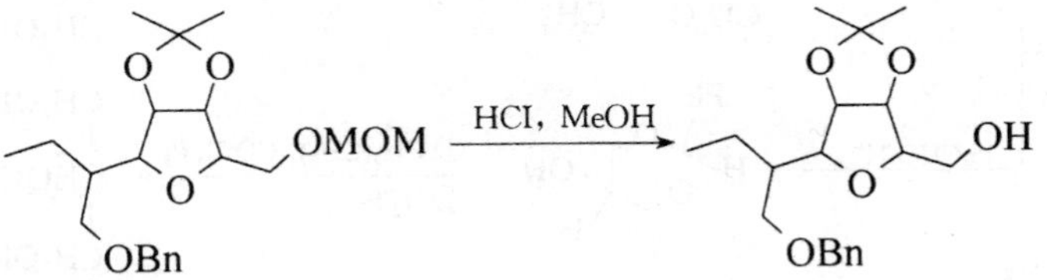

2. 缩醛和缩酮类保护基

(1)四氢吡喃醚

四氢吡喃醚(THP 醚)是有机合成中非常有用的保护基,由二氢吡喃醚与醇在酸催化下制备。三氟化硼醚化物、对甲苯磺酸及吡啶-对甲苯磺酸盐都是可供选用的有效催化剂。THP 醚在中性或碱性条件下是稳定的,对多数非质子酸试剂也有一定稳定性,在酸性水溶液中易于去保护。在合成胆甾-5-烯-23-炔-3,25-二醇时,采用 THP 醚分别保护甾体醇和炔醇的羟基,然后进行缩合反应,最后去除两个 THP 醚保护基则得到目标二醇。

OTs

(1) BuLi, Ar, r. t.

(2) HCl, MeOH, THF

OH

HO

THP醚作为保护基问题在于:反应结果在四氢吡喃环的C_2-位产生一个潜手性中心,如果被保护的为非手性醇,则产物为外消旋混合物;如果为手性醇,则为手性异构体混合产物,进而造成分离和结构鉴定的困难。其后改用对称性的4-甲氧基四氢吡喃醚或4-甲氧基四氢噻喃醚等,由于不引入额外的手性中心,避免了上述困难。它们已广泛应用于核苷的合成。制法类似于THP醚;水解速率吡喃醚比噻喃醚快约5倍。

O　　OMe　　O　　OMe

R　　R

(2)缩醛和缩酮

在多羟基化合物中,同时保护两个羟基通常使用羰基化合物丙酮或苯甲醛与醇羟基作用,生成环状的缩醛(酮)来实现。例如,丙酮在酸催化下可与顺式1,2-二醇反应生成环状的缩酮;而苯甲醛在酸性催化剂存在下可与1,3-二醇反应生成环状的缩醛:

CH_2OH / CHOH / CH_2OH

CH_3COCH_3/H^+ → CH_2OH / CHO / CH_2O (CH_3, CH_3)

① $CH_3(CH_2)_{14}COOH$ 干燥HCl ② H_2O → $CH_2OCO(CH_2)_{14}CH_3$ / CHOH / CH_2OH

$PhCHO/H^+$ → Ph, H, O, O, OH, H

① $CH_3(CH_2)_{14}COCl$, Py ② H_2/Pd → CH_2OH / $CHOCO(CH_2)_{14}CH_3$ / CH_2OH

环状缩醛(酮)在绝大多数中性及碱性介质中都是稳定的,对铬酸酐/吡啶、过碘酸、碱性高锰酸钾等氧化剂,氢化铝锂、硼氢化钠等还原剂,以及催化氢化也都是稳定的。因此,环状缩醛(酮)是十分有用的保护基,广泛用于甾类、甘油酯和糖类、核苷等分子中1,2-及1,3-二羟基的保护。由于环状缩醛(酮)对酸性水解极为敏感,因此用作脱保护基的方法。

3.酯类保护基

(1)乙酸酯

由于乙酸酯对CrO_3/Py氧化剂很稳定,因此广泛用于甾类、糖、核苷及其他类型化合物醇羟基的保护。

乙酸酯的乙酰化反应通常使用乙酸酐在吡啶溶液中进行，也可用乙酸酐在无水乙酸钠中进行。对于多羟基化合物的选择性酰化只有在一个或几个羟基比其他羟基的空间位阻小时才有可能。用乙酸酐/吡啶于室温下反应，可选择性地酰化多羟基化合物中的伯、仲羟基而不酰化叔羟基。采用氨解反应或甲醇分解反应能去保护基。例如：

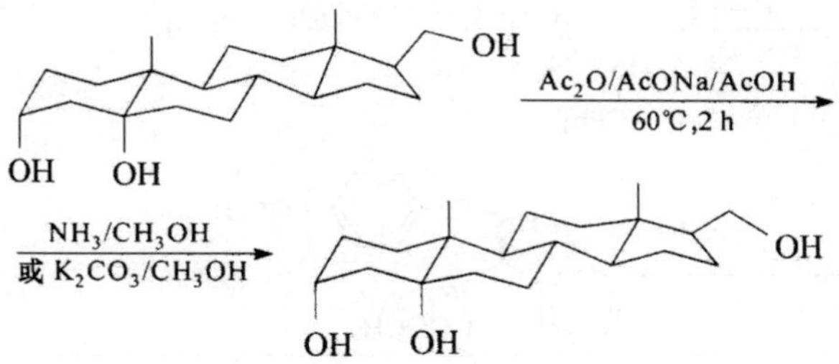

$Ac_2O/AcONa/AcOH$, 60℃, 2 h → OAc (95%)

NH_3/CH_3OH 或 K_2CO_3/CH_3OH → OH

(2)苯甲酸酯

苯甲酸酯类似于乙酸酯但比之更稳定。适用于有机金属试剂、催化氢化、硼氢化物还原和氧化反应时对羟基的保护。

苯甲酰氯是最常用的试剂，随被保护羟基性质的不同，反应条件有所差异。对于多羟基底物，苯甲酰化较之乙酰化更易于实现多种选择性：伯醇优先于仲醇被选择性酰化；平伏键羟基优先于直立键羟基；环状仲醇优先于开链仲醇。

利用苯甲酸酯稳定性的不同以及调控适宜的去保护条件可实现一些选择性去保护。例如，核苷合成(B 为碱基)中，由于 2-位羟基的酸性最强，肼解时优先去除 2-位苯甲酸酯保护基，3,6-位苯甲酸酯可保留。

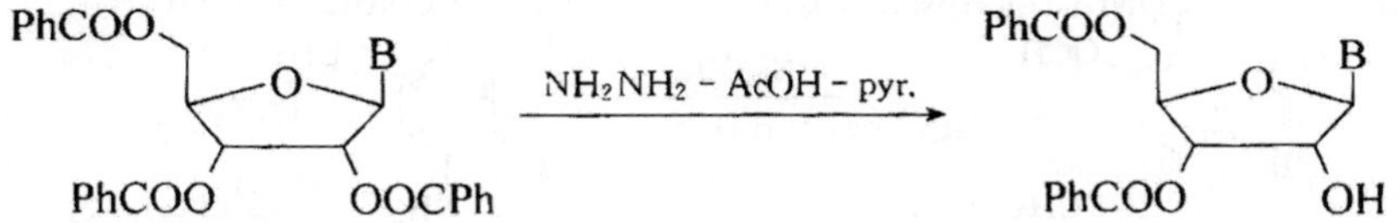

NH_2NH_2 - AcOH - pyr.

(3)三氯乙基氯甲酸酯

2,2,2-三氯乙基氯甲酸酯与醇作用，可生成 2,2,2-三氯乙氧羰基或 2,2,2-三溴乙氧羰基保护基，该保护基可在 20℃被 Zn-Cu/AcOH 顺利地还原分解，然而它对于酸和 CrO_3 是稳定的。这种保护法在类脂、核苷酸的合成中得到广泛应用。例如：

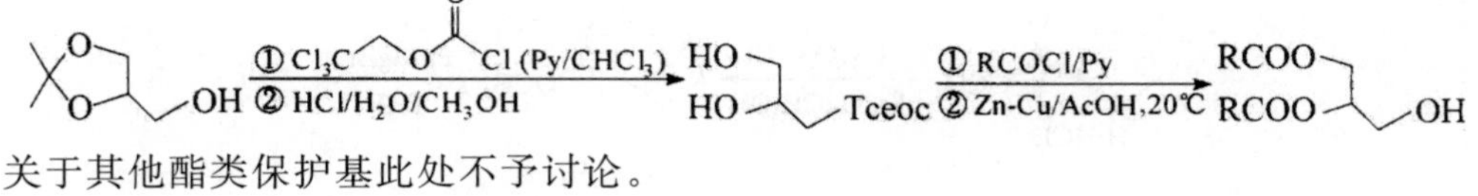

① Cl_3C ... Cl (Py/$CHCl_3$) ② $HCl/H_2O/CH_3OH$ → Tceoc；① RCOCl/Py ② Zn-Cu/AcOH, 20℃ → RCOO, RCOO, OH

关于其他酯类保护基此处不予讨论。

10.4.2　氨基的保护

氨基作为重要的活泼官能团能参与许多反应。伯胺、仲胺很容易发生氧化、烷基化、酰化以及与羰基的亲核加成反应等，在有机合成中常需加以保护。氨基的保护基主要有 N-烷基型、N-酰基型、氨基甲酸酯类和 N-磺酰基型等。

1. N-烷基型保护基

N-苄基和 N-三苯甲基是常用的氨基保护基。它们由伯胺和苄卤或三苯甲基卤在碳酸钠存在下反应得到。有时也可以用还原氨化的方法得到：

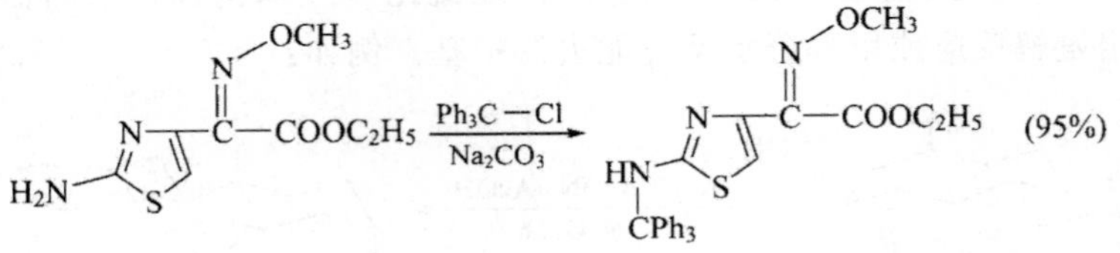

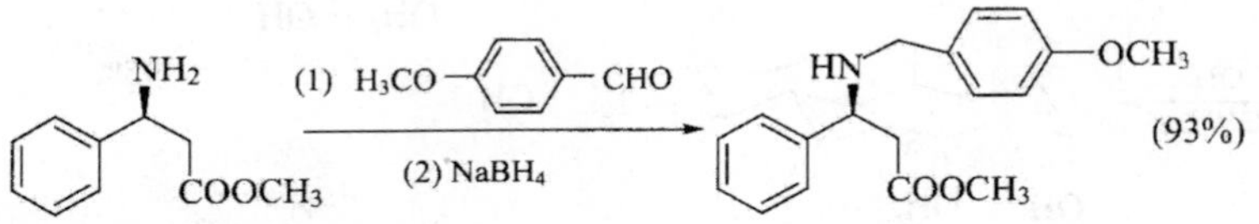

Ph_3C-Cl, Na_2CO_3 (95%)

(1) $H_3CO-C_6H_4-CHO$ (2) $NaBH_4$ (93%)

苄基保护基可用催化氢解的方法除去。

2. N-酰基型保护基

伯胺和仲胺容易与酰氯或酸酐反应生成酰胺。乙酰基和苯甲酰基可用来保护氨基。酰基保护基可以用酸或碱水解的方法除去。例如：

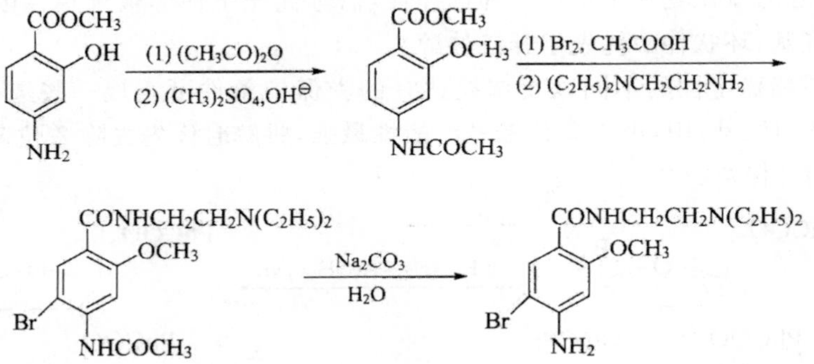

(1) $(CH_3CO)_2O$ (2) $(CH_3)_2SO_4, OH^{\ominus}$；(1) Br_2, CH_3COOH (2) $(C_2H_5)_2NCH_2CH_2NH_2$

Na_2CO_3, H_2O

3. 氨基甲酸酯类保护基

具有光学活性的(S)-α,α-二苯基-2 吡咯烷甲醇是重要的手性催化剂或催化剂前体被广泛地应用于有机合成中。如果以脯氨酸甲酯盐酸盐为原料，采用 N-乙氧羰基保护氨基，再与格氏试剂反应，然后在酸性水溶液中脱除保护基团即可得到较高产率的目标产物。

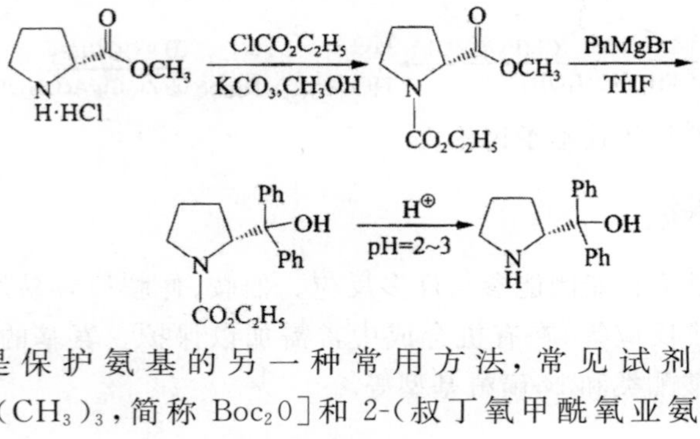

$ClCO_2C_2H_5$, KCO_3, CH_3OH；PhMgBr, THF

$H^{\oplus}$, pH=2~3

叔丁氧甲酰基是保护氨基的另一种常用方法，常见试剂为碳酸酐二叔丁酯[$(CH_3)_3COCOCOOC(CH_3)_3$，简称 Boc_2O]和 2-(叔丁氧甲酰氧亚氨基)-2-苯基乙腈(Boc-

ON)。两种试剂分别与胺反应,得到叔丁氧甲酰胺。在酸性条件(如三氟乙酸或对甲基苯磺酸)下脱除保护基。

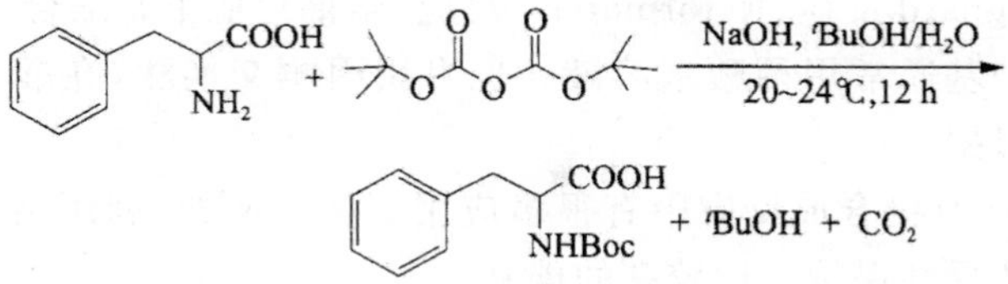

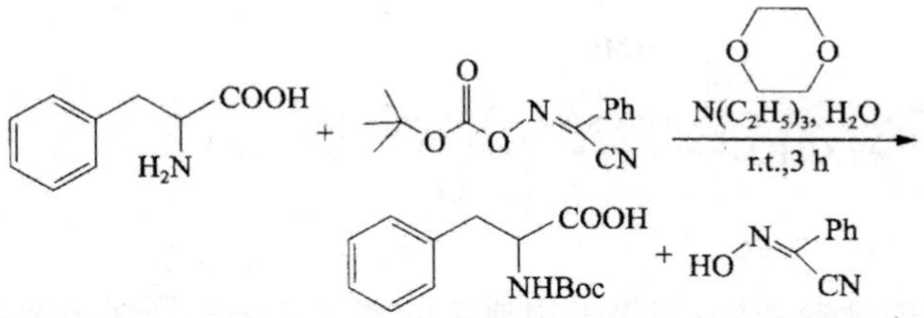

HCl的乙酸乙酯溶液可选择性地脱除N-Boc基团,而分子中的其他对酸敏感的保护基(如叔丁基酯、脂肪族叔丁基醚、三苯基醚等)不受影响。

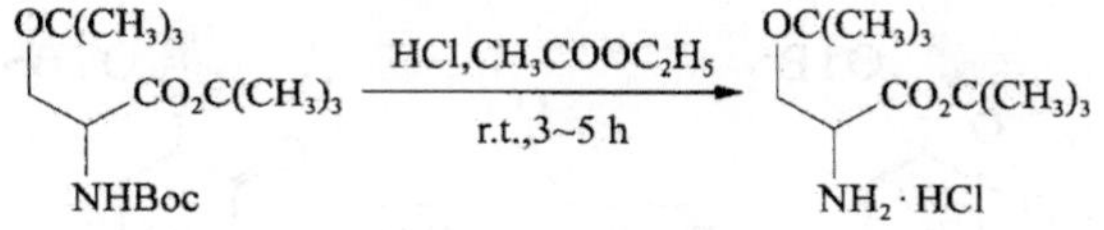

4. N-磺酰基型保护基

N-磺酰基型保护基也许是最稳定的保护形式,一般这些化合物都是很好的结晶。常用的保护试剂为对甲苯磺酰氯(TsCl)。保护时通常是由胺和TsCl在惰性溶剂如CH_2Cl_2中,加入缚酸剂如吡啶或三乙胺而制得。吲哚、吡咯和咪唑的保护先用强碱夺取N上的质子,然后与磺酰氯反应;也可使用相转移反应条件促进反应。

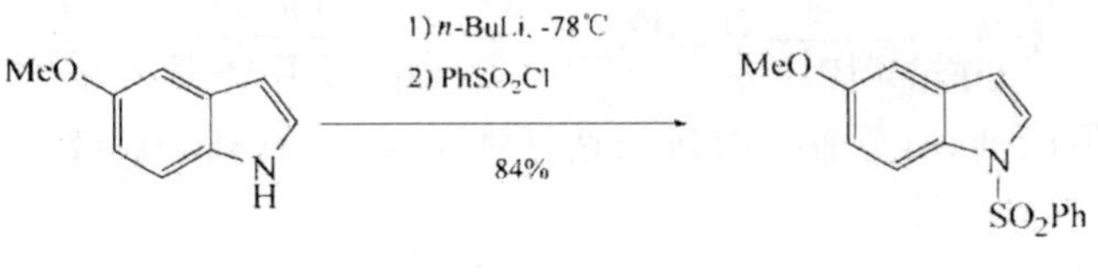

10.4.3 羰基保护

醛、酮分子中的羰基是有机化合物中最易发生反应的活泼官能团之一,对亲核试剂、碱性试剂、氧化剂、还原剂、有机金属试剂等都很敏感,常需在合成中加以保护。羰基保护基主要有:O,O—、S,S—、O,S—缩醛、缩酮,烯醇、烯胺及其衍生物,缩胺脲、肟及腙等。下面仅对第一类保护基进行讨论。

1. O,O-缩醛、缩酮

醛、酮在酸性催化剂作用下很容易与两分子的醇反应生成*O*,*O*-缩醛、缩酮,也可和一分子1,2-二醇或1,3-二醇反应生成环状*O*,*O*-缩醛、缩酮。

常用的醇和二醇分别是甲醇和乙二醇。此外,醛、酮在酸催化下也可以与丙酮,丁酮的缩二甲醇或缩乙二醇以及二乙醇的双TMS醚等进行交换反应生成缩醛、缩酮。

O,O-缩醛、缩酮对下列试剂和反应通常是稳定的：钠-醇、$LiAlH_4$、$NaBH_4$、CrO_3-Pyr、AgO、OsO_4、Br_2、催化氢化、Birch 还原、Wolff-Kishner 还原、Oppenauer 氧化、过酸氧化、酯化、皂化、脱 HBr、Grignard 反应、Reformatsky 反应、碱催化亚甲基缩合等。

去缩醛、缩酮保护基通常用稀酸水溶液。也可用丙酮交换法，在酸催化下生成丙酮缩二醇，游离出被保护的醛酮。

O,O-缩醛、缩酮在有机合成反应中有很多应用实例。例如，利用共轭羰基较一般羰基反应性低的特点，实现选择性保护活性较高的羰基。

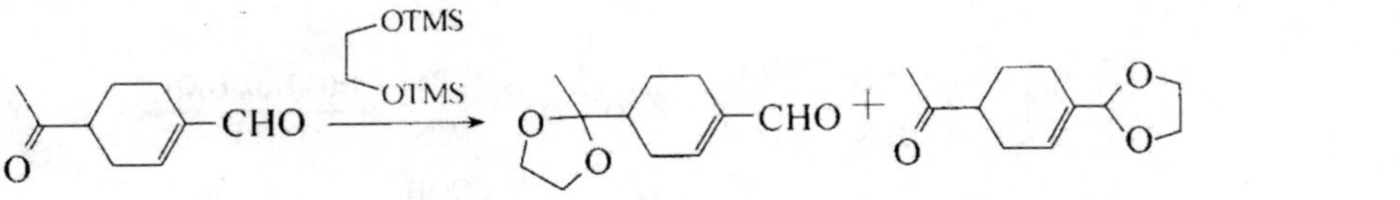

27 : 1

产物是含硅基醚的 β-羟基酮，如果采用通常的酸水解去缩酮保护基，则极易发生消除反应生成 α,β-不饱和酮。此时，将底物的丙酮溶液经催化量的 $PdCl_2(MeCN)_2$ 处理，可高产率获得目标物。

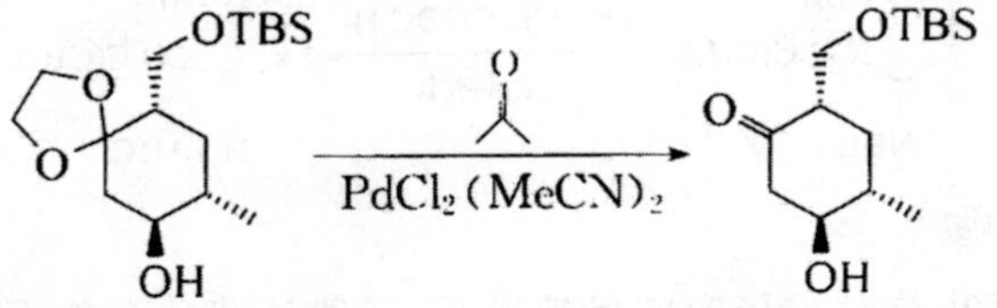

酮羰基与酯羰基都能与格氏试剂反应，酮羰基活性较高。要进行酯羰基的反应应先保护酮羰基，再进行反应。

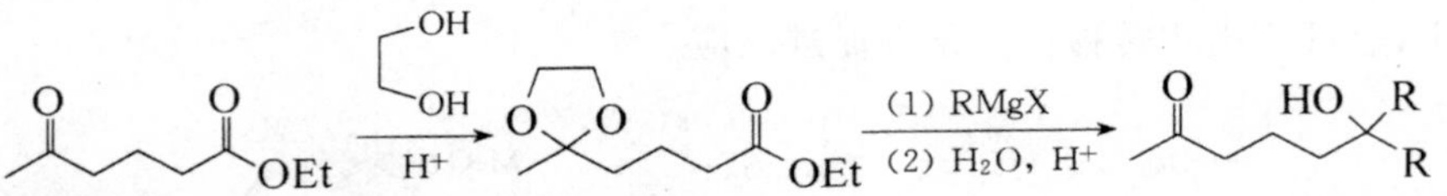

采用固载化保护试剂，对芳香二醛进行选择性单保护，有利于后续对另一醛基的多种衍生化反应。

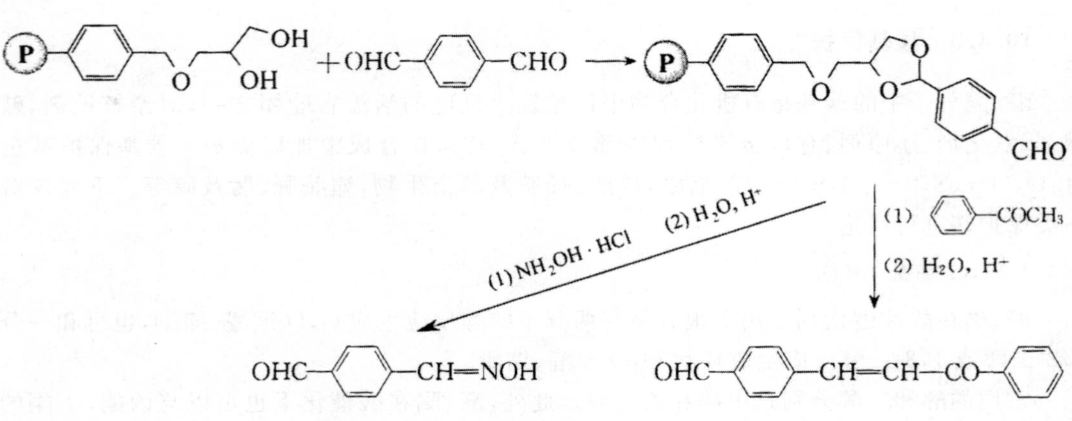

2. S,S-缩醛、缩酮

醛、酮与两分子硫醇或一分子乙二硫醇或其二硅醚在酸催化下生成 S,S-缩醛、缩酮。常用的酸催化剂有:三氟化硼-乙醚、氯化锌、三氟乙酸锌等。S,S-缩醛、缩酮可通过与二价汞盐或氧化反应来去保护,常用氯化汞、铜盐、钛盐、铝盐等水溶液处理,还可以用 N-溴代或氯代丁二酰亚胺等。

分子中含有酸敏感基团,进行保护时不宜使用 BF_3-Et_2O,而宜选用 $ZnCl_2$ 或 $Zn(OTf)_2$。

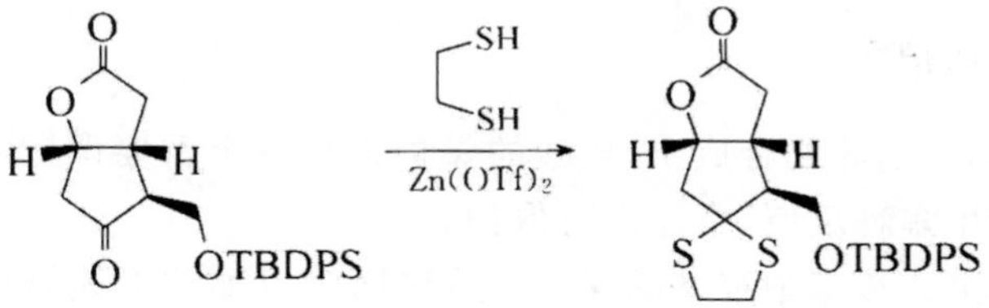

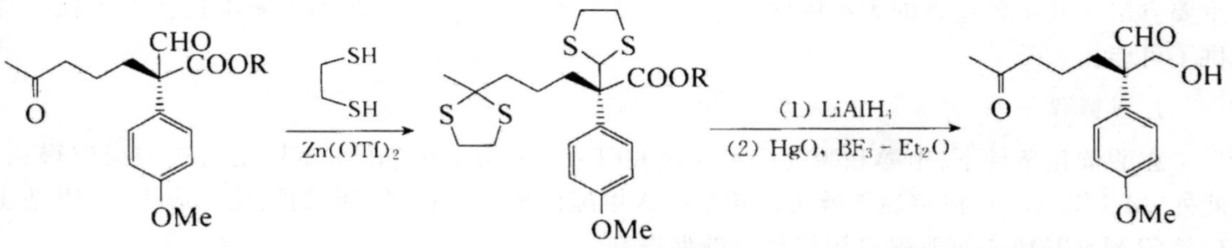

需要注意的是,底物中亲电性的羰基在形成 *S*,*S*-缩醛后,其 1,3-二噻烷的次甲基易被 ^{n}BuLi 夺去质子,从而转变为亲核性的稳定碳负离子,之后可进行许多反应。

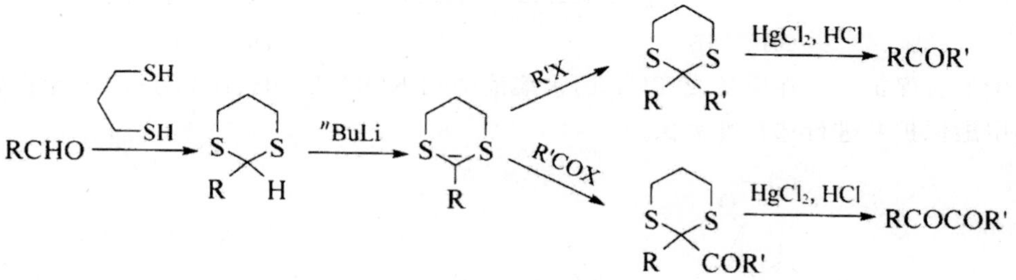

3. O,S-缩醛、缩酮

O,*S*-缩醛、缩酮是较常使用的保护基,其生成和脱除如下:

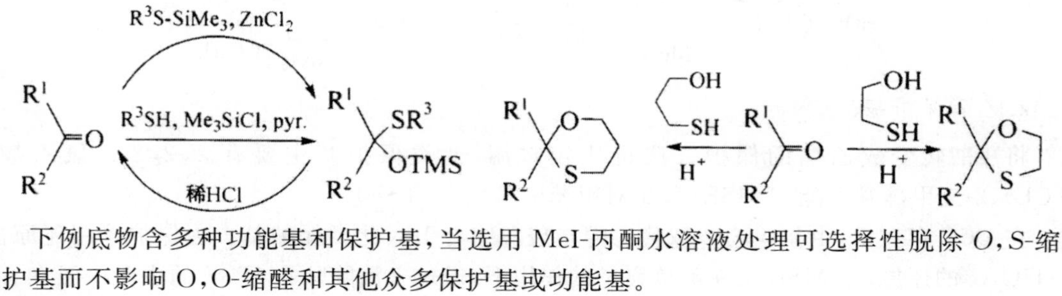

下例底物含多种功能基和保护基,当选用 MeI-丙酮水溶液处理可选择性脱除 *O*,*S*-缩酮保护基而不影响 O,O-缩醛和其他众多保护基或功能基。

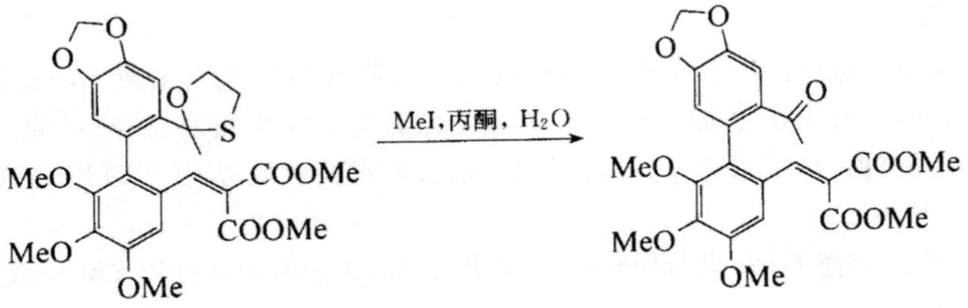

MeI,丙酮，H_2O

10.4.4 羧基的保护

在肽、天然产物和药物等的合成中，羧酸的保护也是一个重要课题。羧基是活泼功能基，羧基及其活性氢易发生多种反应，常需进行保护。

羧基的保护实际上式羧基中羟基的保护。羧酸通常以酯的形式被保护，水解是去保护的重要方法。其水解速率的大小则取决于空间因素和电子因素，这两个因素给选择性去保护提供了可能。

1. 甲酯保护基

在酸催化条件下，甲醇和酸反应可向羧酸引入保护基，还可由重氮甲烷与羧酸反应得到。此外，$MeI/KHCO_3$ 在室温下就可向羧酸引入甲酯保护基。在氨基酸的酯化反应中，三甲基氯硅烷(TMSCl)或二氯亚砜可用作反应的促进剂。

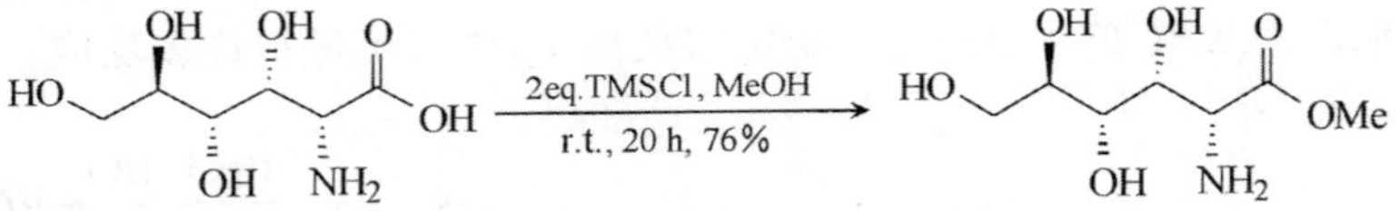

2eq.TMSCl, MeOH
r.t., 20 h, 76%

甲酯的去保护一般在甲醇或 THF 的水溶液中用 KOH、LiOH、$Ba(OH)_2$ 等无机碱处理，也可对甲酯保护基进行选择性去保护。

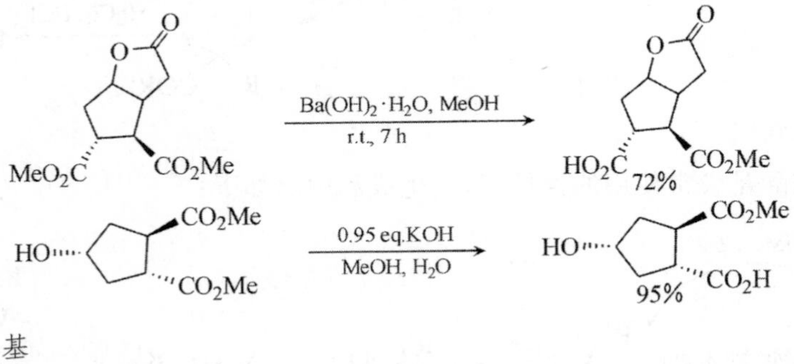

$Ba(OH)_2 \cdot H_2O$, MeOH
r.t., 7 h
72%

0.95 eq.KOH
MeOH, H_2O
95%

2. 乙酯保护基

将羧酸转变成乙酯的保护方法也比较常用，此类保护基主要有 2,2,2-三氯乙基酯(TCE)、2-三甲硅基乙酯(TMSE)和 2-对甲苯磺基乙酯(TSE)。

在 DCC 存在下，由相应的 2-取代乙醇与羧酸缩合引入此类保护基。去保护采用还原法，Zn-HOAc 的还原。TMSE 可在氟负离子的作用下，通过 β-消除除去，TSE 的去除一般在有机或无机碱作用下进行。

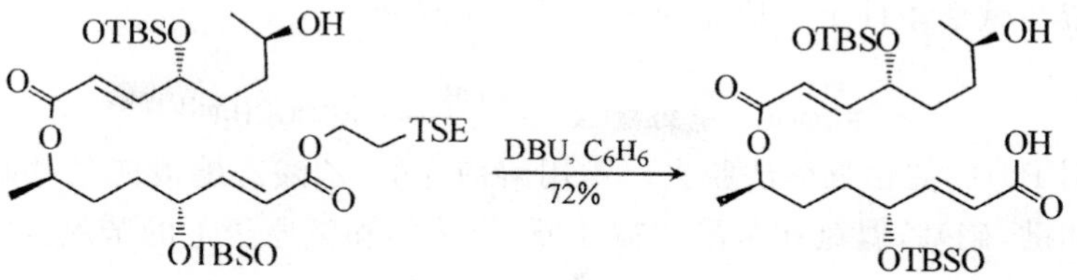

3. 叔丁基脂保护基

与伯烷基酯相比，由于叔丁基酯产生的空间位阻作用，使得亲核试剂不容易进攻羰基，因此，在碱性溶液中，叔丁基酯的水解速率低于伯烷基酯。但在醋酸-异丙醇-水溶液体系中反应15小时后，几乎定量得到叔丁基脱去的产物，而羧酸甲酯不被水解。

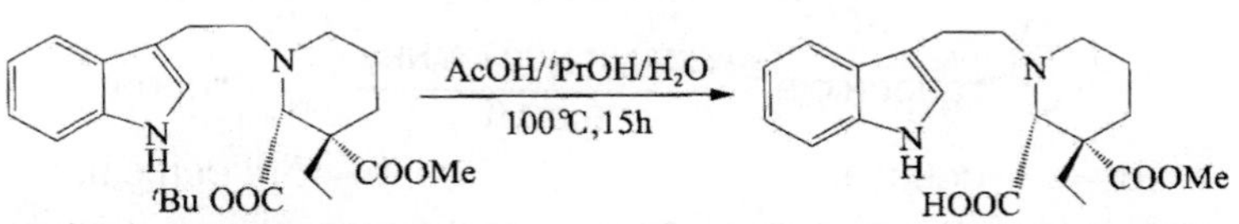

叔丁基脂的制备方法包括：羧酸与多元醇在吸附在硫酸镁上浓硫酸的催化作用下，反应生成脂；以二环己基碳二酰亚胺(DCC)与4-(N,N-二甲氨基)-吡啶(DMAP)为催化剂，叔丁基丁醇与羧酸反应生成酯。两个反应的反应方程式如下：

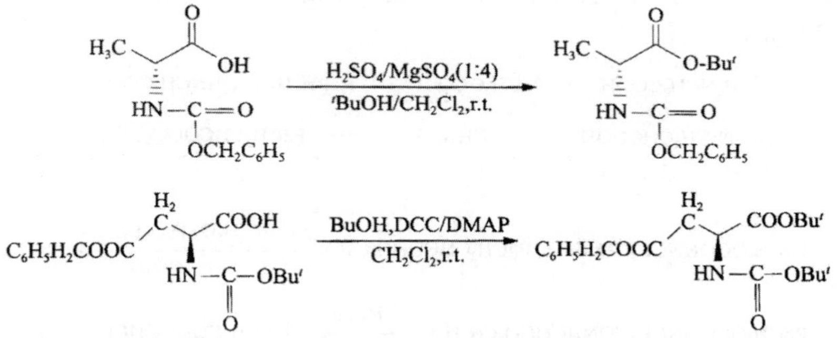

在酸性溶液中，叔丁基酯可以发生水解反应脱去保护基。例如，在10%的对甲苯磺酸的苯溶液中回流，下列反应可以顺利进行，叔丁基被脱去。

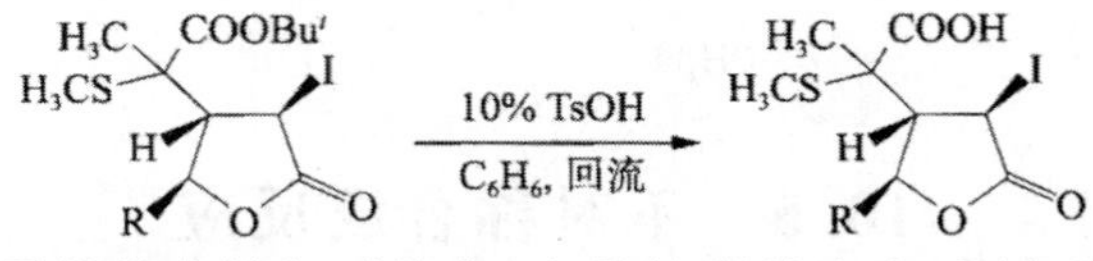

由于叔丁基碳正离子的稳定性相对较高，也是较强的亲电试剂，因此，为了防止与底物分子发生反应，常加入苯甲醚或苯甲硫醚类化合物作为碳正离子的捕获试剂，以避免副反应的发生[①]。

4. 苄酯保护基

由于苄基保护法反应条件温和，容易操作，还能调节苯环上取代基的活性，也常用做羧基保护。

① 杨光富. 有机合成. 上海：华东理工大学出版社，2010.

苄卤与羧酸在碱性条件下反应生成相应的羧酸苄酯。

$$RCOOH + PhCH_2X \xrightarrow{OH^{\ominus}} RCOOCH_2Ph$$

苄基可以用 Pd/C 催化氢解法脱去。常用溶剂为醇、乙酸乙酯或四氢呋喃，而在这种条件下，烯、炔不饱和键，硝基，偶氮和苄酯均被还原，但苄醚和氮原子上的苄氧羰基不受影响。

$$C_6H_5H_2CO\text{-}C_6H_4\text{-}CH_2COOCH_2C_6H_5 \xrightarrow[CH_3OH,\ r.t.]{Pd/C\text{-}H_2, H_2NCH_2CH_2NH_2} C_6H_5H_2CO\text{-}C_6H_4\text{-}CH_2COOH$$

$$\text{N-}(C(=O)OCH_2C_6H_5)\text{-prolyl-}COOCH_2C_6H_5 \xrightarrow[CH_3OH, r.t.]{Pd/C\text{-}H_2, H_2NCH_2CH_2NH_2} \text{N-}(C(=O)OCH_2C_6H_5)\text{-prolyl-}COOH$$

苄酯保护法被广泛用于多肽的合成中，如甘氨酸-苯丙氨酸的二肽合成。首先分别用苄氧羰基(氯甲酸苄酯)保护甘氨酸的氨基，用叔丁基保护苯丙氨酸的羧基(苯丙氨酸叔丁酯)；然后在焦磷酸二乙酯的作用下，两种被保护的氨基酸进行缩合反应；最后用催化氢化法脱苄氧羰基，用温和酸处理脱叔丁基。在去保护基团时，叔丁基对催化氢化是稳定的，同时，用温和酸处理时，苄基也是稳定的。

$$H_2NCH_2COOH + PhCH_2OCOCl \longrightarrow PhCH_2OCOHNCH_2COOH$$

$$PhCH_2CH(NH_2)COOH + C(CH_3)_3Cl \longrightarrow PhCH_2CH(NH_2)COOC(CH_3)_3$$

$$PhCH_2OCOHNCH_2COOH + PhCH_2CH(NH_2)COOC(CH_3)_3 \xrightarrow{[(C_2H_5O)_2P(O)]_2O}$$

$$PhCH_2OCOHNCH_2CONHCH(CH_2Ph)CO_2C(CH_3)_3 \xrightarrow[60\%]{H_2/Pd} H_2NCH_2CONHCH(CH_2Ph)CO_2C(CH_3)_3$$

$$\xrightarrow[80\%]{HCl/C_6H_6} H_2NCH_2CONHCH(CH_2Ph)CO_2H$$

10.5 不对称合成反应

10.5.1 不对称合成的立体选择性和专一性

立体选择反应一般指反应能生成两种或两种以上的异构产物也有时可能会生成一种立体异构体，两种或两种以上异构体中其中只有一种异构体占优势的反应。这类反应一般包括烯烃的加成反应和羰基的还原反应。

烯烃的加成反应：

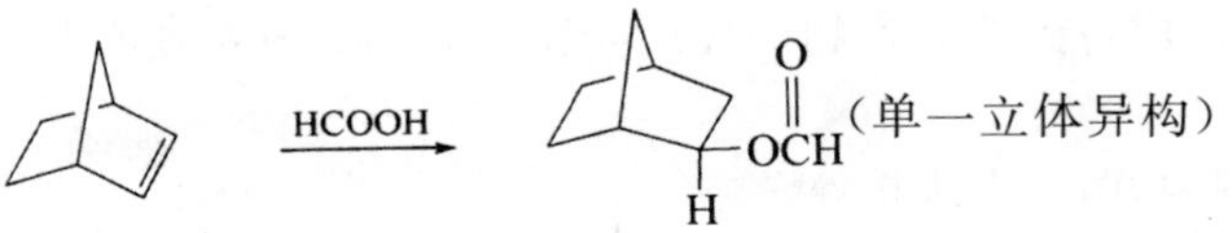

HCOOH　（单一立体异构）

羰基的还原反应：

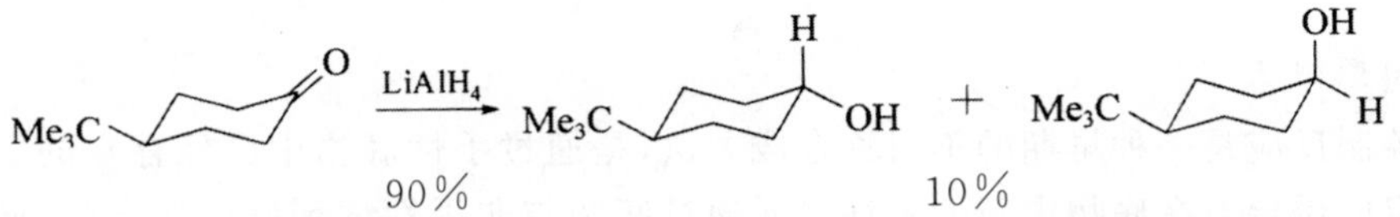

Me_3C–环己酮 $\xrightarrow{LiAlH_4}$ Me_3C–环己醇（OH，H） + Me_3C–环己醇（OH，H）

90%　　　10%

Power 等利用大位阻的 Lewis 酸来制造过渡态中额外的空间因素而使反应的选择性发生扭转，得到立体选择性高的物质，反应过程下：

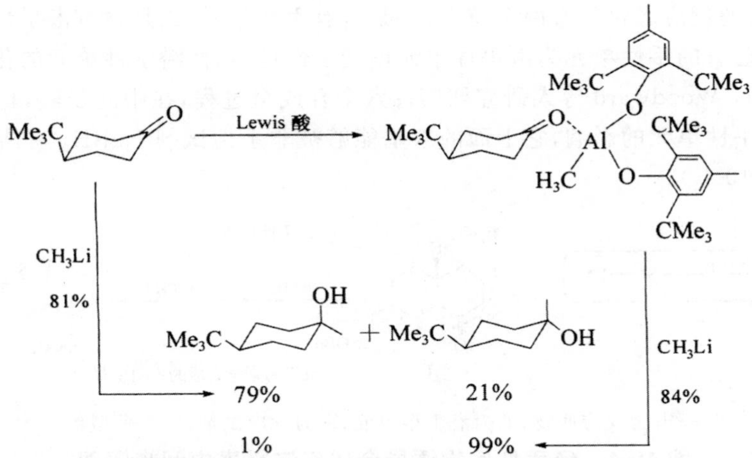

Me_3C–环己酮 $\xrightarrow{\text{Lewis 酸}}$ 配合物（Me_3C，CMe₃，Al，H_3C，O，CMe₃）

CH_3Li 81%：79%　21%

CH_3Li 84%：1%　99%

在立体专一性反应中不同的立体异构体得到立体构型不同的产物，反映了反应底物的构型与反应产物的构型在反应机理上立体化学相对应的情况。以顺反异构体与同一试剂加成反应为例，若两异构体均为顺式加成，或均为反式加成，则得到的必然是立体构型不同的产物，即由一种异构体得到一种产物，由另一种异构体得到另一种构型的产物。如果顺反异构体之一进行顺式加成，而另一异构体则进行反式加成，得到相同的立体构型产物，为非立体专一性反应。

10.5.2　不对称合成效率的表示方法

不对称反应效率有两种表示方法：产物的对映体过量百分数%e. e 和产物旋光纯度%O. P。

（1）%e. e 表示法

$$\%e.e=\frac{A_1-A_2}{A_1+A_2}\times 100$$

式中，A_1 为产物对映体中过量的异构体的量；A_2 为产物对映体中另一个少量的异构体的量。

（2）%O. P 表示法

$$\%O.P=\frac{[\alpha]_{实测}}{[\alpha]_{纯样品}}$$

式中，$[\alpha]_{实测}$为合成反应得到旋光产物的比旋光度；$[\alpha]_{纯样品}$为要合成的旋光体纯样品的比旋光度。

在实验误差范围内，两种方法相等。

10.5.3 不对称合成的基本方法

1. 底物控制法

底物控制反应是一种早期的不对称合成方法，是通过手性底物中已经存在的手性单元进行分子内定向诱导。在底物中新的手性单元通过底物与非手性试剂反应而产生，此时反应点邻近的手性单元可以控制非对映面上的反应选择性。底物控制反应在环状及刚性分子上能发挥较好的作用。

底物控制法的反应底物具有两个特点：一是含有手性单元；二是含有潜手性反应单元。在不对称反应中，已有的手性单元为潜手性单元创造手性环境，使潜手性单元的化学反应具有对映选择性。例如，Woodward 等人研究红诺霉素全合成全过程，在中间步骤，化合物 1 具有手性单元；受这个手性单元的影响，它上面的羰基能够被非手性试剂 $NaBH_4$ 有所选择地还原成单一构型（如图 10-4 ）。

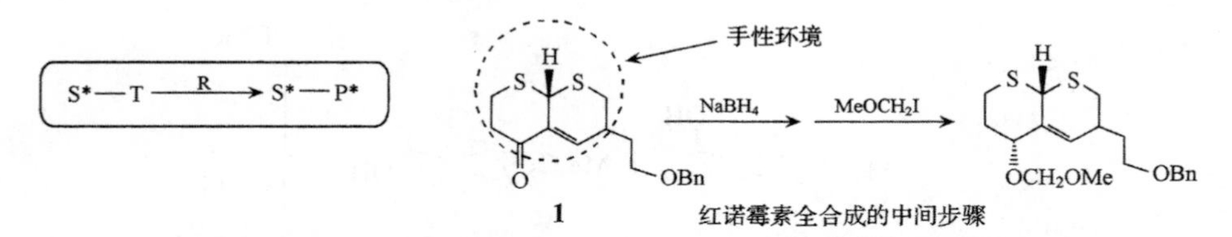

S^*—T 为反应底物；T 为潜手型单元；R 为反应试剂；* 为手型单元

图 10-4　经手型底物诱导合成红诺霉素中间步骤图

2. 试剂控制法

试剂控制法的底物为潜手型化合物，反应试剂为光化学活性物质（图 10-5）。在反应试剂的不对称环境下，两者反应生成不等量的对映体。这种方法灵活简单，得到目标产物的光学纯度较高。在不对称合成中的应用较为广泛。同时还派生出许多有用的手性试剂。

$$S \xrightarrow{R^*} P^*$$

S 为底物；R^* 为手性反应试剂；* 为手型单元

图 10-5　试剂控制法示意图

3. 辅基控制法

辅基控制中的底物与手性底物诱导中的底物一致，为潜手性化合物。它需要手性助剂来诱导反应的光学选择性。在反应中，底物首先和手性助剂结合，后参与不对称反应，反应结束后，手性助剂可以从产物中脱去。此方法为底物控制法的发展，它们都是通过分子内的手性基团来控制反应的光学选择性；只不过前者中的手性单元仅在参与反应时才与底物结合成一个整体，同时赋予底物手性；后者在完成手性诱导功能后，可从产物中分离出来，并且有时可以重复利用。其控制历程为：

$$S \xrightarrow{A^*} S-A^* \xrightarrow{R} P^*-A^* \xrightarrow{-A^*} P^*$$

其中，S为反应底物，A* 为手性付辅剂，R为反应试剂，* 为手性单元。

虽然手性辅助基团控制不对称合成方法很有用，但该过程中需要手性辅助剂的连接和脱出两个额外步骤。关于该方法的报道不少，也有一些工业例子。如，工业上利用此方法生产药物(S)-萘普生。对辅基控制法已有不少报道，还有工业应用的例子。例如，工业上利用此方法生产药物(S)-萘普生。手性助剂酒石酸与原料酮类化合物发生反应时在保护羰基的同时又赋予底物手性。接着发生溴化反应，生成单一构型产物，再经重排和属解得到目标产物。

MeO　RO_2C　CO_2R　O　O　MeO　Br　Me　H　CO_2H　MeO

S-萘普生

4. 催化法

催化法以光学活性物质作为催化剂来控制反应的对映体选择性。它可以分为两种：生物催化法和不对称化学催化法：

$$S+R \xrightarrow{\text{酶}} P^*$$

$$S+R \xrightarrow{\text{手性催化剂}} P^*$$

其中，S为反应底物；R为反应试剂；* 代表手性物质

(1)手性催化剂诱导醛的不对称烷基化

醛、酮分子中羰基醛、酮与Grignard试剂的反应生成相应醇是一个古老而经典的亲核加成反应。但由于Grignard试剂反应活性非常大，往往使潜手性的醛、酮转化为外消旋体，而像二烷基锌这样的有机金属化合物对于一般的羰基是惰性的，但就在20世纪的80年代，Oguni发现几种手性化合物能够催化二烷基锌对醛的加成反应。

(2)酶催化法

酶催化法使用生物酶作为催化剂来实现有机反应。酶是大自然创造的精美的催化剂，它能够完美地控制生化反应的选择性。酶催化的普通不对称有机反应主要有水解、还原、氧化和碳-碳键形成反应等。早在1921年，Neuberg等用苯甲醛和乙醛在酵母的作用下发生缩合反应，生成D-(－)-乙酰基苯甲醇。用于急救的强心药物“阿拉明”的中间体D-(－)-乙酰基间羟基苯甲醇也是用这种方法合成的。1966年，Cohen采用D-羟腈酶作催化剂，苯甲醛和HCN进行亲核加成反应，合成(R)-(＋)-苦杏仁腈，具有很高的立体选择性，反应式如下：

D-羟腈酶, HCN

(R)-(+)苦杏仁腈 (S)-(−)苦杏仁腈

e.e 94%

10.5.4 不对称合成的基本反应

1. 不对称氢化反应

这类不对称反应靠不对称催化方式来实现，较为优秀和通用的手性催化剂是BINAP类双膦配体和Rh、Ru等过渡金属形成的化合物。此外还有很多手性配体能够在某些具体反应中表现出较好的手性诱导性能，但其适用的普遍性不如BI-NAP类双膦配体。下面列举了一些典型的配体。

(R)-BIPHEMP (R)-BINAP (R,R)-BICP

不对称氢化的烯烃底物类型很多。其中，α-乙酰氨基丙烯酸类底物的反应较早获得高对映选择性。

反应底物的几何构型对选择性有较大的影响。一般情况下，Z型底物有较高的对映选择性和反应速率。曾有NMR光谱研究为其提供机理证据：在反应的过渡态中，Z型底物以C—C双键和酰胺键与金属配位，而E型底物的C—C双键和酰胺键参与配位。这种过渡态的明显不同必然会影响反应的速率和选择性。

α、β-不饱和酮或酯、不饱和醇及烯酰胺、烯醇酯中的双键也能通过不对称氢化来实现，下面是这方面效果较好的例子。

NHCONH$_3$ —(R)-spirOP-Rh→ NHCONH 97%ee

OH —(R)-BINAP-Ru→ OH 96%~99%ee

除了C=C双键外，C=O也可进行不对称氢化。但这种反应一般局限于带有卤素、羟基、氨基、酰胺基和羰基等官能团的酮类底物。

[(R)或(S)-BINAP]RuCl$_2$, H$_2$ → 或 >95%产率，>99%ee

CO$_2$Me —[(R)-BINAP]RuCl$_2$, H$_2$→ CO$_2$Me 99%产率，99%ee

[(R)-BINAP]Ru(PhCO$_2$)$_2$，H$_2$　97%产率，87% ee

[(R,S)-BPPFOH]-Rh，H$_2$　95%ee

简单酮难以较好地进行不对称氢化反应。近年来，人们发现使用 Ru-手性双膦-手性二胺-KOH 催化体系能够解决这一问题。

[(S)-BINAP]RuCl$_2$/(S,S)-1,2-二苯基乙二胺/KOH，H$_2$　>97% ee

[(R,R)-BICP]RuCl$_2$/(R,R)-1,2-二苯基乙二胺/KOH，H$_2$　93% ee

2. 不对称氧化反应

(1)C-H 键的不对称氧化

一些官能团的 α-位的 C-H 键的活性较大，为不对称氧化提供了可能性。如以手性 CU(Ⅱ)络合物为催化剂，用过氧苯甲酸叔丁酯做氧化剂来实现烯丙型 C-H 键的氧化反应。如：

5%(摩尔分数)29-Cu(OTf)，PhCO$_3$Bu-t　34%~62%产率，30%~81% ee　29

6%(摩尔分数)29d，5%(摩尔分数)Cu(MeCN)$_4$PF$_6$，PhCO$_3$Bu-t　73%产率，75% ee　95%产率，51% ee

醚类化合物 α-C 的不对称氧化用 salen-Mn(Ⅲ)络合物作催化剂，以 PhIO 氧化剂，反应得到具有光学活性的邻羟基醚。下面的例子中得到了中等水平的光学选择性。

2%(摩尔分数)31a，PhIO，PhCl　59%产率，82% ee

(2)硫醚的不对称氧化

硫醚的不对称氧化是合成手性亚砜最为直接的方法。反应体系为 Kagan 试剂，即：反应中的催化剂体系为 Ti(Opr-i)4 和(+)-DET 催化剂及氧化剂中加入一些水来促进反应的进行。氧化剂通常是 t-BuOOH，而 PhCMe$_2$OO H 的效果较佳。

$$Ar{-}S{-}R \xrightarrow[PhCMe_2OOH]{Ti(O\text{-}i\text{-}Pr)_4,\ (R,R)\text{-DET}} Ar{-}S(O){-}R$$

R=Me, 环丙基

91%~96% ee

Ar=Ph,p-或 o—MeOPh,p-ClC$_6$H$_4$,1-萘基,2-萘基,3-吡啶基

联萘酚也可作为配体替代酒石酸乙酯,而且原位形成的催化剂效果较好。例如,在 2.5%(摩尔分数)的这种催化剂作用下,一些芳基硫醚的反应对映选择性可达到 84%～96%。当反应的催化剂非原位生成时,仅得到中等水平的对映选择性。

$$Ar{-}S{-}Me \xrightarrow[H_2O,\ TBHP,\ 25℃,\ CCl_4]{Ti(OPr\text{-}i)_4,\ BINOL} Ar{-}\overset{*}{S}(\rightarrow O){-}R$$

Ar=Ph,p-MePh,p-BrC$_6$H$_4$,2-萘基　　84%～96%ee

(3)Shappless 不对称环氧化反应

烯丙式醇的不对称环氧化反应是美国化学家 Sharpless 发现的不对称合成新方法,因而一般叫做 Sharpless 环氧化反应。在(+)-或(−)-酒石酸二乙酯(DET)或酒石酸二异丙酯(DIPT)和四异丙基氧钛(Opr^i)$_4$ 存在下,以叔丁基过氧化氢为氧化剂,烯丙式仲醇或烯丙式伯醇被立体选择性环氧化。例如:

$$PhCH{=}CHCH_2OH \xrightarrow[Bu^tOOH]{(R,R)\text{-}(+)\text{-DET},\ Ti(OPr^i)_4} \text{Ph-环氧-CH}_2OH \quad (ee\ 91\%)$$

Sharpless 环氧化反应不仅可生成高产率、高 e. e. 值的环氧化合物,而且还可以事先预测产物结构。这是因为 Sharpless 环氧化反应中的催化剂是手性双核钛配合物,反应中与其中一个钛配位的两个异丙氧基被叔丁基过氧化物氧原子和烯丙醇氧原子代替,使得烯丙醇的双键只有一面可接近氧化剂。反应式如下:

(CH$_3$)$_2$CHO, (CH$_3$)$_2$CHO, (CH$_3$)$_2$CHO, CO$_2$C$_2$H$_5$, Ti, Ti, OCH(CH$_3$)$_2$, C$_2$H$_5$O$_2$C, O, C$_2$H$_5$O, OC$_2$H$_5$ —Bu^{t}OOH, HO—CH$_2$CH=CR^{1}R^2→ C$_2$H$_5$O$_2$C, C$_2$H$_5$O$_2$C, (CH$_3$)$_2$CHO, (CH$_3$)$_2$CHO, Ti, Ti, CO$_2$Et, Bu^t—O, R^1, R^2, C$_2$H$_5$O

3. 不对称亲核加成反应

(1)有机试剂对醛酮的不对称加成反应

一些手性有机金属试剂可进行醛和酮的不对称加成。如:芳基或烷基锌、烷基锂、二烷基镁、Grignard 试剂及烷基铝等可与手性氨基醇类化合物形成手性试剂,并对醛和酮进行手性试剂控制的不对称加成。也可进行手性底物控制的不对称加成反应。

在有机金属试剂中,芳基或烷基锌在醛酮的不对称加成反应中性能较为突出;而且能够在

手性配体的诱导下实现其不对称催化反应,有时产物 e. e. 值可高达 100%。这类反应中的手性配体主要有 β-氨基醇类化合物、手性二醇、β-氨基硫醇等化合物,反应中真正的催化活性物种是手性配体与部分锌试剂形成的手性化合物。如:

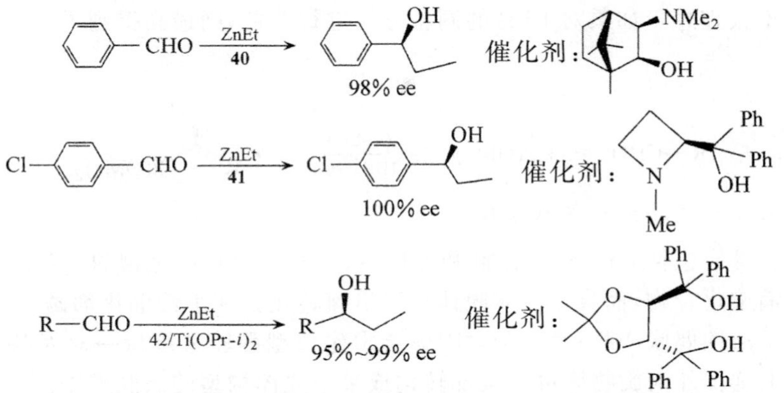

98% ee 催化剂:

100% ee 催化剂:

95%~99% ee 催化剂:

炔基金属试剂:卤代炔基锌、锌炔基锂、卤代炔基镁等,也可对醛或酮进行不对称加成,生成手性炔基醇由于端炔具有一定酸性,易于和较弱的碱反应,也可以直接使用端炔化合物来方便地进行醛或酮的不对称加成反应。

(2)使用手性催化剂的不对称加成反应

醛酮的羰基的不对称催化氢化近十几年来已取得一定进展,手性钌配合物 BINAP-$RuCl_2$ 为催化剂还原 β-酮酸酯、γ-酮酸酯及二酮,与酮羰基和邻近的杂原子同时螯合,因此所的产物具有高度的对映选择性。如:

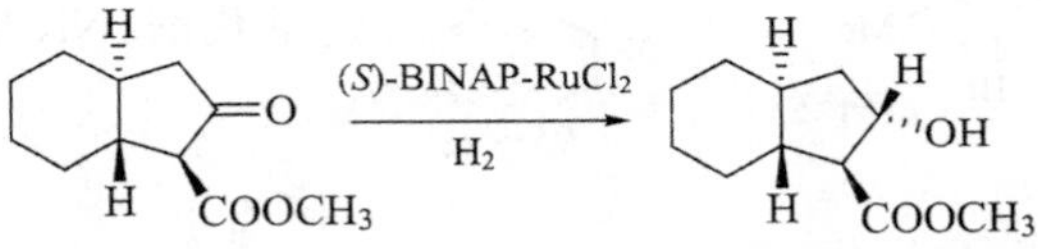

二烃基锌比烃基锂和格利雅试剂的活性小,在催化量的手性氨基醇或手性胺存在下,二烃基锌与醛的亲核加成有较高的立体选择性。如:

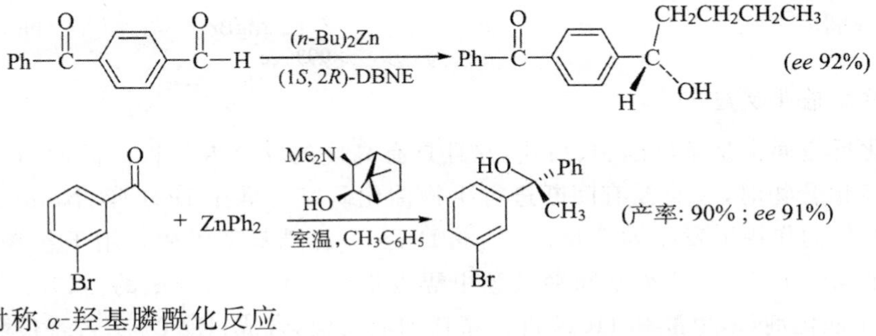

(ee 92%)

(产率: 90% ; ee 91%)

(3)不对称 α-羟基膦酰化反应

很多手性 α-羟基膦酰化合物的生物活性较强,可以作为酶的抑制剂。例如,HIV 蛋白酶抑制剂、肾素合成酶抑制剂,而且这种生物活性与它的绝对构型有关,那么合成光学纯 α-羟基膦酰化合物有很大的价值。合成这种手性 α-羟基膦酰化合物的方法并不太多,最为直接和经济的方法是最近发展的不对称 α-羟基膦酰化反应。

在联萘酚镧络合物的催化下，通过亚磷酸二烷酯对醛来实现不对称 α-羟基膦酰化的加成反应。反应的产率一般较高，但对映选择性与联萘酚镧络合物的形成方式有很大关系。例如，Spilling 和 Shibuya 分别报道的 $LaLi_3$-BINOL(LLB)催化亚磷酸二烷酯对芳香醛的加成，得到的对映选择性不太理想。如果对 LLB 的制备方法进行改良，则最高得到了 95%e. e. 的对映选择性。

R—CHO + HP(O)(OMe)₂ —(R)-LLB, THF, −78℃→ R—CH(OH)—P(O)(OMe)₂

4. Grignard 试剂的不对称偶联反应

不对称偶联反应包括 Grignard 试剂和乙烯基、芳基或炔基卤化物的。反应中的 Grignard 试剂通常是外消旋化合物，而且一对对映体可以迅速转化。在手性催化剂诱导下，其中一个对映体转化成光学活性偶联产物；另一个对映体会发生构型翻转来维持一对对映异构体量的平衡。因此理论上这种外消旋物质可以全部转化成某一立体构型的偶联产物。

[HRR′C—MgX ⇌ XMg—CRR′H] —R″X，手性金属催化剂→ HRR′C—R″

反应的催化中心金属通常是镍和钯。下面是分别两个配体与镍和钯形成的手性催化剂在相应类型的反应中，得到产物的 e. e. 值分别为 95%和大于 99%。

Ni(Ⅱ)-6；95% ee；催化剂：Ni(Ⅱ)

5%(摩尔分数)7；>99% ee；催化：

5. 不对称酶催化反应

生物催化反应通常是条件温和、高效，并且具有高度的立体专一性。因此，在探索不对称合成光学活性化合物时，一直没有间断进行生物催化研究。早在 1921 年，Neuberg 等用苯甲醛和乙醛在酵母的作用下发生缩合反应，生成 D-(－)-乙酰基苯甲醇。用于急救的强心药物“阿拉明”的中间体 D-(－)-乙酰基间羟基苯甲醇也是用这种方法合成的。1966 年，Cohen 采用 D-羟腈酶作催化剂，苯甲醛和 HCN 进行亲核加成反应，合成(R)-(＋)-苦杏仁腈，具有很高的立体选择性，反应式如下：

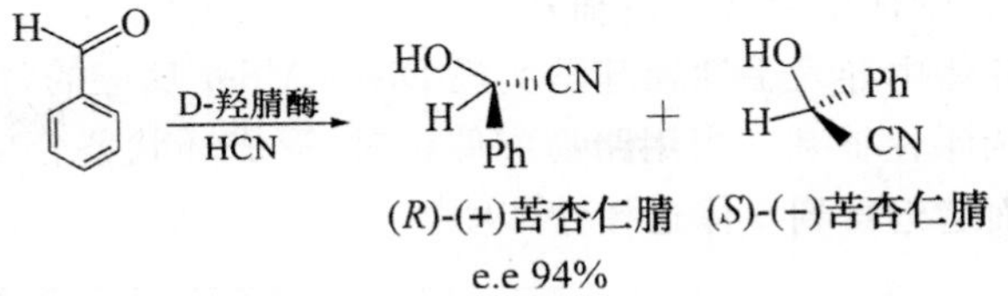
H
O
D-羟腈酶
HCN
HO
H
Ph
CN
HO
Ph
H
CN
(R)-(+)苦杏仁腈
(S)-(−)苦杏仁腈
e.e 94%

乙酰乙酸乙酯可被面包酵母催化还原生成(S)-β-羟基酯(产率 60%,e.e 97%),而丙酰乙酸乙酯在同样条件下选择性极差。用 Thermoanaerobiumbrockii 细菌能将丙酰乙酸乙酯对映选择性很高地还原成(S)-β-羟基酯(产率 40%,e.e 93%),该过程表示如下:

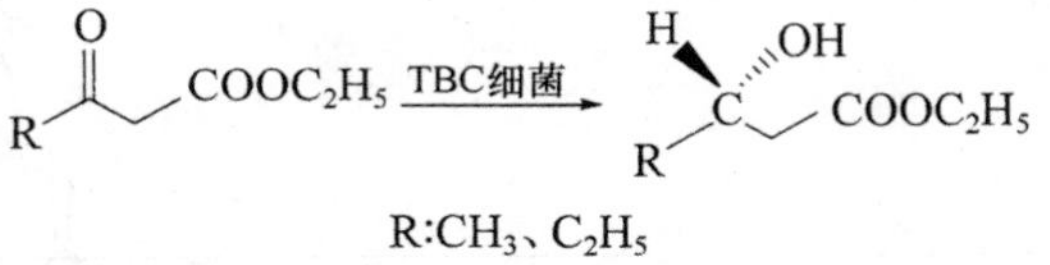
O
R
COOC2H5
TBC细菌
H
OH
C
COOC2H5
R
R:CH3、C2H5

6. 不对 Diels-Alder 反应

(1)使用手性催化剂

在不对称 Diels-Alder 反应中使用的手性催化剂一般是手性配体的铝、硼或过渡金属配合物或手性有机小分子。例如:

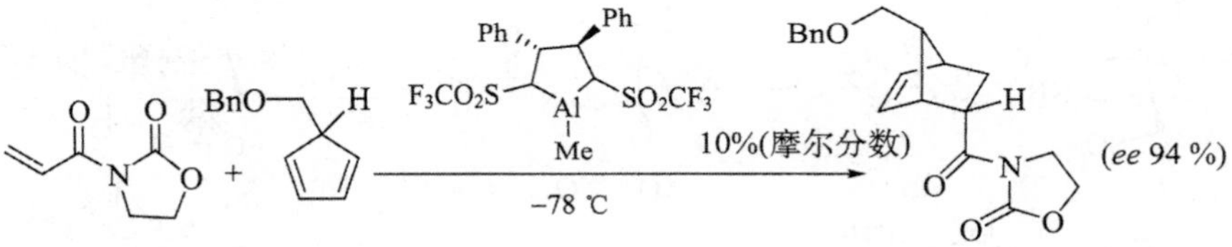
BnO
H
F3CO2S
SO2CF3
Ph
Ph
Al
Me
10%(摩尔分数)
−78 ℃
(ee 94 %)

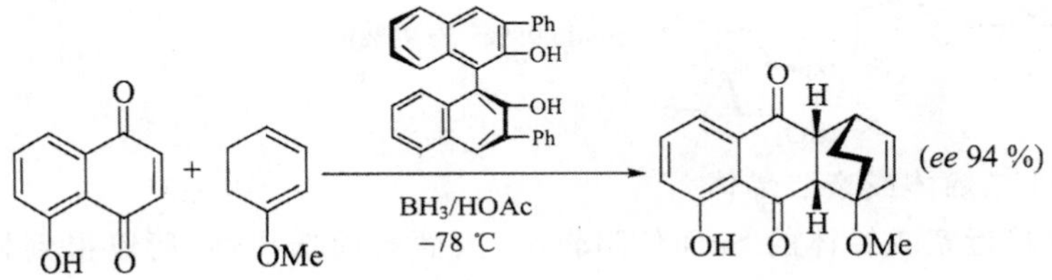
OH
O
O
OMe
Ph
OH
OH
Ph
BH3/HOAc
−78 ℃
H
H
(ee 94 %)

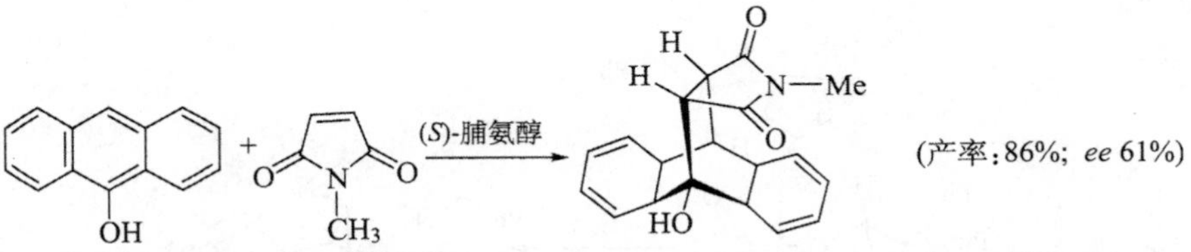
OH
CH3
(S)-脯氨醇
H
H
N—Me
HO
(产率:86%; ee 61%)

和 Diels-Alder 反应相似,1,3-偶极环加成反应也可以采用以上手段来实现。

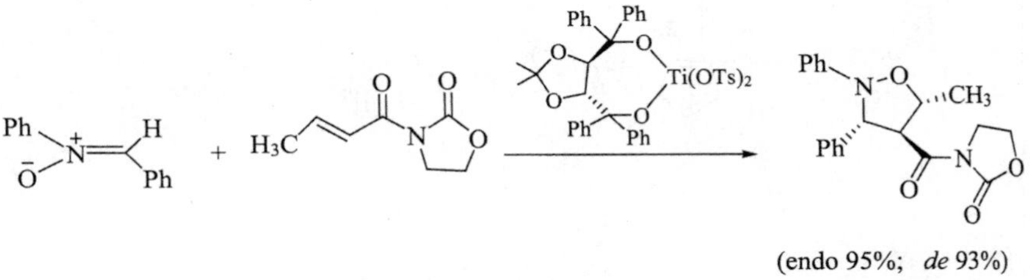
Ph
H
Ph
H3C
Ph
Ph
Ti(OTs)2
Ph
Ph
Ph
CH3
Ph
(endo 95%; de 93%)

(2)在二烯体和亲二烯体中导入手性辅基

在二烯体和亲二烯体中导入手性辅基是实现 Diels-Alder 反应的常用方法：

应用 Evans 试剂为手性辅基。当用路易酸催化时，形成环状螯合中间体。二烯体从亲二烯体立体位阻较小的面趋近得到立体选择性产物。

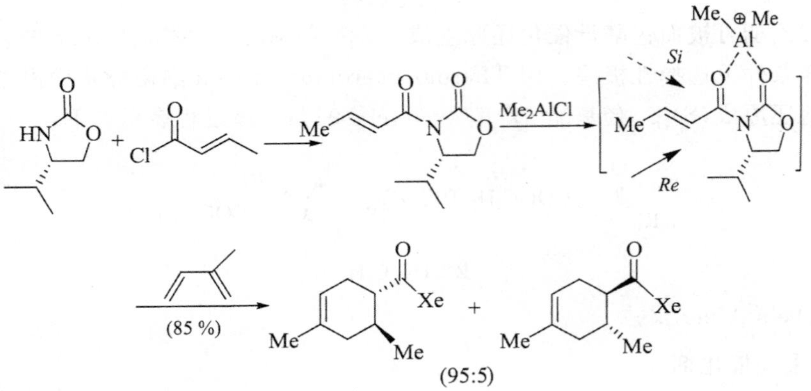

应用樟脑磺酰胺为手性辅基。

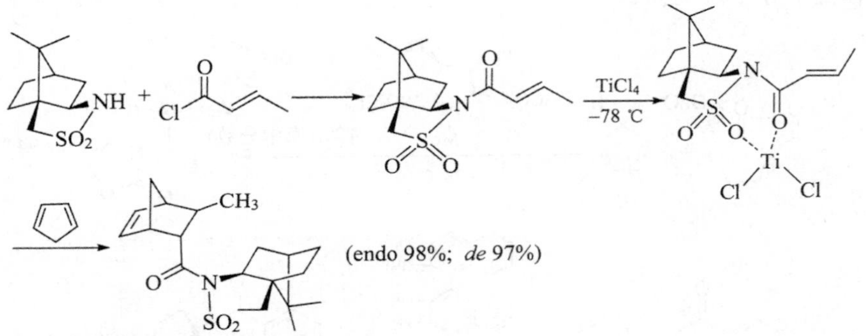

(3)使用手性二烯体或亲二烯体

由于二烯体趋近亲二烯体的 Si 面位阻较小，因而有面选择性，所以得到较高 e. e. 值的对映选择性产物。

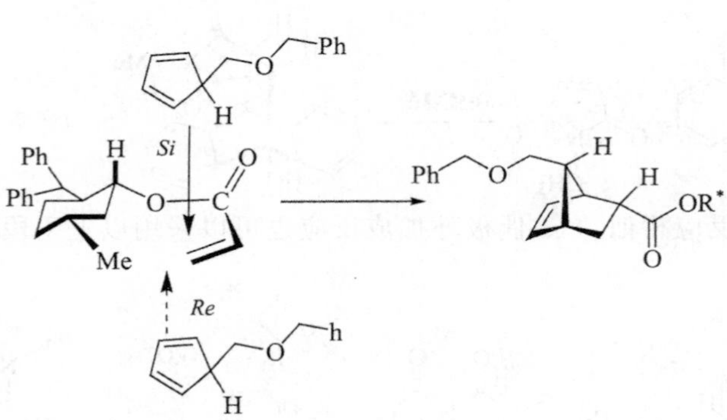

参考文献

[1]杨光富.有机合成.上海:华东理工大学出版社,2010

[2]吴毓林,麻生明,戴立信.现代有机合成进展.北京:化学工业出版社,2005

[3]薛叙明.精细有机合成技术(第2版).北京:化学工业出版社,2009

[4]郝素娥,强亮生等.精细有机合成单元反应与合成设计.哈尔滨:哈尔滨工业大学出版社,2004

[5]陈治明.有机合成原理及路线设计.北京:化学工业出版社,2010

[6]王玉炉.有机合成化学(第2版).北京:科学出版社,2009

[7]薛永强,张蓉.现代有机合成方法与技术(第2版).北京:化学工业出版社,2007

[8]赵地顺.精细有机合成原理及应用.北京:化学工业出版社,2009

[9]郭生金.有机合成新方法及其应用.北京:中国石油出版社,2007

[10]陆国元.有机反应与有机合成.北京:科学出版社,2009

[11](英)怀亚特(Wyatt,P)等;张艳,王剑波等译.有机合成策略与控制.北京:科学出版社,2009

[12]谢如刚.现代有机合成化学.上海:华东理工大学出版社,2003

[13]马军营,任运来等.有机合成化学与路线设计策略.北京:科学出版社,2008

[14]黄宪,王彦广,陈振初.新编有机合成化学.北京:化学工业出版社,2003

[15]王利民,田禾.精细有机合成新方法.北京:化学工业出版社,2004

[16]白凤娥.工业有机化学主要原料和中间体.北京:化学工业出版社,1982

[17]黄培强,靳立人,陈安齐.有机合成.北京:高等教育出版社,2004

[18]林峰.精细有机合成技术.北京:科学出版社,2009

[19]谢如刚.现代有机合成化学.上海:华东理工大学出版社,2003

[20]纪顺俊,史达清.现代有机合成新技术.北京:化学工业出版社,2009

[21]高晓松,张惠、薛富.仪器分析.北京:科学出版社,2009

[22]赵德明.有机合成工艺.杭州:浙江大学出版社,2012

[23]田铁牛.有机合成单元过程.北京:化学工业出版社,2001

[24]唐培堃,冯亚青.精细有机合成与工业学.北京:化学工业出版社,2006

[25]叶非,黄长干,徐翠莲.有机合成化学.北京:化学工业出版社,2010

[26]郭保国.有机合成重要单元反应.郑州:黄河水利出版社,2009

[27]纪顺俊,史达清.现代有机合成新技术.北京:化学工业出版社,2009

[28]林国强,陈耀全,席婵娟.有机合成化学与线路设计.北京:清华大学出版社,2002

参考文献